"十二五"普通高等教育本科国家级规划教材

U0366883

张三慧　编著

C8版

大学物理学

上册

（第三版）

清华大学出版社
北京

内容简介

本书是张三慧编著的《大学物理学》(第三版)的上册,讲述物理学基础理论的力学和电磁学部分。其中力学部分包括质点力学、刚体的转动;电磁学部分包括静止和运动电荷的电场,运动电荷和电流的磁场,介质中的电场和磁场,电磁感应,电磁波等。书中特别着重于守恒定律的讲解,也特别注意从微观上阐明物理现象及规律的本质。内容的选择上除了包括经典基本内容外,还注意适时插入现代物理概念与物理思想。

本书可作为高等院校的物理教材,也可以作为中学物理教师教学或其他读者自学的参考书。

图书在版编目(CIP)数据

大学物理学. 上册:C8 版/张三慧编著. —3 版. —北京:清华大学出版社,2017(2024.8重印)
ISBN 978-7-302-46761-8

Ⅰ. ①大… Ⅱ. ①张… Ⅲ. ①物理学-高等学校-教材 Ⅳ. ①O4

中国版本图书馆 CIP 数据核字(2017)第 048604 号

责任编辑:朱红莲
封面设计:傅瑞学
责任校对:王淑云
责任印制:丛怀宇

出版发行:清华大学出版社
网 址:https://www.tup.com.cn,https://www.wqxuetang.com
地 址:北京清华大学学研大厦 A 座 邮 编:100084
社 总 机:010-83470000 邮 购:010-62786544
投稿与读者服务:010-62776969,c-service@tup.tsinghua.edu.cn
质 量 反 馈:010-62772015,zhiliang@tup.tsinghua.edu.cn
印 装 者:三河市龙大印装有限公司
经 销:全国新华书店
开 本:185mm×260mm **印 张**:16 **字 数**:388 千字
版 次:1982 年 1 月第 1 版 2017 年 5 月第 3 版 **印 次**:2024 年 8 月第 8 次印刷
定 价:48.00 元

产品编号:073945-03

前言

FOREWORD

这部《大学物理学》(第三版)C8 版含力学篇、电磁学篇、热学篇、光学篇、相对论篇和量子物理篇，共 6 篇。

本书内容完全涵盖了 2006 年我国教育部发布的“非物理类理工学科大学物理课程基本要求”。书中各篇对物理学的基本概念与规律进行了正确明晰的讲解。讲解基本上都是以最基本的规律和概念为基础，推演出相应的概念与规律。笔者认为，在教学上应用这种演绎逻辑更便于学生从整体上理解和掌握物理课程的内容。

力学篇是以牛顿定律为基础展开的。除了直接应用牛顿定律对问题进行动力学分析外，还引入了动量、角动量、能量等概念，并着重讲解相应的守恒定律及其应用。除惯性系外，还介绍了利用非惯性系解题的基本思路，刚体的转动、振动、波动这三章内容都是上述基本概念和定律对于特殊系统的应用。

电磁学篇按照传统讲法，讲述电磁学的基本理论，包括静止和运动电荷的电场，运动电荷和电流的磁场，介质中的电场和磁场，电磁感应，电磁波等。

热学篇的讲述是以微观的分子运动的无规则性这一基本概念为基础的。除了阐明经典力学对分子运动的应用外，特别引入并加强了统计概念和统计规律，包括麦克斯韦速率分布律的讲解。对热力学第一定律也阐述了其微观意义。对热力学第二定律是从宏观热力学过程的方向性讲起，说明方向性的微观根源，并利用热力学概率定义了玻耳兹曼熵，说明了熵增加原理。

光学篇以电磁波和振动的叠加的概念为基础，讲述了光电干涉和衍射的规律。第 21 章光的偏振讲述了电磁波的横波特征。

以上力学、电磁学、热学、光学各篇的内容基本上都是经典理论，但也在适当地方穿插了量子理论的概念和结论以便相互比较。

相对论篇对狭义相对论的讲解以两条基本假设为基础，从同时性的相对性这一“关键的和革命的”(杨振宁语)概念出发，逐渐展开得出各个重要结论。这种讲解可以比较自然地使学生从物理上而不只是从数学上弄懂狭义相对论的基本结论。

量子物理篇是从波粒二象性出发以定态薛定谔方程为基础讲解的。介绍了原子、分子和固体中电子的运动规律以及核物理的知识。

本书除了6篇基本内容外，还开辟了“今日物理趣闻”栏目，介绍物理学的近代应用与前沿发展，而“科学家介绍”栏目用以提高学生素养，鼓励成才。

本书各章均配有习题，以帮助学生理解和掌握已学的物理概念和定律或扩充一些新的知识。这些题目有易有难，绝大多数是实际现象的分析和计算。题目的数量适当，不以多取胜。也希望学生做题时不要贪多，而要求精，要真正把做过的每一道题从概念原理上搞清楚，并且用尽可能简洁明确的语言、公式、图像表示出来，须知，对一个科技工作者来说，正确地书面表达自己的思维过程与成果也是一项重要的基本功。

本书在保留经典物理精髓的基础上，特别注意加强了现代物理前沿知识和思想的介绍。本书内容取材在注重科学性和系统性的同时，还注重密切联系实际，选用了大量现代科技与我国古代文明的资料，力求达到经典与现代、理论与实际的完美结合。

物理教学除了“授业”外，还有“育人”的任务。为此本书介绍了十几位科学大师的事迹，简要说明了他们的思想境界、治学态度、开创精神和学术成就，以之作为学生为人处事的借鉴。本书的撰写和修订得到了清华大学物理系老师的热情帮助(包括经验与批评)，也采纳了其他兄弟院校的教师和同学的建议和意见。此外也从国内外的著名物理教材中吸取了很多新的知识、好的讲法和有价值的素材。这些教材主要有：新概念物理教程(赵凯华等)，Feyman Lectures on Physics，Berkeley Physics Course(Purcell E M, Reif F, et al.)，The Manchester Physics Series(Mandl F, et al.)，Physics(Chanian H C.)，Fundamentals of Physics(Resnick R)，Physics(Alonso M, et al.)等。

对于所有给予本书帮助的老师和学生以及上述著名教材的作者，本人在此谨致以诚挚的谢意。大连海事大学诸位老师在第三版B版的基础上进行了修改，特在此一并致谢。

目录

CONTENTS

第1篇　力　学

第1章　质点运动学 …… 3
1.1　参考系 …… 3
1.2　质点的位矢、位移和速度 …… 7
1.3　加速度 …… 10
1.4　匀加速运动 …… 12
1.5　抛体运动 …… 13
1.6　圆周运动 …… 15
1.7　相对运动 …… 19
提要 …… 20
习题 …… 21
科学家介绍　伽利略 …… 23

第2章　运动与力 …… 25
2.1　牛顿运动定律 …… 25
2.2　常见的几种力 …… 29
*2.3　基本的自然力 …… 32
2.4　应用牛顿定律解题 …… 34
2.5　非惯性系与惯性力 …… 36
提要 …… 40
习题 …… 40
科学家介绍　牛顿 …… 44

第3章　动量与角动量 …… 46
3.1　冲量与动量定理 …… 46

3.2 动量守恒定律 …… 48
3.3 火箭飞行原理 …… 51
3.4 质心 …… 52
3.5 质心运动定理 …… 53
3.6 质点的角动量和角动量定理 …… 55
3.7 角动量守恒定律 …… 56
3.8 质点系的角动量定理 …… 58
提要 …… 59
习题 …… 60
科学家介绍 开普勒 …… 62

第4章 功和能 …… 63
4.1 功 …… 63
4.2 动能定理 …… 66
4.3 势能 …… 69
4.4 引力势能 …… 70
4.5 由势能求保守力 …… 72
4.6 机械能守恒定律 …… 73
4.7 守恒定律的意义 …… 76
4.8 碰撞 …… 77
提要 …… 82
习题 …… 83

第5章 刚体的转动 …… 86
5.1 刚体转动的描述 …… 86
5.2 转动定律 …… 87
5.3 转动惯量的计算 …… 89
5.4 转动定律的应用 …… 92
5.5 角动量守恒 …… 95
5.6 转动中的功和能 …… 98
*5.7 进动 …… 99
提要 …… 101
习题 …… 102

今日物理趣闻A 混沌——决定论的混乱 …… 104
A.1 决定论的可预测性 …… 104
A.2 决定论的不可预测性 …… 104
A.3 对初值的敏感性 …… 106

A.4 几个混沌现象实例 …… 107

今日物理趣闻 B 奇妙的对称性 …… 110

B.1 对称美 …… 110
B.2 对称性种种 …… 112
B.3 物理定律的对称性 …… 113
B.4 宇称守恒与不守恒 …… 113
B.5 自然界的不对称现象 …… 115
B.6 关于时间的对称性 …… 116

第2篇 电 磁 学

第6章 静电场 …… 121
6.1 电荷 …… 121
6.2 库仑定律与叠加原理 …… 123
6.3 电场和电场强度 …… 126
6.4 静止的点电荷的电场及其叠加 …… 127
6.5 电场线和电通量 …… 131
6.6 高斯定律 …… 133
6.7 利用高斯定律求静电场的分布 …… 135
提要 …… 139
习题 …… 140

第7章 电势 …… 142
7.1 静电场的保守性 …… 142
7.2 电势差和电势 …… 144
7.3 电势叠加原理 …… 146
7.4 电势梯度 …… 148
7.5 电荷在外电场中的静电势能 …… 150
7.6 静电场的能量 …… 150
提要 …… 151
习题 …… 151

第8章 静电场中的导体 …… 153
8.1 导体的静电平衡条件 …… 153
8.2 静电平衡的导体上的电荷分布 …… 154

8.3 有导体存在时静电场的分析与计算 …… 155
8.4 静电屏蔽 …… 157
提要 …… 158
习题 …… 159

第9章 静电场中的电介质 …… 160
9.1 电介质对电场的影响 …… 160
9.2 电介质的极化 …… 161
9.3 *D* 的高斯定律 …… 164
9.4 电容器和它的电容 …… 166
9.5 电容器的能量 …… 169
提要 …… 171
习题 …… 171

第10章 磁场和它的源 …… 173
10.1 磁力与电荷的运动 …… 173
10.2 磁场与磁感应强度 …… 174
10.3 毕奥-萨伐尔定律 …… 177
10.4 安培环路定理 …… 179
10.5 利用安培环路定理求磁场的分布 …… 181
10.6 与变化电场相联系的磁场 …… 184
提要 …… 188
习题 …… 189
科学家介绍 麦克斯韦 …… 190

第11章 磁力 …… 193
11.1 带电粒子在磁场中的运动 …… 193
11.2 霍尔效应 …… 195
11.3 载流导线在磁场中受的磁力 …… 196
11.4 载流线圈在均匀磁场中受的磁力矩 …… 197
11.5 平行载流导线间的相互作用力 …… 199
提要 …… 200
习题 …… 201

第12章 磁场中的磁介质 …… 203
12.1 磁介质对磁场的影响 …… 203
12.2 原子的磁矩 …… 204
12.3 磁介质的磁化 …… 207

12.4 H 的环路定理 …… 209
12.5 铁磁质 …… 210
提要 …… 213

第 13 章 电磁感应 …… 214
13.1 法拉第电磁感应定律 …… 214
13.2 电动势 …… 216
13.3 动生电动势 …… 217
13.4 感生电动势和感生电场 …… 220
13.5 互感 …… 222
13.6 自感 …… 223
13.7 磁场的能量 …… 225
13.8 麦克斯韦方程组 …… 226
提要 …… 229
习题 …… 230
科学家介绍 法拉第 …… 232

今日物理趣闻 C 闪电 …… 235

数值表 …… 238

习题答案 …… 240

第1篇 力学

力学是一门古老的学问，其渊源在西方可追溯到公元前4世纪古希腊学者柏拉图认为圆运动是天体的最完美的运动和亚里士多德关于力产生运动的说教，在中国可以追溯到公元前5世纪《墨经》中关于杠杆原理的论述。但力学(以及整个物理学)成为一门科学理论应该说是从17世纪伽利略论述惯性运动开始，继而牛顿提出了后来以他的名字命名的三个运动定律。现在以牛顿定律为基础的力学理论叫牛顿力学或经典力学。它曾经被尊为完美普遍的理论而兴盛了约300年。在20世纪初虽然发现了它的局限性，在高速领域为相对论所取代，在微观领域为量子力学所取代，但在一般的技术领域，包括机械制造、土木建筑，甚至航空航天技术中，经典力学仍保持着充沛的活力而处于基础理论的地位。它的这种实用性是我们要学习经典力学的一个重要原因。

由于经典力学是最早形成的物理理论，后来的许多理论，包括相对论和量子力学的形成都受到它的影响。后者的许多概念和思想都是经典力学概念和思想的发展或改造。经典力学在一定意义上是整个物理学的基础，这是我们要学习经典力学的另一个重要原因。

本篇第1章、第2章讲述质点力学基础，即牛顿三定律和直接利用它们对力学问题的动力学分析方法。第4章、第5章引入并着重阐明了动量、角动量和能量诸概念及相应的守恒定律及其应用。刚体的转动、振动和波动各章则是阐述前几章力学定律对于特殊系统的应用。狭义相对论的时空观已是当今物理学的基础概念，它和牛顿力学联系紧密，可以归入经典力学的范畴。

量子力学是一门全新的理论，不可能归入经典力学，也就不包括在本篇内。尽管如此，在本篇适当的地方，还是插入了一些量子力学概念以便和经典概念加以比较。

经典力学一向被认为是决定论的。但是，在 20 世纪 60 年代，由于电子计算机的应用，发现了经典力学问题实际上大部分虽是决定论的，但是是不可预测的。为了使同学们了解经典力学的这一新发展，本篇在“今日物理趣闻 A 混沌”中简单介绍了这方面的基本知识。

第 1 章

质点运动学

经典力学是研究物体的机械运动的规律的。为了研究，首先描述。力学中描述物体运动的内容叫做**运动学**。实际的物体结构复杂，大小各异，为了从最简单的研究开始，引进**质点**模型，即以具有一定质量的点来代表物体。本章讲解质点运动学。相当一部分概念和公式在中学物理课程中已学习过了，本章将对它们进行更严格、更全面也更系统化的讲解。例如强调了参考系的概念，速度、加速度的定义都用了导数这一数学运算，还普遍加强了矢量概念。又例如圆周运动介绍了切向加速度和法向加速度两个分加速度。最后还介绍了同一物体运动的描述在不同参考系中的变换关系——伽利略变换。

1.1 参考系

现在让我们从一般地描述质点在三维空间中的运动开始。

物体的机械运动是指它的位置随时间的改变。位置总是相对的，这就是说，任何物体的位置总是相对于其他物体或物体系来确定的。这个其他物体或物体系就叫做确定物体位置时用的**参考物**。例如，确定交通车辆的位置时，我们用固定在地面上的一些物体，如房子或路牌作参考物(图 1.1)。

图 1.1 汽车行进在“珠峰公路”上(新华社)。在路径已经确定的情况下，汽车的位置可由离一个指定的路牌的路径长度确定

经验告诉我们,相对于不同的参考物,同一物体的同一运动,会表现为不同的形式。例如,一个自由下落的石块的运动,站在地面上观察,即以地面为参考物,它是直线运动。如果在近旁驰过的车厢内观察,即以行进的车厢为参考物,则石块将作曲线运动。物体运动的形式随参考物的不同而不同,这个事实叫**运动的相对性**。由于运动的相对性,当我们描述一个物体的运动时,就必须指明是相对于什么参考物来说的。

确定了参考物之后,为了定量地说明一个质点相对于此参考物的空间位置,就在此参考物上建立固定的**坐标系**。最常用的坐标系是**笛卡儿直角坐标系**。这个坐标系以参考物上某一固定点为原点 O,从此原点沿 3 个相互垂直的方向引 3 条固定在参考物上的直线作为**坐标轴**,通常分别叫做 x,y,z 轴(图 1.2)。在这样的坐标系中,一个质点在任意时刻的空间位置,如 P 点,就可以用 3 个坐标值(x,y,z)来表示。

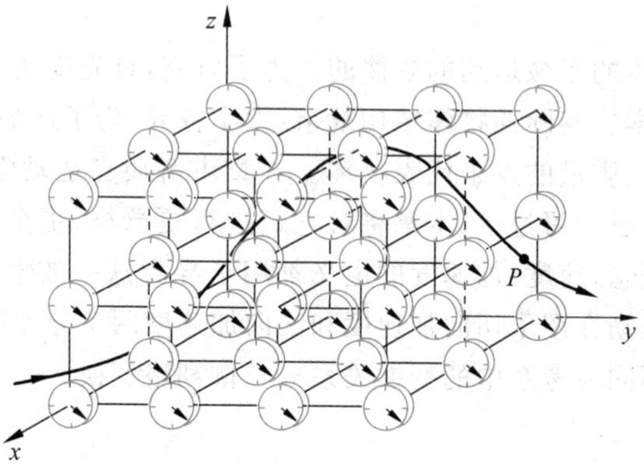

图 1.2 一个坐标系和一套同步的钟构成一个参考系

质点的运动就是它的位置随时间的变化。为了描述质点的运动,需要指出质点到达各个位置(x,y,z)的时刻 t。这时刻 t 是由在坐标系中各处配置的许多**同步的钟**(如图 1.2,在任意时刻这些钟的指示都一样)给出的①。质点在运动中到达各处时,都有近旁的钟给出它到达该处的时刻 t。这样,质点的运动,亦即它的位置随时间的变化,就可以完全确定地描述出来了。

一个固定在参考物上的坐标系和相应的一套同步的钟组成一个**参考系**。参考系通常以所用的参考物命名。例如,坐标轴固定在地面上(通常一个轴竖直向上)的参考系叫**地面参考系**(图 1.3 中 $O''x''y''z''$);坐标原点固定在地心而坐标轴指向空间固定方向(以恒星为基准)的参考系叫**地心参考系**(图 1.3 中 $O'x'y'z'$);原点固定在太阳中心而坐标轴指向空间固定方向(以恒星为基准)的参考系叫**太阳参考系**(图 1.3 中 $Oxyz$)。常用的固定在实验室的参考系叫**实验室参考系**。

质点位置的空间坐标值是沿着坐标轴方向从原点开始量起的长度。在**国际单位制** SI

① 此处说的"在坐标系中各处配置的许多同步的钟"是一种理论的设计,实际上当然办不到。实际上是用一个钟随同物体一起运动,由它指出物体到达各处的时刻。这只运动的钟事前已和静止在参考系中的一只钟对好,二者同步。这样前者给出的时刻就是本参考系给出的时刻。实际的例子是飞行员的手表就指示他到达空间各处的时刻,这和地面上控制室的钟给出的时刻是一样的。不过,这种实际操作在物体运动速度接近光速时将失效,在这种情况下运动的钟和静止的钟**不可能**同步,其原因参见本书 22.3 节。

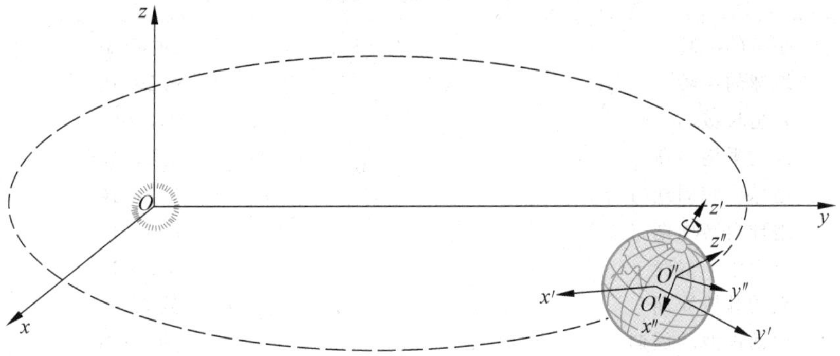

图 1.3 参考系示意图

(其单位也是我国的法定计量单位)中,长度的基本单位是米(符号是 m)。现在国际上采用的米是 1983 年规定的[①]:**1 m 是光在真空中在(1/299 792 458)s 内所经过的距离**。这一规定的基础是激光技术的完善和相对论理论的确立。表 1.1 列出了一些长度的实例。

表 1.1 长度实例 m

目前可观察到的宇宙的半径	约 1×10^{26}
银河系之间的距离	约 2×10^{22}
我们的银河系的直径	7.6×10^{20}
地球到最近的恒星(半人马座比邻星)的距离	4.0×10^{16}
光在一年内走的距离(1 l. y.)	0.95×10^{16}
地球到太阳的距离	1.5×10^{11}
地球的半径	6.4×10^{6}
珠穆朗玛峰的高度	8.9×10^{3}
人的身高	约 1.7
无线电广播电磁波波长	约 3×10^{2}
说话声波波长	约 4×10^{-1}
人的红血球直径	7.5×10^{-6}
可见光波波长	约 6×10^{-7}
原子半径	约 1×10^{-10}
质子半径	1×10^{-15}
电子半径	$<1\times10^{-18}$
夸克半径	1×10^{-20}
“超弦”(理论假设)	1×10^{-35}

质点到达空间某一位置的**时刻**以从某一起始时刻到该时刻所经历的**时间**标记。时间在 SI 中是以秒(符号是 s)为基本单位计量的。以前曾规定平均太阳日的 1/86 400 是 1 s。现在 SI 规定:**1 s 是铯的一种同位素 ^{133}Cs 原子发出的一个特征频率的光波周期的 9 192 631 770 倍**。表 1.2 列出了一些时间的实例。

① 关于基本单位的规定,请参见:张钟华.基本物理常量与国际单位制基本单位的重新定义.物理通报,2006,2:7~10.

表 1.2 时间实例

s

宇宙的年龄	约 4×10^{17}
地球的年龄	1.2×10^{17}
万里长城的年龄	7×10^{10}
人的平均寿命	2.2×10^{9}
地球公转周期(1 年)	3.2×10^{7}
地球自转周期(1 日)	8.6×10^{4}
自由中子寿命	8.9×10^{2}
人的脉搏周期	约 0.9
说话声波的周期	约 1×10^{-3}
无线电广播电磁波周期	约 1×10^{-6}
π^+ 粒子的寿命	2.6×10^{-8}
可见光波的周期	约 2×10^{-15}
最短的粒子寿命	约 10^{-25}

在实际工作中，为了方便起见，常用基本单位的倍数或分数作单位来表示物理量的大小。这些单位叫**倍数单位**，它们的名称都是基本单位加上一个表示倍数或分数的词头构成。SI 词头如表 1.3 所示。

表 1.3 SI 词头

因　数	词 头 名 称		符　号
	英　文	中　文	
10^{24}	yotta	尧[它]	Y
10^{21}	zetta	泽[它]	Z
10^{18}	exa	艾[可萨]	E
10^{15}	peta	拍[它]	P
10^{12}	tera	太[拉]	T
10^{9}	giga	吉[咖]	G
10^{6}	mega	兆	M
10^{3}	kilo	千	k
10^{2}	hecto	百	h
10^{1}	deca	十	da
10^{-1}	deci	分	d
10^{-2}	centi	厘	c
10^{-3}	milli	毫	m
10^{-6}	micro	微	μ
10^{-9}	nano	纳[诺]	n
10^{-12}	pico	皮[可]	p
10^{-15}	femto	飞[母托]	f
10^{-18}	atto	阿[托]	a
10^{-21}	zepto	仄[普托]	z
10^{-24}	yocto	幺[科托]	y

1.2 质点的位矢、位移和速度

选定了参考系，一个质点的运动，即它的位置随时间的变化，就可以用数学函数的形式表示出来了。作为时间 t 的函数的 3 个坐标值一般可以表示为

$$x = x(t), \quad y = y(t), \quad z = z(t) \tag{1.1}$$

这样的一组函数叫做质点的**运动函数**(有的书上叫做运动方程)。

质点的位置可以用**矢量**的概念更简洁清楚地表示出来。为了表示质点在时刻 t 的位置 P，我们从原点向此点引一有向线段 OP，并记作矢量 $\boldsymbol{r}$(图 1.4)。$\boldsymbol{r}$ 的方向说明了 P 点相对于坐标轴的方位，$\boldsymbol{r}$ 的大小(即它的“模”)表明了原点到 P 点的距离。方位和距离都知道了，P 点的位置也就确定了。用来确定质点位置的这一矢量 $\boldsymbol{r}$ 叫做质点的**位置矢量**，简称**位矢**，也叫**径矢**。质点在运动时，它的位矢是随时间改变的，这一改变一般可以用函数

$$\boldsymbol{r} = \boldsymbol{r}(t) \tag{1.2}$$

来表示。上式就是质点的运动函数的矢量表示式。

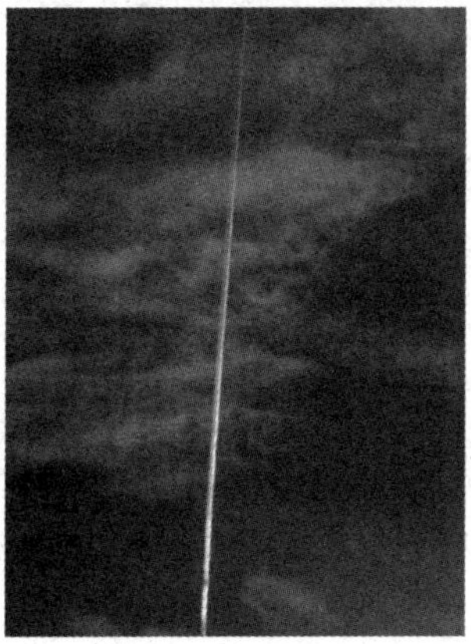

(a)

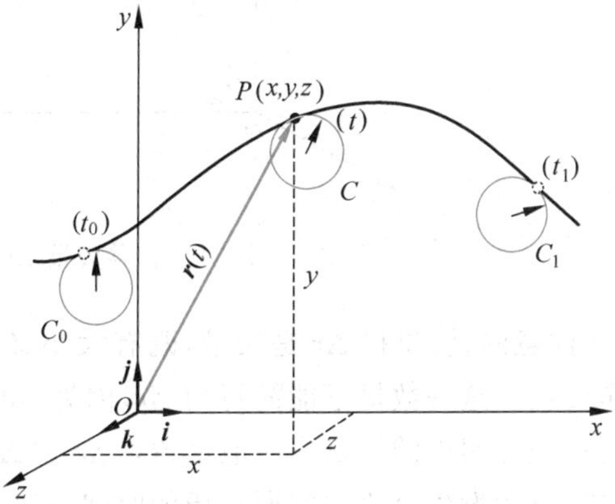

(b)

图 1.4 质点的运动

(a) 飞机穿透云层“实际的”质点运动；

(b) 用位矢 $\boldsymbol{r}(t)$表示质点在时刻 t 的位置

由于空间的几何性质，位置矢量总可以用它的沿 3 个坐标轴的分量之和表示。位置矢量 $\boldsymbol{r}$ 沿 3 个坐标轴的投影分别是坐标值 x,y,z。以 $\boldsymbol{i},\boldsymbol{j},\boldsymbol{k}$ 分别表示沿 x,y,z 轴正方向的**单位矢量**(即其大小是一个单位的矢量)，则位矢 $\boldsymbol{r}$ 和它的 3 个分量的关系就可以用矢量合成公式

$$\boldsymbol{r} = x\boldsymbol{i} + y\boldsymbol{j} + z\boldsymbol{k} \tag{1.3}$$

表示。式中等号右侧各项分别是位矢 $\boldsymbol{r}$ 沿各坐标轴的分矢量，它们的大小分别等于各坐标值的大小，其方向是各坐标轴的正向或负向，取决于各坐标值的正或负。根据式(1.3)，式(1.1)和式(1.2)表示的运动函数就有如下的关系：

$$\boldsymbol{r}(t) = x(t)\boldsymbol{i} + y(t)\boldsymbol{j} + z(t)\boldsymbol{k} \tag{1.4}$$

式(1.4)中各函数表示质点位置的各坐标值随时间的变化情况，可以看做是质点沿各坐标轴的**分运动**的表示式。质点的实际运动是由式(1.4)中3个函数的总体或式(1.2)表示的。式(1.4)表明，质点的实际运动是各分运动的**合运动**。

质点运动时所经过的路线叫做**轨道**，在一段时间内它沿轨道经过的距离叫做**路程**，在一段时间内它的位置的改变叫做它在这段时间内的**位移**。设质点在 t 和 $t+\Delta t$ 时刻分别通过 P 和 P_1 点(图1.5)，其位矢分别是 $\boldsymbol{r}(t)$ 和 $\boldsymbol{r}(t+\Delta t)$，则由 P 引到 P_1 的矢量表示位矢的增量，即

$$\Delta \boldsymbol{r}=\boldsymbol{r}(t+\Delta t)-\boldsymbol{r}(t) \tag{1.5}$$

这一位矢的增量就是质点在 t 到 $t+\Delta t$ 这一段时间内的位移。

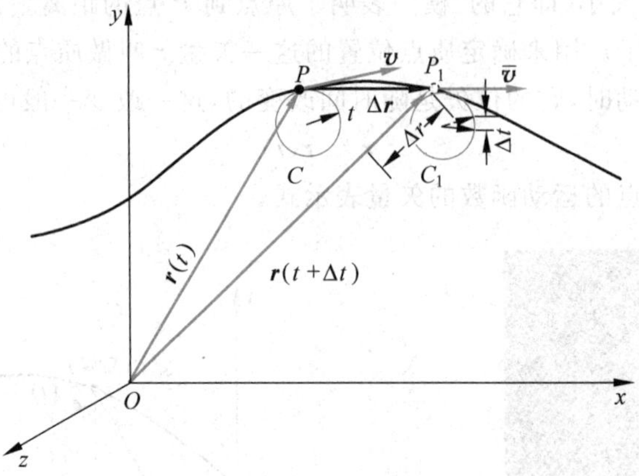

图1.5　位移矢量 $\Delta\boldsymbol{r}$ 和速度矢量 $\boldsymbol{v}$

应该注意的是，位移 $\Delta\boldsymbol{r}$ 是矢量，既有大小又有方向。其大小用图中 $\Delta\boldsymbol{r}$ 矢量的长度表示，记作 $|\Delta\boldsymbol{r}|$。这一数量不能简写为 Δr，因为 $\Delta r=r(t+\Delta t)-r(t)$，它是位矢的大小在 t 到 $t+\Delta t$ 这一段时间内的增量。一般地说，$|\Delta\boldsymbol{r}|\neq\Delta r$。

位移 $\Delta\boldsymbol{r}$ 和发生这段位移所经历的时间的比叫做质点在这一段时间内的**平均速度**。以 $\bar{\boldsymbol{v}}$ 表示平均速度，就有

$$\bar{\boldsymbol{v}}=\frac{\Delta\boldsymbol{r}}{\Delta t} \tag{1.6}$$

平均速度也是矢量，它的方向就是位移的方向(如图1.5所示)。

当 Δt 趋于零时，式(1.6)的极限，即质点位矢对时间的变化率，叫做质点在时刻 t 的**瞬时速度**，简称**速度**。用 $\boldsymbol{v}$ 表示速度，就有

$$\boldsymbol{v}=\lim_{\Delta t\to 0}\frac{\Delta\boldsymbol{r}}{\Delta t}=\frac{\mathrm{d}\boldsymbol{r}}{\mathrm{d}t} \tag{1.7}$$

速度的方向，就是 Δt 趋于零时 $\Delta\boldsymbol{r}$ 的方向。如图1.5所示，当 Δt 趋于零时，P_1 点向 P 点趋近，而 $\Delta\boldsymbol{r}$ 的方向最后将与质点运动轨道在 P 点的切线一致。因此，质点在时刻 t 的速度的方向就是沿着该时刻质点所在处运动轨道的切线而指向运动的前方，如图1.5中 $\boldsymbol{v}$ 的方向。

速度的大小叫**速率**，以 v 表示，则有

$$v=|\boldsymbol{v}|=\left|\frac{\mathrm{d}\boldsymbol{r}}{\mathrm{d}t}\right|=\lim_{\Delta t\to 0}\frac{|\Delta\boldsymbol{r}|}{\Delta t} \tag{1.8}$$

用 Δs 表示在 Δt 时间内质点沿轨道所经过的路程。当 Δt 趋于零时，$|\Delta \boldsymbol{r}|$ 和 Δs 趋于相同，因此可以得到

$$v=\lim_{\Delta t\to 0}\frac{|\Delta \boldsymbol{r}|}{\Delta t}=\lim_{\Delta t\to 0}\frac{\Delta s}{\Delta t}=\frac{\mathrm{d}s}{\mathrm{d}t} \tag{1.9}$$

这就是说速率又等于质点所走过的路程对时间的变化率。

根据位移的大小 $|\Delta \boldsymbol{r}|$ 与 Δr 的区别可以知道，一般地，

$$v=\left|\frac{\mathrm{d}\boldsymbol{r}}{\mathrm{d}t}\right|\neq\frac{\mathrm{d}r}{\mathrm{d}t}$$

将式(1.3)代入式(1.7)，由于沿 3 个坐标轴的单位矢量都不随时间改变，所以有

$$\boldsymbol{v}=\frac{\mathrm{d}x}{\mathrm{d}t}\boldsymbol{i}+\frac{\mathrm{d}y}{\mathrm{d}t}\boldsymbol{j}+\frac{\mathrm{d}z}{\mathrm{d}t}\boldsymbol{k}=\boldsymbol{v}_x+\boldsymbol{v}_y+\boldsymbol{v}_z \tag{1.10}$$

等号右面 3 项分别表示沿 3 个坐标轴方向的**分速度**。速度沿 3 个坐标轴的分量 v_x,v_y,v_z 分别为

$$v_x=\frac{\mathrm{d}x}{\mathrm{d}t},\quad v_y=\frac{\mathrm{d}y}{\mathrm{d}t},\quad v_z=\frac{\mathrm{d}z}{\mathrm{d}t} \tag{1.11}$$

这些分量都是数量，可正可负。

式(1.10)表明：质点的速度 $\boldsymbol{v}$ 是各分速度的矢量和。这一关系是式(1.4)的直接结果，也是由空间的几何性质所决定的。

由于式(1.10)中各分速度相互垂直，所以速率

$$v=\sqrt{v_x^2+v_y^2+v_z^2} \tag{1.12}$$

速度的 SI 单位是 m/s。表 1.4 给出了一些实际的速率的数值。

表 1.4 某些速率 m/s

光在真空中	3.0×10^8
北京正负电子对撞机中的电子	99.999 998%光速
类星体的退行(最快的)	2.7×10^8
太阳在银河系中绕银河系中心的运动	3.0×10^5
地球公转	3.0×10^4
人造地球卫星	7.9×10^3
现代歼击机	约 9×10^2
步枪子弹离开枪口时	约 7×10^2
由于地球自转在赤道上一点的速率	4.6×10^2
空气分子热运动的平均速率(0℃)	4.5×10^2
空气中声速(0℃)	3.3×10^2
机动赛车(最大)	1.0×10^2
猎豹(最快动物)	2.8×10
人跑步百米世界纪录(最快时)	1.205×10
大陆板块移动	约 10^{-9}

全球定位系统(GPS)

全球定位系统是利用人造卫星准确认定接收器的位置并进行导航的系统。它由美国国防部首先创

建，又称"NAVSTAR"。该系统共利用24颗卫星(1978年发射第一颗，1994年发射最后一颗)，每颗卫星以速率1.13×10^4 km/h每天绕地球两圈，24颗卫星大致均匀分布于全球表面高空(图1.6(a))，卫星由太阳能电池供电(也有备用电池)，有小火箭助推器保证它们各自在正确轨道上运行。卫星以1575.42 MHz的频率发射民用信号，地表面的接收器可以同时收到几颗卫星发来的信号。3个卫星的信号能认定接收器的二维位置(经度和纬度)，4个卫星的信号能认定接收器的三维位置(经度、纬度和高度)(图1.6(b))。信号之所以能认定接收器的位置是因为接收器能测出各信号从卫星发出至到达接收器的时间，从而能计算出卫星到接收器的距离。知道了几个方向上卫星到接收器的距离，就可以确定接收器所在的位置了。NAVSTAR确定位置的精度平均为15 m，添加附属修正设备可使精度提高到3 m以下。位置确定后，接收器还可计算其他信息，如速率、方向、轨道等。目前NAVSTAR能对汽车、船只、飞机、导弹、卫星等进行全天候适时、准确定位。利用NAVSTAR是免费的。

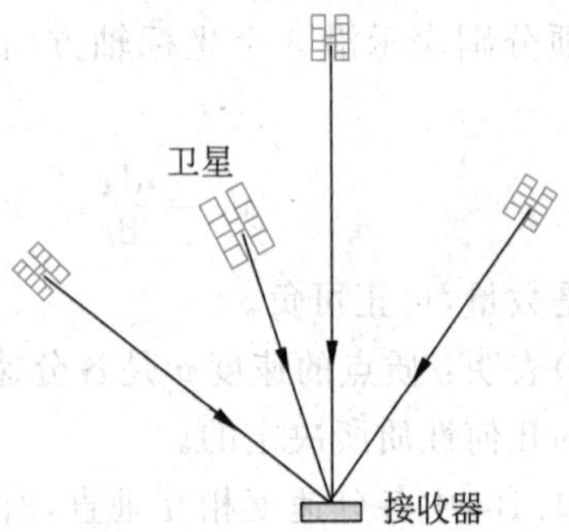

图1.6 全球定位系统

(a) NAVSTAR卫星分布图；(b) 4星定位原理图

为了摆脱对NAVSTAR的依赖，我国已自行研制开建了自己的全球卫星导航系统——北斗卫星导航系统。它将由5颗静止轨道卫星和30颗非静止轨道卫星组成，它不但能用来定位，而且还能用于通信。2006年我国已建成了"北斗一号"导航实验卫星系统。它由3颗卫星组成，其定位精度为10 m，授时精度为50 ns，测速精度为0.2 m/s。它覆盖我国及周边领域，已在电信、水利、交通、森林防火和国家安全等诸多领域发挥重要作用。2007年4月我国又成功地发射了一颗北斗导航卫星(COMPASS-M1)，在全球卫星导航系统的建设上又前进了一步。

1.3 加速度

当质点的运动速度随时间改变时，常常需要了解速度变化的情况。速度变化的情况用**加速度**表示。以$\boldsymbol{v}(t)$和$\boldsymbol{v}(t+\Delta t)$分别表示质点在时刻$t$和时刻$t+\Delta t$的速度(图1.7)，则在这段时间内的**平均加速度**$\bar{\boldsymbol{a}}$由下式定义：

$$\bar{\boldsymbol{a}}=\frac{\boldsymbol{v}(t+\Delta t)-\boldsymbol{v}(t)}{\Delta t}=\frac{\Delta \boldsymbol{v}}{\Delta t} \tag{1.13}$$

当Δt趋于零时，此平均加速度的极限，即速度对时间的变化率，叫质点在时刻t的**瞬时加速度**，简称**加速度**。以$\boldsymbol{a}$表示加速度，就有

$$\boldsymbol{a}=\lim_{\Delta t\to 0}\frac{\Delta \boldsymbol{v}}{\Delta t}=\frac{\mathrm{d}\boldsymbol{v}}{\mathrm{d}t} \tag{1.14}$$

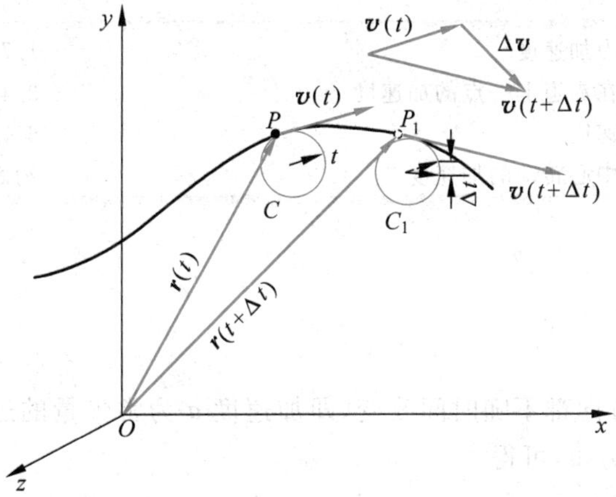

图 1.7 平均加速度矢量 $\bar{\boldsymbol{a}}$ 的方向就是 $\Delta \boldsymbol{v}$ 的方向

应该明确的是，加速度也是矢量。由于它是速度对时间的变化率，所以不管是速度的大小发生变化，还是速度的方向发生变化，都有加速度①。利用式(1.7)，还可得

$$\boldsymbol{a} = \frac{\mathrm{d}^2 \boldsymbol{r}}{\mathrm{d}t^2} \tag{1.15}$$

将式(1.10)代入式(1.14)，可得加速度的分量表示式如下：

$$\boldsymbol{a} = \frac{\mathrm{d}v_x}{\mathrm{d}t}\boldsymbol{i} + \frac{\mathrm{d}v_y}{\mathrm{d}t}\boldsymbol{j} + \frac{\mathrm{d}v_z}{\mathrm{d}t}\boldsymbol{k} = \boldsymbol{a}_x + \boldsymbol{a}_y + \boldsymbol{a}_z \tag{1.16}$$

加速度沿 3 个坐标轴的分量分别是

$$\left.\begin{aligned} a_x &= \frac{\mathrm{d}v_x}{\mathrm{d}t} = \frac{\mathrm{d}^2 x}{\mathrm{d}t^2} \\ a_y &= \frac{\mathrm{d}v_y}{\mathrm{d}t} = \frac{\mathrm{d}^2 y}{\mathrm{d}t^2} \\ a_z &= \frac{\mathrm{d}v_z}{\mathrm{d}t} = \frac{\mathrm{d}^2 z}{\mathrm{d}t^2} \end{aligned}\right\} \tag{1.17}$$

这些分量和加速度的大小的关系是

$$a = \sqrt{a_x^2 + a_y^2 + a_z^2} \tag{1.18}$$

加速度的 SI 单位是 $\mathrm{m/s^2}$。表 1.5 给出了一些实际的加速度的数值。

表 1.5 某些加速度的数值 $\mathrm{m/s^2}$

超级离心机中粒子的加速度	3×10^6
步枪子弹在枪膛中的加速度	约 5×10^5
使汽车撞坏(以 27 m/s 车速撞到墙上)的加速度	约 1×10^3
使人发晕的加速度	约 7×10
地球表面的重力加速度	9.8
汽车制动的加速度	约 8

① 本节引进了加速度，即速度对时间的变化率。那么，是否还可进一步讨论加速度对时间的变化率，引进“**加加速度**”的概念呢？这一概念有实际意义吗？有的。请参见 2.1 节附加内容**急动度**。

续表

月球表面的重力加速度	1.7
由于地球自转在赤道上一点的加速度	3.4×10^{-2}
地球公转的加速度	6×10^{-3}
太阳绕银河系中心转动的加速度	约 3×10^{-10}

1.4 匀加速运动

加速度的大小和方向都不随时间改变，即加速度 $\boldsymbol{a}$ 为常矢量的运动，叫做**匀加速运动**。由加速度的定义 $\boldsymbol{a}=\mathrm{d}\boldsymbol{v}/\mathrm{d}t$，可得

$$\mathrm{d}\boldsymbol{v}=\boldsymbol{a}\mathrm{d}t$$

对此式两边积分，即可得出速度随时间变化的关系。设已知某一时刻的速度，例如 $t=0$ 时，速度为 $\boldsymbol{v}_0$，则任意时刻 t 的速度 $\boldsymbol{v}$，就可以由下式求出：

$$\int_{\boldsymbol{v}_0}^{\boldsymbol{v}}\mathrm{d}\boldsymbol{v}=\int_0^t\boldsymbol{a}\mathrm{d}t$$

利用 $\boldsymbol{a}$ 为常矢量的条件，可得

$$\boldsymbol{v}=\boldsymbol{v}_0+\boldsymbol{a}t \tag{1.19}$$

这就是匀加速运动的速度公式。

由于 $\boldsymbol{v}=\mathrm{d}\boldsymbol{r}/\mathrm{d}t$，所以有 $\mathrm{d}\boldsymbol{r}=\boldsymbol{v}\mathrm{d}t$，将式(1.19)代入此式，可得

$$\mathrm{d}\boldsymbol{r}=(\boldsymbol{v}_0+\boldsymbol{a}t)\mathrm{d}t$$

设某一时刻，例如 $t=0$ 时的位矢为 $\boldsymbol{r}_0$，则任意时刻 t 的位矢 $\boldsymbol{r}$ 就可通过对上式两边积分求得，即

$$\int_{\boldsymbol{r}_0}^{\boldsymbol{r}}\mathrm{d}\boldsymbol{r}=\int_0^t(\boldsymbol{v}_0+\boldsymbol{a}t)\mathrm{d}t$$

由此得

$$\boldsymbol{r}=\boldsymbol{r}_0+\boldsymbol{v}_0t+\frac{1}{2}\boldsymbol{a}t^2 \tag{1.20}$$

这就是匀加速运动的位矢公式。

在实际问题中，常常利用式(1.19)和式(1.20)的分量式，它们是速度公式

$$\left.\begin{aligned}v_x&=v_{0x}+a_xt\\v_y&=v_{0y}+a_yt\\v_z&=v_{0z}+a_zt\end{aligned}\right\} \tag{1.21}$$

和位置公式

$$\left.\begin{aligned}x&=x_0+v_{0x}t+\frac{1}{2}a_xt^2\\y&=y_0+v_{0y}t+\frac{1}{2}a_yt^2\\z&=z_0+v_{0z}t+\frac{1}{2}a_zt^2\end{aligned}\right\} \tag{1.22}$$

这两组公式具体地说明了质点的匀加速运动沿3个坐标轴方向的分运动，质点的实际运动

就是这 3 个分运动的合成。

以上各公式中的加速度和速度沿坐标轴的分量均可正可负，这要由各分矢量相对于坐标轴的正方向而定：相同为正，相反为负。

质点在时刻 $t=0$ 时的位矢 $\boldsymbol{r}_0$ 和速度 $\boldsymbol{v}_0$ 叫做运动的**初始条件**。由式(1.19)和式(1.20)可知，在已知加速度的情况下，给定了初始条件，就可以求出质点在任意时刻的位置和速度。这个结论在匀加速运动的诸公式中看得最明显。实际上它对质点的任意运动都是成立的。

如果质点沿一条直线作匀加速运动，就可以选它所沿的直线为 x 轴，而其运动就可以只用式(1.21)和式(1.22)的第一式加以描述。如果再取质点的初位置为原点，即取 $x_0=0$，则这些公式就是大家熟知的匀加速(或匀变速)直线运动的公式了。

最常见而且很重要的实际的匀加速运动是物体只在重力作用下的运动。这种运动的加速度的方向总竖直向下，其大小虽然随地点和高度略有不同(因而被近似地按匀加速运动处理)，但非常重要的是，实验证实，在同一地点的所有物体，不管它们的形状、大小和化学成分等有什么不同，它们的这一加速度都相同①。这一加速度就叫**重力加速度**，通常用 $\boldsymbol{g}$ 表示，在地面附近的重力加速度的值②大约是

$$g = 9.81\ \mathrm{m/s^2}$$

初速是零的这种运动就是**自由落体运动**。以起点为原点，取 y 轴向下，则由式(1.21)和式(1.22)的第二式可得自由落体运动的公式如下：

$$\left.\begin{aligned} v &= gt \\ y &= \frac{1}{2}gt^2 \\ v^2 &= 2gy \end{aligned}\right\}$$

1.5 抛体运动

从地面上某点向空中抛出一物体，它在空中的运动就叫**抛体运动**。物体被抛出后，忽略风的作用，它的运动轨道总是被限制在通过抛射点的由抛出速度方向和竖直方向所确定的平面内，因而，抛体运动一般是二维运动(见图 1.8)。

一个物体在空中运动时，在空气阻力可以忽略的情况下，它在各时刻的加速度都是重力加速度 $\boldsymbol{g}$。一般视 $\boldsymbol{g}$ 为常矢量。这种运动的速度和位置随时间的变化可以分别用

---

① 所有物体的自由落体加速度都一样，作为事实首先被伽利略在 17 世纪初期肯定下来。它的重要意义被爱因斯坦注意到，作为他在 1915 年提出的广义相对论的出发点。正是由于这个十分重要的意义，所以有许多人多次做实验来验证这一点。牛顿所做的各种物体自由落体加速度都相等的实验曾精确到 10^{-3} 量级。近代，这方面的实验精确到 10^{-10} 量级，在某些特殊情况下甚至精确到 10^{-12} 量级。

1999 年朱棣文小组用原子干涉仪成功地测量了重力加速度，利用自由下落的原子能够以与光学干涉仪相同的精度测出 g 的值，精度达 3×10^{-6}，从而证明了自由落体定律(即 g 值与落体质量无关)在量子尺度上成立。

② 测量地面上不同地点的 g 值通常是用单摆进行的。但近年来国际度量衡局采用了一种特别精确的方法。它是在一个真空容器中将一个特制的小抛体向上抛出，测量它上升一段给定的距离接着又回落到原处所经过的时间。由这距离和时间就可以算出 g 来。用光的干涉仪可以把测定距离的精度提高到 $\pm10^{-9}$ m。这样测定的 g 值可以准确到 $\pm3\times10^{-8}\ \mathrm{m/s^2}$(用低速原子构建的原子干涉仪甚至可以准确到 10^{-10} 数量级)。用这样精确的方法测量的结果发现 g 值随时间有微小的浮动，浮动值可以达到 $4\times10^{-7}\ \mathrm{m/s^2}$。这一浮动的原因目前还不清楚，大概和地球内部物质分布的改变有关(以上见 H. C. Ohanian, Physics, 2nd ed. W. W. Norton & Company, 1989, p41)。

图 1.8　河北省曹妃甸沿海的吹沙船在吹沙造地，吹起的沙形成近似抛物线
（新华社记者杨世尧）

式(1.21)的前两式和式(1.22)的前两式表示。描述这种运动时，可以选抛出点为坐标原点，而取水平方向和竖直向上的方向分别为 x 轴和 y 轴(图 1.9)。从抛出时刻开始计时，则 $t=0$ 时，物体的初始位置在原点，即 $\boldsymbol{r}_0=0$；以 $\boldsymbol{v}_0$ 表示物体的初速度，以 θ 表示抛射角(即初速度与 x 轴的夹角)，则 $\boldsymbol{v}_0$ 沿 x 轴和 y 轴上的分量分别是

$$v_{0x}=v_0\cos\theta,\quad v_{0y}=v_0\sin\theta$$

物体在空中的加速度为

$$a_x=0,\quad a_y=-g$$

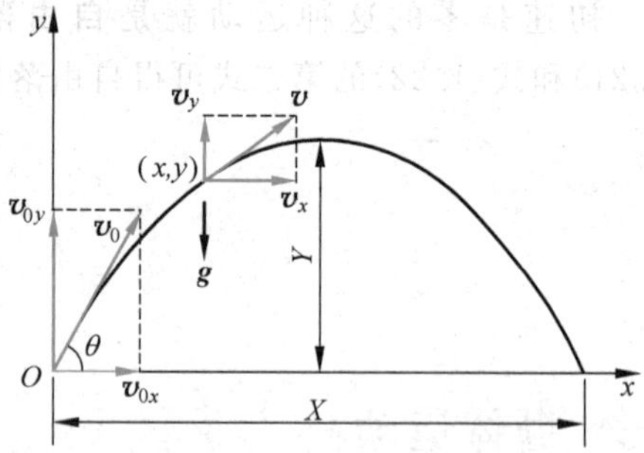

图 1.9　抛体运动分析

其中负号表示加速度的方向与 y 轴的方向相反。利用这些条件，由式(1.21)可以得出物体在空中任意时刻的速度为

$$\left.\begin{aligned}v_x&=v_0\cos\theta\\v_y&=v_0\sin\theta-gt\end{aligned}\right\}\tag{1.23}$$

由式(1.22)可以得出物体在空中任意时刻的位置为

$$\left.\begin{aligned}x&=v_0\cos\theta\cdot t\\y&=v_0\sin\theta\cdot t-\frac{1}{2}gt^2\end{aligned}\right\}\tag{1.24}$$

式(1.23)和式(1.24)也是大家在中学都已熟悉的公式。它们说明抛体运动是竖直方向的匀加速运动和水平方向的匀速运动的合成。由上两式可以求出(请读者自证)物体从抛出到回落到抛出点高度所用的时间 T 为

$$T=\frac{2v_0\sin\theta}{g}$$

飞行中的最大高度(即高出抛出点的距离)Y 为

$$Y=\frac{v_0^2\sin^2\theta}{2g}$$

飞行的射程(即回落到与抛出点的高度相同时所经过的水平距离)X 为

$$X=\frac{v_0^2\sin 2\theta}{g}$$

由这一表示式还可以证明：当初速度大小相同时，在抛射角 θ 等于 45°的情况下射程最大。

在式(1.24)的两式中消去 t，可得抛体的轨道函数为

$$y=x\tan\theta-\frac{1}{2}\frac{gx^2}{v_0^2\cos^2\theta}$$

对于一定的 v_0 和 θ，这一函数表示一条通过原点的二次曲线。这曲线在数学上叫"抛物线"。

应该指出，以上关于抛体运动的公式，都是在忽略空气阻力的情况下得出的。只有在初速比较小的情况下，它们才比较符合实际。实际上子弹或炮弹在空中飞行的规律和上述公式是有很大差别的。例如，以 550 m/s 的初速沿 45°抛射角射出的子弹，按上述公式计算的射程在 30 000 m 以上。实际上，由于空气阻力，射程不过 8500 m，不到前者的 1/3。子弹或炮弹飞行的规律，在军事技术中由专门的弹道学进行研究。

空气对抛体运动的影响，不只限于减小射程。对于乒乓球、排球、足球等在空中的飞行，由于球的旋转，空气的作用还可能使它们的轨道发生侧向弯曲。

对于飞行高度与射程都很大的抛体，例如洲际弹道导弹，弹头在很大部分时间内都在大气层以外飞行，所受空气阻力是很小的。但是由于在这样大的范围内，重力加速度的大小和方向都有明显的变化，因而上述公式也都不能应用。

作为抛体运动的一个特例，令抛射角 $\theta=90°$，我们就得到上抛运动。这是一个匀加速直线运动，它在任意时刻的速度和位置可以分别用式(1.23)中的第二式和式(1.24)中的第二式求得，于是有

$$v_y=v_0-gt \tag{1.25}$$

$$y=v_0t-\frac{1}{2}gt^2 \tag{1.26}$$

这也是大家所熟悉的公式。应该再次明确指出的是，v_y 和 y 的值都是代数值，可正可负。$v_y>0$ 表示该时刻物体正向上运动，$v_y<0$ 表示该时刻物体已回落并正向下运动。$y>0$ 表示该时刻物体的位置在抛出点之上，$y<0$ 表示物体的位置已回落到抛出点以下了。

1.6 圆周运动

质点沿圆周运动时，它的速率通常叫线速度。如以 s 表示从圆周上某点 A 量起的弧长(图 1.10)，则线速度 v 就可用式(1.9)表示为

$$v=\frac{\mathrm{d}s}{\mathrm{d}t}$$

以 θ 表示半径 R 从 OA 位置开始转过的角度，则 $s=R\theta$。将此关系代入上式，由于 R 是常量，可得

$$v=R\frac{\mathrm{d}\theta}{\mathrm{d}t}$$

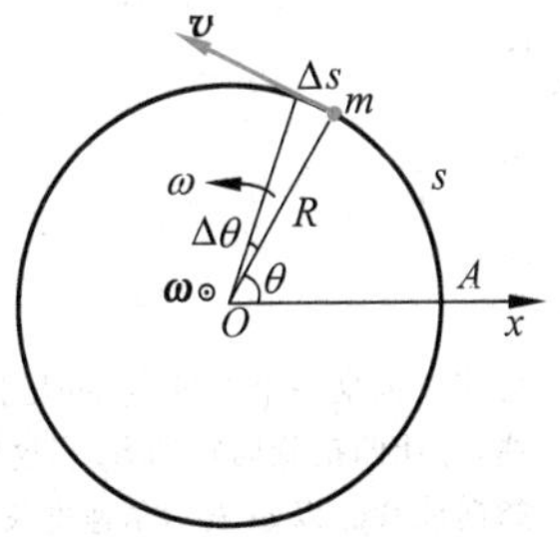

图 1.10 线速度与角速度

式中$\frac{d\theta}{dt}$叫做质点运动的**角速度**①，它的SI单位是rad/s或1/s。常以ω表示角速度，即

$$\omega = \frac{d\theta}{dt} \tag{1.27}$$

这样就有

$$v = R\omega \tag{1.28}$$

对于匀速率圆周运动，ω和v均保持不变，因而其运动周期可求得为

$$T = \frac{2\pi}{\omega} \tag{1.29}$$

质点作圆周运动时，它的线速度可以随时间改变或不改变。但是由于其速度矢量的方向总是在改变着，所以总是有加速度。下面我们来求变速圆周运动的加速度。

如图1.11(a)所示，$\boldsymbol{v}(t)$和$\boldsymbol{v}(t+\Delta t)$分别表示质点沿圆周运动经过$B$点和$C$点时的速度矢量，由加速度的定义式(1.14)可得

$$\boldsymbol{a} = \lim_{\Delta t \to 0} \frac{\boldsymbol{v}(t+\Delta t) - \boldsymbol{v}(t)}{\Delta t} = \lim_{\Delta t \to 0} \frac{\Delta \boldsymbol{v}}{\Delta t}$$

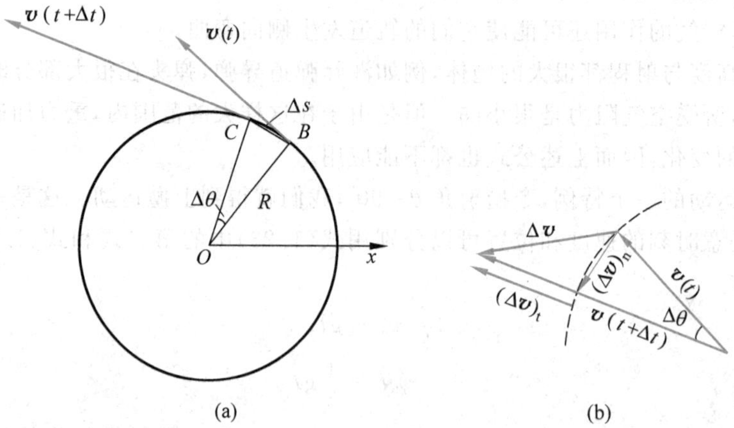

图1.11 变速圆周运动的加速度

$\Delta \boldsymbol{v}$如图1.11(b)所示，在矢量$\boldsymbol{v}(t+\Delta t)$上截取一段，使其长度等于$v(t)$，作矢量$(\Delta \boldsymbol{v})_n$和$(\Delta \boldsymbol{v})_t$，就有

$$\Delta \boldsymbol{v} = (\Delta \boldsymbol{v})_n + (\Delta \boldsymbol{v})_t$$

因而$\boldsymbol{a}$的表达式可写成

$$\boldsymbol{a} = \lim_{\Delta t \to 0} \frac{(\Delta \boldsymbol{v})_n}{\Delta t} + \lim_{\Delta t \to 0} \frac{(\Delta \boldsymbol{v})_t}{\Delta t} = \boldsymbol{a}_n + \boldsymbol{a}_t \tag{1.30}$$

其中

$$\boldsymbol{a}_n = \lim_{\Delta t \to 0} \frac{(\Delta \boldsymbol{v})_n}{\Delta t}, \quad \boldsymbol{a}_t = \lim_{\Delta t \to 0} \frac{(\Delta \boldsymbol{v})_t}{\Delta t}$$

① 角速度也是一个矢量，它的大小由式(1.27)规定。它的方向沿转动的轴线，指向用右手螺旋法则判定：右手握住轴线，并让四指旋向转动方向，这时拇指沿轴线的指向即角速度的方向。例如，图1.10中的角速度的方向即垂直纸面指向读者。以$\boldsymbol{\omega}$表示角速度矢量，以$\boldsymbol{R}$表示径矢，则式(1.28)可写成矢积的形式，即

$$\boldsymbol{v} = \boldsymbol{\omega} \times \boldsymbol{R}$$

这就是说，加速度 $\boldsymbol{a}$ 可以看成是两个分加速度的合成。

先求分加速度 $\boldsymbol{a}_t$。由图 1.11(b)可知，$(\Delta\boldsymbol{v})_t$ 的数值为

$$v(t+\Delta t)-v(t)=\Delta v$$

即等于速率的变化。于是 $\boldsymbol{a}_t$ 的数值为

$$a_t=\lim_{\Delta t\to 0}\frac{\Delta v}{\Delta t}=\frac{\mathrm{d}v}{\mathrm{d}t} \tag{1.31}$$

即等于速率的变化率。由于 $\Delta t\to 0$ 时，$(\Delta\boldsymbol{v})_t$ 的方向趋于和 $\boldsymbol{v}$ 在同一直线上，因此 $\boldsymbol{a}_t$ 的方向也沿着轨道的切线方向。这一分加速度就叫**切向加速度**。切向加速度表示质点速率变化的快慢。a_t 为一代数量，可正可负。$a_t>0$ 表示速率随时间增大，这时 $\boldsymbol{a}_t$ 的方向与速度 $\boldsymbol{v}$ 的方向相同；$a_t<0$ 表示速率随时间减小，这时 $\boldsymbol{a}_t$ 的方向与速度 $\boldsymbol{v}$ 的方向相反。

利用式(1.28)还可得到

$$a_t=\frac{\mathrm{d}(R\omega)}{\mathrm{d}t}=R\frac{\mathrm{d}\omega}{\mathrm{d}t}$$

$\frac{\mathrm{d}\omega}{\mathrm{d}t}$表示质点运动角速度对时间的变化率，叫做**角加速度**。它的 SI 单位是 $\mathrm{rad/s^2}$ 或 $1/\mathrm{s}^2$。以 α 表示角加速度，则有

$$a_t=R\alpha \tag{1.32}$$

即切向加速度等于半径与角加速度的乘积。

下面再来求分加速度 $\boldsymbol{a}_n$。比较图 1.11(a)和(b)中的两个相似的三角形可知

$$\frac{|(\Delta\boldsymbol{v})_n|}{v}=\frac{\overline{BC}}{R}$$

即

$$|(\Delta\boldsymbol{v})_n|=\frac{v\,\overline{BC}}{R}$$

式中$\overline{BC}$为弦的长度。当 $\Delta t\to 0$ 时，这一弦长趋近于和对应的弧长 Δs 相等。因此，$\boldsymbol{a}_n$ 的大小为

$$a_n=\lim_{\Delta t\to 0}\frac{|(\Delta\boldsymbol{v})_n|}{\Delta t}=\lim_{\Delta t\to 0}\frac{v\Delta s}{R\,\Delta t}=\frac{v}{R}\lim_{\Delta t\to 0}\frac{\Delta s}{\Delta t}$$

由于

$$\lim_{\Delta t\to 0}\frac{\Delta s}{\Delta t}=v$$

可得

$$a_n=\frac{v^2}{R} \tag{1.33}$$

利用式(1.28)，还可得

$$a_n=\omega^2R \tag{1.34}$$

至于 $\boldsymbol{a}_n$ 的方向，从图 1.11(b)中可以看到，当 $\Delta t\to 0$ 时，$\Delta\theta\to 0$，而$(\Delta\boldsymbol{v})_n$ 的方向趋向于垂直于速度 $\boldsymbol{v}$ 的方向而指向圆心。因此，$\boldsymbol{a}_n$ 的方向在任何时刻都垂直于圆的切线方向而沿着半径指向圆心。这个分加速度就叫**向心加速度**或**法向加速度**。法向加速度表示由于速度方向的改变而引起的速度的变化率。在圆周运动中，总有法向加速度。在直线运动中，由于速度方向不改变，所以 $a_n=0$。在这种情况下，也可以认为 $R\to\infty$，此时式(1.33)也给出 $a_n=0$。

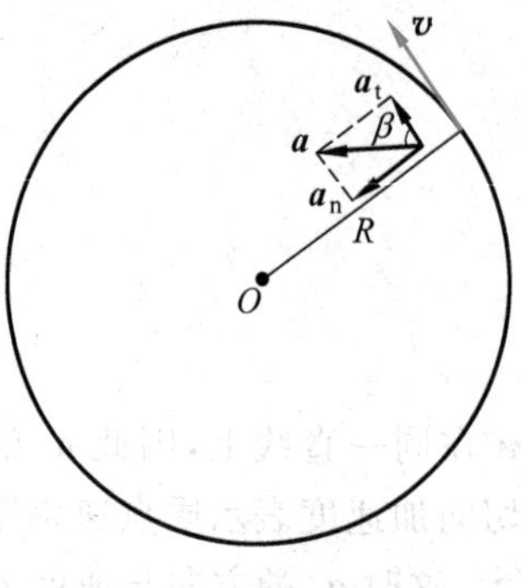

图1.12　加速度的方向

由于 a_n 总是与 a_t 垂直，所以圆周运动的总加速度的大小为

$$a=\sqrt{a_n^2+a_t^2} \tag{1.35}$$

以 β 表示加速度 $\boldsymbol{a}$ 与速度 $\boldsymbol{v}$ 之间的夹角(图1.12)，则

$$\beta=\arctan\frac{a_n}{a_t} \tag{1.36}$$

应该指出，以上关于加速度的讨论及结果，也适用于任何二维的(即平面上的)曲线运动。这时有关公式中的半径应是曲线上所涉及点处的**曲率半径**(即该点曲线的密接圆或曲率圆的半径)。还应该指出的是，曲线运动中加速度的大小

$$a=|\boldsymbol{a}|=\left|\frac{\mathrm{d}\boldsymbol{v}}{\mathrm{d}t}\right|\neq\frac{\mathrm{d}v}{\mathrm{d}t}=a_t$$

也就是说，曲线运动中加速度的大小并不等于速率对时间的变化率，这一变化率只是加速度的一个分量，即切向加速度。

例1.1

吊扇转动。一吊扇翼片长 $R=0.50$ m，以 $n=180$ r/min 的转速转动(图1.13)。关闭电源开关后，吊扇均匀减速，经 $t_A=1.50$ min 转动停止。

(1) 求吊扇翼尖原来的转动角速度 ω_0 与线速度 v_0；

(2) 求关闭电源开关后 $t=80$ s 时翼尖的角加速度 α、切向加速度 $\boldsymbol{a}_t$、法向加速度 $\boldsymbol{a}_n$ 和总加速度 $\boldsymbol{a}$。

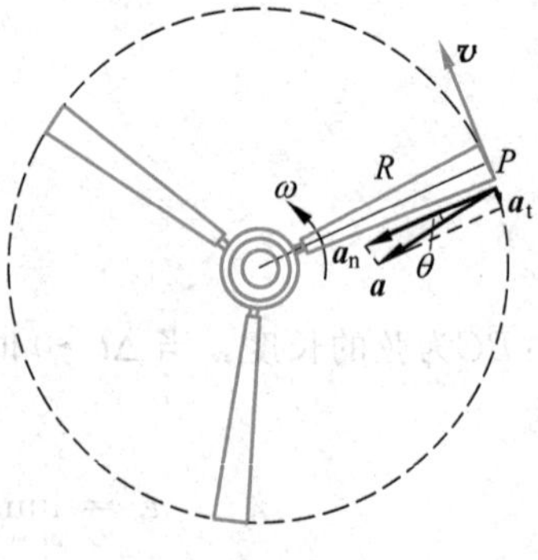

图1.13　例1.1用图

解　(1) 吊扇翼尖 P 原来的转动角速度为

$$\omega_0=2\pi n=\frac{2\pi\times 180}{60}=18.8\ (\mathrm{rad/s})$$

由式(1.28)可得原来的线速度

$$v_0=\omega_0 R=\frac{2\pi\times 180}{60}\times 0.50=9.42\ (\mathrm{m/s})$$

(2) 由于均匀减速，翼尖的角加速度恒定，

$$\alpha=\frac{\omega_A-\omega_0}{t_A}=\frac{0-18.8}{90}=-0.209\ (\mathrm{rad/s^2})$$

由式(1.32)可知，翼尖的切向加速度也是恒定的，

$$a_t=\alpha R=-0.209\times 0.50=-0.105\ (\mathrm{m/s^2})$$

负号表示此切向加速度 $\boldsymbol{a}_t$ 的方向与速度 $\boldsymbol{v}$ 的方向相反，如图1.13所示。

为求法向加速度，先求 t 时刻的角速度 ω，即有

$$\omega=\omega_0+\alpha t=18.8-0.209\times 80=2.08\ (\mathrm{rad/s})$$

由式(1.34)，可得 t 时刻翼尖的法向加速度为

$$a_n=\omega^2 R=2.08^2\times 0.50=2.16\ (\mathrm{m^2/s})$$

方向指向吊扇中心。翼尖的总加速度的大小为

$$a=\sqrt{a_t^2+a_n^2}=\sqrt{0.105^2+2.16^2}=2.16\ (\mathrm{m/s^2})$$

此总加速度偏向翼尖运动的后方。以 θ 表示总加速度方向与半径的夹角(如图1.13所示)，则

$$\theta=\arctan\left|\frac{a_t}{a_n}\right|=\arctan\frac{0.105}{2.16}=2.78°$$

1.7 相对运动

研究力学问题时常常需要从不同的参考系来描述同一物体的运动。对于不同的参考系，同一质点的位移、速度和加速度都可能不同。图 1.14 中，xOy 表示固定在水平地面上的坐标系(以 E 代表此坐标系)，其 x 轴与一条平直马路平行。设有一辆平板车 V 沿马路行进，图中 $x'O'y'$ 表示固定在这个行进的平板车上的坐标系。在 Δt 时间内，车在地面上由 V_1 移到 V_2 位置，其位移为 $\Delta \boldsymbol{r}_{VE}$。设在同一 Δt 时间内，一个小球 S 在车内由 A 点移到 B 点，其位移为 $\Delta \boldsymbol{r}_{SV}$。在这同一时间内，在地面上观测，小球是从 A_0 点移到 B 点的，相应的位移是 $\Delta \boldsymbol{r}_{SE}$。(在这三个位移符号中，下标的前一字母表示运动的物体，后一字母表示参考系。)很明显，同一小球在同一时间内的位移，相对于地面和车这两个参考系来说，是不相同的。这两个位移和车厢对于地面的位移有下述关系：

$$\Delta \boldsymbol{r}_{SE}=\Delta \boldsymbol{r}_{SV}+\Delta \boldsymbol{r}_{VE} \tag{1.37}$$

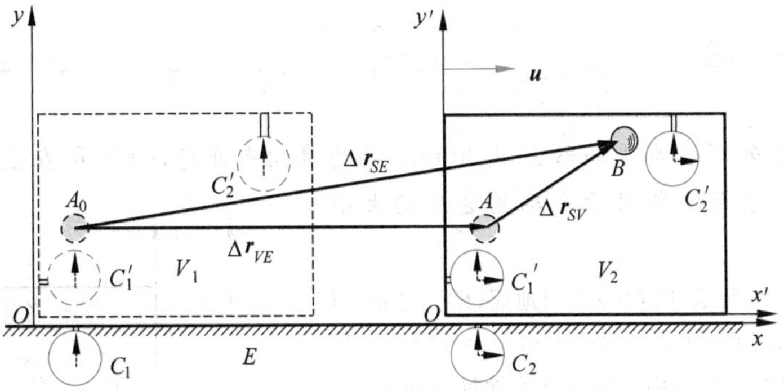

图 1.14 相对运动

以 Δt 除此式，并令 $\Delta t\to 0$，可以得到相应的速度之间的关系，即

$$\boldsymbol{v}_{SE}=\boldsymbol{v}_{SV}+\boldsymbol{v}_{VE} \tag{1.38}$$

以 $\boldsymbol{v}$ 表示质点相对于参考系 S(坐标系为 Oxy)的速度，以 $\boldsymbol{v}'$ 表示同一质点相对于参考系 S'(坐标系为 $O'x'y'$)的速度，以 $\boldsymbol{u}$ 表示参考系 S' 相对于参考系 S 平动的速度，则上式可以一般地表示为

$$\boldsymbol{v}=\boldsymbol{v}'+\boldsymbol{u} \tag{1.39}$$

同一质点相对于两个相对作平动的参考系的速度之间的这一关系叫做**伽利略速度变换**。

要注意，速度的**合成**和速度的**变换**是两个不同的概念。速度的合成是指在同一参考系中一个质点的速度和它的各分速度的关系。相对于任何参考系，它都可以表示为矢量合成的形式，如式(1.10)。速度的变换涉及有相对运动的两个参考系，其公式的形式和相对速度的大小有关，而伽利略速度变换只适用于相对速度比真空中的光速小得多的情形。这是因为，一般人都认为，而牛顿力学也这样认为，距离和时间的测量是与参考系无关的。上面的推导正是根据这样的理解，即认为小球由 A 到 B 的同一段距离 $\Delta \boldsymbol{r}_{SV}$ 和同一段时间 Δt 在地面上和在车内测量的结果都是一样的。但是，实际上，这样的理解只是在两参考系的相对速度 u 很小时才正确。当 u 很大(接近光速)时，这种理解，连带式(1.39)就失效了。关于这一点在第22章中还要作详细的说明。

如果质点运动速度是随时间变化的，则求式(1.39)对 t 的导数，就可得到相应的加速度之间的关系。以 $\boldsymbol{a}$ 表示质点相对于参考系 S 的加速度，以 $\boldsymbol{a}'$ 表示质点相对于参考系 S' 的加速度，以 $\boldsymbol{a}_0$ 表示参考系 S' 相对于参考系 S 平动的加速度，仍用牛顿力学的时空概念，则由式(1.39)可得

$$\frac{\mathrm{d}\boldsymbol{v}}{\mathrm{d}t}=\frac{\mathrm{d}\boldsymbol{v}'}{\mathrm{d}t}+\frac{\mathrm{d}\boldsymbol{u}}{\mathrm{d}t}$$

即

$$\boldsymbol{a}=\boldsymbol{a}'+\boldsymbol{a}_0 \tag{1.40}$$

这就是同一质点相对于两个相对作平动的参考系的加速度之间的关系。

如果两个参考系相对作匀速直线运动，即 $\boldsymbol{u}$ 为常量，则

$$\boldsymbol{a}_0=\frac{\mathrm{d}\boldsymbol{u}}{\mathrm{d}t}=0$$

于是有

$$\boldsymbol{a}=\boldsymbol{a}'$$

这就是说，在相对作匀速直线运动的参考系中观察同一质点的运动时，所测得的加速度是相同的。

例 1.2

雨天一辆客车 V 在水平马路上以 20 m/s 的速度向东开行，雨滴 R 在空中以 10 m/s 的速度竖直下落。求雨滴相对于车厢的速度的大小与方向。

解 如图1.15所示，以 Oxy 表示地面(E)参考系，以 $O'x'y'$ 表示车厢参考系，则 $v_{VE}=20$ m/s，$v_{RE}=10$ m/s。以 v_{RV} 表示雨滴对车厢的速度，则根据伽利略速度变换 $\boldsymbol{v}_{RE}=\boldsymbol{v}_{RV}+\boldsymbol{v}_{VE}$，这三个速度的矢量关系如图。由图形的几何关系可得雨滴对车厢的速度的大小为

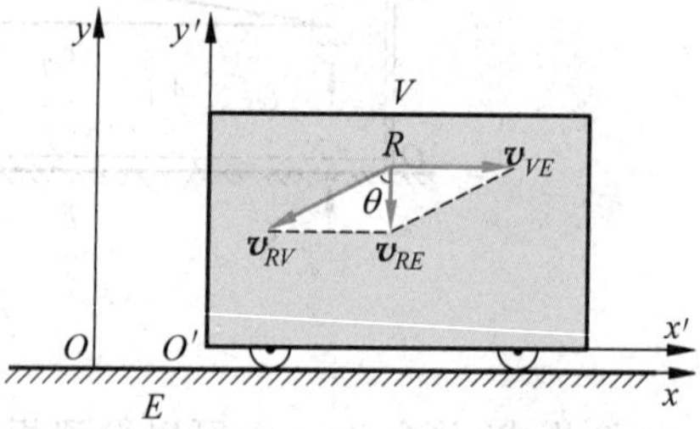

图1.15 例1.2用图

$$v_{RV}=\sqrt{v_{RE}^2+v_{VE}^2}=\sqrt{10^2+20^2}=22.4\ (\mathrm{m/s})$$

这一速度的方向用它与竖直方向的夹角 θ 表示，则

$$\tan\theta=\frac{v_{VE}}{v_{RE}}=\frac{20}{10}=2$$

由此得

$$\theta=63.4°$$

即向下偏西63.4°。

提要

1. **参考系**：描述物体运动时用做参考的其他物体和一套同步的钟。
2. **运动函数**：表示质点位置随时间变化的函数。

位置矢量和运动合成 $\boldsymbol{r}=\boldsymbol{r}(t)=x(t)\boldsymbol{i}+y(t)\boldsymbol{j}+z(t)\boldsymbol{k}$

位移矢量 $\Delta\boldsymbol{r}=\boldsymbol{r}(t+\Delta t)-\boldsymbol{r}(t)$

一般地 $|\Delta\boldsymbol{r}|\neq\Delta r$

3. 速度和加速度

$$\boldsymbol{v}=\frac{\mathrm{d}\boldsymbol{r}}{\mathrm{d}t},\quad \boldsymbol{a}=\frac{\mathrm{d}\boldsymbol{v}}{\mathrm{d}t}=\frac{\mathrm{d}^2\boldsymbol{r}}{\mathrm{d}t^2}$$

速度合成 $\boldsymbol{v}=\boldsymbol{v}_x+\boldsymbol{v}_y+\boldsymbol{v}_z$

加速度合成 $\boldsymbol{a}=\boldsymbol{a}_x+\boldsymbol{a}_y+\boldsymbol{a}_z$

4. 匀加速运动

$\boldsymbol{a}$=常矢量 $\boldsymbol{v}=\boldsymbol{v}_0+\boldsymbol{a}t,\quad \boldsymbol{r}=\boldsymbol{r}_0+\boldsymbol{v}_0t+\frac{1}{2}\boldsymbol{a}t^2$

初始条件 $\boldsymbol{r}_0,\boldsymbol{v}_0$

5. 匀加速直线运动：以质点所沿直线为 x 轴，且 $t=0$ 时，$x_0=0$。

$$v=v_0+at,\quad x=v_0t+\frac{1}{2}at^2$$

$$v^2-v_0^2=2ax$$

6. 抛体运动：以抛出点为坐标原点。

$$a_x=0,\quad a_y=-g$$

$$v_x=v_0\cos\theta,\quad v_y=v_0\sin\theta-gt$$

$$x=v_0\cos\theta\cdot t,\quad y=v_0\sin\theta\cdot t-\frac{1}{2}gt^2$$

7. 圆周运动

角速度 $\omega=\frac{\mathrm{d}\theta}{\mathrm{d}t}=\frac{v}{R}$

角加速度 $\alpha=\frac{\mathrm{d}\omega}{\mathrm{d}t}$

加速度 $\boldsymbol{a}=\boldsymbol{a}_\mathrm{n}+\boldsymbol{a}_\mathrm{t}$

法向加速度 $a_\mathrm{n}=\frac{v^2}{R}=R\omega^2$，指向圆心

切向加速度 $a_\mathrm{t}=\frac{\mathrm{d}v}{\mathrm{d}t}=R\alpha$，沿切线方向

8. 伽利略速度变换：参考系 S' 以恒定速度沿参考系 S 的 x 轴方向运动。

$$\boldsymbol{v}=\boldsymbol{v}'+\boldsymbol{u}$$

此变换式只适用于 $\boldsymbol{u}$ 比光速甚小的情况。对相对作匀速直线运动的参考系，则由此变换式可得

$$\boldsymbol{a}=\boldsymbol{a}'$$

习题

1.1 木星的一个卫星——木卫1——上面的珞玑火山喷发出的岩块上升高度可达 200 km，这些石块的喷出速度是多大？已知木卫1上的重力加速度为 1.80 m/s^2，而且在木卫1上没有空气。

1.2　一种喷气推进的实验车，从静止开始可在 1.80 s 内加速到 1600 km/h 的速率。按匀加速运动计算，它的加速度是否超过了人可以忍受的加速度 $25g$？这 1.80 s 内该车跑了多大距离？

1.3　一辆卡车为了超车，以 90 km/h 的速度驶入左侧逆行道时，猛然发现前方 80 m 处一辆汽车正迎面驶来。假定该汽车以 65 km/h 的速度行驶，同时也发现了卡车超车。设两司机的反应时间都是 0.70 s（即司机发现险情到实际起动刹车所经过的时间），他们刹车后的减速度都是 7.5 m/s^2，试问两车是否会相撞？如果相撞，相撞时卡车的速度多大？

1.4　跳伞运动员从 1200 m 高空下跳，起初不打开降落伞作加速运动。由于空气阻力的作用，会加速到一"终极速率"200 km/h 而开始匀速下降。下降到离地面 50 m 处时打开降落伞，很快速率会变为 18 km/h 而匀速下降着地。若起初加速运动阶段的平均加速度按 $g/2$ 计，此跳伞运动员在空中一共经历了多长时间？

1.5　一质点在 xy 平面上运动，运动函数为 $x=2t, y=4t^2-8$（采用国际单位制）。

(1) 求质点运动的轨道方程并画出轨道曲线；

(2) 求 $t_1=1$ s 和 $t_2=2$ s 时，质点的位置、速度和加速度。

1.6　男子排球的球网高度为 2.43 m。球网两侧的场地大小都是 9.0 m×9.0 m。一运动员采用跳发球姿势，其击球点高度为 3.5 m，离网的水平距离是 8.5 m。(1) 球以多大速度沿水平方向被击出时，才能使球正好落在对方后方边线上？(2)球以此速度被击出后过网时超过网高多少？(3)这样，球落地时速率多大？（忽略空气阻力）

1.7　山上和山下两炮各瞄准对方同时以相同初速各发射一枚炮弹（图 1.16），这两枚炮弹会不会在空中相碰？为什么？（忽略空气阻力）如果山高 $h=50$ m，两炮相隔的水平距离 $s=200$ m。要使这两枚炮弹在空中相碰，它们的速率至少应等于多少？

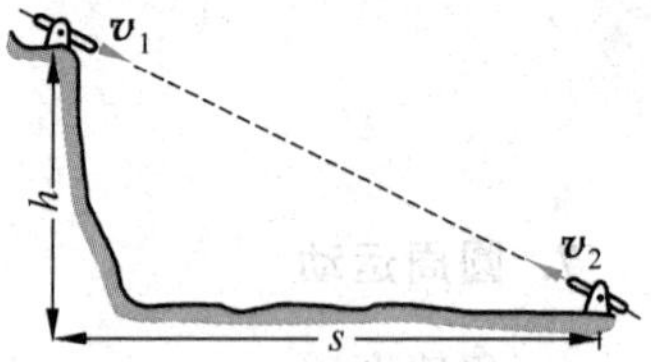

图 1.16　习题 1.7 用图

1.8　在生物物理实验中用来分离不同种类分子的超级离心机的转速是 6×10^4 r/min。在这种离心机的转子内，离轴 10 cm 远的一个大分子的向心加速度是重力加速度的几倍？

1.9　汽车在半径 $R=400$ m 的圆弧弯道上减速行驶。设在某一时刻，汽车的速率为 $v=10$ m/s，切向加速度的大小为 $a_t=0.20$ m/s^2。求汽车的法向加速度和总加速度的大小和方向？

1.10　一人自由泳时右手从前到后一次对身体划过的距离 $\Delta s_{hb}=1.20$ m，同时他的身体在泳道中前进了 $\Delta s_{bw}=0.9$ m 的距离。求同一时间他的右手在水中划过的距离 Δs_{hw}。手对水是向前还是向后划了？

1.11　一个人骑车以 18 km/h 的速率自东向西行进时，看见雨点垂直下落，当他的速率增至 36 km/h 时看见雨点与他前进的方向成 120°角下落，求雨点对地的速度。

科学家介绍

伽　利　略

（Galileo Galilei，1564—1642 年）

伽利略

DISCORSI
E
DIMOSTRAZIONI
MATEMATICHE,
intorno à due nuove scienze
Attenenti alla
MECANICA & i MOVIMENTI LOCALI;
del Signor
GALILEO GALILEI LINCEO,
Filosofo e Matematico primario del Serenissimo
Grand Duca di Toscana
Con una Appendice del centro di gravità d'alcuni Solidi.

IN LEIDA,
Appresso gli Elsevirii. M. D. C. XXXVIII.

《两门新科学》一书的扉页

伽利略 1564 年出生于意大利比萨城的一个没落贵族家庭。他从小表现聪颖，17 岁时被父亲送入比萨大学学医，但他对医学不感兴趣。由于受到一次数学演讲的启发，开始热衷于数学和物理学的研究。1585 年辍学回家。此后曾在比萨大学和帕多瓦大学任教，在此期间他在科学研究上取得了不少成绩。由于他反对当时统治知识界的亚里士多德世界观和物理学，同时又由于他积极宣扬违背天主教教义的哥白尼太阳中心说，所以不断受到教授们的排挤以及教士们和罗马教皇的激烈反对，最后终于在 1633 年被罗马宗教裁判所强迫在写有"我悔恨我的过失，宣传了地球运动的邪说"的"悔罪书"上签字，并被判刑入狱（后不久改为在家监禁）。这使他的身体和精神都受到很大的摧残。但他仍致力于力学的研究工作。1637 年双目失明。1642 年他由于寒热病在孤寂中离开了人世，时年 78 岁。（时隔 347 年，罗马教皇多余地于 1980 年宣布承认对伽利略的压制是错误的，并为他"恢复名誉"。）

伽利略的主要传世之作有两本书。一本是 1632 年出版的《关于两个世界体系的对话》，简称《对话》，主旨是宣扬哥白尼的太阳中心说。另一本是 1638 年出版的《关于力学和局部运动两门新科学的谈话和数学证明》，简称《两门新科学》，书中主要陈述了他在力学方面研究的成果。伽利略在科学上的贡献主要有以下几方面：

(1) 论证和宣扬了哥白尼学说，令人信服地说明了地球的公转、自转以及行星的绕日运动。他还用自制的望远镜仔细地观测了木星的4个卫星的运动，在人们面前展示了一个太阳系的模型，有力地支持了哥白尼学说。

(2) 论证了惯性运动，指出维持运动并不需要外力。这就否定了亚里士多德的"运动必须推动"的教条。不过伽利略对惯性运动理解还没有完全摆脱亚里士多德的影响，他也认为"维持宇宙完善秩序"的惯性运动"不可能是直线运动，而只能是圆周运动"。这个错误理解被他的同代人笛卡儿和后人牛顿纠正了。

(3) 论证了所有物体都以同一加速度下落。这个结论直接否定了亚里士多德的重物比轻物下落得快的说法。两百多年后，从这个结论萌发了爱因斯坦的广义相对论。

(4) 用实验研究了匀加速运动。他通过使小球沿斜面滚下的实验测量验证了他推出的公式：从静止开始的匀加速运动的路程和时间的平方成正比。他还把这一结果推广到自由落体运动，即倾角为90°的斜面上的运动。

(5) 提出运动合成的概念，明确指出平抛运动是相互独立的水平方向的匀速运动和竖直方向的匀加速运动的合成，并用数学证明合成运动的轨迹是抛物线。他还根据这个概念计算出了斜抛运动在仰角45°时射程最大，而且比45°大或小同样角度时射程相等。

(6) 提出了相对性原理的思想。他生动地叙述了大船内的一些力学现象，并且指出船以任何速度匀速前进时这些现象都一样地发生，从而无法根据它们来判断船是否在动。这个思想后来被爱因斯坦发展为相对性原理而成了狭义相对论的基本假设之一。

(7) 发现了单摆的等时性并证明了单摆振动的周期和摆长的平方根成正比。他还解释了共振和共鸣现象。

此外，伽利略还研究过固体材料的强度、空气的重量、潮汐现象、太阳黑子、月亮表面的隆起与凹陷等问题。

除了具体的研究成果外，伽利略还在研究方法上为近代物理学的发展开辟了道路，是他首先把实验引进物理学并赋予重要的地位，革除了以往只靠思辨下结论的恶习。他同时也很注意严格的推理和数学的运用，例如他用消除摩擦的极限情况来说明惯性运动，推论大石头和小石块绑在一起下落应具有的速度来使亚里士多德陷于自相矛盾的困境，从而否定重物比轻物下落快的结论。这样的推理就能消除直觉的错误，从而更深入地理解现象的本质。爱因斯坦和英费尔德在《物理学的进化》一书中曾评论说："伽利略的发现以及他所应用的科学的推理方法，是人类思想史上最伟大的成就之一，而且标志着物理学的真正开端。"

伽利略一生和传统的错误观念进行了不屈不挠的斗争，他对待权威的态度也很值得我们学习。他说过："老实说，我赞成亚里士多德的著作，并精心地加以研究。我只是责备那些使自己完全沦为他的奴隶的人，变得不管他讲什么都盲目地赞成，并把他的话一律当作丝毫不能违抗的圣旨一样，而不深究其他任何依据。"

第2章

运动与力

第1章讨论了质点运动学，即如何描述一个质点的运动。本章将讨论质点动力学，即要说明质点为什么，或者说，在什么条件下作这样那样的运动。动力学的基本定律是牛顿三定律。以这三定律为基础的力学体系叫**牛顿力学**或**经典力学**。本章所涉及的基本定律，包括牛顿三定律以及与之相联系的概念，如力、质量、动量等，大家在中学物理课程中都已学过，而且做过不少练习题。本章的任务是对它们加以复习并使之严格化、系统化。本章还特别指出了参考系的重要性。牛顿定律只在**惯性参考系**中成立，在非惯性参考系内形式上利用牛顿定律时，要引入惯性力的概念。

2.1 牛顿运动定律

牛顿在他1687年出版的名著《自然哲学的数学原理》一书中，提出了三条定律，这三条定律统称牛顿运动定律。它们是动力学的基础。牛顿所叙述的三条定律的中文译文如下：

第一定律　任何物体都保持静止的或沿一条直线作匀速运动的状态，除非作用在它上面的力迫使它改变这种状态。

第二定律　运动的变化与所加的动力成正比，并且发生在这力所沿的直线的方向上。

第三定律　对于每一个作用，总有一个相等的反作用与之相反；或者说，两个物体对各自对方的相互作用总是相等的，而且指向相反的方向。

这三条定律大家在中学已经相当熟悉了，下面对它们做一些解释和说明。

牛顿第一定律和两个力学基本概念相联系。一个是物体的**惯性**，它指物体本身要保持运动状态不变的性质，或者说是物体抵抗运动变化的性质。另一个是**力**，它指迫使一个物体运动状态改变，即，使该物体产生加速度的别的物体对它的作用。

由于运动只有相对于一定的参考系来说明才有意义，所以牛顿第一定律也定义了一种参考系。在这种参考系中观察，一个不受力作用的物体将保持静止或匀速直线运动状态不变。这样的参考系叫**惯性参考系**，简称惯性系。并非任何参考系都是惯性系。一个参考系是不是惯性系，要靠实验来判定。例如，实验指出，对一般力学现象来说，地面参考系是一个足够精确的惯性系。

牛顿第一定律只定性地指出了力和运动的关系。牛顿第二定律进一步给出了力和运动的定量关系。牛顿对他的叙述中的“运动”一词，定义为物体（应理解为质点）的质量和速度的乘积，现在把这一乘积称做物体的**动量**。以 $\boldsymbol{p}$ 表示质量为 m 的物体以速度 $\boldsymbol{v}$ 运动时的动

量，则动量也是矢量，其定义式是

$$\boldsymbol{p}=m\boldsymbol{v} \tag{2.1}$$

根据牛顿在他的书中对其他问题的分析可以判断，在他的第二定律文字表述中的“变化”一词应该理解为“对时间的变化率”。因此牛顿第二定律用现代语言应表述为：**物体的动量对时间的变化率与所加的外力成正比，并且发生在这外力的方向上。**

以 $\boldsymbol{F}$ 表示作用在物体（质点）上的力，则第二定律用数学公式表达就是（各量要选取适当的单位，如 SI 单位）

$$\boldsymbol{F}=\frac{\mathrm{d}\boldsymbol{p}}{\mathrm{d}t}=\frac{\mathrm{d}(m\boldsymbol{v})}{\mathrm{d}t} \tag{2.2}$$

牛顿当时认为，一个物体的质量是一个与它的运动速度无关的常量。因而由式(2.2)可得

$$\boldsymbol{F}=m\frac{\mathrm{d}\boldsymbol{v}}{\mathrm{d}t}$$

由于 $\mathrm{d}\boldsymbol{v}/\mathrm{d}t=\boldsymbol{a}$ 是物体的加速度，所以有

$$\boldsymbol{F}=m\boldsymbol{a} \tag{2.3}$$

即物体所受的力等于它的质量和加速度的乘积。这一公式是大家早已熟知的牛顿第二定律公式，在牛顿力学中它和式(2.2)完全等效。但需要指出，式(2.2)应该看做是牛顿第二定律的基本的普遍形式。这一方面是因为在物理学中动量这个概念比速度、加速度等更为普遍和重要；另一方面还因为，现代实验已经证明，当物体速度达到接近光速时，其质量已经明显地和速度有关（见第 22 章），因而式(2.3)不再适用，但是式(2.2)却被实验证明仍然是成立的。

根据式(2.3)可以比较物体的质量。用同样的外力作用在两个质量分别是 m_1 和 m_2 的物体上，以 a_1 和 a_2 分别表示它们由此产生的加速度的数值，则由式(2.3)可得

$$\frac{m_1}{m_2}=\frac{a_2}{a_1}$$

即在相同外力的作用下，物体的质量和加速度成反比，质量大的物体产生的加速度小。这意味着质量大的物体抵抗运动变化的性质强，也就是它的惯性大。因此可以说，质量是物体惯性大小的量度。正因为这样，式(2.2)和式(2.3)中的质量叫做物体的**惯性质量**。

质量的 SI 单位名称是千克，符号是 kg。1 kg 现在仍用保存在巴黎度量衡局的地窖中的“千克标准原器”的质量来规定。为了方便比较，许多国家都有它的精确的复制品。

表 2.1 列出了一些质量的实例，图 2.1 给出了日常生活中使用质量的一个例子。

表 2.1 质量实例 kg

可观察到的宇宙	约 10^{53}	一个馒头	1×10^{-1}
我们的银河系	4×10^{41}	雨点	1×10^{-6}
太阳	2.0×10^{30}	尘粒	1×10^{-10}
地球	6.0×10^{24}	红血球	9×10^{-14}
我国废污水年排放量(2004)	6.0×10^{13}	最小的病毒	4×10^{-21}
全世界 CO_2 年排放量(1995)	2.2×10^{13}	铂原子	4.0×10^{-26}
满载大油轮	2×10^{8}	质子（静止的）	1.7×10^{-27}
大宇宙飞船	1×10^{4}	电子（静止的）	9.1×10^{-31}
人	约 6×10	光子，中微子（静止的）	0

图 2.1 物理意义上的质量一词已进入日常生活。云南省的货车载物限额标示就是一例

有了加速度和质量的SI单位，就可以利用式(2.3)来规定力的SI单位了。使1 kg物体产生1 m/s^2 的加速度的力就规定为力的SI单位。它的名称是牛[顿]，符号是N，$1\ N=1\ kg\cdot m/s^2$。

式(2.2)和式(2.3)都是矢量式，实际应用时常用它们的分量式。在直角坐标系中，这些分量式是

$$F_x=\frac{\mathrm{d}p_x}{\mathrm{d}t},\quad F_y=\frac{\mathrm{d}p_y}{\mathrm{d}t},\quad F_z=\frac{\mathrm{d}p_z}{\mathrm{d}t} \tag{2.4}$$

或

$$F_x=ma_x,\quad F_y=ma_y,\quad F_z=ma_z \tag{2.5}$$

对于平面曲线运动，常用沿切向和法向的分量式，即

$$F_\mathrm{t}=ma_\mathrm{t},\quad F_\mathrm{n}=ma_\mathrm{n} \tag{2.6}$$

式(2.2)到式(2.6)是对物体只受一个力的情况说的。当一个物体同时受到几个力的作用时，它们和物体的加速度有什么关系呢？式中 $\boldsymbol{F}$ 应是这些力的**合力**（或**净力**），即这些力的**矢量和**。这样，**这几个力的作用效果跟它们的合力的作用效果一样**。这一结论叫**力的叠加原理**。

关于牛顿第三定律，若以 $\boldsymbol{F}_{12}$ 表示第一个物体受第二个物体的作用力，以 $\boldsymbol{F}_{21}$ 表示第二个物体受第一个物体的作用力，则这一定律可用数学形式表示为

$$\boldsymbol{F}_{12}=-\boldsymbol{F}_{21} \tag{2.7}$$

应该十分明确，这两个力是分别作用在两个物体上的。牛顿力学还认为，这两个力总是同时作用而且是沿着一条直线的。可以用16个字概括第三定律的意义：作用力和反作用力是**同时存在，分别作用，方向相反，大小相等**。

最后应该指出，牛顿第二定律和第三定律只适用于惯性参考系，这一点2.5节还将做较详细的论述。

量纲

在SI中，长度、质量和时间称为**基本量**，速度、加速度、力等都可以由这些基本量根据一定的物理公式导出，因而称为**导出量**。

为了定性地表示导出量和基本量之间的联系，常不考虑数字因数而将一个导出量用若干基本量的乘方之积表示出来。这样的表示式称为该物理量的**量纲**(或量纲式)。以L,M,T分别表示基本量长度、质量和时间的量纲，则速度、加速度、力和动量的量纲可以分别表示如下①：

$$[v]=\mathrm{LT}^{-1}\qquad [a]=\mathrm{LT}^{-2}$$
$$[F]=\mathrm{MLT}^{-2}\qquad [p]=\mathrm{MLT}^{-1}$$

式中各基本量的量纲的指数称为**量纲指数**。

量纲的概念在物理学中很重要。由于只有量纲相同的项才能进行加减或用等式连接，所以它的一个简单而重要的应用是检验文字结果的正误。例如，如果得出了一个结果是 $F=mv^2$，则左边的量纲为 MLT^{-2}，右边的量纲为 $\mathrm{ML}^2\mathrm{T}^{-2}$。由于两者不相符合，所以可以判定这一结果一定是错误的。在做题时对于每一个文字结果都应该这样检查一下量纲，以免出现原则性的错误。当然，只是量纲正确，并不能保证结果就一定正确，因为还可能出现数字系数的错误。

*急动度②

在第1章我们讨论加速度时，曾提出“加速度对时间的变化率有无实际意义”。自牛顿以来，由于力学只讨论了力和加速度的关系，而且解决了极为广泛领域内的实际问题，所以都止于考虑加速度的概念。大概是A. Transon在1845年首先把加速度对时间的导数引入到力学中而考虑它在质点运动中的表现。近年来在这方面的讨论已逐渐增多。

质点的加速度对时间的导数或其位置坐标对时间的三阶导数在英文文献中命名为“jerk”③，我国现有文献中译为“**急动度**”或“**加加速度**”。以 $\boldsymbol{j}$ 表示**急动度**，其定义式为

$$\boldsymbol{j}=\frac{\mathrm{d}\boldsymbol{a}}{\mathrm{d}t}\tag{2.8}$$

由这一定义可知，$\boldsymbol{j}$ 为矢量，其方向为加速度增加的方向。对于加速度恒定的运动，例如抛体运动，$\boldsymbol{j}=0$。对变加速运动，$\boldsymbol{j}\neq0$。例如，对于匀速圆周运动，虽然加速度(向心加速度)的大小不变，但由于其方向连续变化，所以急动度不为零。可以容易地证明，匀速圆周运动的急动度的方向沿轨道的切线方向，与速度的方向相反；急动度的大小为 $j=v^3/R^2$(见图2.2)。

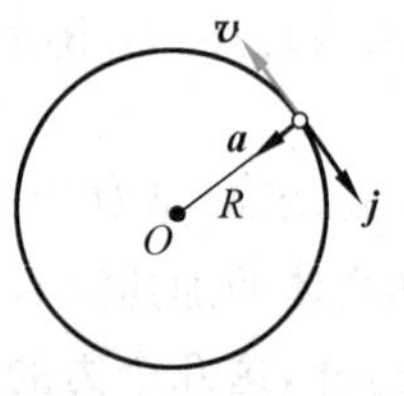

图2.2　匀速圆周运动的速度 $\boldsymbol{v}$，加速度 $\boldsymbol{a}$ 与急动度 $\boldsymbol{j}$ 的方向

将牛顿第二定律的表示式，式(2.3)，对时间求导，由于 m 不随时间改变，就有

$$\frac{\mathrm{d}\boldsymbol{F}}{\mathrm{d}t}=m\frac{\mathrm{d}\boldsymbol{a}}{\mathrm{d}t}=m\boldsymbol{j}\tag{2.9}$$

可见，只有在质点所受的力随时间改变的情况下，质点才有急动度；反之，质点在运动中出现急动度，它受的力一定在发生变化。图3.1所示就是这种情况。

坐在汽车里的人，在汽车起动、加速或转向时，都会随汽车有加速度。对于这种加速度，人体内会有一种力的反应，使人产生不舒服的感觉甚至不能忍受。这种反应可称为**加速度效应**。在这些速度变化，特别是速度急剧变化的过程(如汽车遭撞击，见图3.1)中，通常不但有加速度，而且有急动度。对于这急动度，人体内会产生变化的力的反应。这种非正常状态也会使人感到极度不舒服和不能忍受。这种反应可称为**急动度效应**。这正是“jerk”一词原文和“急动度”一词译文的由来。

对汽车司机来说，沿前后方向可忍受的最大加速度约为 $450\ \mathrm{m/s^2}$，而可忍受的最大急动度约 $20\,000\ \mathrm{m/s^3}$。

---

① 按国家标准GB 3101—93，物理量 Q 的量纲记为 $\dim Q$，本书考虑到国际物理学界沿用的习惯，记为 $[Q]$。

② 标题上出现*号，意思是本标题所涉及内容为自选学习的扩展内容。

③ 参见Schot S H. Jerk: The timerate of change of acceleration. Am J Phys, 1978, 46(11): 1090.

因此,可允许的汽车达到最大可忍受的加速度的加速时间不能小于 450/20 000=0.023 s。[1]

由于急动度而引起的生理和心理效应现在已在交通设施中广泛地注意到。例如公路、铁路轨道的设计,从直线到圆弧的过渡要使其曲率逐渐增加以减小急动度对旅客引起的不适。航天员的训练及竞技体育的指导等也都用到急动度概念。在学科研究方面,已经有人把急动度用做研究混沌理论的一种新方法并创建了一门“猝变动力学”(jerk dynamics),使急动度概念在非线性系统的研究中发挥日益重要的作用。[2]

2.2 常见的几种力

要应用牛顿定律解决问题,首先必须能正确分析物体的受力情况。在中学物理课程中,大家已经熟悉了重力、弹性力、摩擦力等力。我们将在下面对它们作一简要的复习。此外,还要介绍两种常见的力:流体曳力和表面张力。

1. 重力

地球表面附近的物体都受到地球的吸引作用,这种由于地球吸引而使物体受到的力叫做**重力**。在重力作用下,任何物体产生的加速度都是重力加速度 $\boldsymbol{g}$。若以 $\boldsymbol{W}$ 表示物体受的重力,以 m 表示物体的质量,则根据牛顿第二定律就有

$$\boldsymbol{W} = m\boldsymbol{g} \tag{2.10}$$

即:重力的大小等于物体的质量和重力加速度大小的乘积,重力的方向和重力加速度的方向相同,即竖直向下。

2. 弹性力

发生形变的物体,由于要恢复原状,对与它接触的物体会产生力的作用,这种力叫**弹性力**。弹性力的表现形式有很多种。下面只讨论常见的三种表现形式。

互相压紧的两个物体在其接触面上都会产生对对方的弹性力作用。这种弹性力通常叫做**正压力**(或**支持力**)。它们的大小取决于相互压紧的程度,方向总是垂直于接触面而指向对方。

拉紧的绳或线对被拉的物体有**拉力**。它的大小取决于绳被拉紧的程度,方向总是沿着绳而指向绳要收缩的方向。拉紧的绳的各段之间也相互有拉力作用。这种拉力叫做**张力**,通常绳中张力也就等于该绳拉物体的力。

通常相互压紧的物体或拉紧的绳子的形变都很小,难于直接观察到,因而常常忽略。

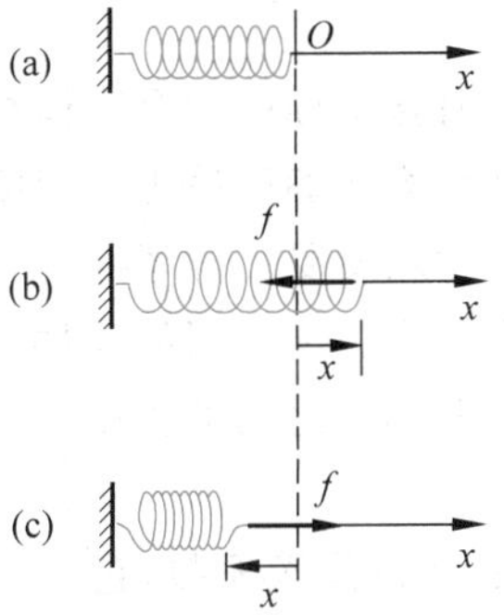

图 2.3 弹簧的弹力
(a) 弹簧的自然伸长;(b) 弹簧被拉伸;(c) 弹簧被压缩

当弹簧被拉伸或压缩时,它就会对联结体(以及弹簧的各段之间)有弹力的作用(图 2.3)。这种**弹簧的弹力**遵守**胡克定律**:在弹性限度内,弹力和形变成正比。以 f 表示弹力,以 x 表示形变,即弹簧的长度相对于原长

① 参见 Ohanian H C. Physics. 2nd ed. W W Norton & Co, 1989. Ⅲ-13.

② 参见黄沛天,马善钧. 从传统牛顿力学到当今猝变动力学. 大学物理,2006,25(1),1.

的变化，则根据胡克定律就有

$$f = -kx \tag{2.11}$$

式中 k 叫弹簧的**劲度系数**，决定于弹簧本身的结构。式中负号表示弹力的方向：当 x 为正，也就是弹簧被拉长时，f 为负，即与被拉长的方向相反；当 x 为负，也就是弹簧被压缩时，f 为正，即与被压缩的方向相反。总之，弹簧的弹力总是指向要恢复它原长的方向的。

3. 摩擦力

两个相互接触的物体(指固体)沿着接触面的方向有**相对滑动**时(图 2.4)，在各自的接触面上都受到阻止相对滑动的力。这种力叫**滑动摩擦力**，它的方向总是与相对滑动的方向相反。实验证明当相对滑动的速度不是太大或太小时，滑动摩擦力 f_k 的大小和滑动速度无关而和正压力 N 成正比，即

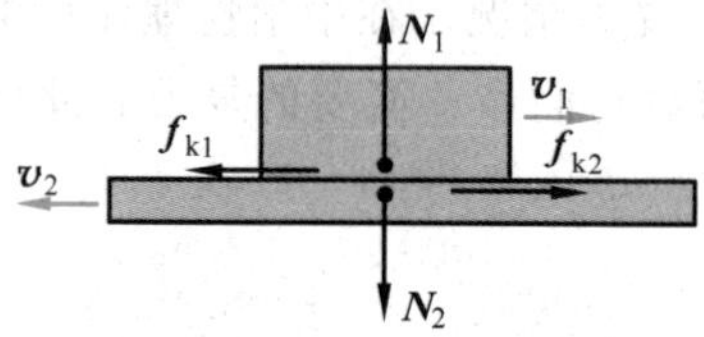

图 2.4 滑动摩擦力

$$f_k = \mu_k N \tag{2.12}$$

式中 μ_k 为**滑动摩擦系数**，它与接触面的材料和表面的状态(如光滑与否)有关。一些典型情况的 μ_k 的数值列在表 2.2 中，它们都只是粗略的数值。

表 2.2 一些典型情况的摩擦系数

接触面材料	μ_k	μ_s
钢—钢(干净表面)	0.6	0.7
钢—钢(加润滑剂)	0.05	0.09
铜—钢	0.4	0.5
铜—铸铁	0.3	1.0
玻璃—玻璃	0.4	0.9～1.0
橡胶—水泥路面	0.8	1.0
特氟隆—特氟隆(聚四氟乙烯)	0.04	0.04
涂蜡木滑雪板—干雪面	0.04	0.04

当有接触面的两个物体相对静止但有相对滑动的趋势时，它们之间产生的阻碍相对滑动的摩擦力叫**静摩擦力**。静摩擦力的大小是可以改变的。例如人推木箱，推力不大时，木箱不动。木箱所受的静摩擦力 f_s 一定等于人的推力 f。当人的推力大到一定程度时，木箱就要被推动了。这说明静摩擦力有一定限度，叫做**最大静摩擦力**。实验证明，最大静摩擦力 $f_{s\max}$ 与两物体之间的正压力 N 成正比，即

$$f_{s\max} = \mu_s N \tag{2.13}$$

式中 μ_s 叫**静摩擦系数**，它也取决于接触面的材料与表面的状态。对同样的两个接触面，静摩擦系数 μ_s 总是大于滑动摩擦系数 μ_k。一些典型情况的静摩擦系数也列在表 2.2 中，它们也都只是粗略的数值。

4. 流体曳力

一个物体在流体(液体或气体)中和流体有相对运动时，物体会受到流体的阻力，这种阻力称为流体曳力。这曳力的方向和物体相对于流体的速度方向相反，其大小和相对速度的大小有关。在相对速率较小，流体可以从物体周围平顺地流过时，曳力 f_d 的大小和相对速

率 v 成正比，即

$$f_d = kv \tag{2.14}$$

式中比例系数 k 决定于物体的大小和形状以及流体的性质(如黏性、密度等)。在相对速率较大以致在物体的后方出现流体旋涡时(一般情形多是这样)，曳力的大小将和相对速率的平方成正比。对于物体在空气中运动的情况，曳力的大小可以表示为

$$f_d = \frac{1}{2}C\rho A v^2 \tag{2.15}$$

其中，ρ 是空气的密度；A 是物体的有效横截面积；C 为曳引系数，一般在 0.4 到 1.0 之间(也随速率而变化)。相对速率很大时，曳力还会急剧增大。

由于流体曳力和速率有关，物体在流体中下落时的加速度将随速率的增大而减小，以致当速率足够大时，曳力会和重力平衡而物体将以匀速下落。物体在流体中下落的最大速率叫**终极速率**。对于在空气中下落的物体，利用式(2.15)可以求得终极速率为

$$v_t = \sqrt{\frac{2mg}{C\rho A}} \tag{2.16}$$

其中 m 为下落物体的质量。

按上式计算，半径为 1.5 mm 的雨滴在空气中下落的终极速率为 7.4 m/s，大约在下落 10 m 时就会达到这个速率。跳伞者，由于伞的面积 A 较大，所以其终极速率也较小，通常为 5 m/s 左右，而且在伞张开后下降几米就会达到这一速率。

5. 表面张力

拿一根缝衣针放到一片薄绵纸上，小心地把它们平放到碗内的水面上。再小心地用细棍把已浸湿的纸按到水下面。你就会看到缝衣针漂在水面上(图 2.5)。这种漂浮并不是水对针的浮力(遵守阿基米德定律)作用的结果，针实际上是躺在已被它压陷了的水面上，是水面兜住了针使之静止的。这说明水面有一种绷紧的力，在水面凹陷处这种绷紧的力 F 抬起了缝衣针。旅游寺庙里盛水的大水缸里常见到落到水底的许多硬币，这都是那些想使自己的硬币漂在水面上(而得到降福?)的游客操作不当的结果。有些昆虫能在水面上行走，也是靠了这种沿水面作用的绷紧的力(图 2.6)。

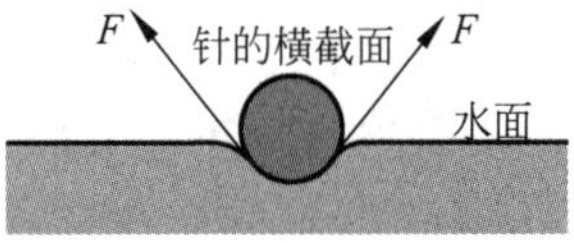

图 2.5 缝衣针漂在水面上

液体表面总处于一种绷紧的状态。这归因于液面各部分之间存在着相互拉紧的力。这种力叫**表面张力**。它的方向沿着液面(或其“切面”)并垂直于液面的边界线。它的大小和边界线的长度成正比。以 F 表示在长为 l 的边界线上作用的表面张力，则应有

$$F = \gamma l \tag{2.17}$$

式中 γ(N/m)叫做**表面张力系数**，它的大小由液体的种类及其温度决定。例如在 20℃时，乙醇的 γ 为 0.0223 N/m，水银的为 0.465 N/m，水的为 0.0728 N/m，肥皂液的约为 0.025 N/m 等。

表面张力系数 γ 可用下述方法粗略地测定。用金属细棍做一个一边可以滑动的矩形框(图 2.7)，将框没入液体。当向上缓慢把框提出时，框上就会蒙上一片液膜。这时拉动下侧可动框边再松手时，膜的面积将缩小，这就是膜的表面张力作用的表现。在这一可动框边上挂上适当的砝码，则可以使这一边保持不动，这时应该有

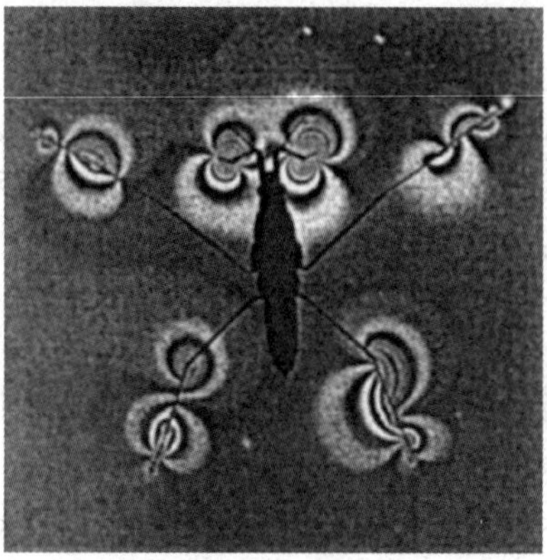

图 2.6　昆虫"水黾"(学名 Hygrotrechus Conformis)在水面上行走以及引起的水面波纹(R. L. Reese)

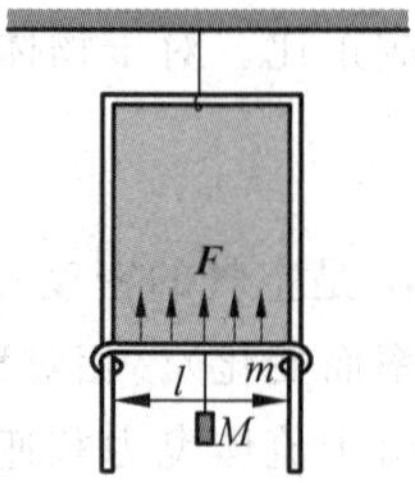

图 2.7　液膜的表面张力

$$F = (m + M)g \tag{2.18}$$

式中 m 和 M 分别表示可动框边和砝码的质量。由于膜有两个表面,所以其下方在两条边线上都有向上的表面张力。以 l 表示膜的宽度,则由式(2.17),在式(2.18)中应有 $F=2\gamma l$。代入式(2.18)可得

$$\gamma = (m + M)g/2l \tag{2.19}$$

一个液滴由于表面张力,其表面有收缩趋势,这就使得秋天的露珠,夏天荷叶上的小水珠以及肥皂泡都呈球形。天体一般也是球形,这也是在其长期演变过程中表面张力作用的结果。

*2.3　基本的自然力

2.2 节介绍了几种力的特征,实际上,在日常生活和工程技术中,遇到的力还有很多种。例如皮球内空气对球胆的压力,江河海水对大船的浮力,胶水使两块木板固结在一起的黏结力,两个带电小球之间的吸力或斥力,两个磁铁之间的吸力或斥力等。除了这些宏观世界我们能观察到的力以外,在微观世界中也存在这样或那样的力。例如分子或原子之间的引力或斥力,原子内的电子和核之间的引力,核内粒子和粒子之间的斥力和引力等。尽管力的种类看来如此复杂,但近代科学已经证明,自然界中只存在 4 种基本的力(或称相互作用),其他的力都是这 4 种力的不同表现。这 4 种力是引力、电磁力、强力、弱力,下面分别作一简单介绍。

1. 引力(或万有引力)

引力指存在于任何两个物质质点之间的吸引力。它的规律首先由牛顿发现,称之为引力定律,这个定律说:**任何两个质点都互相吸引,这引力的大小与它们的质量的乘积成正比,和它们的距离的平方成反比。**用 m_1 和 m_2 分别表示两个质点的质量,以 r 表示它们的距离,则引力大小的数学表示式是

$$f = \frac{Gm_1 m_2}{r^2} \tag{2.20}$$

式中，f 是两个质点的相互吸引力；G 是一个比例系数，叫**引力常量**，在国际单位制中它的值为

$$G = 6.67 \times 10^{-11}\ \mathrm{N \cdot m^2/kg^2} \tag{2.21}$$

式(2.20)中的质量反映了物体的引力性质，是物体与其他物体相互吸引的性质的量度，因此又叫**引力质量**。它和反映物体抵抗运动变化这一性质的惯性质量在意义上是不同的。但是任何物体的重力加速度都相等的实验表明，同一个物体的这两个质量是相等的，因此可以说它们是同一质量的两种表现，也就不必加以区分了。

根据现在尚待证实的物理理论，物体间的引力是以一种叫做"引力子"的粒子作为传递媒介的。

2. 电磁力

电磁力指带电的粒子或带电的宏观物体间的作用力。两个静止的带电粒子之间的作用力由一个类似于引力定律的库仑定律支配着。库仑定律说，两个静止的点电荷相斥或相吸，这斥力或吸力的大小 f 与两个点电荷的电量 q_1 和 q_2 的乘积成正比，而与两电荷的距离 r 的平方成反比，写成公式

$$f = \frac{kq_1q_2}{r^2} \tag{2.22}$$

式中比例系数 k 在国际单位制中的值为

$$k = 9 \times 10^9\ \mathrm{N \cdot m^2 \cdot C^{-2}}$$

这种力比万有引力要大得多。例如两个相邻质子之间的电力按上式计算可以达到 10^2 N，是它们之间的万有引力(10^{-34} N)的 10^{36} 倍。

运动的电荷相互间除了有电力作用外，还有磁力相互作用。磁力实际上是电力的一种表现，或者说，磁力和电力具有同一本源。（关于这一点，本书第 3 篇电磁学有较详细的讨论。）因此**电力和磁力统称电磁力**。

电荷之间的电磁力是以**光子**作为传递媒介的。

由于分子或原子都是由电荷组成的系统，所以它们之间的作用力就是电磁力。中性分子或原子间也有相互作用力，这是因为虽然每个中性分子或原子的正负电荷数值相等，但在它们内部正负电荷有一定的分布，对外部电荷的作用并没有完全抵消，所以仍显示出有电磁力的作用。中性分子或原子间的电磁力可以说是一种残余电磁力。2.2 节提到的相互接触的物体之间的弹力、摩擦力、流体阻力、表面张力以及气体压力、浮力、黏结力等都是相互靠近的原子或分子之间的作用力的宏观表现，因而从根本上说也是电磁力。

3. 强力

我们知道，在绝大多数原子核内有不止一个质子。质子之间的电磁力是排斥力，但事实上核的各部分并没有自动飞离，这说明在质子之间还存在一种比电磁力还要强的自然力，正是这种力把原子核内的质子以及中子紧紧地束缚在一起。这种存在于质子、中子、介子等强子之间的作用力称做**强力**。强力是夸克所带的"色荷"之间的作用力——色力——的表现。色力是以**胶子**作为传递媒介的。两个相邻质子之间的强力可以达到10^4 N。强力的力程，即作用可及的范围非常短。强子之间的距离超过约 10^{-15} m 时，强力就变得很小而可以忽略不计；小于 10^{-15} m 时，强力占主要的支配地位，而且直到距离减小到大约 0.4×10^{-15} m 时，

它都表现为吸引力，距离再减小，则强力就表现为斥力。

4. 弱力

弱力也是各种粒子之间的一种相互作用，但仅在粒子间的某些反应(如 β 衰变)中才显示出它的重要性。弱力是以 W^+，W^-，Z^0 等叫做**中间玻色子**的粒子作为传递媒介的。它的力程比强力还要短，而且力很弱。两个相邻的质子之间的弱力大约仅有 10^{-2} N。

表2.3中列出了4种基本力的特征，其中力的强度是指两个质子中心的距离等于它们直径时的相互作用力。

表2.3 4种基本自然力的特征

力的种类	相互作用的物体	力的强度	力程
万有引力	一切质点	10^{-34} N	无限远
弱力	大多数粒子	10^{-2} N	小于 10^{-17} m
电磁力	电荷	10^{2} N	无限远
强力	核子、介子等	10^{4} N	10^{-15} m

从复杂纷纭、多种多样的力中，人们认识到基本的自然力只有4种，这是20世纪30年代物理学取得的很大成就。此后，人们就企图发现这4种力之间的联系。爱因斯坦就曾企图把万有引力和电磁力统一起来，但没有成功。20世纪60年代，温伯格和萨拉姆在杨振宁等提出的理论基础上，提出了一个把电磁力和弱力统一起来的理论——电弱统一理论。这种理论指出在高能范围内，电磁相互作用和弱相互作用本是同一性质的相互作用，称做**电弱相互作用**。在低于250 GeV的能量范围内，由于"对称性的自发破缺"，统一的电弱相互作用分解成了性质极不相同的电磁相互作用和弱相互作用。这种理论已在20世纪70年代和80年代初期被实验证实了。电弱统一理论的成功使人类在对自然界的统一性的认识上又前进了一大步。现在，物理学家正在努力，以期建立起总括电弱色相互作用的"大统一理论"(它管辖的能量尺度为 10^{15} GeV，目前有些预言已被用实验"间接地探索过了")。人们还期望，有朝一日，能最后(?)建立起把4种基本相互作用都统一起来的……"超统一理论"。

2.4 应用牛顿定律解题

利用牛顿定律求解力学问题时，最好按下述"**三字经**"所设计的思路分析。

1. 认物体

在有关问题中选定一个物体(当成质点)作为分析对象。如果问题涉及几个物体，那就一个一个地作为对象进行分析，认出每个物体的质量。

2. 看运动

分析所认定的物体的运动状态，包括它的轨道、速度和加速度。问题涉及几个物体时，还要找出它们之间运动的联系，即它们的速度或加速度之间的关系。

3. 查受力

找出被认定的物体所受的所有外力。画简单的示意图表示物体受力情况与运动情况，这种图叫**示力图**。

4. 列方程

把上面分析出的质量、加速度和力用牛顿第二定律联系起来列出方程式。利用直角坐标系的分量式(式(2.5))列式时,在图中应注明坐标轴方向。在方程式足够的情况下就可以求解未知量了。

动力学问题一般有两类,一类是已知力的作用情况求运动;另一类是已知运动情况求力。这两类问题的分析方法都是一样的,都可以按上面的步骤进行,只是未知数不同罢了。

例 2.1

一个质量为 m 的珠子系在线的一端,线的另一端绑在墙上的钉子上,线长为 l。先拉动珠子使线保持水平静止,然后松手使珠子下落。求线摆下至 θ 角时这个珠子的速率和线的张力。

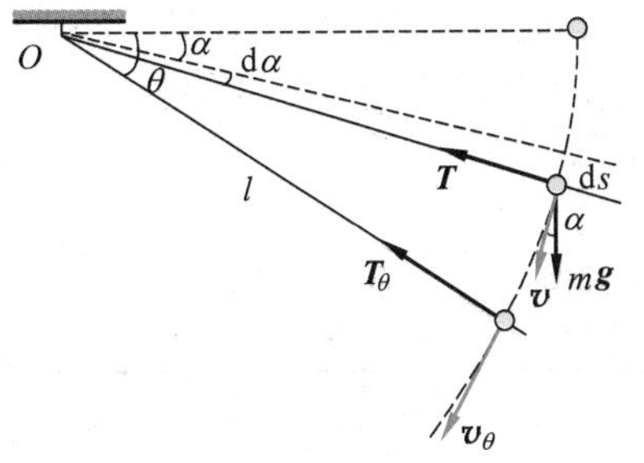

图 2.8 例 2.1 用图

解 这是一个变加速问题,求解要用到微积分,但物理概念并没有什么特殊。如图 2.8 所示,珠子受的力有线对它的拉力 $\boldsymbol{T}$ 和重力 $m\boldsymbol{g}$。由于珠子沿圆周运动,所以我们按切向和法向来列牛顿第二定律分量式。

对珠子,在任意时刻,当摆下角度为 α 时,牛顿第二定律的切向分量式为

$$mg\cos\alpha = ma_{\rm t} = m\frac{{\rm d}v}{{\rm d}t}$$

以 ds 乘以此式两侧,可得

$$mg\cos\alpha\,{\rm d}s = m\frac{{\rm d}v}{{\rm d}t}{\rm d}s = m\frac{{\rm d}s}{{\rm d}t}{\rm d}v$$

由于 ${\rm d}s = l{\rm d}\alpha$,$\frac{{\rm d}s}{{\rm d}t} = v$,所以上式可写成

$$gl\cos\alpha\,{\rm d}\alpha = v{\rm d}v$$

两侧同时积分,由于摆角从 0 增大到 θ 时,速率从 0 增大到 v_θ,所以有

$$\int_0^\theta gl\cos\alpha\cdot{\rm d}\alpha = \int_0^{v_\theta} v{\rm d}v$$

由此得

$$gl\sin\theta = \frac{1}{2}v_\theta^2$$

从而

$$v_\theta = \sqrt{2gl\sin\theta}$$

对珠子,在摆下 θ 角时,牛顿第二定律的法向分量式为

$$T_\theta - mg\sin\theta = ma_{\rm n} = m\frac{v_\theta^2}{l}$$

将上面 v_θ 值代入此式,可得线对珠子的拉力为

$$T_\theta = 3mg\sin\theta$$

这也就等于线中的张力。

例 2.2

一个水平的木制圆盘绕其中心竖直轴匀速转动(图 2.9)。在盘上离中心 $r=20$ cm 处放一小铁块,如果铁块与木板间的静摩擦系数 $\mu_{\rm s}=0.4$,求圆盘转速增大到多少(以 r/min 表

示)时,铁块开始在圆盘上移动?

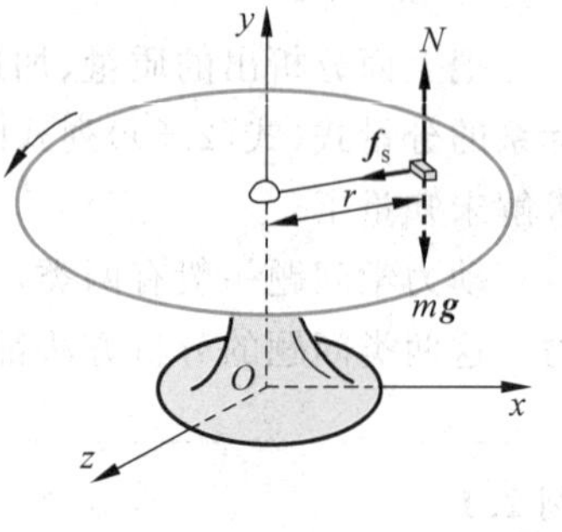

图 2.9 转动圆盘

解 对铁块进行分析。它在盘上不动时,是作半径为 r 的匀速圆周运动,具有法向加速度 $a_n = r\omega^2$。图 2.9 中示出铁块受力情况,f_s 为静摩擦力。

对铁块用牛顿第二定律,得法向分量式为

$$f_s = ma_n = mr\omega^2$$

由于

$$f_s \leqslant \mu_s N = \mu_s mg$$

所以

$$\mu_s mg \geqslant mr\omega^2$$

即

$$\omega \leqslant \sqrt{\frac{\mu_s g}{r}} = \sqrt{\frac{0.4\times 9.8}{0.2}} = 4.43\ (\text{rad/s})$$

由此得

$$n = \frac{\omega}{2\pi} \leqslant 42.3\ (\text{r/min})$$

这一结果说明,圆盘转速达到 42.3 r/min 时,铁块开始在盘上移动。

例 2.3

直径为 2.0 cm 的球形肥皂泡内部气体的压强 p_{in} 比外部大气压强 p_0 大多少?肥皂液的表面张力系数按0.025 N/m 计。

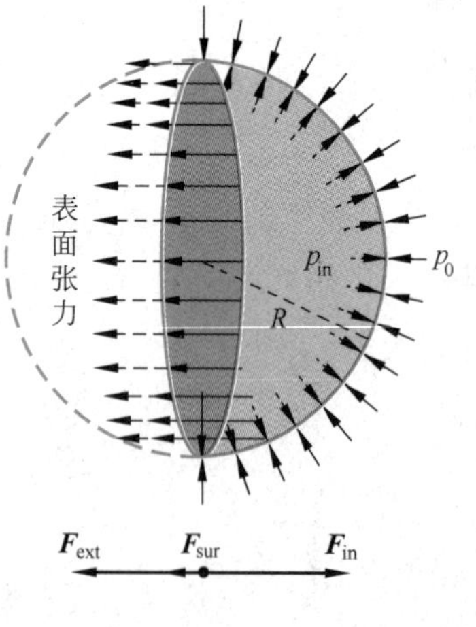

图 2.10 肥皂泡受力分析

解 肥皂泡形成后,其肥皂膜内外表面的表面张力要使肥皂泡缩小。当其大小稳定时,其内部空气的压强 p_{int} 要大于外部的大气压强 p_0,以抵消这一收缩趋势。为了求泡内外的压强差,可考虑半个肥皂泡,如图 2.10 中肥皂泡的右半个。泡内压强对这半个肥皂泡的合力应垂直于半球截面,即水平向右,大小为 $F_{in} = p_{in} \cdot \pi R^2$,$R$ 为泡的半径。大气压强对这半个泡的合力应为$F_{ext} = p_0 \cdot \pi R^2$,方向水平向左。与受到此二力的同时,这半个泡还在其边界上受左半个泡的表面张力,边界各处的表面张力方向沿着球面的切面并与边界垂直,即都水平向左。其大小由式(2.16)求得 $F_{sur} = 2\cdot\gamma\cdot 2\pi r$,其中的 2 倍是由于肥皂膜有内外两个表面。对右半个泡的力的平衡要求$F_{in} = F_{ext} + F_{sur}$,即

$$p_0 \pi R^2 = 2\cdot\gamma\cdot 2\pi R + p_{in}\pi R^2$$

由此得

$$p_{in} - p_0 = \frac{4\gamma}{R} = \frac{4\times 0.025}{1.0\times 10^{-2}} = 10.0\ (\text{Pa})$$

2.5 非惯性系与惯性力

在 2.1 节中介绍牛顿定律时,特别指出牛顿第二定律和第三定律只适用于惯性参考系,2.4 节的例题都是相对于惯性系进行分析的。

惯性系有一个重要的性质，即，如果我们确认了某一参考系为惯性系，则相对于此参考系作匀速直线运动的任何其他参考系也一定是惯性系。这是因为如果一个物体不受力作用时相对于那个“原始”惯性系静止或作匀速直线运动，则在任何相对于这“原始”惯性系作匀速直线运动的参考系中观测，该物体也必然作匀速直线运动(尽管速度不同)或静止。这也是在不受力作用的情况下发生的。因此根据惯性系的定义，后者也是惯性系。

反过来我们也可以说，相对于一个已知惯性系作加速运动的参考系，一定不是惯性参考系，或者说是一个非惯性系。

具体判断一个实际的参考系是不是惯性系，只能根据实验观察。对天体(如行星)运动的观察表明，太阳参考系是个很好的惯性系①。由于地球绕太阳公转，地心相对于太阳参考系有向心加速度，所以地心参考系不是惯性系。但地球相对于太阳参考系的法向加速度甚小(约 $6\times10^{-3}\ \mathrm{m/s^2}$)，不到地球上重力加速度的 0.1%，所以地心参考系可以近似地作为惯性系看待。粗略研究人造地球卫星运动时，就可以应用地心参考系。

由于地球围绕自身的轴相对于地心参考系不断地自转，所以地面参考系也不是惯性系。但由于地面上各处相对于地心参考系的法向加速度最大不超过 $3.40\times10^{-2}\ \mathrm{m/s^2}$(在赤道上)，所以对时间不长的运动，地面参考系也可以近似地作为惯性系看待。在一般工程技术问题中，都相对于地面参考系来描述物体的运动和应用牛顿定律，得出的结论也都足够准确地符合实际，就是因为这个缘故。

下面举两个例子，说明在非惯性系中，牛顿第二定律不成立。

先看一个例子。站台上停着一辆小车，相对于地面参考系进行分析，小车停着，加速度为零。这是因为作用在它上面的力相互平衡，即合力为零的缘故，这符合牛顿定律。如果从加速起动的列车车厢内观察这辆小车，即相对于作加速运动的车厢参考系来分析小车的运动，将发现小车向车厢后方作加速运动。它受力的情况并无改变，合力仍然是零。合力为零而有了加速度，这是违背牛顿定律的。因此，相对于作加速运动的车厢参考系，牛顿定律不成立。

再看例 2.2 中所提到的水平转盘。从地面参考系来看，铁块作圆周运动，有法向加速度。这是因为它受到盘面的静摩擦力作用的缘故，这符合牛顿定律。但是相对于转盘参考系来说，即站在转盘上观察，铁块总保持静止，因而加速度为零。可是这时它依然受着静摩擦力的作用。合力不为零，可是没有加速度，这也是违背牛顿定律的。因此，相对于转盘参考系，牛顿定律也是不成立的。

在实际问题中常常需要在非惯性系中观察和处理物体的运动现象。在这种情况下，为了方便起见，我们也常常形式地利用牛顿第二定律分析问题，为此我们引入惯性力这一概念。

首先讨论**加速平动参考系**的情况。设有一质点，质量为 m，相对于某一惯性系 S，它在实际的外力 $\boldsymbol{F}$ 作用下产生加速度 $\boldsymbol{a}$，根据牛顿第二定律，有

$$\boldsymbol{F}=m\boldsymbol{a}$$

设想另一参考系 S'，相对于惯性系 S 以加速度 $\boldsymbol{a}_0$ 平动。在 S' 参考系中，质点的加速度是 $\boldsymbol{a}'$。由运动的相对性可知

$$\boldsymbol{a}=\boldsymbol{a}'+\boldsymbol{a}_0$$

将此式代入上式可得

---

① 现代天文观测结果给出，太阳绕我们的银河中心公转，其法向加速度约为 $1.8\times10^{-10}\ \mathrm{m/s^2}$。

$$\boldsymbol{F} = m(\boldsymbol{a}' + \boldsymbol{a}_0) = m\boldsymbol{a}' + m\boldsymbol{a}_0$$

或者写成

$$\boldsymbol{F} + (-m\boldsymbol{a}_0) = m\boldsymbol{a}' \tag{2.23}$$

此式说明，质点受的合外力 $\boldsymbol{F}$ 并不等于 $m\boldsymbol{a}'$，因此牛顿定律在参考系 S' 中不成立。但是如果我们认为在 S' 系中观察时，除了实际的外力 $\boldsymbol{F}$ 外，质点还受到一个大小和方向由 $(-m\boldsymbol{a}_0)$ 表示的力，并将此力也计入合力之内，则式(2.23)就可以形式上理解为：在 S' 系内观测，质点所受的合外力也等于它的质量和加速度的乘积。这样就可以在形式上应用牛顿第二定律了。

为了在非惯性系中**形式地**应用牛顿第二定律而必须引入的力叫做**惯性力**。由式(2.23)可知，在加速平动参考系中，它的大小等于质点的质量和此非惯性系相对于惯性系的加速度的乘积，而方向与此加速度的方向相反。以 $\boldsymbol{F}_{\mathrm{i}}$ 表示惯性力，则有

$$\boldsymbol{F}_{\mathrm{i}} = -m\boldsymbol{a}_0 \tag{2.24}$$

引进了惯性力，在非惯性系中就有了下述牛顿第二定律的形式：

$$\boldsymbol{F} + \boldsymbol{F}_{\mathrm{i}} = m\boldsymbol{a}' \tag{2.25}$$

其中 $\boldsymbol{F}$ 是实际存在的各种力，即“真实力”。它们是物体之间的相互作用的表现，其本质都可以归结为4种基本的自然力。惯性力 $\boldsymbol{F}_{\mathrm{i}}$ 只是参考系的非惯性运动的表观显示，或者说是物体的惯性在非惯性系中的表现。它不是物体间的相互作用，也没有反作用力。因此惯性力又称做**虚拟力**。

上述惯性力和引力有一种微妙的关系。静止在地面参考系(视为惯性系)中的物体受到地球引力 $m\boldsymbol{g}$ 的作用(图2.11(a))，这引力的大小和物体的质量成正比。今设想一个远离星体的太空船正以加速度(对某一惯性系) $\boldsymbol{a}' = -\boldsymbol{g}$ 运动，在船内观察一个质量为 m 的物体。由于太空船是非惯性系，依上分析，可以认为物体受到一个惯性力 $\boldsymbol{F}_{\mathrm{i}} = -m\boldsymbol{a}' = m\boldsymbol{g}$ 的作用，这个惯性力也和物体的质量成正比(图2.11(b))。但若只是在太空船内观察，我们也可以认为太空船是一静止的惯性系，而物体受到了一个引力 $m\boldsymbol{g}$。加速系中的惯性力和惯性系中的引力是等效的这一思想是爱因斯坦首先提出的，称为**等效原理**。它是爱因斯坦创立广义相对论的基础。

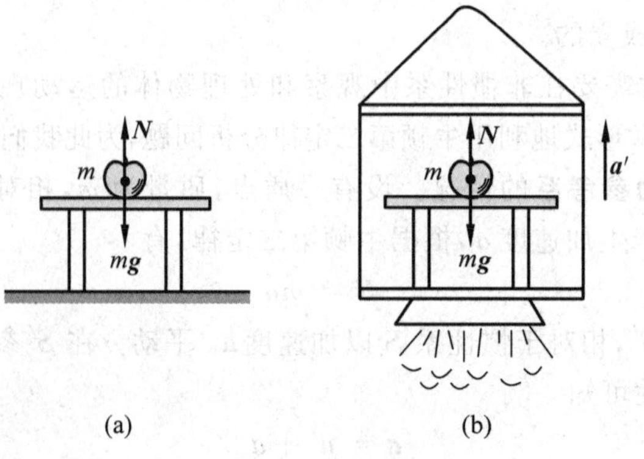

图2.11 等效原理

(a) 在地面上观察，物体受到引力(重力) $m\boldsymbol{g}$ 的作用；

(b) 在太空船内观察，也可认为物体受到引力 $m\boldsymbol{g}$ 的作用

例 2.4

在水平轨道上有一节车厢以加速度 $\boldsymbol{a}_0$ 行进，在车厢中看到有一质量为 m 的小球静止地悬挂在天花板上，试以车厢为参考系求出悬线与竖直方向的夹角。

解 在车厢参考系内观察小球是静止的，即 $\boldsymbol{a}'=0$。它受的力除重力和线的拉力外，还有一惯性力 $\boldsymbol{F}_\mathrm{i}=-m\boldsymbol{a}_0$，如图 2.12 所示。

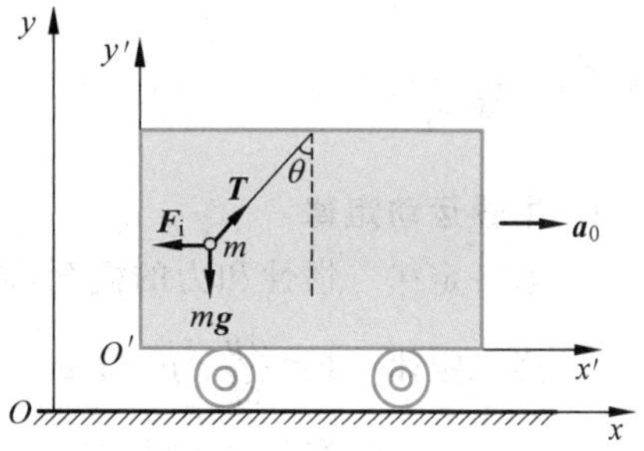

图 2.12 例 2.4 用图

相对于车厢参考系，对小球用牛顿第二定律，则有

x' 向： $T\sin\theta-F_\mathrm{i}=ma'_{x'}=0$

y' 向： $T\cos\theta-mg=ma'_{y'}=0$

由于 $F_\mathrm{i}=ma_0$，在上两式中消去 T，即可得

$$\theta=\arctan(a_0/g)$$

读者可以相对于地面参考系（惯性系）再解一次这个问题，并与上面的解法相比较。

下面我们再讨论**转动参考系**。一种简单的情况是物体相对于转动参考系**静止**。仍用例 2.2，一个小铁块静止在一个转盘上，如图 2.13 所示。对于铁块相对于地面参考系的运动，牛顿第二定律给出

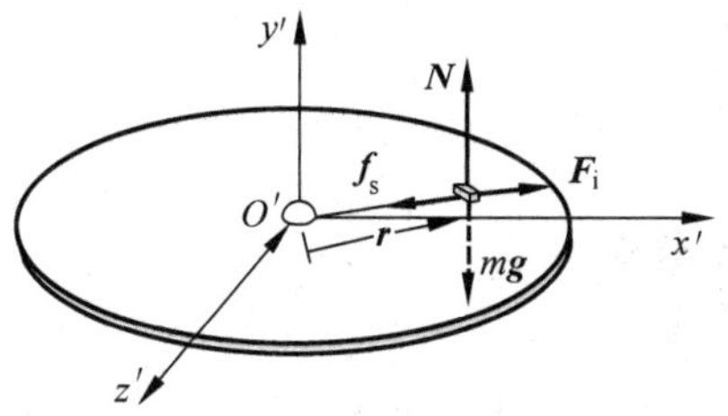

图 2.13 在转盘参考系上观察

$$\boldsymbol{f}_\mathrm{s}=m\boldsymbol{a}_\mathrm{n}=-m\omega^2\boldsymbol{r}$$

式中 $\boldsymbol{r}$ 为由圆心沿半径向外的位矢，此式也可以写成

$$\boldsymbol{f}_\mathrm{s}+m\omega^2\boldsymbol{r}=0 \tag{2.26}$$

站在圆盘上观察，即相对于转动的圆盘参考系，铁块是静止的，加速度 $\boldsymbol{a}'=0$。如果还要套用牛顿第二定律，则必须认为铁块除了受到静摩擦力这个“真实的”力以外，还受到一个惯性力或虚拟力 $\boldsymbol{F}_\mathrm{i}$ 和它平衡。这样，相对于圆盘参考系，应该有

$$\boldsymbol{f}_\mathrm{s}+\boldsymbol{F}_\mathrm{i}=0$$

将此式和式(2.26)对比，可得

$$\boldsymbol{F}_\mathrm{i}=m\omega^2\boldsymbol{r} \tag{2.27}$$

这个惯性力的方向与 $\boldsymbol{r}$ 的方向相同，即沿着圆的半径向外，因此称为**惯性离心力**。这是在转动参考系中观察到的一种惯性力。实际上当我们乘坐汽车拐弯时，我们体验到的被甩向弯道外侧的“力”，就是这种惯性离心力。

由于惯性离心力和在惯性系中观察到的向心力大小相等，方向相反，所以常常有人（特别是那些把惯性离心力简称为离心力的人们）认为惯性离心力是向心力的反作用力，这是一种误解。首先，向心力作用在运动物体上使之产生向心加速度。惯性离心力，如上所述，也是作用在运动物体上。既然它们作用在同一物体上，当然就不是相互作用，所以谈不上作用和反作用。再者，向心力是真实力（或它们的合力）作用的表现，它可能有真实的反作用力。图 2.13 中的铁块受到的向心力（即盘面对它的静摩擦力 $\boldsymbol{f}_\mathrm{s}$）的反作用力就是铁块对盘面的静摩擦力。（在向心力为合力的情况下，各个分力也都有相应的真实的反作用力，但因为这

些反作用力作用在不同物体上，所以向心力谈不上有一个合成的反作用力。）但惯性离心力是虚拟力，它只是运动物体的惯性在转动参考系中的表现，它没有反作用力，因此也不能说向心力和它是一对作用力和反作用力。

提要

1. 牛顿运动定律

第一定律　惯性和力的概念，惯性系的定义。

第二定律　$\boldsymbol{F}=\dfrac{\mathrm{d}\boldsymbol{p}}{\mathrm{d}t}$，$\boldsymbol{p}=m\boldsymbol{v}$

当 m 为常量时　$\boldsymbol{F}=m\boldsymbol{a}$

第三定律　$\boldsymbol{F}_{12}=-\boldsymbol{F}_{21}$，同时存在，分别作用，方向相反，大小相等。

力的叠加原理　$\boldsymbol{F}=\boldsymbol{F}_1+\boldsymbol{F}_2+\cdots$，相加用平行四边形定则或三角形定则。

*急动度　$\boldsymbol{j}=\dfrac{\mathrm{d}\boldsymbol{a}}{\mathrm{d}t}$，$\dfrac{\mathrm{d}\boldsymbol{F}}{\mathrm{d}t}=m\boldsymbol{j}$

2. 常见的几种力

重力　$\boldsymbol{W}=m\boldsymbol{g}$

弹性力　接触面间的压力和绳的张力

弹簧的弹力　$f=-kx$，k：劲度系数

摩擦力　滑动摩擦力　$f_\mathrm{k}=\mu_\mathrm{k}N$，$\mu_\mathrm{k}$：滑动摩擦系数

静摩擦力　$f_\mathrm{s}\leqslant\mu_\mathrm{s}N$，$\mu_\mathrm{s}$：静摩擦系数

流体阻力　$f_\mathrm{d}=kv$　或　$f_\mathrm{d}=\dfrac{1}{2}C\rho Av^2$，$C$：曳引系数

表面张力　$F=\gamma l$，γ：表面张力系数

***3. 基本自然力**：引力、弱力、电磁力、强力（弱、电已经统一）。

4. 用牛顿定律解题"三字经"：认物体，看运动，查受力（画示力图），列方程（一般用分量式）。

5. 惯性力：在非惯性系中引入的和参考系本身的加速运动相联系的力。

在平动加速参考系中　$\boldsymbol{F}_\mathrm{i}=-m\boldsymbol{a}_0$

在转动参考系中　惯性离心力 $\boldsymbol{F}_\mathrm{i}=m\omega^2\boldsymbol{r}$

习题

2.1　图 2.14 中 A 为定滑轮，B 为动滑轮，3 个物体的质量分别为：$m_1=200$ g，$m_2=100$ g，$m_3=50$ g。

(1) 求每个物体的加速度。

(2) 求两根绳中的张力 T_1 和 T_2。假定滑轮和绳的质量以及绳的伸长和摩擦力均可忽略。

2.2　桌上有一质量 $M=1.50$ kg 的板，板上放一质量 $m=2.45$ kg 的另一物体。设物体与板、板与桌面之间的摩擦系数均为 $\mu=0.25$。要将板从物体下面抽出，至少需要多大的水平力？

2.3 如图 2.15 所示，在一质量为 M 的小车上放一质量为 m_1 的物块，它用细绳通过固定在小车上的滑轮与质量为 m_2 的物块相连，物块 m_2 靠在小车的前壁上而使悬线竖直。忽略所有摩擦。

(1) 当用水平力 $\boldsymbol{F}$ 推小车使之沿水平桌面加速前进时，小车的加速度多大？

(2) 如果要保持 m_2 的高度不变，力 $\boldsymbol{F}$ 应多大？

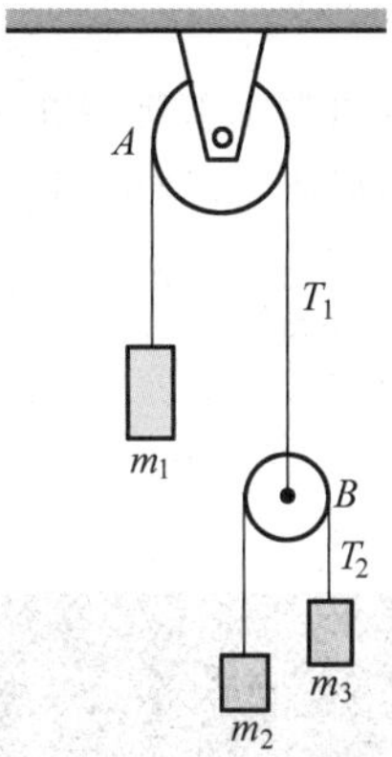

图 2.14 习题 2.1 用图

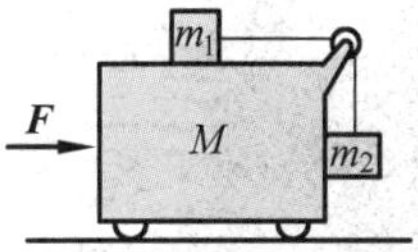

图 2.15 习题 2.3 用图

2.4 按照 38 万千米外的地球上的飞行控制中心发来的指令，点燃自身的制动发动机后，我国第一颗月球卫星"嫦娥一号"于 2007 年 11 月 7 日正式进入科学探测工作轨道(图 2.16)。该轨道为圆形，离月面的高度为 200 km。求"嫦娥一号"的运行速率(相对月球)与运行周期。

(a)

(b)

图 2.16 "嫦娥一号"绕月球运行，探测月面

(a)"嫦娥一号"绕行月球；(b)"嫦娥一号"传回的首张月球表面照片

2.5 两根弹簧的劲度系数分别为 k_1 和 k_2。

(1) 试证明它们串联起来时(图 2.17(a))，总的劲度系数为

$$k=\frac{k_1k_2}{k_1+k_2}$$

(2) 试证明它们并联起来时(图 2.17(b))，总的劲度系数为

$$k=k_1+k_2$$

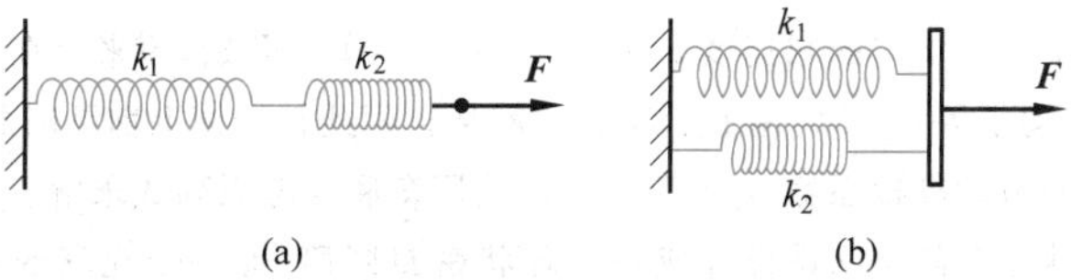

图 2.17 习题 2.5 用图

2.6 如图2.18所示,质量 $m=1200$ kg 的汽车,在一弯道上行驶,速率 $v=25$ m/s。弯道的水平半径 $R=400$ m,路面外高内低,倾角 $\theta=6°$。

(1) 求作用于汽车上的水平法向力与摩擦力。

(2) 如果汽车轮与轨道之间的静摩擦系数 $\mu_s=0.9$,要保证汽车无侧向滑动,汽车在此弯道上行驶的最大允许速率应是多大?

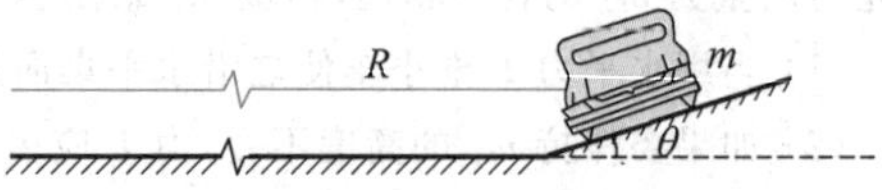

图2.18 习题2.6用图

2.7 现已知木星有16个卫星,其中4个较大的是伽利略用他自制的望远镜在1610年发现的(图2.19)。这4个"伽利略卫星"中最大的是木卫三,它到木星的平均距离是 1.07×10^6 km,绕木星运行的周期是7.16 d。试由此求出木星的质量。忽略其他卫星的影响。

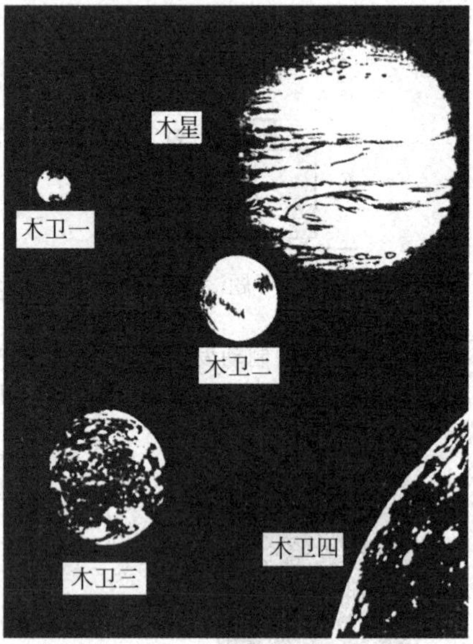

图2.19 木星和它的最大的4个卫星

图2.20 卡西尼号越过土星(小图)的光环(2004年7月)

2.8 美丽的土星环在土星周围从离土星中心73 000 km延伸到距土星中心136 000 km(图2.20)。它由大小从 10^{-6} m到10 m的粒子组成。若环的外缘粒子的运行周期是14.2 h,那么由此可求得土星的质量是多大?

2.9 直九型直升机的每片旋翼长5.97 m。若按宽度一定、厚度均匀的薄片计算,旋翼以400 r/min的转速旋转时,其根部受的拉力为其受重力的几倍?

2.10 如图2.21所示,一小物体放在一绕竖直轴匀速转动的漏斗壁上,漏斗每秒转 n 圈,漏斗壁与水平面成 θ 角,小物体和壁间的静摩擦系数为 μ_s,小物体中心与轴的距离为 r。为使小物体在漏斗壁上不动,n 应满足什么条件(以 r,θ,μ_s 等表示)?

2.11 如图2.22所示,一个质量为 m_1 的物体拴在长为 L_1 的轻绳上,绳的另一端固定在一个水平光滑桌面的钉子上。另一物体质量为 m_2,用长为 L_2 的绳与 m_1 连接。二者均在桌面上作匀速圆周运动,假设 m_1,m_2 的角速度为 ω,求各段绳子上的张力。

2.12 在刹车时卡车有一恒定的减速度 $a=7.0\ \mathrm{m/s^2}$。刹车一开始,原来停在上面的一个箱子就开始滑动,它在卡车车厢上滑动了 $l=2$ m后撞上了车厢的前帮。问此箱子撞上前帮时相对卡车的速率为多大?设箱子与车厢底板之间的滑动摩擦系数 $\mu_k=0.50$。请试用车厢参考系列式求解。

2.13 一种围绕地球运行的空间站设计成一个环状密封圆筒(像一个充气的自行车胎),环中心的半径是1.8 km。如果想在环内产生大小等于 g 的人造重力加速度,则环应绕它的轴以多大的角速度旋转?

这人造重力方向如何？

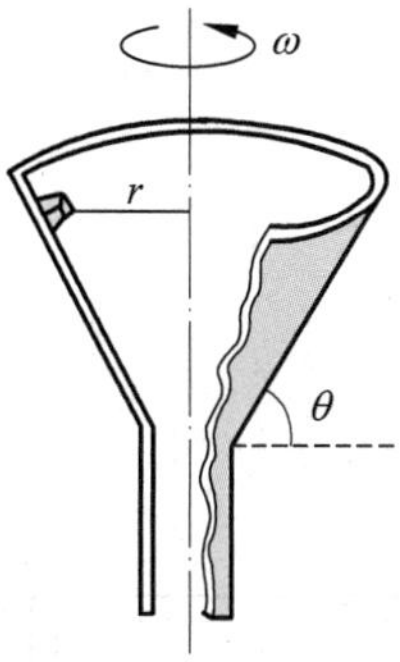

图 2.21　习题 2.10 用图

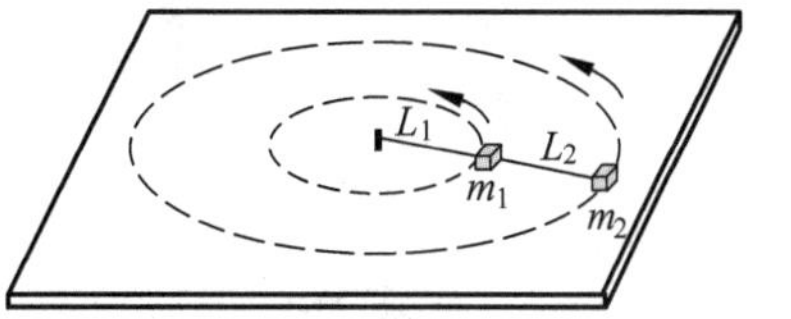

图 2.22　习题 2.11 用图

科学家介绍

牛　顿

（Isaac Newton，1642—1727 年）

牛顿

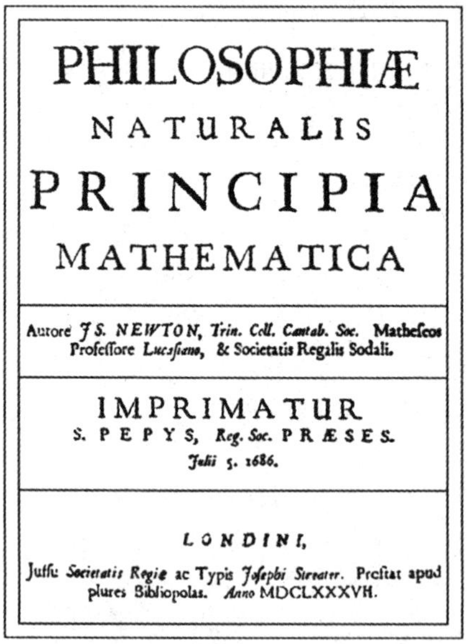

PHILOSOPHIÆ
NATURALIS
PRINCIPIA
MATHEMATICA

Autore J S. NEWTON, Trin. Coll. Cantab. Soc. Matheseos Professore Lucasiano, & Societatis Regalis Sodali.

IMPRIMATUR
S. PEPYS, Reg. Soc. PRÆSES.
Julii 5. 1686.

LONDINI,
Jussu Societatis Regiæ ac Typis Josephi Streater. Prostat apud plures Bibliopolas. Anno MDCLXXXVII.

《自然哲学的数学原理》一书的扉页

牛顿在伽利略逝世那年（1642 年）出生于英格兰林肯郡伍尔索普的一个农民家里。小时上学成绩一般，但爱制作机械模型，而且对问题爱追根究底。18 岁（1661 年）时考入剑桥大学“三一”学院。学习踏实认真，3 年后被选为优等生，1665 年毕业后留校研究。这年 6 月剑桥因瘟疫的威胁而停课，他回家乡一连住了 20 个月。这 20 个月的清静生活使他对在校所研究的问题有了充分的思考时间，因而成了他一生中创造力最旺盛的时期。他一生中最重要的科学发现，如微积分、万有引力定律、光的色散等在这一时期都已基本上孕育成熟。在以后的岁月里他的工作都是对这一时期研究工作的发展和完善。

1667 年牛顿回到剑桥，翌年获硕士学位。1669 年开始当数学讲座教授，时年 26 岁。此后在力学方面作了深入研究并在 1687 年出版了伟大的科学著作《自然哲学的数学原理》，简称《原理》，在这部著作中，他把伽利略提出、笛卡儿完善的惯性定律写下来作为第一运动定律；他定义了质量、力和动量，提出了动量改变与外力的关系，并把它作为第二运动定律；他写下了作用和反作用的关系作为第三运动定律。第三运动定律是在研究碰撞规律的基础上建立的，而在他之前华里士、雷恩和惠更斯等人都仔细地研究过碰撞现象，实际上已发现了这一定律。

他还写下了力的独立作用原理、伽利略的相对性原理、动量守恒定律。还写下了他对空间和时间的理解，即所谓绝对空间和绝对时间的概念，等等。

牛顿三大运动定律总结提炼了当时已发现的地面上所有力学现象的规律。它们形成了经典力学的基础，在以后的二百多年里几乎统治了物理学的各个领域。对于热、光、电现象人们都企图用牛顿定律加以解释，而且在有些方面，如热的动力论，居然取得了惊人的成功。尽管这种理论上的成功甚至错误地导致机械自然观的建立，最后曾从思想上束缚过自然科学的发展，但在实践上，牛顿定律至今仍是许多工程技术，例如机械、土建、动力等的理论基础，发挥着永不衰退的作用。

在《原理》一书中，牛顿还继续了哥白尼、开普勒、伽利略等对行星运动的研究，在惠更斯的向心加速度概念和他自己的运动定律基础上得出了万有引力定律。实际上牛顿的同代人胡克、雷恩、哈雷等人也提出了万有引力定律(万有引力一词出自胡克)，但他们只限于说明行星的圆运动，而牛顿用自己发明的微积分还解释了开普勒的椭圆轨道，从而圆满地解决了行星的运动问题。牛顿(还有胡克)正确地提出了地球表面物体受的重力与地球月球之间的引力、太阳行星之间的引力具有相同的本质。这样，再加上他把原来是用于地球上的三条定律用于行星的运动而得出了正确结果，就宣告了天上地下的物体都遵循同一规律，彻底否定了亚里士多德以来人们所持有的天上和地下不同的思想。这是人类对自然界认识的第一次大综合，是人类认识史上的一次重大的飞跃。

除了在力学上的巨大成就外，牛顿在光学方面也有很大的贡献。例如，他发现并研究了色散现象。为了避免透镜引起的色散现象，他设计制造了反射式望远镜(这种设计今天还用于大型天文望远镜的制造)，并为此在 1672 年被接受为伦敦皇家学会会员。1703 年出版了《光学》一书，记载了他对光学的研究成果以及提出的问题。书中讨论了颜色，色光的反射和折射，虹的形成，现在称之为“牛顿环”的光学现象的定量的研究，光和物体的相互“转化”问题，冰洲石的双折射现象等。关于光的本性，他虽曾谈论过“光微粒”，但也并非是光的微粒说的坚持者，因为他也曾提到过“以太的振动”。

1689 年和 1701 年他两次以剑桥大学代表的身份被选入议会。1696 年被任命为皇家造币厂监督。1699 年又被任命为造币厂厂长，同年被选为巴黎科学院院士。1703 年起他被连选连任皇家学会会长直到逝世，由于他在科学研究和币制改革上的功绩，1705 年被女王授予爵士爵位。他终生未婚，晚年由侄女照顾。1727 年 3 月 20 日病逝，享年 85 岁。在他一生的后二三十年里，他转而研究神学，在科学上几乎没有什么贡献。

牛顿对他自己所以能在科学上取得突出的成就以及这些成就的历史地位有清醒的认识。他曾说过：“如果说我比多数人看得远一些的话，那是因为我站在巨人们的肩上。”在临终时，他还留下了这样的遗言：“我不知道世人将如何看我，但是，就我自己看来，我好像不过是一个在海滨玩耍的小孩，不时地为找到一个比通常更光滑的卵石或更好看的贝壳而感到高兴，但是，有待探索的真理的海洋正展现在我的面前。”

第3章

动量与角动量

第2章讲解了牛顿第二定律，主要是用加速度表示的式(2.3)的形式。该式表示了力和受力物体的加速度的关系，那是一个**瞬时关系**，即与力作用的同时物体所获得的加速度和此力的关系。实际上，力对物体的作用总要延续一段或长或短的时间。在很多问题中，在这段时间内，力的变化复杂，难于细究，而我们又往往只关心在这段时间内力的作用的总效果。这时我们将直接利用式(2.2)表示的牛顿第二定律形式，而把它改写为微分形式并称为动量定理。本章首先介绍动量定理，接着把这一定理应用于质点系，导出了一条重要的守恒定律——动量守恒定律。然后对于质点系，引入了**质心**的概念，并说明了外力和质心运动的关系。后面几节介绍了和动量概念相联系的描述物体转动特征的重要物理量——角动量，在牛顿第二定律的基础上导出了角动量变化率和外力矩的关系——角动量定理，并进一步导出了另一条重要的守恒定律——角动量守恒定律。

3.1 冲量与动量定理

把牛顿第二定律公式(2.2)写成微分形式，即

$$\boldsymbol{F}\mathrm{d}t = \mathrm{d}\boldsymbol{p} \tag{3.1}$$

式中乘积 $\boldsymbol{F}\mathrm{d}t$ 叫做在 $\mathrm{d}t$ 时间内质点所受合外力的**冲量**。此式表明在 $\mathrm{d}t$ 时间内质点所受合外力的冲量等于在同一时间内质点的动量的增量。这一表示在一段时间内，外力作用的总效果的关系式叫做**动量定理**。

如果将式(3.1)对 t_0 到 t' 这段有限时间积分，则有

$$\int_{t_0}^{t'} \boldsymbol{F}\mathrm{d}t = \int_{\boldsymbol{p}_0}^{\boldsymbol{p}'} \mathrm{d}\boldsymbol{p} = \boldsymbol{p}' - \boldsymbol{p}_0 \tag{3.2}$$

左侧积分表示在 t_0 到 t' 这段时间内合外力的冲量，以 $\boldsymbol{I}$ 表示此冲量，即

$$\boldsymbol{I} = \int_{t_0}^{t'} \boldsymbol{F}\mathrm{d}t$$

则式(3.2)可写成

$$\boldsymbol{I} = \boldsymbol{p}' - \boldsymbol{p}_0 \tag{3.3}$$

式(3.2)或式(3.3)是动量定理的积分形式，它表明质点在 t_0 到 t' 这段时间内所受的合外力的冲量等于质点在同一时间内的动量的增量。值得注意的是，要产生同样的动量增量，

力大力小都可以：力大，时间可短些；力小，时间需长些。只要外力的冲量一样，就产生同样的动量增量。

动量定理常用于碰撞过程，碰撞一般泛指物体间相互作用时间很短的过程。在这一过程中，相互作用力往往很大而且随时间改变。这种力通常叫**冲力**。例如，球拍反击乒乓球的力，两汽车相撞时的相互撞击的力都是冲力。图 3.1 是清华大学汽车碰撞实验室做汽车撞击固定壁的实验照片与相应的冲力的大小随时间的变化曲线。

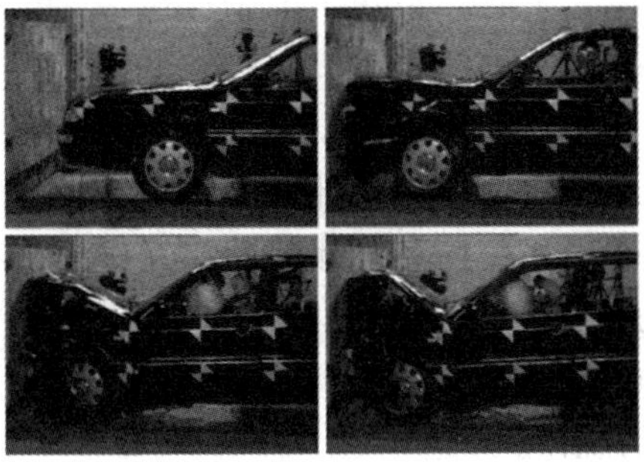

(a)

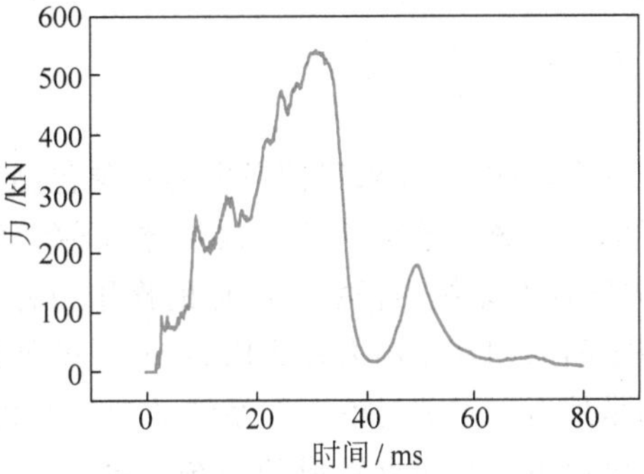

(b)

图 3.1 汽车撞击固定壁实验中汽车受壁的冲力
(a) 实验照片；(b) 冲力-时间曲线

对于短时间 Δt 内冲力的作用，常常把式(3.2)改写成

$$\overline{\boldsymbol{F}}\Delta t = \Delta \boldsymbol{p} \tag{3.4}$$

式中 $\overline{\boldsymbol{F}}$ 是**平均冲力**，即冲力**对时间**的平均值。平均冲力只是根据物体动量的变化计算出的平均值，它和实际的冲力的极大值可能有较大的差别，因此它不足以完全说明碰撞所可能引起的破坏性。

例 3.1

一辆装煤车以 $v=3\ \mathrm{m/s}$ 的速率从煤斗下面通过(图 3.2)，每秒钟落入车厢的煤为 $\Delta m=500\ \mathrm{kg}$。如果使车厢的速率保持不变，应用多大的牵引力拉车厢？(车厢与钢轨间的摩擦忽略不计)

解 先考虑煤落入车厢后运动状态的改变。如图 3.2 所示，以 $\mathrm{d}m$ 表示在 $\mathrm{d}t$ 时间内落入车厢的煤的质量。它在车厢对它的力 $\boldsymbol{f}$ 带动下在 $\mathrm{d}t$ 时间内沿 x 方向的速率由零增加到与车厢速率 v 相同，而动量由 0 增加到 $\mathrm{d}m\cdot v$。由动量定理式(3.1)得，对 $\mathrm{d}m$ 在 x 方向，应有

$$f\mathrm{d}t = \mathrm{d}p = \mathrm{d}m\cdot v \tag{3.5}$$

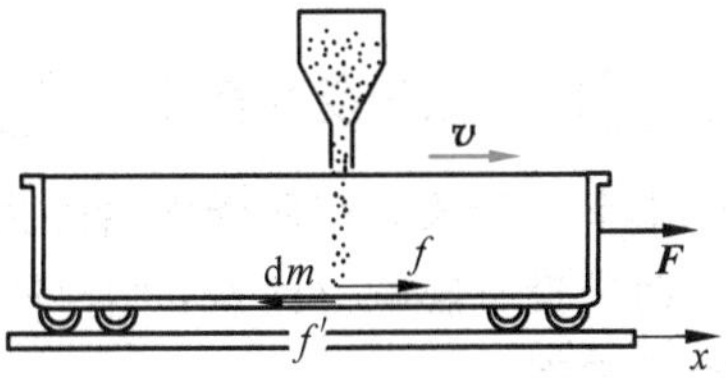

图 3.2 煤 dm 落入车厢被带走

对于车厢，在此 $\mathrm{d}t$ 时间内，它受到水平拉力 $\boldsymbol{F}$ 和煤 $\mathrm{d}m$ 对它的反作用 $\boldsymbol{f}'$ 的作用。此二力的合力沿 x 方向，为 $F-f'$。由于车厢速度不变，所以动量也不变，式(3.1)给出

$$(F-f')\mathrm{d}t = 0 \tag{3.6}$$

由牛顿第三定律

$$f' = f \tag{3.7}$$

联立解式(3.5)～式(3.7)可得

$$F = \frac{dm}{dt} \cdot v$$

以 $dm/dt = 500\ kg/s$，$v = 3\ m/s$ 代入得

$$F = 500 \times 3 = 1.5 \times 10^3\ (N)$$

3.2 动量守恒定律

在一个问题中，如果我们考虑的对象包括几个物体，则它们总体上常被称为一个**物体系统**或简称为**系统**。系统外的其他物体统称为**外界**。系统内各物体间的相互作用力称为**内力**，外界物体对系统内任意一物体的作用力称为**外力**。例如，把地球与月球看做一个系统，则它们之间的相互作用力称为内力，而系统外的物体如太阳以及其他行星对地球或月球的引力都是外力。本节讨论一个系统的动量变化的规律。

先讨论由两个质点组成的系统。设这两个质点的质量分别为 m_1, m_2。它们除分别受到相互作用力(内力)$\boldsymbol{f}$ 和 $\boldsymbol{f}'$ 外，还受到系统外其他物体的作用力(外力)$\boldsymbol{F}_1, \boldsymbol{F}_2$，如图 3.3 所示。分别对两质点写出动量定理式(3.1)，得

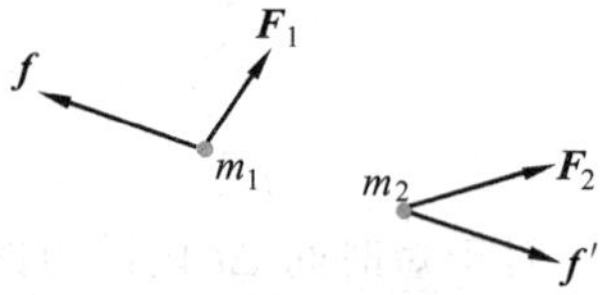

图 3.3 两个质点的系统

$$(\boldsymbol{F}_1 + \boldsymbol{f})dt = d\boldsymbol{p}_1, \quad (\boldsymbol{F}_2 + \boldsymbol{f}')dt = d\boldsymbol{p}_2$$

将这二式相加，可以得

$$(\boldsymbol{F}_1 + \boldsymbol{F}_2 + \boldsymbol{f} + \boldsymbol{f}')dt = d\boldsymbol{p}_1 + d\boldsymbol{p}_2$$

由于系统内力是一对作用力和反作用力，根据牛顿第三定律，得 $\boldsymbol{f} = -\boldsymbol{f}'$ 或 $\boldsymbol{f} + \boldsymbol{f}' = 0$，因此上式给出

$$(\boldsymbol{F}_1 + \boldsymbol{F}_2)dt = d(\boldsymbol{p}_1 + \boldsymbol{p}_2)$$

如果系统包含两个以上，例如 i 个质点，可仿照上述步骤对各个质点写出牛顿定律公式，再相加。由于系统的各个内力总是以作用力和反作用力的形式成对出现的，所以它们的矢量总和等于零。因此，一般地又可得到

$$\left(\sum_i \boldsymbol{F}_i\right)dt = d\left(\sum_i \boldsymbol{p}_i\right) \tag{3.8}$$

其中 $\sum_i \boldsymbol{F}_i$ 为系统受的合外力，$\sum_i \boldsymbol{p}_i$ 为系统的总动量。式(3.8)表明，系统的**总动量**随时间的变化率等于该系统所受的**合外力**。内力能使系统内各质点的动量发生变化，但它们对系统的总动量没有影响。(注意："合外力"和"总动量"都是**矢量和**！)式(3.8)可称为用于**质点系的动量定理**。

如果在式(3.8)中，$\sum_i \boldsymbol{F}_i = 0$，立即可以得到 $d\left(\sum_i \boldsymbol{p}_i\right) = 0$，或

$$\sum_i \boldsymbol{p}_i = \sum_i m_i \boldsymbol{v}_i = 常矢量 \quad \left(\sum_i \boldsymbol{F}_i = 0\right) \tag{3.9}$$

这就是说当一个质点系所受的合外力为零时，这一质点系的总动量就保持不变。这一结论叫做**动量守恒定律**。

一个不受外界影响的系统，常被称为**孤立系统**。**一个孤立系统在运动过程中，其总动量**

一定保持不变。这也是动量守恒定律的一种表述形式。

应用动量守恒定律分析解决问题时，应该注意以下几点。

(1) 系统动量守恒的条件是合外力为零，即 $\sum_i \boldsymbol{F}_i = 0$。但在外力比内力小得多的情况下，外力对质点系的总动量变化影响甚小，这时可以认为近似满足守恒条件，也就可以近似地应用动量守恒定律。例如两物体的碰撞过程，由于相互撞击的内力往往很大，所以此时即使有摩擦力或重力等外力，也常可忽略它们，而认为系统的总动量守恒。又如爆炸过程也属于内力远大于外力的过程，也可以认为在此过程中系统的总动量守恒。

(2) 动量守恒表示式(3.9)是矢量关系式。在实际问题中，常应用其分量式，即如果系统沿某一方向所受的合外力为零，则该系统沿此方向的总动量的分量守恒。例如，一个物体在空中爆炸后碎裂成几块，在忽略空气阻力的情况下，这些碎块受到的外力只有竖直向下的重力，因此它们的总动量在水平方向的分量是守恒的。

(3) 由于我们是用牛顿定律导出动量守恒定律的，所以它只适用于惯性系。

以上我们从牛顿定律出发导出了以式(3.9)表示的动量守恒定律。应该指出，更普遍的动量守恒定律并不依靠牛顿定律。动量概念不仅适用于以速度 $\boldsymbol{v}$ 运动的质点或粒子，而且也适用于电磁场，只是对于后者，其动量不再能用 $m\boldsymbol{v}$ 这样的形式表示。考虑包括电磁场在内的系统所发生的过程时，其总动量必须也把电磁场的动量计算在内。不但对可以用作用力和反作用力描述其相互作用的质点系所发生的过程，动量守恒定律成立；而且，大量实验证明，对其内部的相互作用不能用力的概念描述的系统所发生的过程，如光子和电子的碰撞，光子转化为电子，电子转化为光子等过程，只要系统不受外界影响，它们的动量都是守恒的。动量守恒定律实际上是关于自然界的一切物理过程的一条最基本的定律。

例 3.2

冲击摆。如图 3.4 所示，一质量为 M 的物体被静止悬挂着，今有一质量为 m 的子弹沿水平方向以速度 $\boldsymbol{v}$ 射中物体并停留在其中。求子弹刚停在物体内时物体的速度。

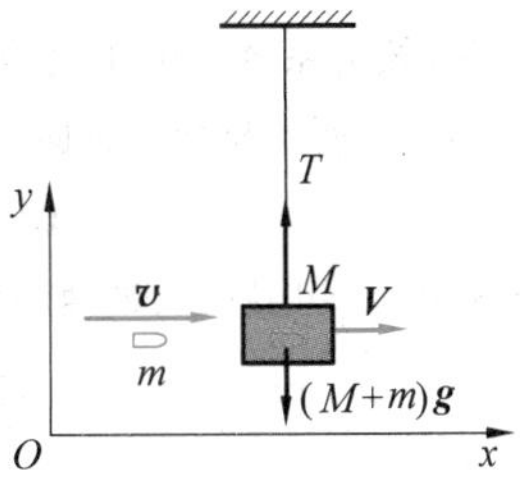

图 3.4 例 3.2 用图

解 由于子弹从射入物体到停在其中所经历的时间很短，所以在此过程中物体基本上未动而停在原来的平衡位置。于是对子弹和物体这一系统，在子弹射入这一短暂过程中，它们所受的水平方向的外力为零，因此水平方向的动量守恒。设子弹刚停在物体中时物体的速度为 $\boldsymbol{V}$，则此系统此时的水平总动量为 $(m+M)V$。由于子弹射入前此系统的水平总动量为 mv，所以有

$$mv = (m+M)V$$

由此得

$$V = \frac{m}{m+M}v$$

例 3.3

如图 3.5 所示，一个有 1/4 圆弧滑槽的大物体的质量为 M，停在光滑的水平面上，另一

质量为 m 的小物体自圆弧顶点由静止下滑。求当小物体 m 滑到底时，大物体 M 在水平面上移动的距离。

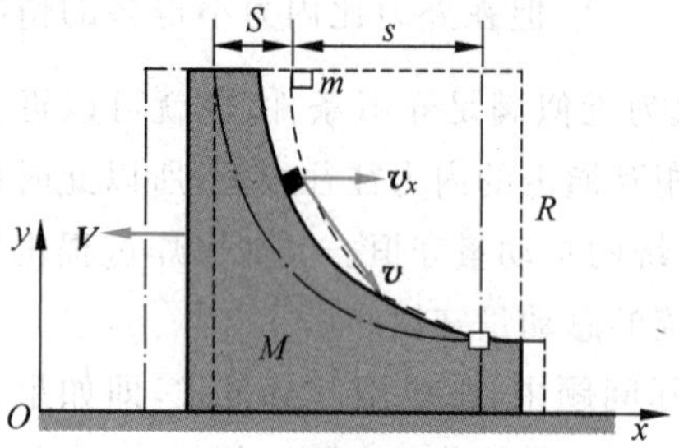

图 3.5 例 3.3 用图

解 选如图 3.5 所示的坐标系，取 m 和 M 为系统。在 m 下滑过程中，在水平方向上，系统所受的合外力为零，因此水平方向上的动量守恒。由于系统的初动量为零，所以，如果以 $\boldsymbol{v}$ 和 $\boldsymbol{V}$ 分别表示下滑过程中任一时刻 m 和 M 的速度，则应该有

$$0 = mv_x + M(-V)$$

因此对任一时刻都应该有

$$mv_x = MV$$

就整个下落的时间 t 对此式积分，有

$$m\int_0^t v_x \mathrm{d}t = M\int_0^t V\mathrm{d}t$$

以 s 和 S 分别表示 m 和 M 在水平方向移动的距离，则有

$$s = \int_0^t v_x \mathrm{d}t, \quad S = \int_0^t V\mathrm{d}t$$

因而有

$$ms = MS$$

又因为位移的相对性，有 $s=R-S$，将此关系代入上式，即可得

$$S = \frac{m}{m+M}R$$

值得注意的是，此距离值与弧形槽面是否光滑无关，只要 M 下面的水平面光滑就行了。

例 3.4

原子核 $^{147}\mathrm{Sm}$ 是一种放射性核，它衰变时放出一 α 粒子，自身变成 $^{143}\mathrm{Nd}$ 核。已测得一静止的 $^{147}\mathrm{Sm}$ 核放出的 α 粒子的速率是 1.04×10^7 m/s，求 $^{143}\mathrm{Nd}$ 核的反冲速率。

解 以 M_0 和 $V_0(V_0=0)$ 分别表示 $^{147}\mathrm{Sm}$ 核的质量和速率，以 M 和 V 分别表示 $^{143}\mathrm{Nd}$ 核的质量和速率，以 m 和 v 分别表示 α 粒子的质量和速率，$\boldsymbol{V}$ 和 $\boldsymbol{v}$ 的方向如图 3.6 所示，以 $^{147}\mathrm{Sm}$ 核为系统。由于衰变只是 $^{147}\mathrm{Sm}$ 核内部的现象，所以动量守恒。结合图 3.6 所示坐标的方向，应有 $\boldsymbol{V}$ 和 $\boldsymbol{v}$ 方向相反，其大小之间的关系为

$$M_0V_0 = M(-V) + mv$$

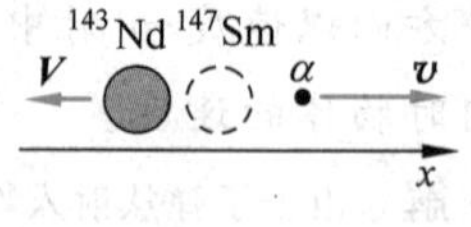

图 3.6 $^{147}\mathrm{Sm}$ 衰变

由此解得 $^{143}\mathrm{Nd}$ 核的反冲速率应为

$$V = \frac{mv - M_0V_0}{M} = \frac{(M_0 - M)v - M_0V_0}{M}$$

代入数值得

$$V = \frac{(147-143)\times1.04\times10^7 - 147\times0}{143} = 2.91\times10^5 \text{ (m/s)}$$

例 3.5

粒子碰撞。在一次 α 粒子散射过程中，α 粒子(质量为 m)和静止的氧原子核(质量为 M)发生"碰撞"(如图 3.7 所示)。实验测出碰撞后 α 粒子沿与入射方向成 $\theta=72°$ 的方向运

动，而氧原子核沿与 α 粒子入射方向成 $\beta=41^\circ$ 的方向"反冲"。求 α 粒子碰撞后与碰撞前的速率之比。

解 粒子的这种"碰撞"过程，实际上是它们在运动中相互靠近，继而由于相互斥力的作用又相互分离的过程。考虑由 α 粒子和氧原子核组成的系统。由于整个过程中仅有内力作用，所以系统的动量守恒。设 α 粒子碰撞前、后速度分别为 $\boldsymbol{v}_1$，$\boldsymbol{v}_2$，氧核碰撞后速度为 $\boldsymbol{V}$。选如图坐标系，令 x 轴平行于 α 粒子的入射方向。根据动量守恒的分量式，有

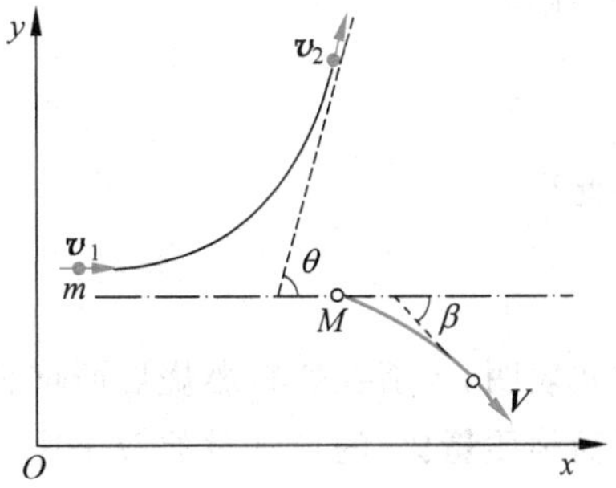

图 3.7 例 3.5 用图

x 向 $mv_2\cos\theta+MV\cos\beta=mv_1$

y 向 $mv_2\sin\theta-MV\sin\beta=0$

两式联立可解出

$$v_1=v_2\cos\theta+\frac{v_2\sin\theta}{\sin\beta}\cos\beta=\frac{v_2}{\sin\beta}\sin(\theta+\beta)$$

$$\frac{v_2}{v_1}=\frac{\sin\beta}{\sin(\theta+\beta)}=\frac{\sin41^\circ}{\sin(72^\circ+41^\circ)}=0.71$$

即 α 粒子碰撞后的速率约为碰撞前速率的 71%。

3.3 火箭飞行原理

火箭是一种利用燃料燃烧后喷出的气体产生的反冲推力的发动机。它自带燃料与助燃剂，因而可以在空间任何地方发动。火箭技术在近代有很大的发展，火箭炮以及各种各样的导弹都利用火箭发动机作动力，空间技术的发展更以火箭技术为基础。各式各样的人造地球卫星、飞船和空间探测器都是靠火箭发动机发射并控制航向的。

火箭飞行原理分析如下。为简单起见，设火箭在自由空间飞行，即它不受引力或空气阻力等任何外力的影响。如图 3.8 所示，把某时刻 t 的火箭（包括火箭体和其中尚存的燃料）作为研究的系统，其总质量为 M，以 v 表示此时刻火箭的速率，则此时刻系统的总动量为 Mv（沿空间坐标 x 轴正向）。此后经过 $\mathrm{d}t$ 时间，火箭喷出质量为 $\mathrm{d}m$ 的气体，其喷出速率相对于火箭体为定值 u。在 $t+\mathrm{d}t$ 时刻，火箭体的速率增为 $v+\mathrm{d}v$。在此时刻系统的总动量为

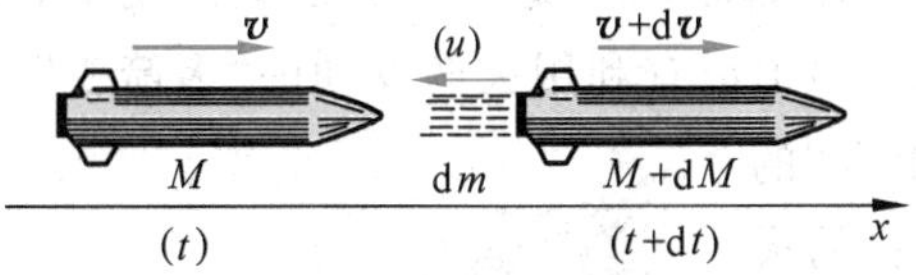

图 3.8 火箭飞行原理说明图

$$\mathrm{d}m\cdot(v-u)+(M-\mathrm{d}m)(v+\mathrm{d}v)$$

由于喷出气体的质量 $\mathrm{d}m$ 等于火箭质量的减小，即 $-\mathrm{d}M$，所以上式可写为

$$-\mathrm{d}M\cdot(v-u)+(M+\mathrm{d}M)(v+\mathrm{d}v)$$

由动量守恒定律可得

$$-\mathrm{d}M\cdot(v-u)+(M+\mathrm{d}M)(v+\mathrm{d}v)=Mv$$

展开此等式，略去二阶无穷小量 $\mathrm{d}M\cdot\mathrm{d}v$，可得

$$u\mathrm{d}M+M\mathrm{d}v=0$$

或者

$$dv = -u\frac{dM}{M}$$

设火箭点火时质量为 M_i，初速为 v_i，燃料烧完后火箭质量为 M_f，达到的末速度为 v_f，对上式积分则有

$$\int_{v_i}^{v_f} dv = -u\int_{M_i}^{M_f}\frac{dM}{M}$$

由此得

$$v_f - v_i = u\ln\frac{M_i}{M_f} \tag{3.10}$$

此式表明，火箭在燃料燃烧后所增加的速率和喷气速率成正比，也与火箭的始末质量比（以下简称**质量比**）的自然对数成正比。

如果只以火箭本身作为研究的系统，以 F 表示在时间间隔 t 到 $t+dt$ 内喷出气体对火箭体（质量为 $(M-dm)$）的推力，则根据动量定理，应有

$$Fdt = (M-dm)[(v+dv)-v] = Mdv$$

将上面已求得的结果 $Mdv=-udM=udm$ 代入，可得

$$F = u\frac{dm}{dt} \tag{3.11}$$

此式表明，火箭发动机的推力与燃料燃烧速率 dm/dt 以及喷出气体的相对速率 u 成正比。例如，一种火箭的发动机的燃烧速率为 1.38×10^4 kg/s，喷出气体的相对速率为 2.94×10^3 m/s，理论上它所产生的推力为

$$F = 2.94\times10^3\times1.38\times10^4 = 4.06\times10^7\ (N)$$

这相当于4000 t海轮所受的浮力！

为了提高火箭的末速度以满足发射地球人造卫星或其他航天器的要求，人们制造了若干单级火箭串联形成的多级火箭（通常是三级火箭）。

火箭最早是中国发明的。我国南宋时出现了作烟火玩物的“起火”，其后就出现了利用起火推动的翎箭。明代茅元仪著的《武备志》（1628年）中记有利用火药发动的“多箭头”（10支到100支）的火箭，以及用于水战的叫做“火龙出水”的二级火箭（见图3.9，第二级藏在龙体内）。我国现在的火箭技术也已达到世界先进水平。例如长征三号火箭是三级大型运载火箭，全长43.25 m，最大直径3.35 m，起飞质量约202 t，起飞推力为 2.8×10^3 kN。我们不但利用自制推力强大的火箭发射自己的载人宇宙飞船“神舟”号，而且还不断成功地向国际提供航天发射服务。

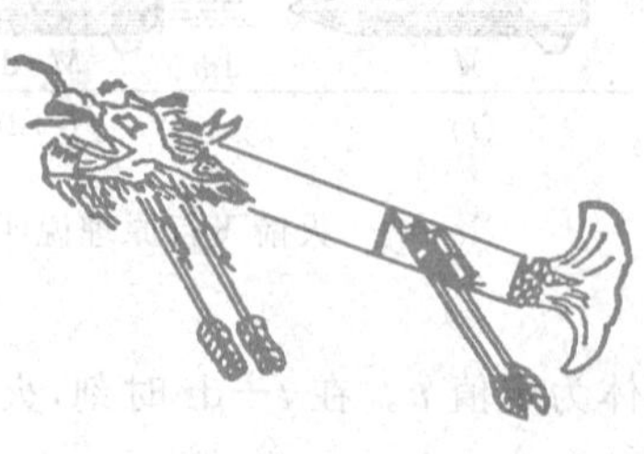

图3.9 “火龙出水”火箭

3.4 质心

在讨论一个质点系的运动时，我们常常引入**质量中心**（简称**质心**）的概念。设一个质点系由 N 个质点组成，以 $m_1, m_2, \cdots, m_i, \cdots, m_N$ 分别表示各质点的质量，以 $\boldsymbol{r}_1, \boldsymbol{r}_2, \cdots, \boldsymbol{r}_i, \cdots,$

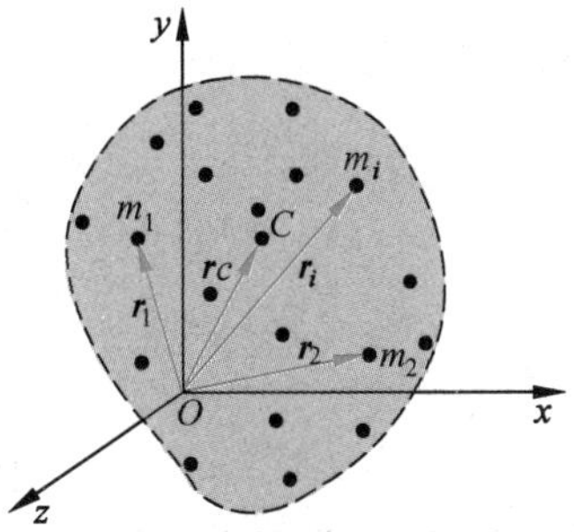

图 3.10 质心的位置矢量

$\boldsymbol{r}_N$ 分别表示各质点对某一坐标原点的位矢(图 3.10)。我们用公式

$$\boldsymbol{r}_C = \frac{\sum\limits_i m_i \boldsymbol{r}_i}{\sum\limits_i m_i} = \frac{\sum\limits_i m_i \boldsymbol{r}_i}{m} \tag{3.12}$$

定义这一质点系的质心的位矢,式中 $m = \sum\limits_i m_i$ 是质点系的总质量。作为位置矢量,质心位矢与坐标系的选择有关。但可以证明质心相对于质点系内各质点的相对位置是不会随坐标系的选择而变化的,即质心是相对于质点系本身的一个特定位置。

利用位矢沿直角坐标系各坐标轴的分量,由式(3.12)可以得到质心坐标表示式如下:

$$\left.\begin{aligned} x_C &= \frac{\sum\limits_i m_i x_i}{m} \\ y_C &= \frac{\sum\limits_i m_i y_i}{m} \\ z_C &= \frac{\sum\limits_i m_i z_i}{m} \end{aligned}\right\} \tag{3.13}$$

一个大的连续物体,可以认为是由许多质点(或叫质元)组成的,以 dm 表示其中任一质元的质量,以 $\boldsymbol{r}$ 表示其位矢,则大物体的质心位置可用积分法求得,即有

$$\boldsymbol{r}_C = \frac{\int \boldsymbol{r}\,\mathrm{d}m}{\int \mathrm{d}m} = \frac{\int \boldsymbol{r}\,\mathrm{d}m}{m} \tag{3.14}$$

它的三个直角坐标分量式分别为

$$\left.\begin{aligned} x_C &= \int \frac{x\,\mathrm{d}m}{m} \\ y_C &= \int \frac{y\,\mathrm{d}m}{m} \\ z_C &= \int \frac{z\,\mathrm{d}m}{m} \end{aligned}\right\} \tag{3.15}$$

利用上述公式,可求得均匀直棒、均匀圆环、均匀圆盘、均匀球体等形体的质心就在它们的几何对称中心上。

力学上还常应用重心的概念。重心是一个物体各部分所受重力的合力作用点。可以证明尺寸不十分大的物体,它的质心和重心的位置重合。

3.5 质心运动定理

将式(3.12)中的 $\boldsymbol{r}_C$ 对时间 t 求导,可得出质心运动的速度为

$$v_C = \frac{\mathrm{d}\boldsymbol{r}_C}{\mathrm{d}t} = \frac{\sum_i m_i \frac{\mathrm{d}\boldsymbol{r}_i}{\mathrm{d}t}}{m} = \frac{\sum_i m_i \boldsymbol{v}_i}{m} \tag{3.16}$$

由此可得

$$m\boldsymbol{v}_C = \sum_i m_i \boldsymbol{v}_i$$

上式等号右边就是质点系的总动量 $\boldsymbol{p}$，所以有

$$\boldsymbol{p} = m\boldsymbol{v}_C \tag{3.17}$$

即质点系的总动量 $\boldsymbol{p}$ 等于它的总质量与它的质心的运动速度的乘积，此乘积也称做质心的动量 $\boldsymbol{p}_C$。这一总动量的变化率为

$$\frac{\mathrm{d}\boldsymbol{p}}{\mathrm{d}t} = m\frac{\mathrm{d}\boldsymbol{v}_C}{\mathrm{d}t} = m\boldsymbol{a}_C$$

式中 $\boldsymbol{a}_C$ 是质心运动的加速度。由式(3.8)又可得一个质点系的质心的运动和该质点系所受的合外力 $\boldsymbol{F}$ 的关系为

$$\boldsymbol{F} = \frac{\mathrm{d}\boldsymbol{p}}{\mathrm{d}t} = m\boldsymbol{a}_C \tag{3.18}$$

这一公式叫做**质心运动定理**。它表明一个质点系的质心的运动，就如同这样一个质点的运动，该质点质量等于整个质点系的质量并且集中在质心，而此质点所受的力是质点系所受的所有外力之和(实际上可能在质心位置处既无质量，又未受力)。

质心运动定理表明了"质心"这一概念的重要性。这一定理告诉我们，一个质点系内各个质点由于内力和外力的作用，它们的运动情况可能很复杂。但相对于此质点系有一个特殊的点，即质心，它的运动可能相当简单，只由质点系所受的合外力决定。例如，一颗手榴弹可以看做一个质点系。投掷手榴弹时，将看到它一面翻转，一面前进，其中各点的运动情况相当复杂。但由于它受的外力只有重力(忽略空气阻力的作用)，它的质心在空中的运动却和一个质点被抛出后的运动一样，其轨迹是一个抛物线。又如高台跳水运动员离开跳台后，他的身体可以作各种优美的翻滚伸缩动作，但是他的质心却只能沿着一条抛物线运动(图3.11)。

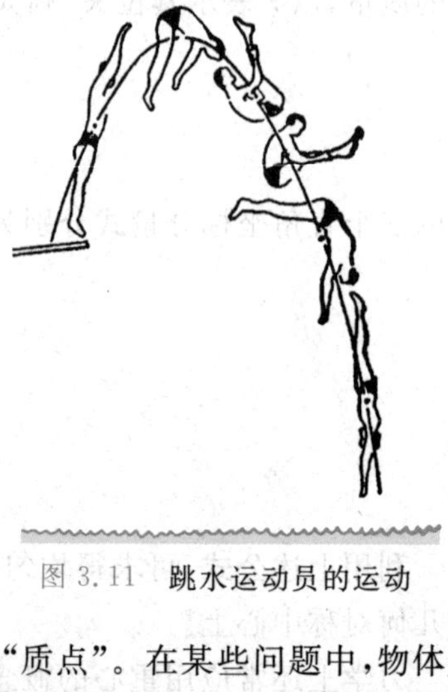

图3.11 跳水运动员的运动

此外我们知道，当质点系所受的合外力为零时，该质点系的总动量保持不变。由式(3.18)可知，该质点系的质心的速度也将保持不变。因此系统的动量守恒定律也可以说成是：当一质点系所受的合外力等于零时，其质心速度保持不变。

需要指出的是，在这以前我们常常用"物体"一词来代替"质点"。在某些问题中，物体并不太小，因而不能当成质点看待，但我们还是用了牛顿定律来分析研究它们的运动。严格地说，我们是对物体用了式(3.18)那样的质心运动定理，而所分析的运动实际上是物体的质心的运动。在物体作平动的条件下，因为物体中各质点的运动相同，所以完全可以用质心的运动来代表整个物体的运动而加以研究。

*质心参考系

由于质心的特殊性，在分析力学问题时，利用质心参考系常常带来方便。质心参考系就是物体系的质心在其中静止的平动参考系。在很多情况下，就把质心选作质心参考系的原点。既然在此参考系中，$v_C=0$，由式(3.17)就得出 $\boldsymbol{p}=0$。这就是说，相对于质心参考系，物体系的总动量为零。因此，质心参考系又叫零动量参考系。

3.6 质点的角动量和角动量定理

本节将介绍描述质点运动的另一个重要物理量——**角动量**。这一概念在物理学上经历了一段有趣的演变过程。18 世纪在力学中才定义和开始利用它，直到 19 世纪人们才把它看成力学中的最基本的概念之一，到 20 世纪它加入了动量和能量的行列，成为力学中最重要的概念之一。角动量之所以能有这样的地位，是由于它也服从守恒定律，在近代物理中其运用是极为广泛的。

一个动量为 $\boldsymbol{p}$ 的质点，对惯性参考系中某一固定点 O 的角动量 $\boldsymbol{L}$ 用下述矢积定义：

$$\boldsymbol{L}=\boldsymbol{r}\times\boldsymbol{p}=\boldsymbol{r}\times m\boldsymbol{v} \tag{3.19}$$

式中 $\boldsymbol{r}$ 为质点相对于固定点的径矢(图 3.12)。根据矢积的定义，可知角动量大小为

$$L=rp\sin\varphi=mrv\sin\varphi$$

其中 φ 是 $\boldsymbol{r}$ 和 $\boldsymbol{p}$ 两矢量之间的夹角。$\boldsymbol{L}$ 的方向垂直于 $\boldsymbol{r}$ 和 $\boldsymbol{p}$ 所决定的平面，其指向可用右手螺旋法则确定，即用右手四指从 $\boldsymbol{r}$ 经小于 180°角转向 $\boldsymbol{p}$，则拇指的指向为 $\boldsymbol{L}$ 的方向。

按式(3.19)，质点的角动量还取决于它的径矢，因而取决于固定点位置的选择。同一质点，相对于不同的点，它的角动量有不同的值。因此，在说明一个质点的角动量时，必须指明是对哪一个固定点说的。

一个质点沿半径为 r 的圆周运动，其动量 $p=mv$ 时，它对于圆心 O 的角动量的大小为

$$L=rp=mrv \tag{3.20}$$

这个角动量的方向用右手螺旋法则判断，如图 3.13 所示。

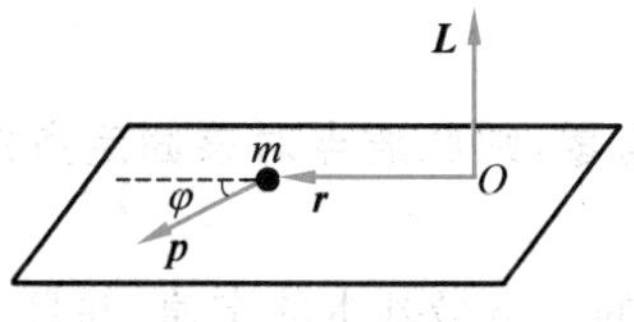

图 3.12 质点的角动量

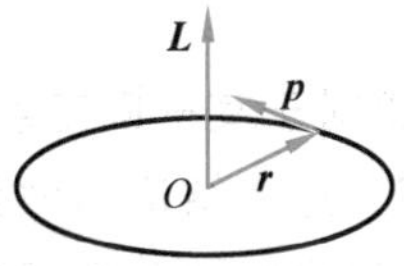

图 3.13 圆周运动对圆心的角动量

在国际单位制中，角动量的量纲为 ML^2T^{-1}，单位名称是千克二次方米每秒，符号是 $kg\cdot m^2/s$，也可写做 $J\cdot s$。

我们知道，一个质点的线动量(即动量 $\boldsymbol{p}=m\boldsymbol{v}$)的变化率是由质点受的合外力决定的，那么质点的角动量的变化率又由什么决定呢？

让我们来求角动量对时间的变化率，有

$$\frac{\mathrm{d}\boldsymbol{L}}{\mathrm{d}t}=\frac{\mathrm{d}}{\mathrm{d}t}(\boldsymbol{r}\times\boldsymbol{p})=\boldsymbol{r}\times\frac{\mathrm{d}\boldsymbol{p}}{\mathrm{d}t}+\frac{\mathrm{d}\boldsymbol{r}}{\mathrm{d}t}\times\boldsymbol{p}$$

由于 $\mathrm{d}\boldsymbol{r}/\mathrm{d}t=\boldsymbol{v}$，而 $\boldsymbol{p}=m\boldsymbol{v}$，所以 $(\mathrm{d}\boldsymbol{r}/\mathrm{d}t)\times\boldsymbol{p}$ 为零。又由于线动量的变化率等于质点所受的合外力，所以有

$$\frac{\mathrm{d}\boldsymbol{L}}{\mathrm{d}t}=\boldsymbol{r}\times\boldsymbol{F} \tag{3.21}$$

此式中的矢积叫做合外力对固定点（即计算 $\boldsymbol{L}$ 时用的那个固定点）的**力矩**，以 $\boldsymbol{M}$ 表示力矩，就有

$$\boldsymbol{M}=\boldsymbol{r}\times\boldsymbol{F} \tag{3.22}$$

这样，式(3.21)就可以写成

$$\boldsymbol{M}=\frac{\mathrm{d}\boldsymbol{L}}{\mathrm{d}t} \tag{3.23}$$

这一等式的意义是：**质点所受的合外力矩等于它的角动量对时间的变化率**（力矩和角动量都是对于惯性系中同一固定点说的）。这个结论叫质点的**角动量定理**。[①]

大家中学已学过力矩的概念，即力 $\boldsymbol{F}$ 对一个支点 O 的力矩的大小等于此力和力臂 $r_{\perp}$ 的乘积。力臂指的是从支点到力的作用线的垂直距离。如图3.14所示，力臂 $r_{\perp}=r\sin\alpha$。因此，力 $\boldsymbol{F}$ 对支点 O 的力矩的大小就是

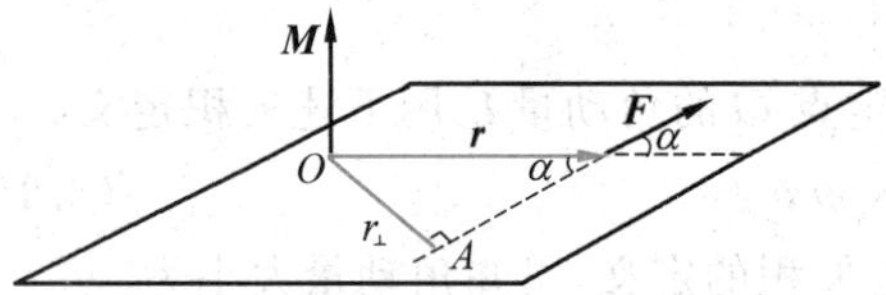

图3.14　力矩的定义

$$M=r_{\perp}F=rF\sin\alpha \tag{3.24}$$

根据式(3.22)，由矢积的定义可知，这正是由该式定义的力矩的大小。至于力矩的方向，在中学时只指出它有两个"方向"，即"顺时针方向"和"逆时针方向"。其实这种说法只是一种表面的直观的说法，并不具有矢量方向的那种确切的含意。式(3.22)则给出了力矩的确切的定义，它是一个矢量，它的方向垂直于径矢 $\boldsymbol{r}$ 和力 $\boldsymbol{F}$ 所决定的平面，其指向用右手螺旋法则由拇指的指向确定。

在国际单位制中，力矩的量纲为 $\mathrm{ML^2T^{-2}}$，单位名称是牛[顿]米，符号是 N·m。

3.7　角动量守恒定律

根据式(3.23)，如果 $\boldsymbol{M}=0$，则 $\mathrm{d}\boldsymbol{L}/\mathrm{d}t=0$，因而

$$\boldsymbol{L}=\text{常矢量}\quad(\boldsymbol{M}=0) \tag{3.25}$$

这就是说，**如果对于某一固定点，质点所受的合外力矩为零，则此质点对该固定点的角动量矢量保持不变**。这一结论叫做**角动量守恒定律**。

角动量守恒定律和动量守恒定律一样，也是自然界的一条最基本的定律，并且在更广泛情况下它也不依赖牛顿定律。

关于外力矩为零这一条件，应该指出的是，由于力矩 $\boldsymbol{M}=\boldsymbol{r}\times\boldsymbol{F}$，所以它既可能是质点所受的外力为零，也可能是外力并不为零，但是在任意时刻外力总是与质点对于固定点的径矢平行或反平行。下面举个例子。

① 式(3.23)也可以写成微分形式 $\mathrm{d}\boldsymbol{L}=\boldsymbol{M}\mathrm{d}t$。

例 3.6

α 粒子散射。一 α 粒子在远处以速度 $\boldsymbol{v}_0$ 射向一重原子核，瞄准距离（重原子核到 $\boldsymbol{v}_0$ 直线的距离）为 b（图 3.15）。重原子核所带电量为 Ze。求 α 粒子被散射的角度（即它离开重原子核时的速度 $\boldsymbol{v}'$ 的方向偏离 $\boldsymbol{v}_0$ 的角度）。

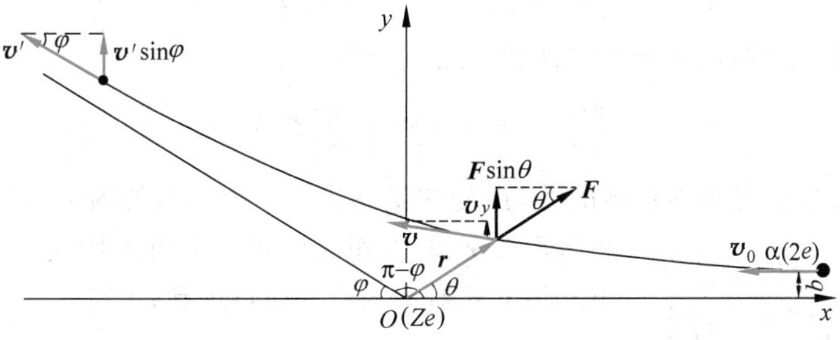

图 3.15　α 粒子被重核 Ze 散射分析图

解　由于重原子核的质量比 α 粒子的质量 m 大得多，所以可以认为重原子核在整个过程中静止。以原子核所在处为原点，可设如图 3.15 的坐标进行分析。在整个散射过程中 α 粒子受到核的库仑力的作用，力的大小为

$$F=\frac{kZe\cdot 2e}{r^2}=\frac{2kZe^2}{r^2}$$

由于此力总沿着 α 粒子的位矢 $\boldsymbol{r}$ 作用，所以此力对原点的力矩为零。于是 α 粒子对原点的角动量守恒。α 粒子在入射时的角动量为 mbv_0，在其后任一时刻的角动量为 $mr^2\omega=mr^2\frac{\mathrm{d}\theta}{\mathrm{d}t}$。角动量守恒给出

$$mr^2\frac{\mathrm{d}\theta}{\mathrm{d}t}=mv_0b$$

为了得到另一个 θ 随时间改变的关系式，沿 y 方向对 α 粒子应用牛顿第二定律，于是有

$$m\frac{\mathrm{d}v_y}{\mathrm{d}t}=F_y=F\sin\theta=\frac{2kZe^2}{r^2}\sin\theta$$

在以上两式中消去 r^2，得

$$\frac{\mathrm{d}v_y}{\mathrm{d}t}=\frac{2kZe^2}{mv_0b}\sin\theta\frac{\mathrm{d}\theta}{\mathrm{d}t}$$

对此式从 α 粒子入射到离开积分，由于入射时 $v_y=0$，离开时 $v_y'=v'\sin\varphi=v_0\sin\varphi$（α 粒子离开重核到远处时，速率恢复到 v_0），而且 $\theta=\pi-\varphi$，所以有

$$\int_0^{v_0\sin\varphi}\mathrm{d}v_y=\frac{2kZe^2}{mv_0b}\int_0^{\pi-\varphi}\sin\theta\mathrm{d}\theta$$

积分可得

$$v_0\sin\varphi=\frac{2kZe^2}{mv_0b}(1+\cos\varphi)$$

此式可进一步化成较简洁的形式，即

$$\cot\frac{1}{2}\varphi=\frac{mv_0^2b}{2kZe^2}$$

1911 年卢瑟福就是利用此式对他的 α 散射实验的结果进行分析，从而建立了他的原子的核式模型。

3.8 质点系的角动量定理

一个质点系对某一定点的角动量定义为其中各质点对该定点的角动量的矢量和，即

$$\boldsymbol{L}=\sum_i \boldsymbol{L}_i=\sum_i \boldsymbol{r}_i\times\boldsymbol{p}_i \tag{3.26}$$

对于系内任意第 i 个质点，角动量定理式(3.21)给出

$$\frac{\mathrm{d}\boldsymbol{L}_i}{\mathrm{d}t}=\boldsymbol{r}_i\times\left(\boldsymbol{F}_i+\sum_{j\neq i}\boldsymbol{f}_{ij}\right)$$

其中 $\boldsymbol{F}_i$ 为第 i 个质点受系外物体的力，$\boldsymbol{f}_{ij}$ 为它受系内第 j 个质点的内力(图 3.16)；二者之和与径矢 $\boldsymbol{r}_i$ 的矢积表示第 i 个质点所受的对定点 O 的力矩。将上式对系内所有质点求和，可得

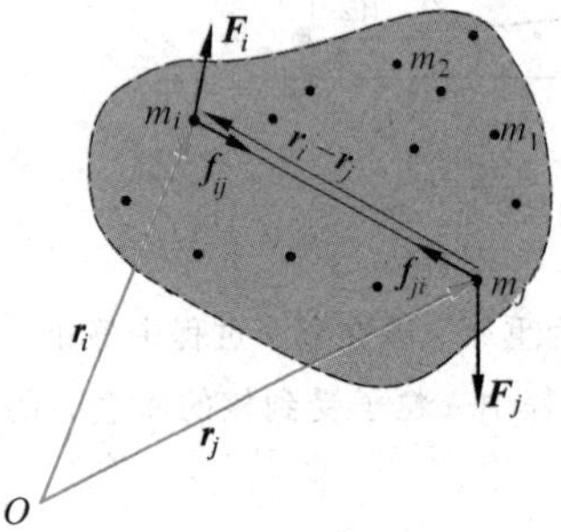

图 3.16 质点系的角动量定理

$$\frac{\mathrm{d}\boldsymbol{L}}{\mathrm{d}t}=\sum_i \boldsymbol{r}_i\times\boldsymbol{F}_i+\sum_i\left(\boldsymbol{r}_i\times\sum_{j\neq i}\boldsymbol{f}_{ij}\right)=\boldsymbol{M}+\boldsymbol{M}_{\mathrm{in}} \tag{3.27}$$

其中

$$\boldsymbol{M}=\sum_i \boldsymbol{r}_i\times\boldsymbol{F} \tag{3.28}$$

表示质点系所受的合外力矩，即各质点所受的外力矩的矢量和，而

$$\boldsymbol{M}_{\mathrm{in}}=\sum_i\left(\boldsymbol{r}_i\times\sum_{j\neq i}\boldsymbol{f}_{ij}\right) \tag{3.29}$$

表示各质点所受的各内力矩的矢量和。在式(3.29)中，由于内力 $\boldsymbol{f}_{ij}$ 和 $\boldsymbol{f}_{ji}$ 是成对出现的，所以与之相应的内力矩也就成对出现。对 i 和 j 两个质点来说，它们相互作用的力矩之和为

$$\boldsymbol{r}_i\times\boldsymbol{f}_{ij}+\boldsymbol{r}_j\times\boldsymbol{f}_{ji}=(\boldsymbol{r}_i-\boldsymbol{r}_j)\times\boldsymbol{f}_{ij}$$

式中利用了牛顿第三定律 $\boldsymbol{f}_{ji}=-\boldsymbol{f}_{ij}$。又因为满足牛顿第三定律的两个力总是沿着两质点的连线作用，$\boldsymbol{f}_{ij}$ 就和$(\boldsymbol{r}_i-\boldsymbol{r}_j)$共线，而上式右侧矢积等于零，即一对内力矩之和为零。因此由式(3.29)表示的所有内力矩之和为零。于是由式(3.27)得出

$$\boldsymbol{M}=\frac{\mathrm{d}\boldsymbol{L}}{\mathrm{d}t} \tag{3.30}$$

它说明**一个质点系所受的合外力矩等于该质点系的角动量对时间的变化率**(力矩和角动量都相对于惯性系中同一定点)。这就是**质点系的角动量定理**。它和质点的角动量定理式(3.23)具有同样的形式。不过应注意，这里的 $\boldsymbol{M}$ 只包括外力的力矩，内力矩会影响系内某质点的角动量，但对质点系的总角动量并无影响。

在式(3.30)中，如果 $\boldsymbol{M}=0$，立即有 $\boldsymbol{L}=$常矢量，这表明，**当质点系相对于某一定点所受的合外力矩为零时，该质点系相对于该定点的角动量将不随时间改变**。这就是一般情况下的角动量守恒定律。

例 3.7

如图 3.17 所示，质量分别为 m_1 和 m_2 的两个小钢球固定在一个长为 a 的轻质硬杆的两端，杆的中点有一轴使杆可在水平面内自由转动，杆原来静止。另一泥球质量为 m_3，以水

平速度 $\boldsymbol{v}_0$ 垂直于杆的方向与 m_2 发生碰撞，碰后二者粘在一起。设 $m_1=m_2=m_3$，求碰撞后杆转动的角速度。

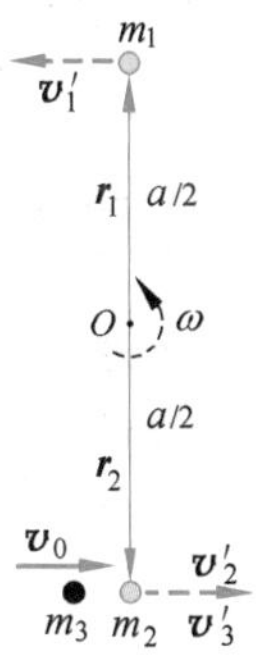

图 3.17　例 3.7 用图

解　考虑这三个质点组成的质点系。相对于杆的中点，在碰撞过程中合外力矩为零，因此对此点的角动量守恒。设碰撞后杆转动的角速度为 ω，则碰撞后三质点的速率 $v_1'=v_2'=v_3'=\frac{a}{2}\omega$。碰撞前，此三质点系统的总角动量为 $m_3\boldsymbol{r}_2\times\boldsymbol{v}_0$。碰撞后，它们的总角动量为 $m_3\boldsymbol{r}_2\times\boldsymbol{v}_3'+m_2\boldsymbol{r}_2\times\boldsymbol{v}_2'+m_1\boldsymbol{r}_1\times\boldsymbol{v}_1'$。考虑到这些矢积的方向相同，角动量守恒给出下列标量关系：

$$m_3r_2v_0 = m_3r_2v_3' + m_2r_2v_2' + m_1r_1v_1'$$

由于 $m_1=m_2=m_3$，$r_1=r_2=a/2$，$v_1'=v_2'=v_3'=\frac{a}{2}\omega$，上式给出

$$\omega = \frac{2v_0}{3a}$$

值得注意的是，在此碰撞过程中，质点系的总动量并不守恒(读者可就初末动量自行校核)。这是因为在 m_3 和 m_2 的碰撞过程中，质点系还受到轴 O 的冲量的缘故。

提要

1. **动量定理**：合外力的冲量等于质点(或质点系)动量的增量，即

$$\boldsymbol{F}\mathrm{d}t = \mathrm{d}\boldsymbol{p}$$

2. **动量守恒定律**：系统所受合外力为零时，

$$\boldsymbol{p} = \sum_i \boldsymbol{p}_i = \text{常矢量}$$

3. **质心的概念**：质心的位矢

$$\boldsymbol{r}_C = \frac{\sum_i m_i\boldsymbol{r}_i}{m} \quad \text{或} \quad \boldsymbol{r}_C = \frac{\int \boldsymbol{r}\mathrm{d}m}{m}$$

4. **质心运动定理**：质点系所受的合外力等于其总质量乘以质心的加速度，即

$$\boldsymbol{F} = m\boldsymbol{a}_C$$

质心参考系：质心在其中静止的平动参考系，即零动量参考系。

5. **质点的角动量定理**：对于惯性系中某一定点，

力 $\boldsymbol{F}$ 的力矩　　$\boldsymbol{M}=\boldsymbol{r}\times\boldsymbol{F}$

质点的角动量　　$\boldsymbol{L}=\boldsymbol{r}\times\boldsymbol{p}=m\boldsymbol{r}\times\boldsymbol{v}$

角动量定理　　$\boldsymbol{M}=\frac{\mathrm{d}\boldsymbol{L}}{\mathrm{d}t}$

其中 $\boldsymbol{M}$ 为合外力矩，它和 $\boldsymbol{L}$ 都是对同一定点说的。

6. **角动量守恒定律**：对某定点，质点受的合力矩为零时，则它对于同一定点的 $\boldsymbol{L}=$常矢量。

习题

3.1 一小球在弹簧的作用下振动(图 3.18),弹力 $F=-kx$,而位移 $x=A\cos\omega t$,其中,k,A,ω 都是常量。求在 $t=0$ 到 $t=\pi/2\omega$ 的时间间隔内弹力施于小球的冲量。

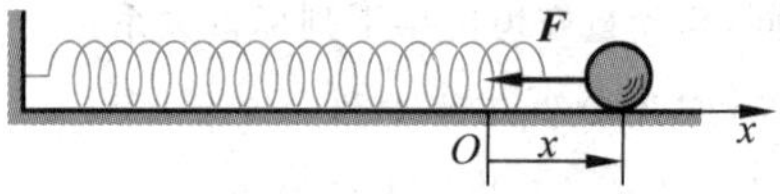

图 3.18 习题 3.1 用图

3.2 一个质量 $m=50$ g,以速率 $v=20$ m/s 作匀速圆周运动的小球,在 1/4 周期内向心力加给它的冲量是多大?

3.3 自动步枪连发时每分钟射出 120 发子弹,每发子弹的质量为 $m=7.90$ g,出口速率为 735 m/s。求射击时(以分钟计)枪托对肩部的平均压力。

3.4 水管有一段弯曲成 90°。已知管中水的流量为 3×10^3 kg/s,流速为 10 m/s。求水流对此弯管的压力的大小和方向。

3.5 一个原来静止的原子核,放射性衰变时放出一个动量为 $p_1=9.22\times10^{-21}$ kg·m/s 的电子,同时还在垂直于此电子运动的方向上放出一个动量为 $p_2=5.33\times10^{-21}$ kg·m/s 的中微子。求衰变后原子核的动量的大小和方向。

3.6 一空间探测器质量为 6090 kg,正相对于太阳以 105 m/s 的速率向木星运动。当它的火箭发动机相对于它以 253 m/s 的速率向后喷出 80.0 kg 废气后,它对太阳的速率变为多少?

3.7 水分子的结构如图 3.19 所示。两个氢原子与氧原子的中心距离都是 0.0958 nm,它们与氧原子中心的连线的夹角为 105°。求水分子的质心。

3.8 有一正立方体铜块,边长为 a。今在其下半部中央挖去一截面半径为 $a/4$ 的圆柱形洞(图 3.20)。求剩余铜块的质心位置。

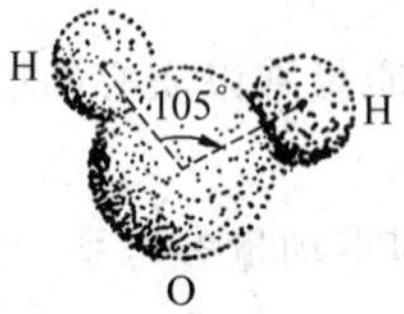

图 3.19 习题 3.7 用图

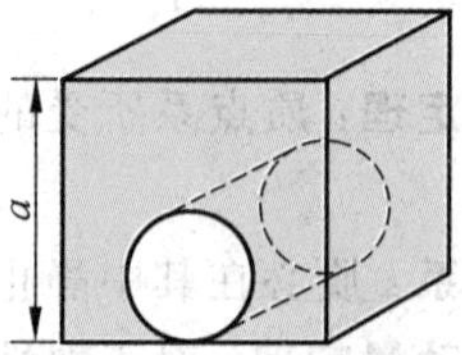

图 3.20 习题 3.8 用图

3.9 哈雷彗星绕太阳运动的轨道是一个椭圆。它离太阳最近的距离是 $r_1=8.75\times10^{10}$ m,此时它的速率是 $v_1=5.46\times10^4$ m/s。它离太阳最远时的速率是 $v_2=9.08\times10^2$ m/s,这时它离太阳的距离 r_2 是多少?

3.10 我国 1988 年 12 月发射的通信卫星在到达同步轨道之前,先要在一个大的椭圆形"转移轨道"上运行若干圈。此转移轨道的近地点高度为 205.5 km,远地点高度为 35 835.7 km。卫星越过近地点时的速率为 10.2 km/s。

(1) 求卫星越过远地点时的速率;

(2) 求卫星在此轨道上运行的周期。(提示:用椭圆的面积公式)

3.11　用绳系一小方块使之在光滑水平面上作圆周运动(图 3.21)，圆半径为 r_0，速率为 v_0。今缓慢地拉下绳的另一端，使圆半径逐渐减小。求圆半径缩短至 r 时，小方块的速率 v 是多大。

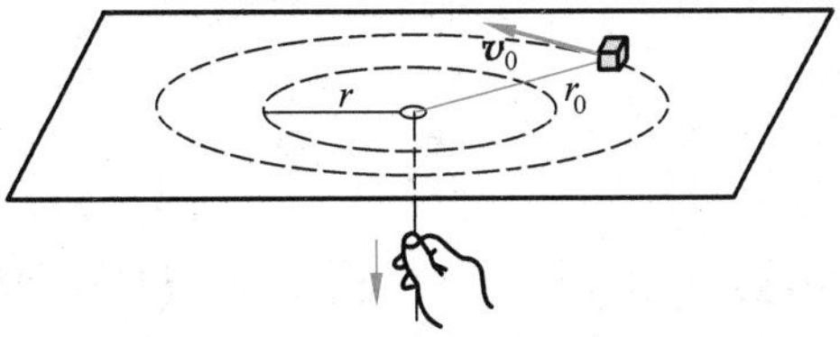

图 3.21　习题 3.11 用图

科学家介绍

开 普 勒

(Johannes Kepler,1571—1630 年)

开普勒

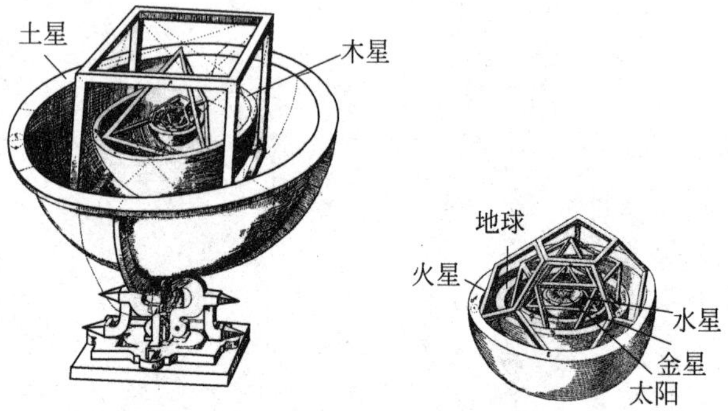

(a)

(b)

(a) 开普勒画的宇宙模型图;(b) 图(a)中心部分的放大。他认为六大行星都在各自的以太阳为中心的球面上运动,这些球面被五个正多边形隔开

开普勒早年是一个太阳崇拜者:“太阳位于诸行星的中心,本身不动但是它是运动之源。”因此是哥白尼学说的狂热信徒。1600 年元旦到布拉格天文学家第谷·布拉赫(Tycho Brahe,1546—1601 年)门下工作。布拉赫在没有望远镜的条件下用自制仪器观测记录了大量的行星位置的精确数据。开普勒根据这些数据核算,发现这些数据和哥白尼的圆形轨道理论不符,而以火星的数据相差最大。当他把布拉赫的数据由地心参考系换算到太阳参考系(为此他花了 4 年时间)时,发现火星数据仍和哥白尼的理论预测相差 $8'$(角分)。换作别人,可能忽略这 $8'$。但他坚信布拉赫的观测结果(布拉赫的观测精确到 $2'$),声称:“在这 $8'$ 的基础上,我要建立一个宇宙理论。”此后又经过 16 年的辛勤努力,他找到了新的行星运动规律,现在称为开普勒三定律。正是在这三定律的基础上,牛顿建立了他的万有引力以及力和运动的定律。

第4章

功和能

如今能量已经成了非常大众化的概念了。例如，人们就常常谈论能源。作为科学的物理概念大家在中学物理课程中也已学过一些能量以及和它紧密联系的功的意义和计算。例如已学过动能、重力势能以及机械能守恒定律。本章将对这些概念进行复习并加以扩充，将引入弹簧的弹性势能、引力势能的表示式并更全面地讨论能量守恒定律。之后综合动量和动能概念讨论碰撞的规律，并举了不少例题以帮助大家提高对动量和能量的认识与应用它们分析问题的能力。

4.1 功

功和能是一对紧密相连的物理量。一质点在力 $\boldsymbol{F}$ 的作用下，发生一无限小的元位移 $\mathrm{d}\boldsymbol{r}$ 时(图 4.1)，力对质点做的**功 $\mathrm{d}A$ 定义为力 $\boldsymbol{F}$ 和位移 $\mathrm{d}\boldsymbol{r}$ 的标量积**，即

$$\mathrm{d}A = \boldsymbol{F}\cdot\mathrm{d}\boldsymbol{r} = F\,|\,\mathrm{d}\boldsymbol{r}\,|\cos\varphi = F_{\mathrm{t}}\,|\,\mathrm{d}\boldsymbol{r}\,| \tag{4.1}$$

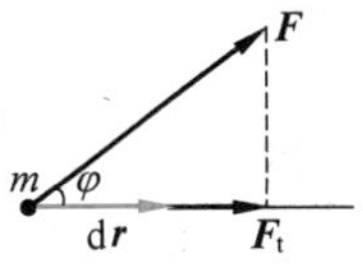

图 4.1 功的定义

式中 φ 是力 $\boldsymbol{F}$ 与元位移 $\mathrm{d}\boldsymbol{r}$ 之间的夹角，而 $F_{\mathrm{t}}=F\cos\varphi$ 为力 $\boldsymbol{F}$ 在位移 $\mathrm{d}\boldsymbol{r}$ 方向的分力。

按式(4.1)定义的功是标量。它没有方向，但有正负。当 $0\leqslant\varphi<\pi/2$ 时，$\mathrm{d}A>0$，力对质点做正功；当 $\varphi=\pi/2$ 时，$\mathrm{d}A=0$，力对质点不做功；当 $\pi/2<\varphi\leqslant\pi$ 时，$\mathrm{d}A<0$，力对质点做负功。对于这最后一种情况，我们也常说成是质点在运动中克服力 $\boldsymbol{F}$ 做了功。

一般地说，质点可以是沿曲线 L 运动，而且所受的力随质点的位置发生变化(图 4.2)。在这种情况下，质点沿路径 L 从 A 点到 B 点力 $\boldsymbol{F}$ 对它做的功 A_{AB} 等于经过各段无限小元位移时力所做的功的总和，可表示为

$$A_{AB} = \int_{L(A)}^{(B)}\mathrm{d}A = \int_{L(A)}^{(B)}\boldsymbol{F}\cdot\mathrm{d}\boldsymbol{r} \tag{4.2}$$

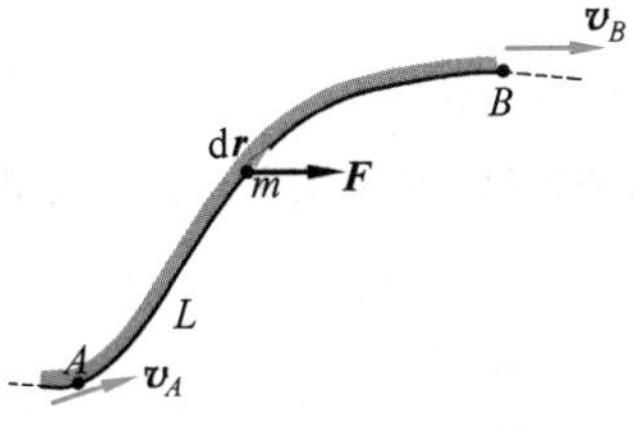

图 4.2 力沿一段曲线做的功

这一积分在数学上叫做力 $\boldsymbol{F}$ 沿路径 L 从 A 到 B 的**线积分**。

比较简单的情况是质点沿直线运动，受着与速度方向成 φ 角的恒力作用。这种情况下，式(4.2)给出

$$A_{AB}=\int_{(A)}^{(B)}F\,|\,\mathrm{d}\boldsymbol{r}\,|\cos\varphi=F\int_{(A)}^{(B)}|\,\mathrm{d}\boldsymbol{r}\,|\cos\varphi$$
$$=Fs_{AB}\cos\varphi \tag{4.3}$$

式中 s_{AB} 是质点从 A 到 B 经过的位移的大小。式(4.3)是大家在中学已学过的公式。

在国际单位制中，功的量纲是 ML^2T^{-2}，单位名称是焦[耳]，符号为 J，

$$1\,\mathrm{J}=1\,\mathrm{N}\cdot\mathrm{m}$$

其他常见的功的非 SI 单位有尔格(erg)、电子伏(eV)，

$$1\,\mathrm{erg}=10^{-7}\,\mathrm{J}$$
$$1\,\mathrm{eV}=1.6\times10^{-19}\,\mathrm{J}$$

例 4.1

摩擦力做功。马拉爬犁在水平雪地上沿一弯曲道路行走(图 4.3)。爬犁总质量为3 t，它和地面的滑动摩擦系数 $\mu_k=0.12$。求马拉爬犁行走 2 km 的过程中，路面摩擦力对爬犁做的功。

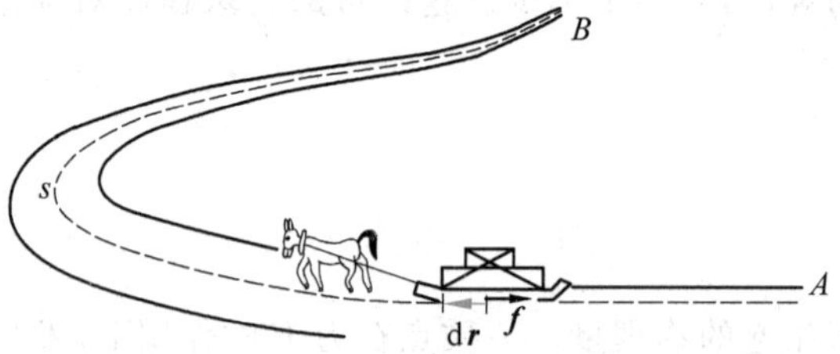

图 4.3 马拉爬犁在雪地上行进

解 这是一个物体沿曲线运动但力的大小不变的例子。爬犁在雪地上移动任一元位移 $\mathrm{d}\boldsymbol{r}$ 的过程中，它受的滑动摩擦力的大小为

$$f=\mu_k N=\mu_k mg$$

由于滑动摩擦力的方向总与位移 $\mathrm{d}\boldsymbol{r}$ 的方向相反(图 4.3)，所以相应的元功应为

$$\mathrm{d}A=\boldsymbol{f}\cdot\mathrm{d}\boldsymbol{r}=-f\,|\mathrm{d}\boldsymbol{r}|$$

以 $\mathrm{d}s=|\mathrm{d}\boldsymbol{r}|$ 表示元位移的大小，即相应的路程，则

$$\mathrm{d}A=-f\mathrm{d}s=-\mu_k mg\,\mathrm{d}s$$

爬犁从 A 移到 B 的过程中，摩擦力对它做的功就是

$$A_{AB}=\int_{(A)}^{(B)}\boldsymbol{f}\cdot\mathrm{d}\boldsymbol{r}=-\int_{(A)}^{(B)}\mu_k mg\,\mathrm{d}s=-\mu_k mg\int_{(A)}^{(B)}\mathrm{d}s$$

上式中最后一积分为从 A 到 B 爬犁实际经过的路程 s，所以

$$A_{AB}=-\mu_k mgs=-0.12\times3000\times9.81\times2000=-7.06\times10^6\ (\mathrm{J})$$

此结果中的负号表示滑动摩擦力对爬犁做了负功。此功的大小和物体经过的路径形状有关。如果爬犁是沿直线从 A 到 B 的，则滑动摩擦力做的功的数值要比上面的小。

例 4.2

重力做功。一滑雪运动员质量为 m，沿滑雪道从 A 点滑到 B 点的过程中，重力对他做

了多少功?

解 由式(4.2)可得,在运动员下降过程中,重力对他做的功为

$$A_g = \int_{(A)}^{(B)} m\boldsymbol{g} \cdot \mathrm{d}\boldsymbol{r}$$

由图 4.4 可知,

$$\boldsymbol{g} \cdot \mathrm{d}\boldsymbol{r} = g\,|\,\mathrm{d}\boldsymbol{r}\,|\cos\varphi = -g\mathrm{d}h$$

其中 $\mathrm{d}h$ 为与 $\mathrm{d}\boldsymbol{r}$ 相应的运动员下降的高度。以 h_A 和 h_B 分别表示运动员起始和终了的高度(以滑雪道底为参考零高度),则有重力做的功为

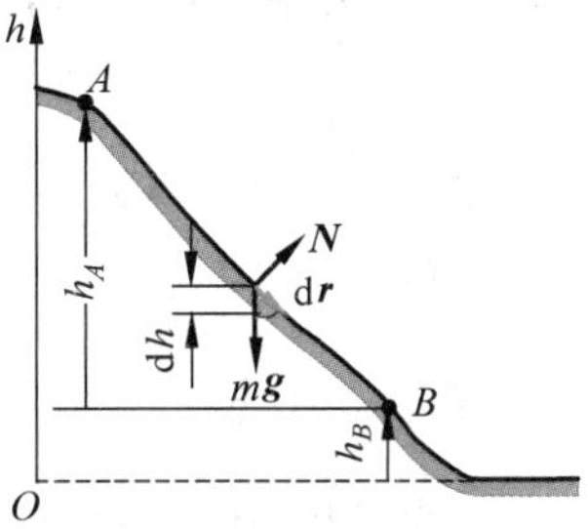

图 4.4 例 4.2 用图

$$A_g = \int_{(A)}^{(B)} mg\,|\,\mathrm{d}\boldsymbol{r}\,|\cos\varphi = -m\int_{(A)}^{(B)} g h = mgh_A - mgh_B \tag{4.4}$$

此式表示重力的功只和运动员下滑过程的始末位置(以高度表示)有关,而和下滑过程经过的具体路径形状无关。

例 4.3

弹簧的弹力做功。有一水平放置的弹簧,其一端固定,另一端系一小球(如图 4.5 所示)。求弹簧的伸长量从 x_A 变化到 x_B 的过程中,弹力对小球做的功。设弹簧的劲度系数为 k。

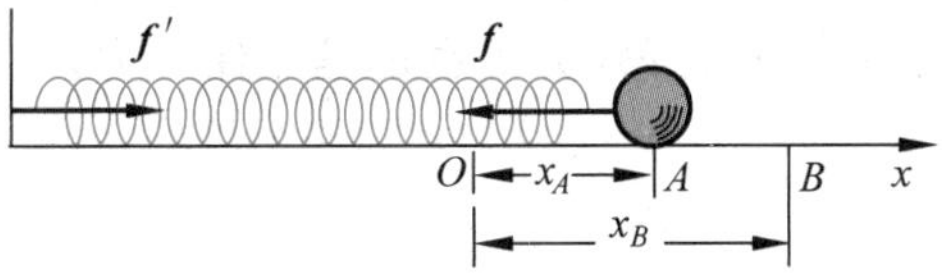

图 4.5 例 4.3 用图

解 这是一个路径为直线而力随位置改变的例子。取 x 轴与小球运动的直线平行,而原点对应于小球的平衡位置。这样,小球在任一位置 x 时,弹力就可以表示为

$$f_x = -kx$$

小球的位置由 A 移到 B 的过程中,弹力做的功为

$$A_{\text{ela}} = \int_{(A)}^{(B)} \boldsymbol{f} \cdot \mathrm{d}\boldsymbol{r} = \int_{x_A}^{x_B} f_x \mathrm{d}x = \int_{x_A}^{x_B} (-kx)\mathrm{d}x$$

计算此积分,可得

$$A_{\text{ela}} = \frac{1}{2}kx_A^2 - \frac{1}{2}kx_B^2 \tag{4.5}$$

这一结果说明,如果 $x_B > x_A$,即弹簧伸长时,弹力对小球做负功;如果 $x_B < x_A$,即弹簧缩短时,弹力对小球做正功。

值得注意的是,这一弹力的功只和弹簧的始末形状(以伸长量表示)有关,而和伸长的中间过程无关。

例 4.2 和例 4.3 说明了重力做的功和弹力做的功都只决定于做功过程系统的始末位置或形状,而与过程的具体形式或路径无关。这种**做功与路径无关,只决定于系统的始末位置的力称为保守力**。重力和弹簧的弹力都是保守力。例 4.1 说明摩擦力做的功直接与路径有

关，所以摩擦力不是保守力，或者说它是非保守力。

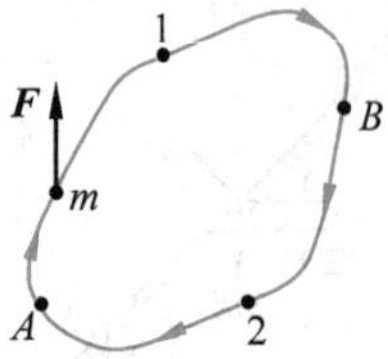

图4.6　保守力沿闭合路径做功

保守力有另一个等价定义：**如果力作用在物体上，当物体沿闭合路径移动一周时，力做的功为零，这样的力就称为保守力**。这可证明如下。如图4.6所示，力沿任意闭合路径 $A1B2A$ 做的功为

$$A_{A1B2A} = A_{A1B} + A_{B2A}$$

因为对同一力 $\boldsymbol{F}$，当位移方向相反时，该力做的功应改变符号，所以 $A_{B2A} = -A_{A2B}$，这样就有

$$A_{A1B2A} = A_{A1B} - A_{A2B}$$

如果 $A_{A1B2A}=0$，则 $A_{A1B}=A_{A2B}$。这说明，物体由 A 点到 B 点沿任意两条路径力做的功都相等。这符合前述定义，所以这力是保守力。

这里值得提出的是，在2.3节中已指出，摩擦力是微观上的分子或原子间的电磁力的宏观表现。这些微观上的电磁力是保守力，为什么在宏观上就变成非保守力了呢？这就是因为滑动摩擦力的非保守性是根据**宏观物体**的运动来判定的。一个金属块在桌面上滑动一圈，它的宏观位置复原了，但摩擦力做了功。这和**微观上**分子或原子间的相互作用是保守力并不矛盾。因为即使金属块回到了原来的位置，金属块中以及桌面上它滑动过的部分的所有分子或原子并没有回到原来的状态（包括位置和速度），实际上是离原来的状态更远了。因此它们之间的微观上的保守力是做了功的，这个功在宏观上就表现为摩擦力做的功。在技术中我们总是采用宏观的观点来考虑问题，因此滑动摩擦力就是一种非保守力。与此类似，碰撞中引起永久变形的冲力以及爆炸力等也都是非保守力。

4.2　动能定理

将牛顿第二定律公式代入功的定义式(4.1)，可得

$$\mathrm{d}A = \boldsymbol{F}\cdot\mathrm{d}\boldsymbol{r} = F_{\mathrm{t}}\,|\mathrm{d}\boldsymbol{r}| = ma_{\mathrm{t}}\,|\mathrm{d}\boldsymbol{r}|$$

由于

$$a_{\mathrm{t}} = \frac{\mathrm{d}v}{\mathrm{d}t},\quad |\,\mathrm{d}\boldsymbol{r}\,| = v\mathrm{d}t$$

所以

$$\mathrm{d}A = mv\mathrm{d}v = \mathrm{d}\left(\frac{1}{2}mv^2\right) \tag{4.6}$$

定义

$$E_{\mathrm{k}} = \frac{1}{2}mv^2 = \frac{p^2}{2m} \tag{4.7}$$

为质点在速度为 $\boldsymbol{v}$ 时的**动能**，则

$$\mathrm{d}A = \mathrm{d}E_{\mathrm{k}} \tag{4.8}$$

将式(4.6)和式(4.8)沿从 A 到 B 的路径（参看图4.2）积分，

$$\int_{(A)}^{(B)}\mathrm{d}A = \int_{v_A}^{v_B}\mathrm{d}\left(\frac{1}{2}mv^2\right)$$

可得

$$A_{AB} = \frac{1}{2}mv_B^2 - \frac{1}{2}mv_A^2$$

或

$$A_{AB} = E_{kB} - E_{kA} \tag{4.9}$$

式中 v_A 和 v_B 分别是质点经过 A 和 B 时的速率，而 E_{kA} 和 E_{kB} 分别是相应时刻质点的动能。式(4.8)和式(4.9)说明：合外力对质点做的功要改变质点的动能，而功的数值就等于质点动能的增量，或者说力对质点做的功是质点动能改变的量度。这一表示力在一段路程上作用的效果的结论叫做用于质点的**动能定理**(或**功-动能定理**)。它也是牛顿定律的直接推论。

由式(4.9)可知，动能和功的量纲和单位都相同，即为 ML^2T^{-2} 和 J。

例 4.4

以 30 m/s 的速率将一石块扔到一结冰的湖面上，它能向前滑行多远？设石块与冰面间的滑动摩擦系数为 $\mu_k = 0.05$。

解 以 m 表示石块的质量，则它在冰面上滑行时受到的摩擦力为 $f=\mu_k mg$。以 s 表示石块能滑行的距离，则滑行时摩擦力对它做的总功为 $A=\boldsymbol{f}\cdot\boldsymbol{s}=-fs=-\mu_k mgs$。已知石块的初速率为 $v_A=30$ m/s，而末速率为 $v_B=0$，而且在石块滑动时只有摩擦力对它做功，所以根据动能定理(式(4.9))可得

$$-\mu_k mgs = 0 - \frac{1}{2}mv_A^2$$

由此得

$$s = \frac{v_A^2}{2\mu_k g} = \frac{30^2}{2\times 0.05\times 9.8} = 918\ (\text{m})$$

此题也可以直接用牛顿第二定律和运动学公式求解，但用动能定理解答更简便些。基本定律虽然一样，但引入新概念往往可以使解决问题更为简便。

例 4.5

珠子下落又解。利用动能定理重解例 2.1，求线摆下 θ 角时珠子的速率。

解 如图 4.7 所示，珠子从 A 落到 B 的过程中，合外力($\boldsymbol{T}+m\boldsymbol{g}$)对它做的功为(注意 $\boldsymbol{T}$ 总垂直于 $\mathrm{d}\boldsymbol{r}$)

$$A_{AB} = \int_{(A)}^{(B)} (\boldsymbol{T}+m\boldsymbol{g})\cdot \mathrm{d}\boldsymbol{r} = \int_{(A)}^{(B)} m\boldsymbol{g}\cdot \mathrm{d}\boldsymbol{r} = \int_{(A)}^{(B)} mg\ |\mathrm{d}\boldsymbol{r}|\cos\alpha$$

由于 $|\mathrm{d}\boldsymbol{r}| = l\mathrm{d}\alpha$，所以

$$A_{AB} = \int_0^{\theta} mg\cos\alpha\, l\,\mathrm{d}\alpha = mgl\sin\theta$$

对珠子，用动能定理，由于 $v_A=0$，$v_B=v_\theta$，得

$$mgl\sin\theta = \frac{1}{2}mv_\theta^2$$

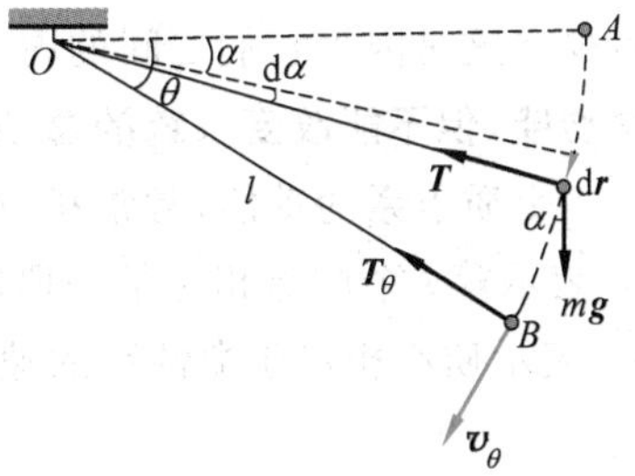

图 4.7 例 4.5 用图

由此得

$$v_\theta = \sqrt{2gl\sin\theta}$$

这和例 2.1 所得结果相同。2.4 节中的解法是应用牛顿第二定律进行单纯的数学运算。这里的解法应用了两个新概念：功和动能。在 2.4 节中，我们对牛顿第二定律公式的两侧都进行了积分。在这里，用动能定理，只需对力的一侧进行积分求功。另一侧，即运动一侧就可以直接写动能之差而不需进行积分了。这就简化了解题过程。

现在考虑由两个有相互作用的质点组成的质点系的动能变化和它们受的力所做的功的关系。

如图4.8所示，以 m_1，m_2 分别表示两质点的质量，以 $\boldsymbol{f}_1$，$\boldsymbol{f}_2$ 和 $\boldsymbol{F}_1$，$\boldsymbol{F}_2$ 分别表示它们受的内力和外力，以 $\boldsymbol{v}_{1A}$，$\boldsymbol{v}_{2A}$ 和 $\boldsymbol{v}_{1B}$，$\boldsymbol{v}_{2B}$ 分别表示它们在起始状态和终了状态的速度。

由动能定理式(4.9)，可得各自受的合外力做的功如下：

对 m_1 $$\int_{(A_1)}^{(B_1)}(\boldsymbol{F}_1+\boldsymbol{f}_1)\cdot \mathrm{d}\boldsymbol{r}_1=\int_{(A_1)}^{(B_1)}\boldsymbol{F}_1\cdot \mathrm{d}\boldsymbol{r}_1+\int_{(A_1)}^{(B_1)}\boldsymbol{f}_1\cdot \mathrm{d}\boldsymbol{r}_1=\frac{1}{2}m_1v_{1B}^2-\frac{1}{2}m_1v_{1A}^2$$

对 m_2 $$\int_{(A_2)}^{(B_2)}(\boldsymbol{F}_2+\boldsymbol{f}_2)\cdot \mathrm{d}\boldsymbol{r}_2=\int_{(A_2)}^{(B_2)}\boldsymbol{F}_2\cdot \mathrm{d}\boldsymbol{r}_2+\int_{(A_2)}^{(B_2)}\boldsymbol{f}_2\cdot \mathrm{d}\boldsymbol{r}_2=\frac{1}{2}m_2v_{2B}^2-\frac{1}{2}m_2v_{2A}^2$$

两式相加可得

$$\int_{(A_1)}^{(B_1)}\boldsymbol{F}_1\cdot \mathrm{d}\boldsymbol{r}_1+\int_{(A_2)}^{(B_2)}\boldsymbol{F}_2\cdot \mathrm{d}\boldsymbol{r}_2+\int_{(A_1)}^{(B_1)}\boldsymbol{f}_1\cdot \mathrm{d}\boldsymbol{r}_1+\int_{(A_2)}^{(B_2)}\boldsymbol{f}_2\cdot \mathrm{d}\boldsymbol{r}_2$$
$$=\frac{1}{2}m_1v_{1B}^2+\frac{1}{2}m_2v_{2B}^2-\left(\frac{1}{2}m_1v_{1A}^2+\frac{1}{2}m_2v_{2A}^2\right)$$

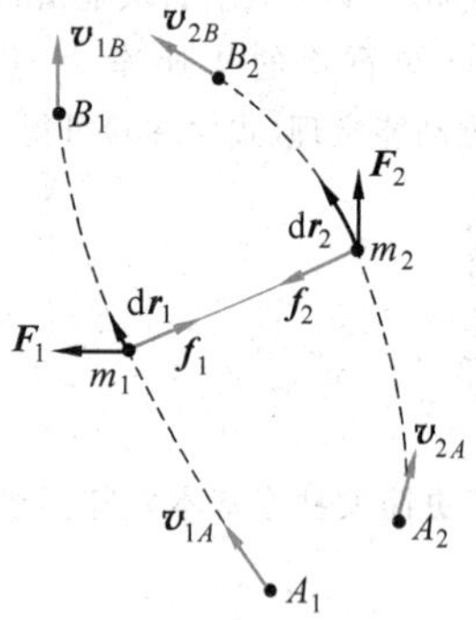

图4.8 质点系的动能定理

此式中等号左侧前两项是外力对质点系所做功之和，用 A_{ex} 表示。左侧后两项是质点系内力所做功之和，用 A_{in} 表示。等号右侧是质点系**总动能**的增量，可写为 $E_{\mathrm{k}B}-E_{\mathrm{k}A}$。这样我们就有

$$A_{\mathrm{ex}}+A_{\mathrm{in}}=E_{\mathrm{k}B}-E_{\mathrm{k}A} \tag{4.10}$$

这就是说，**所有外力对质点系做的功和内力对质点系做的功之和等于质点系总动能的增量**。这一结论很明显地可以推广到由任意多个质点组成的质点系，它就是用于质点系的动能定理。

这里应该注意的是，系统内力的功之和可以不为零，因而可以改变系统的总动能。例如，地雷爆炸后，弹片四向飞散，它们的总动能显然比爆炸前增加了。这就是内力(火药的爆炸力)对各弹片做正功的结果。又例如，两个都带正电荷的粒子，在运动中相互靠近时总动能会减少。这是因为它们之间的内力(相互的斥力)对粒子都做负功的结果。**内力能改变系统的总动能，但不能改变系统的总动量**，这是需要特别注意加以区别的。

一个质点系的动能，常常相对于其**质心参考系**(即质心在其中静止的参考系)加以计算。以 $\boldsymbol{v}_i$ 表示第 i 个质点相对某一惯性系的速度，以 $\boldsymbol{v}'_i$ 表示该质点相对于质心参考系的速度，以 $\boldsymbol{v}_C$ 表示质心相对于惯性系的速度，则由于 $\boldsymbol{v}_i=\boldsymbol{v}'_i+\boldsymbol{v}_C$，故相对于惯性系，质点系的总动能应为

$$E_{\mathrm{k}}=\sum\frac{1}{2}m_i\boldsymbol{v}_i^2=\sum\frac{1}{2}m_i(\boldsymbol{v}_C+\boldsymbol{v}'_i)^2$$
$$=\frac{1}{2}mv_C^2+\boldsymbol{v}_C\sum m_i\boldsymbol{v}'_i+\sum\frac{1}{2}m_iv_i'^2$$

式中右侧第一项表示质量等于质点系总质量的一个质点以质心速度运动时的动能，叫质点系的**轨道动能**(或说其质心的动能)，以 $E_{\mathrm{k}C}$ 表示；第二项中 $\sum m_i\boldsymbol{v}'_i=\frac{\mathrm{d}}{\mathrm{d}t}\sum m_i\boldsymbol{r}'_i=m\frac{\mathrm{d}\boldsymbol{r}'_C}{\mathrm{d}t}$。由于 $\boldsymbol{r}'_C$ 是质心在质心参考系中的位矢，它并不随时间变化，所以 $\frac{\mathrm{d}\boldsymbol{r}'_C}{\mathrm{d}t}=0$，而这第二项也就等于零；第三项是质点系相对于其质心参考系的总动能，叫质点系的**内动能**，以 $E_{\mathrm{k,in}}$ 表示。这样，

上式就可写成

$$E_{\mathrm{k}} = E_{\mathrm{k}C} + E_{\mathrm{k,in}} \tag{4.11}$$

此式说明，一个质点系相对于某一惯性系的总动能等于该质点系的轨道动能和内动能之和。这一关系叫**柯尼希定理**。实例之一是，一个篮球在空中运动时，其内部气体相对于地面的总动能等于其中气体分子的轨道动能和它们相对于这气体的质心的动能——内动能——之和。这气体的内动能也就是它的所有分子无规则运动的动能之和。

4.3 势能

本节先介绍**重力势能**。在中学物理课程中，除动能外，大家还学习了势能。质量为 m 的物体在高度 h 处的重力势能为

$$E_{\mathrm{p}} = mgh \tag{4.12}$$

对于这一概念，应明确以下几点。

(1) 只是因为重力是保守力，所以才能有重力势能的概念。重力是保守力，表现为式(4.4)，即

$$A_g = mgh_A - mgh_B$$

此式说明重力做的功只决定于物体的位置(以高度表示)，而正是因为这样，才能定义一个由物体位置决定的物理量——重力势能。重力势能是由其差按下式规定的：

$$A_g = -\Delta E_{\mathrm{p}} = E_{\mathrm{p}A} - E_{\mathrm{p}B} \tag{4.13}$$

式中 A，B 分别代表重力做功的起点和终点。此式表明，重力做的功等于物体重力势能的减少。

对比式(4.13)和式(4.4)即可得重力势能表示式(4.12)。

(2) 重力势能表示式(4.12)要具有具体的数值，要求预先选定参考高度或称重力势能零点，在该高度时物体的重力势能为零，式(4.12)中的 h 是从该高度向上计算的。

(3) 由于重力是地球和物体之间的引力，所以重力势能应属于物体和地球这一系统，“物体的重力势能”只是一种简略的说法。

(4) 由于式(4.12)中的 h 是地球和物体之间的相对距离的一种表示，所以重力势能的值相对于所选用的任一参考系都是一样的。

下面再介绍**弹簧的弹性势能**。弹簧的弹力也是保守力，这由式(4.5)可看出：

$$A_{\mathrm{ela}} = \frac{1}{2}kx_A^2 - \frac{1}{2}kx_B^2$$

因此，可以定义一个由弹簧的伸长量 x 所决定的物理量——弹簧的弹性势能。这一势能的差按下式规定：

$$A_{\mathrm{ela}} = -\Delta E_{\mathrm{p}} = E_{\mathrm{p}A} - E_{\mathrm{p}B} \tag{4.14}$$

此式表明：弹簧的弹力做的功等于弹簧的弹性势能的减少。

对比式(4.14)和式(4.5)，可得弹簧的弹性势能表示式为

$$E_{\mathrm{p}} = \frac{1}{2}kx^2 \tag{4.15}$$

当 $x=0$ 时，式(4.15)给出 $E_p=0$，由此可知由式(4.15)得出的弹性势能的"零点"对应于弹簧的伸长为零，即它处于原长的形状。

弹簧的弹性势能当然属于弹簧的整体，而且由于其伸长 x 是弹簧的长度相对于自身原长的变化，所以它的弹性势能也和选用的参考系无关。表示势能随位形变化的曲线叫做**势能曲线**，弹簧的弹性势能曲线如图 4.9 所示，是一条抛物线。

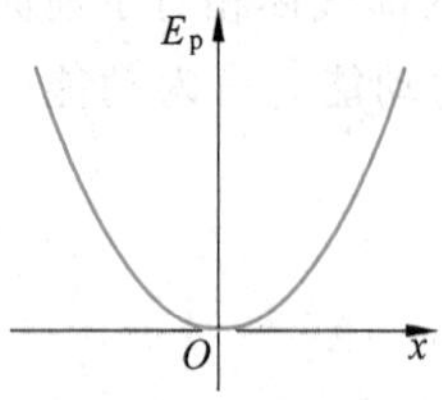

图 4.9 弹簧的弹性势能曲线

由以上关于两种势能的说明，可知关于势能的概念我们一般应了解以下几点。

(1) 只有对保守力才能引入势能概念，而且规定保守力做的功等于系统势能的减少，即

$$A_{AB}=-\Delta E_p=E_{pA}-E_{pB} \tag{4.16}$$

(2) 势能的具体数值要求预先选定系统的某一位形为势能零点。

(3) 势能属于有保守力相互作用的系统整体。

(4) 系统的势能与参考系无关。

对于非保守力，例如摩擦力，不能引入势能概念。

4.4 引力势能

让我们先来证明万有引力是保守力。

根据牛顿的引力定律，质量分别为 m_1 和 m_2 的两质点相距 r 时相互间引力的大小为

$$f=\frac{Gm_1m_2}{r^2}$$

方向沿着两质点的连线。如图 4.10 所示，以 m_1 所在处为原点，当 m_2 由 A 点沿任意路径 C 移动到 B 点时，引力做的功为

$$A_{AB}=\int_{(A)}^{(B)}\boldsymbol{f}\cdot\mathrm{d}\boldsymbol{r}=\int_{(A)}^{(B)}\frac{Gm_1m_2}{r^2}\,|\mathrm{d}\boldsymbol{r}|\cos\varphi$$

在图 4.10 中，径矢 OB' 和 OA' 长度之差为 $B'C'=\mathrm{d}r$。由于 $|\mathrm{d}\boldsymbol{r}|$ 为微小长度，所以 OB' 和 OA' 可视为平行，因而 $A'C'\perp B'C'$，于是 $|\mathrm{d}\boldsymbol{r}|\cos\varphi=-|\mathrm{d}\boldsymbol{r}|\cos\varphi'=-\mathrm{d}r$。将此关系代入上式可得

$$A_{AB}=-\int_{r_A}^{r_B}\frac{Gm_1m_2}{r^2}\mathrm{d}r=\frac{Gm_1m_2}{r_B}-\frac{Gm_1m_2}{r_A} \tag{4.17}$$

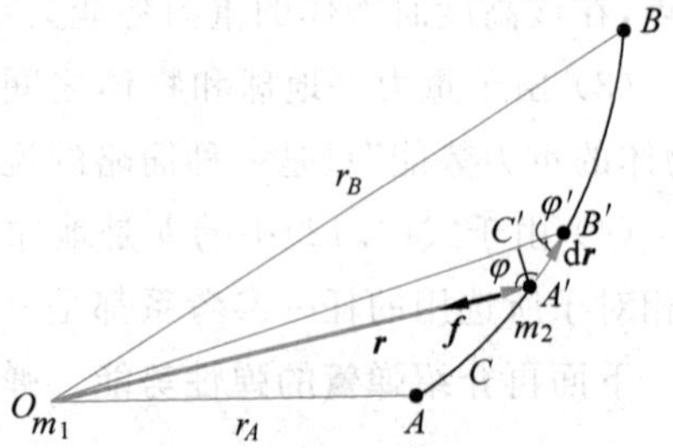

图 4.10 引力势能公式的推导

这一结果说明引力的功只决定于两质点间的始末距离而和移动的路径无关。所以，引力是保守力。

由于引力是保守力，所以可以引入势能概念。将式(4.17)和势能差的定义公式(4.16)($A_{AB}=E_{pA}-E_{pB}$)相比较，可得两质点相距 r 时的引力势能公式为

$$E_p=-\frac{Gm_1m_2}{r} \tag{4.18}$$

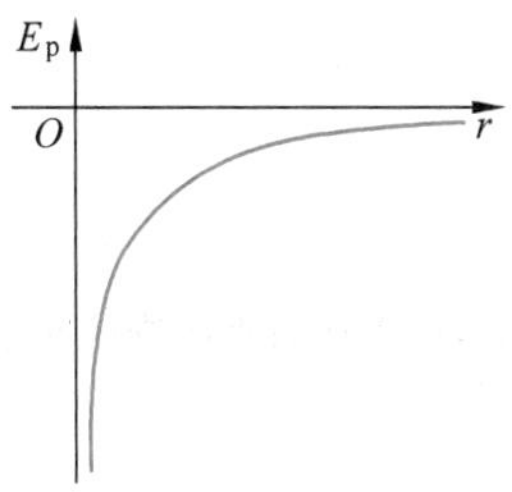

图 4.11 引力势能曲线

在式(4.18)中，当 $r\to\infty$ 时 $E_p=0$。由此可知与式(4.18)相应的引力势能的"零点"参考位形为两质点相距为无限远时。

由于 m_1，m_2 都是正数，所以式(4.18)中的负号表示：两质点从相距 r 的位形改变到势能零点的过程中，引力总做负功。根据这一公式画出的引力势能曲线如图 4.11 所示。

由式(4.18)可明显地看出，引力势能属于 m_1 和 m_2 两质点系统。由于 r 是两质点间的距离，所以引力势能也就和参考系无关。

例 4.6

陨石坠地。一颗重 5 t 的陨石从天外落到地球上，它和地球间的引力做功多少？已知地球质量为 6×10^{21} t，半径为 6.4×10^6 m。

解 "天外"可当做陨石和地球相距无限远。利用保守力的功和势能变化的关系可得

$$A_{AB}=E_{pA}-E_{pB}$$

再利用式(4.20)可得

$$A_{AB}=-\frac{GmM}{r_A}-\left(-\frac{GmM}{r_B}\right)$$

以 $m=5\times10^3$ kg，$M=6.0\times10^{24}$ kg，$G=6.67\times10^{-11}\ \mathrm{N\cdot m^2/kg^2}$，$r_A=\infty$，$r_B=6.4\times10^6$ m 代入上式，可得

$$A_{AB}=\frac{GmM}{r_B}=\frac{6.67\times10^{-11}\times5\times10^3\times6.0\times10^{24}}{6.4\times10^6}$$
$$=3.1\times10^{11}\ (\mathrm{J})$$

这一例子说明，在已知势能公式的条件下，求保守力的功时，可以不管路径如何，也就可以不作积分运算，这当然简化了计算过程。

---

*重力势能和引力势能的关系

由于重力是引力的一个特例，所以重力势能公式就应该是引力势能公式的一个特例。这可证明如下。

让我们求质量为 m 的物体在地面上某一不大的高度 h 时，它和地球系统的引力势能。如图 4.12 所示，以 M 表示地球的质量，以 r 表示物体到地心的距离，由式(4.17)可得

$$E_{pA}-E_{pB}=\frac{GmM}{r_B}-\frac{GmM}{r_A}$$

以物体在地球表面上时为势能零点，即规定 $r_B=R$(地球半径)时，$E_{pB}=0$，则由上式可得物体在地面以上其他高度时的势能为

$$E_{pA}=\frac{GmM}{R}-\frac{GmM}{r_A}$$

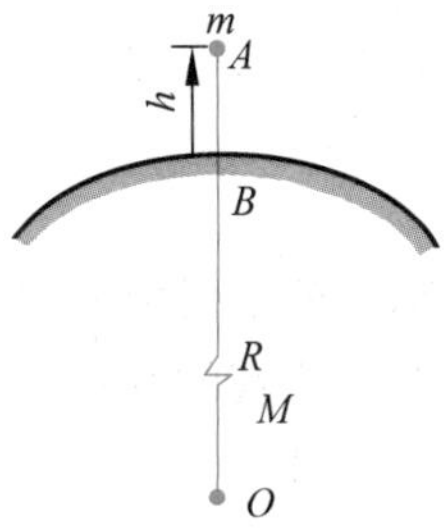

图 4.12 重力势能的推导用图

物体在地面以上的高度为 h 时，$r_A=R+h$，这时

$$E_{pA}=\frac{GmM}{R}-\frac{GmM}{R+h}=GmM\left(\frac{1}{R}-\frac{1}{R+h}\right)$$

$$=GmM\frac{h}{R(R+h)}$$

设 $h\ll R$，则 $R(R+h)\approx R^2$，因而有

$$E_{pA}=\frac{GmMh}{R^2}$$

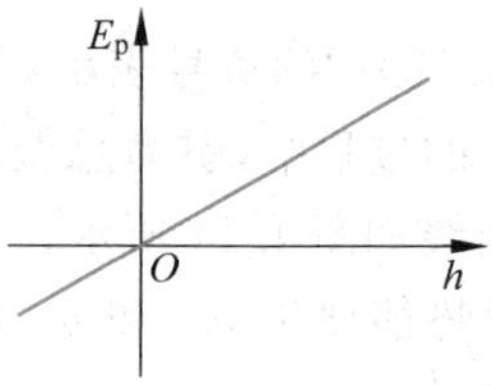

图 4.13 重力势能曲线

由于在地面附近，重力加速度 $g=f/m=GM/R^2$，所以最后得到物体在地面上高度 h 处时重力势能为(去掉下标 A)

$$E_p=mgh$$

这正是大家熟知的公式(4.12)。请注意它和引力势能公式(4.18)在势能零点选择上的不同。

重力势能的势能曲线如图 4.13 所示，它实际上是图 4.11 中一小段引力势能曲线的放大(加上势能零点的改变)。

4.5 由势能求保守力

在 4.3 节中用保守力的功定义了势能。从数学上说，是用保守力对路径的线积分定义了势能。反过来，我们也应该能从势能函数对路径的导数求出保守力。下面就来说明这一点。

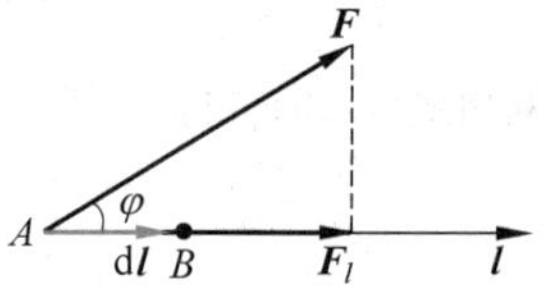

图 4.14 由势能求保守力

如图 4.14 所示，以 $\mathrm{d}\boldsymbol{l}$ 表示质点在保守力 $\boldsymbol{F}$ 作用下沿某一给定的 $\boldsymbol{l}$ 方向从 A 到 B 的元位移。以 $\mathrm{d}E_p$ 表示从 A 到 B 的势能增量。根据势能定义公式(4.16)，有

$$-\mathrm{d}E_p=A_{AB}=\boldsymbol{F}\cdot\mathrm{d}\boldsymbol{l}=F\cos\varphi\,\mathrm{d}l$$

由于 $F\cos\varphi=F_l$ 为力 $\boldsymbol{F}$ 在 $\boldsymbol{l}$ 方向的分量，所以上式可写做

$$-\mathrm{d}E_p=F_l\mathrm{d}l$$

由此可得

$$F_l=-\frac{\mathrm{d}E_p}{\mathrm{d}l}\tag{4.19}$$

此式说明：**保守力沿某一给定的 $\boldsymbol{l}$ 方向的分量等于与此保守力相应的势能函数沿 $\boldsymbol{l}$ 方向的空间变化率**(即经过单位距离时的变化)**的负值**。

可以用引力势能公式验证式(4.19)。这时取 $\boldsymbol{l}$ 方向为从此质点到另一质点的径矢 $\boldsymbol{r}$ 的方向。引力沿 $\boldsymbol{r}$ 方向的空间变化率应为

$$F_r=-\frac{\mathrm{d}}{\mathrm{d}r}\left(-\frac{Gm_1m_2}{r}\right)=-\frac{Gm_1m_2}{r^2}$$

这实际上就是引力公式。

对于弹簧的弹性势能，可取 $\boldsymbol{l}$ 方向为伸长 $\boldsymbol{x}$ 的方向。这样弹力沿伸长方向的空间变化率就是

$$F_x=-\frac{\mathrm{d}}{\mathrm{d}x}\left(\frac{1}{2}kx^2\right)=-kx$$

这正是关于弹簧弹力的胡克定律公式。

一般来讲，E_p 可以是位置坐标(x,y,z)的多元函数。这时式(4.19)中 $\boldsymbol{l}$ 的方向可依次取 x，y 和 z 轴的方向而得到，相应的保守力沿各轴方向的分量为

$$F_x=-\frac{\partial E_p}{\partial x},\quad F_y=-\frac{\partial E_p}{\partial y},\quad F_z=-\frac{\partial E_p}{\partial z}$$

式中的导数分别是 E_p对 x,y 和 z 的偏导数。这样,保守力就可表示为

$$\begin{aligned}\boldsymbol{F}&=F_x\boldsymbol{i}+F_y\boldsymbol{j}+F_z\boldsymbol{k}\\&=-\left(\frac{\partial E_p}{\partial x}\boldsymbol{i}+\frac{\partial E_p}{\partial y}\boldsymbol{j}+\frac{\partial E_p}{\partial z}\boldsymbol{k}\right)\end{aligned}\tag{4.20}$$

这是在直角坐标系中由势能求保守力的最一般的公式。

式(4.20)中括号内的势能函数的空间变化率叫做势能的**梯度**,它是一个矢量。因此可以说,保守力等于相应的势能函数的梯度的负值。

式(4.20)表明保守力应等于势能曲线斜率的负值。例如,在图 4.9 所示的弹性势能曲线图中,在 $x>0$ 的范围内,曲线的斜率为正,弹力即为负,这表示弹力与 x 正方向相反。在 $x<0$ 的范围内,曲线的斜率为负,弹力即为正,这表示弹力与 x 正方向相同。在$x=0$ 的点,曲线斜率为零,即没有弹力。这正是弹簧处于原长的情况。

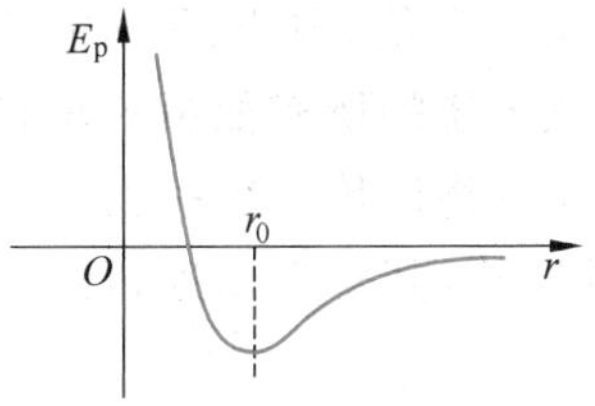

图 4.15　双原子分子的势能曲线

在许多实际问题中,往往能先通过实验得出系统的势能曲线。这样便可以根据势能曲线来分析受力情况。例如,图 4.15 画出了一个双原子分子的势能曲线,r 表示两原子间的距离。由图可知,当两原子间的距离等于 r_0 时,曲线的斜率为零,即两原子间没有相互作用力。这是两原子的平衡间距,在 $r>r_0$ 时,曲线斜率为正,而力为负,表示原子相吸;距离越大,吸力越小。在 $r<r_0$ 时,曲线的斜率为负而力为正,表示两原子相斥,距离越小,斥力越大。

4.6　机械能守恒定律

在 4.2 节中我们已求出了质点系的动能定理公式(4.10),即

$$A_{ex}+A_{in}=E_{kB}-E_{kA}$$

内力中可能既有保守力,也有非保守力,因此内力的功可以写成保守内力的功 $A_{in,cons}$和非保守内力的功 $A_{in,n\text{-}cons}$之和。于是有

$$A_{ex}+A_{in,cons}+A_{in,n\text{-}cons}=E_{kB}-E_{kA}\tag{4.21}$$

在 4.3 节中我们对保守内力定义了势能(见式(4.16)),即有

$$A_{in,cons}=E_{pA}-E_{pB}$$

因此式(4.21)可写做

$$A_{ex}+A_{in,n\text{-}cons}=(E_{kB}+E_{pB})-(E_{kA}+E_{pA})\tag{4.22}$$

系统的总动能和势能之和叫做系统的**机械能**,通常用 E 表示,即

$$E=E_k+E_p\tag{4.23}$$

以 E_A 和 E_B 分别表示系统初、末状态时的机械能,则式(4.22)又可写作

$$A_{ex}+A_{in,n\text{-}cons}=E_B-E_A\tag{4.24}$$

此式表明,**质点系在运动过程中,它所受的外力的功与系统内非保守力的功的总和等于它的机械能的增量**。这一关于功和能的关系的结论叫**机械能守恒定律**。在经典力学中,它是牛

顿定律的一个推论，因此也只适用于惯性系。

一个系统，如果内力中只有保守力，这种系统称为**保守系统**。对于保守系统，式(4.24)中的 $A_{\mathrm{in,n\text{-}cons}}$ 一项自然等于零，于是有

$$A_{\mathrm{ex}} = E_B - E_A = \Delta E \quad (\text{保守系统}) \tag{4.25}$$

一个系统，如果在其变化过程中，没有任何外力对它做功(或者实际上外力对它做的功可以忽略)，这样的系统称为**封闭系统**(或孤立系统)。对于一个封闭的保守系统，式(4.25)中的 $A_{\mathrm{ex}}=0$，于是有 $\Delta E=0$，即

$$E_A = E_B \quad (\text{封闭的保守系统}, A_{\mathrm{ex}} = 0) \tag{4.26}$$

即其机械能保持不变或说守恒。这一陈述也常被称为机械能守恒定律。大家已熟悉的自由落体或抛体运动就服从这一机械能守恒定律。

如果一个封闭系统状态发生变化时，有非保守内力做功，根据式(4.24)，它的机械能当然就不守恒了。例如地雷爆炸时它(变成了碎片)的机械能会增加，两汽车相撞时它们的机械能要减少。但在这种情况下对更广泛的物理现象，包括电磁现象、热现象、化学反应以及原子内部的变化等的研究表明，如果引入更广泛的能量概念，例如电磁能、内能、化学能或原子核能等，则有大量实验证明：**一个封闭系统经历任何变化时，该系统的所有能量的总和是不改变的**，它只能从一种形式变化为另一种形式或从系统内的此一物体传给彼一物体。这就是**普遍的能量守恒定律**。它是自然界的一条普遍的最基本的定律，其意义远远超出了机械能守恒定律的范围，后者只不过是前者的一个特例。

为了对能量有个量的概念，表 4.1 列出了一些典型的能量值。

表 4.1 一些典型的能量值 J

1987A 超新星爆发	约 1×10^{46}
太阳的总核能	约 1×10^{45}
地球上矿物燃料总储能	约 2×10^{23}
1994 年彗木相撞释放总能量	约 1.8×10^{23}
2004 年我国全年发电量	7.3×10^{18}
1976 年唐山大地震	约 1×10^{18}
1 kg 物质-反物质湮灭	9.0×10^{16}
百万吨级氢弹爆炸	4.4×10^{15}
1 kg 铀裂变	8.2×10^{13}
一次闪电	约 1×10^{9}
1 L 汽油燃烧	3.4×10^{7}
1 人每日需要	约 1.3×10^{7}
1 kg TNT 爆炸	4.6×10^{6}
1 个馒头提供	2×10^{6}
地球表面每平方米每秒接受太阳能	1×10^{3}
一次俯卧撑	约 3×10^{2}
一个电子的静止能量	8.2×10^{-14}
一个氢原子的电离能	2.2×10^{-18}
一个黄色光子	3.4×10^{-19}
HCl 分子的振动能	2.9×10^{-20}

例 4.7

珠子下落再解。利用机械能守恒定律再解例 2.1 求线摆下 θ 角时珠子的速率。

解 如图 4.16 所示，取珠子和地球作为被研究的系统。以线的悬点 O 所在高度为重力势能零点并相对于地面参考系(或实验室参考系)来描述珠子的运动。在珠子下落过程中，绳拉珠子的外力 $\boldsymbol{T}$ 总垂直于珠子的速度 $\boldsymbol{v}$，所以此外力不做功。因此所讨论的系统是一个封闭的保守系统，所以它的机械能守恒，此系统初态的机械能为

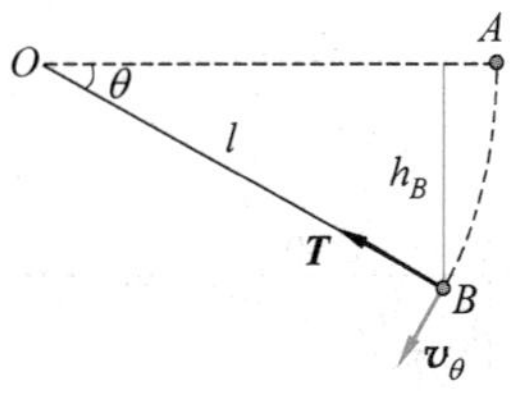

图 4.16 例 4.7 用图

$$E_A = mgh_A + \frac{1}{2}mv_A^2 = 0$$

线摆下 θ 角时系统的机械能为

$$E_B = mgh_B + \frac{1}{2}mv_B^2$$

由于 $h_B = -l\sin\theta$，$v_B = v_\theta$，所以

$$E_B = -mgl\sin\theta + \frac{1}{2}mv_\theta^2$$

由机械能守恒 $E_B = E_A$ 得出

$$-mgl\sin\theta + \frac{1}{2}mv_\theta^2 = 0$$

由此得

$$v_\theta = \sqrt{2gl\sin\theta}$$

与以前得出的结果相同。

读者可能已经注意到，我们已经用了三种不同的方法来解例 2.1。现在可以清楚地比较三种解法的不同。在第一种解法中，我们直接应用牛顿第二定律本身，牛顿第二定律公式的两侧，“力侧”和“运动侧”，都用纯数学方法进行积分运算。在第二种方法中，我们应用了功和动能的概念，这时还需要对力侧进行积分来求功，但是运动侧已简化为只需要计算动能增量了。这一简化是由于对运动侧用积分进行了预处理的结果。现在，我们用了第三种解法，没有用任何积分，只是进行代数的运算，因而计算又大大简化了。这是因为我们又用积分预处理了力侧，也就是引入了势能的概念，并用计算势能差来代替用线积分去计算功的结果。大家可以看到，即使基本定律还是一个，但是引入新概念和建立新的定律形式，也能使我们在解决实际问题时获得很大的益处。以牛顿定律为基础的整个牛顿力学理论体系的大厦可以说都是在这种思想的指导下建立的。

例 4.8

逃逸速率。求物体从地面出发的**逃逸速率**，即逃脱地球引力所需要的从地面出发的最小速率。地球半径取 $R = 6.4\times10^6$ m。

解 选地球和物体作为被研究的系统，它是封闭的保守系统。当物体离开地球飞去时，无外力做功，这一系统的机械能守恒。以 v 表示物体离开地面时的速度，以 v_∞ 表示物体远离地球时的速度(相对于地面参考系)。由于将物体和地球分离无穷远时当做引力势能的零点，所以机械能守恒定律给出

$$\frac{1}{2}mv^2 + \left(-\frac{GMm}{R}\right) = \frac{1}{2}mv_\infty^2 + 0$$

逃逸速度应为 v 的最小值，这和在无穷远时物体的速度 $v_\infty=0$ 相对应，由上式可得逃逸速率

$$v_e=\sqrt{\frac{2GM}{R}}$$

由于在地面上$\frac{GM}{R^2}=g$，所以

$$v_e=\sqrt{2Rg}$$

代入已知数据可得

$$v_e=\sqrt{2\times6.4\times10^6\times9.8}=1.12\times10^4\ (\mathrm{m/s})$$

在物体以 v_e 的速度离开地球表面到无穷远处的过程中，它的动能逐渐减小到零，它的势能(负值)大小也逐渐减小到零，在任意时刻机械能总等于零。这些都显示在图4.17中。

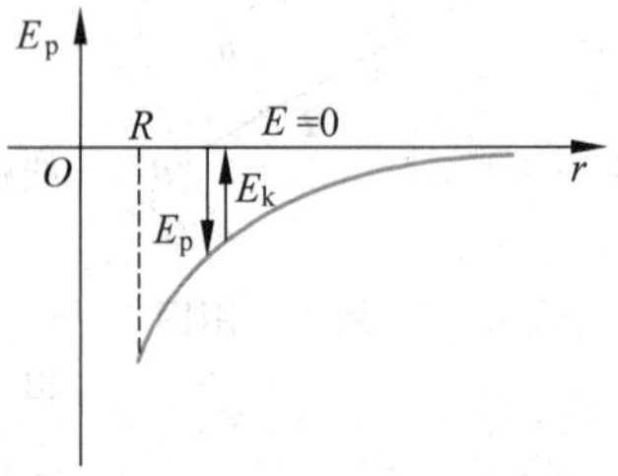

图4.17 例4.8用图

以上计算出的 v_e 又叫做**第二宇宙速率**。第一宇宙速率是使物体可以环绕地球表面运行所需的最小速率，可以用牛顿第二定律直接求得，其值为 7.90×10^3 m/s。**第三宇宙速率**则是使物体脱离太阳系所需的最小发射速率，稍复杂的计算给出其数值为 1.67×10^4 m/s(相对于地球)。

4.7 守恒定律的意义

我们已介绍了动量守恒定律、角动量守恒定律和能量守恒定律。自然界中还存在着其他的守恒定律，例如质量守恒定律，电磁现象中的电荷守恒定律，粒子反应中的重子数、轻子数、奇异数、宇称的守恒定律等。守恒定律都是关于变化过程的规律，它们都说的是只要过程满足一定的整体条件，就可以不必考虑过程的细节而对系统的初、末状态的某些特征下结论。**不究过程细节而能对系统的状态下结论，这是各个守恒定律的特点和优点**。在物理学中分析问题时常常用到守恒定律。对于一个待研究的物理过程，物理学家通常首先用已知的守恒定律出发来研究其特点，而先不涉及其细节，这是因为很多过程的细节有时不知道，有时因太复杂而难以处理。只是在守恒定律都用过之后，还未能得到所要求的结果时，才对过程的细节进行细致而复杂的分析。这就是守恒定律在方法论上的意义。

正是由于守恒定律的这一重要意义，所以物理学家们总是想方设法在所研究的现象中找出哪些量是守恒的。一旦发现了某种守恒现象，他们就首先用以整理过去的经验并总结出定律。尔后，在新的事例或现象中对它进行检验，并且借助于它作出有把握的预见。如果在新的现象中发现某一守恒定律不对，人们就会更精确地或更全面地对现象进行观察研究，以便寻找那些被忽视了的因素，从而再认定该守恒定律的正确性。在有些看来守恒定律失效的情况下，人们还千方百计地寻求"补救"的方法，比如扩大守恒量的概念，引进新的形式，从而使守恒定律更加普遍化。但这也并非都是可能的。曾经有物理学家看到有的守恒定律无法"补救"时，便大胆地宣布了这些守恒定律不是普遍成立的，认定它们是有缺陷的守恒定律。不论是上述哪种情况，都能使人们对自然界的认识进入一个新的更深入的阶段。事实上，每一守恒定律的发现、推广和修正，在科学史上的确都曾对人类认识自然的过程起过巨大的推动作用。

在前面我们都是从牛顿定律出发来导出动量、角动量和机械能守恒定律的，也曾指出这些守恒定律都有更广泛的适用范围。的确，在牛顿定律已不适用的物理现象中，这些守恒定律仍然保持正确，这说明这些守恒定律有更普遍更深刻的根基。现代物理学已确定地认识到这些守恒定律是和自然界的更为普遍的属性——时空对称性——相联系着的。任一给定的物理实验(或物理现象)的发展过程和该实验所在的空间位置无关，即换一个地方做，该实验进展的过程完全一样。这个事实叫**空间平移对称性**，也叫**空间的均匀性**。动量守恒定律就是这种对称性的表现。任一给定的物理实验的发展过程和该实验装置在空间的取向无关，即把实验装置转一个方向，该实验进展的过程完全一样。这个事实叫**空间转动对称性**，也叫**空间的各向同性**。角动量守恒定律就是这种对称性的表现。任一给定的物理实验的进展过程和该实验开始的时间无关，例如，迟三天开始做实验，或现在就开始做，该实验的进展过程完全一样。这个事实叫**时间平移对称性**，也叫**时间的均匀性**。能量守恒定律就是时间的这种对称性的表现。在现代物理理论中，可以由上述对称性导出相应的守恒定律，而且可进一步导出牛顿定律来。这种推导过程已超出本书的范围。但可以进一步指出的是，除上述三种对称性外，自然界还存在着一些其他的对称性。而且，相应于每一种对称性，都存在着一个守恒定律。多么美妙的自然规律啊！(参看“今日物理趣闻 B 奇妙的对称性”。)

4.8 碰撞

碰撞，一般是指两个物体在运动中相互靠近，或发生接触时，在相对较短的时间内发生强烈相互作用的过程。碰撞会使两个物体或其中的一个物体的运动状态发生明显的变化。例如网球和球拍的碰撞(图 4.18)，两个台球的碰撞(图 4.19)，两个质子的碰撞(图 4.20)，探测器与彗星的相撞(图 4.21)，两个星系的相撞(图 4.22)等。

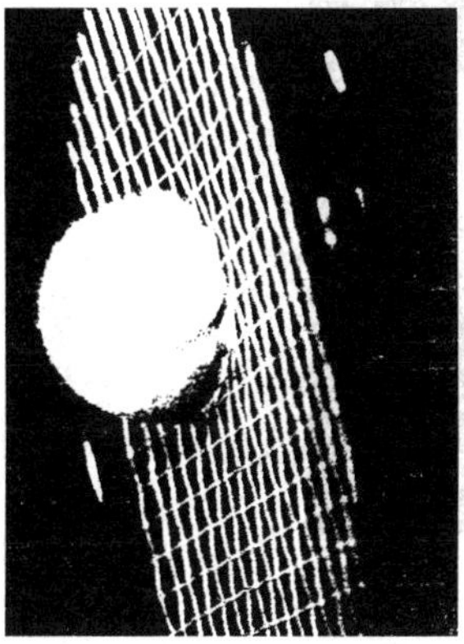

图 4.18 网球和球拍的碰撞

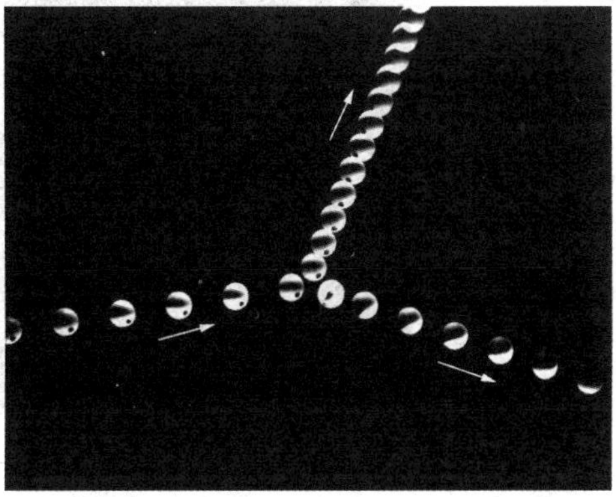

图 4.19 一个运动的台球和一个静止的台球的碰撞

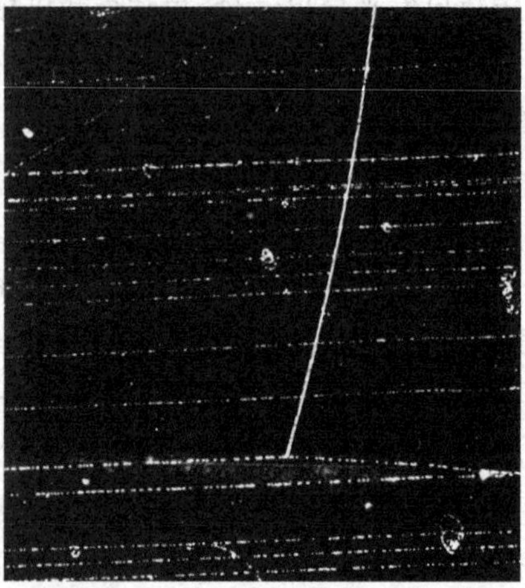

图 4.20 气泡室内一个运动的质子和一个静止的质子碰撞前后的径迹

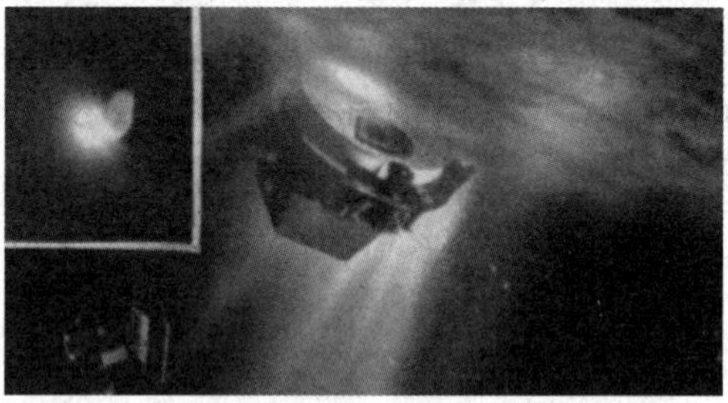

图 4.21 2005 年 7 月 4 日"深度撞击"探测器行经 4.31×10^8 km 后在距地球 1.3×10^8 km 处释放的 372 kg 的撞击器准确地撞上坦普尔 1 号彗星。小图为探测器发回的撞击时的照片

图 4.22 螺旋星系 NGC5194(10^{41} kg)和年轻星系 NGC5195(右,质量小到约为前者的 1/3)的碰撞

碰撞过程一般都非常复杂,难于对过程进行仔细分析。但由于我们通常只需要了解物体在碰撞前后运动状态的变化,而对发生碰撞的物体系来说,外力的作用又往往可以忽略,因而我们就可以利用动量、角动量以及能量守恒定律对有关问题求解。前面已经举过几个利用

守恒定律求解碰撞问题的例子(如例 3.2、例 3.5),下面再举几个例子。

例 4.9

完全非弹性碰撞。两个物体碰撞后如果不再分开,这样的碰撞叫完全非弹性碰撞。设有两个物体,它们的质量分别为 m_1 和 m_2,碰撞前二者速度分别为 $\boldsymbol{v}_1$ 和 $\boldsymbol{v}_2$,碰撞后合在一起,求由于碰撞而损失的动能。

解 对于这样的两物体系统,由于无外力作用,所以总动量守恒。以 $\boldsymbol{V}$ 表示碰后二者的共同速度,则由动量守恒定律可得

$$m_1\boldsymbol{v}_1+m_2\boldsymbol{v}_2=(m_1+m_2)\boldsymbol{V}$$

由此求得

$$\boldsymbol{V}=\frac{m_1\boldsymbol{v}_1+m_2\boldsymbol{v}_2}{m_1+m_2}$$

由于 m_1 和 m_2 的质心位矢为 $\boldsymbol{r}_C=(m_1\boldsymbol{r}_1+m_2\boldsymbol{r}_2)/(m_1+m_2)$,而 $\boldsymbol{V}=\mathrm{d}\boldsymbol{r}_C/\mathrm{d}t=\boldsymbol{v}_C$,所以这共同速度 $\boldsymbol{V}$ 也就是碰撞前后质心的速度 $\boldsymbol{v}_C$。

由于此完全非弹性碰撞而损失的动能为碰撞前两物体动能之和减去碰撞后的动能,即

$$E_{\text{loss}}=\frac{1}{2}m_1v_1^2+\frac{1}{2}m_2v_2^2-\frac{1}{2}(m_1+m_2)V^2 \tag{4.27}$$

又由柯尼希定理公式(4.11)可知,碰前两物体的总动能等于其内动能 $E_{\text{k,in}}$ 和轨道动能 $\frac{1}{2}(m_1+m_2)v_C^2$ 之和,所以上式给出

$$E_{\text{loss}}=E_{\text{k,in}} \tag{4.28}$$

即完全非弹性碰撞中物体系损失的动能等于该物体系的内动能,即相对于其质心系的动能,而轨道动能保持不变。

在完全非弹性碰撞中所损失的动能并没"消灭",而是转化为其他形式的能量了。例如,转化为分子运动的能量即物体的内能了。在粒子物理实验中,常常利用粒子的碰撞引起粒子的转变来研究粒子的行为和规律。引起粒子转变的能量就是碰撞前粒子的内动能,这一能量叫引起转变的**资用能**。早期的粒子碰撞多是利用一个高速的粒子去撞击另一个静止的靶粒子。在这种情况下,入射粒子的动能只有一部分作为资用能被利用。若入射粒子和靶粒子的质量分别为 m 和 M,则资用能只占入射粒子动能的 $M/(m+M)$。为了更有效地利用碰撞前粒子的能量,就应尽可能减少碰前粒子系的轨道动能。这就是现代高能粒子加速器都造成**对撞机**(例如电子正电子对撞机,质子反质子对撞机)的原因。在这种对撞机里,使质量和速率都相同的粒子发生对撞。由于它们的轨道动能为零,所以粒子碰撞前的总动能都可以用来作为资用能而引起粒子的转变。

例 4.10

弹性碰撞。碰撞前后两物体总动能没有损失的碰撞叫做弹性碰撞。两个台球的碰撞近似于这种碰撞。两个分子或两个粒子的碰撞,如果没有引起内部的变化,也都是弹性碰撞。设想两个球的质量分别为 m_1 和 m_2,沿一条直线分别以速度 v_{10} 和 v_{20} 运动,碰撞后仍沿同一直

线运动。这样的碰撞叫**对心碰撞**(图 4.23)。求两球发生弹性的对心碰撞后的速度各如何。

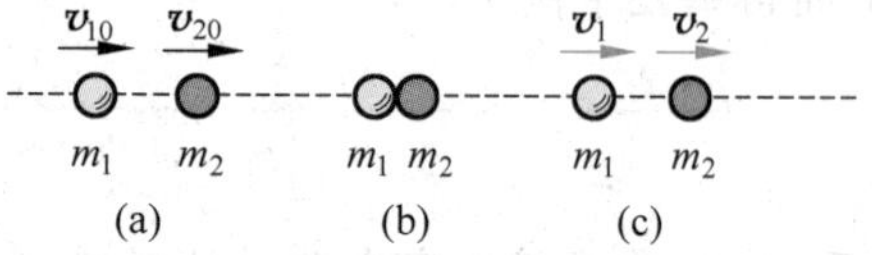

图 4.23 两个球的对心碰撞

(a) 碰撞前;(b) 碰撞时;(c) 碰撞后

解 以 v_1 和 v_2 分别表示两球碰撞后的速度。由于碰撞后二者还沿着原来的直线运动,根据动量守恒定律,及由于是弹性的碰撞,总动能应保持不变,即可得

$$\left.\begin{aligned} m_1 v_{10} + m_2 v_{20} &= m_1 v_1 + m_2 v_2 \\ \frac{1}{2} m_1 v_{10}^2 + \frac{1}{2} m_2 v_{20}^2 &= \frac{1}{2} m_1 v_1^2 + \frac{1}{2} m_2 v_2^2 \end{aligned}\right\} \tag{4.29}$$

联立解这两个方程式可得

$$v_1 = \frac{m_1 - m_2}{m_1 + m_2} v_{10} + \frac{2m_2}{m_1 + m_2} v_{20} \tag{4.30}$$

$$v_2 = \frac{m_2 - m_1}{m_1 + m_2} v_{20} + \frac{2m_1}{m_1 + m_2} v_{10} \tag{4.31}$$

为了明确这一结果的意义,我们举两个特例。

特例 1:两个球的质量相等,即 $m_1 = m_2$。这时以上两式给出

$$v_1 = v_{20}, \quad v_2 = v_{10}$$

即碰撞结果是两个球互相交换速度。如果原来一个球是静止的,则碰撞后它将接替原来运动的那个球继续运动。打台球或打克朗棋时常常会看到这种情况,同种气体分子的相撞也常设想为这种情况。

特例 2:一球的质量远大于另一球,如 $m_2 \gg m_1$,而且大球的初速为零,即 $v_{20} = 0$。这时,式(4.30)和式(4.31)给出

$$v_1 = -v_{10}, \quad v_2 \approx 0$$

即碰撞后大球几乎不动而小球以原来的速率返回。乒乓球碰铅球,网球碰墙壁(这时大球是墙壁固定于其上的地球),拍皮球时球与地面的相碰都是这种情形;气体分子与容器壁的垂直碰撞,反应堆中中子与重核的完全弹性对心碰撞也是这样的实例。

例 4.11

弹弓效应。如图 4.24 所示,土星的质量为 5.67×10^{26} kg,以相对于太阳的轨道速率 9.6 km/s 运行;一空间探测器质量为 150 kg,以相对于太阳 10.4 km/s 的速率迎向土星飞行。由于土星的引力,探测器绕过土星沿和原来速度相反的方向离去。求它离开土星后的速度。

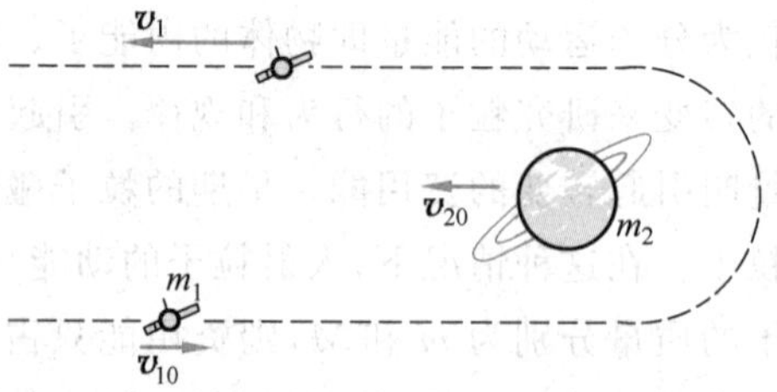

图 4.24 弹弓效应

解 如图 4.24 所示,探测器从土星旁飞过的过程可视为一种无接触的"碰撞"过程。它们遵守守恒定律的情况和例 4.10 两球的弹性碰撞相同,因而速度的变化可用式(4.30)求得。由于土星质量 m_2 远大于探测器的质量 m_1,在式(4.30)中可忽略 m_1 而得出探测器离开土星后的速度为

$$v_1 = -v_{10} + 2v_{20}$$

如图 4.24 所示,以 v_{10} 的方向为正,$v_{10} = 10.4$ km/s,$v_{20} = -9.6$ km/s,因而

$$v_1 = -10.4 - 2 \times 9.6 = -29.6 \text{ (km/s)}$$

这说明探测器从土星旁绕过后由于引力的作用而速率增大了。这种现象叫做弹弓效应。本例是一种最有利于速率增大的情况。实际上探测器飞近的速度不一定和行星的速度正好反向,但由于引力它绕过行星后的速率还是要增大的。

弹弓效应是航天技术中增大宇宙探测器速率的一种有效办法，又被称为引力助推。1989 年 10 月发射的伽利略探测器（它已于 1995 年 12 月按时到达木星（图 4.25(a)）并用了两年时间探测木星大气和它的主要的卫星）就曾利用了这种助推技术。它的轨道设计成一次从金星旁绕过，两次从地球旁绕过（图 4.25(b)），都因为这种助推技术而增加了速率。这种设计有效地减少了它从航天飞机上发射时所需要的能量。另一种设计只需要两年半的时间就可达到木星。但这需要用液氢和液氧作燃料的强大推进器，而这对航天飞机来说是比较昂贵而且危险的。

(a)

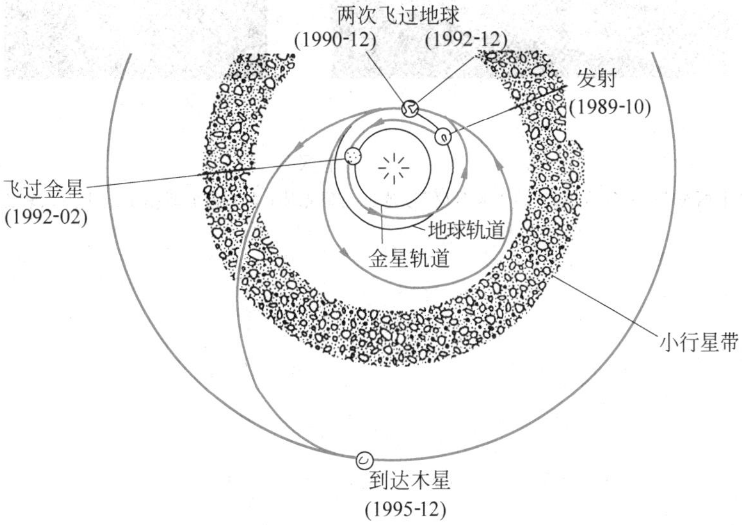

(b)

图 4.25 伽利略探测器

(a) 飞临木星；(b) 飞行轨道

美国宇航局 1997 年 10 月 15 日发射了一颗探测土星的核动力航天器——重 5.67 t 的

“卡西尼”号(图 4.26)。它航行了 7 年,行程 3.5×10^{9} km。该航天器两次掠过金星,1999 年 8 月在 900 km 上空掠过地球,然后掠过木星。在掠过这些行星时都利用了引力助推技术来加速并改变航行方向,因而节省了 77 t 燃料。最后于 2004 年 7 月 1 日准时进入了土星轨道,开始对土星的光环系统和它的卫星进行为时 4 年的考察。它所携带的“惠更斯”号探测器于 2004 年 12 月离开它奔向土星最大的卫星——土卫六,以考察这颗和地球早期(45 亿年前)极其相似的天体。20 天后,“惠更斯”号飞临土卫六上空,打开降落伞下降并进行拍照和大气监测,随后在土卫六的表面着陆,继续工作约 90 分钟后就永远留在了那里。

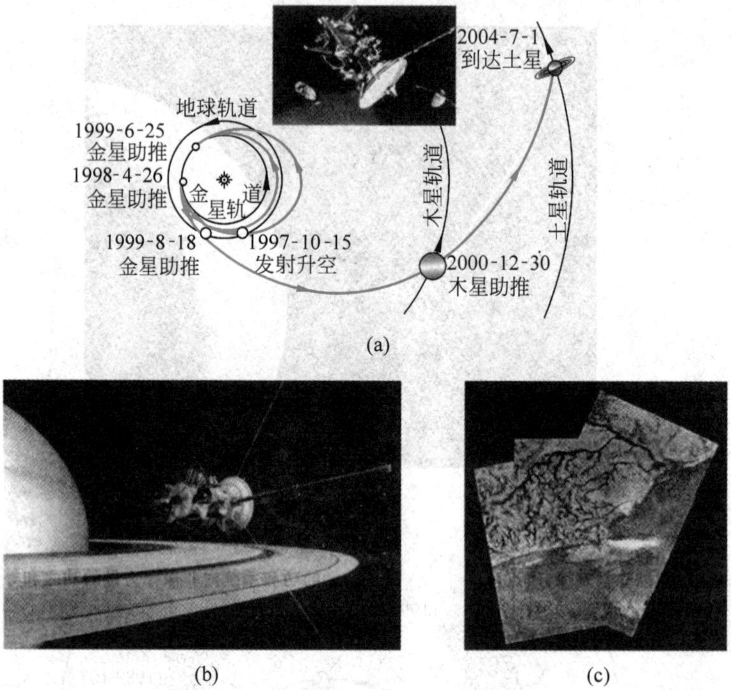

图 4.26　土星探测

(a)“卡西尼”号运行轨道;(b)“卡西尼”号越过土星光环;(c) 惠更斯拍摄的土卫六表面照片

提要

1. 功

$$dA = \boldsymbol{F}\cdot d\boldsymbol{r},\quad A_{AB} = \int_{L(A)}^{(B)} \boldsymbol{F}\cdot d\boldsymbol{r}$$

保守力:做功与路径形状无关的力,或者说,沿闭合路径一周做功为零的力。保守力做的功只由系统的初、末位形决定。

2. 动能定理

动能

$$E_{k} = \frac{1}{2}mv^{2}$$

对于一个质点，

$$A_{AB} = E_{kB} - E_{kA}$$

对于一个质点系，

$$A_{ex} + A_{in} = E_{kB} - E_{kA}$$

柯尼希定理：对于一个质点系

$$E_k = E_{kC} + E_{k,in}$$

其中 $E_{kC}=\dfrac{1}{2}mv_C^2$ 为质心的动能，$E_{k,in}$ 为各质点相对于质心（即在质心参考系内）运动的动能之和。

3. 势能：对保守力可引进势能概念。一个系统的势能 E_p 决定于系统的位形，它由势能差定义为

$$A_{AB} = -\Delta E_p = E_{pA} - E_{pB}$$

确定势能 E_p 的值，需要先选定势能零点。

势能属于有保守力相互作用的整个系统，一个系统的势能与参考系无关。

重力势能：$E_p = mgh$，以物体在地面为势能零点。

弹簧的弹性势能：$E_p=\dfrac{1}{2}kx^2$，以弹簧的自然长度为势能零点。

引力势能：$E_p=-\dfrac{Gm_1m_2}{r}$，以两质点无穷远分离时为势能零点。

***4. 由势能函数求保守力**

$$F_l = -\frac{dE_p}{dl}$$

5. 机械能守恒定律：质点系所受的外力做的功和系统内非保守力做的功之和等于该质点系机械能的增量，即

$$A_{ex} + A_{in,n\text{-}cons} = E_B - E_A, \quad 其中机械能\ E = E_k + E_p$$

外力对保守系统做的功等于该保守系统的机械能的增加。

封闭的保守系统的机械能保持不变。

用于质心参考系的机械能守恒定律：对保守系统 $A'_{ex}=E_{in,B}-E_{in,A}$，式中 E_{in} 为系统的内能。

6. 守恒定律的意义：不究过程的细节而对系统的初、末状态下结论；相应于自然界的每一种对称性，都存在着一个守恒定律。

7. 碰撞：完全非弹性碰撞：碰后合在一起；弹性碰撞：碰撞时无动能损失。

习题

4.1　一匹马拉着雪橇沿着冰雪覆盖的圆弧形路面极缓慢地匀速移动。设圆弧路面的半径为 R（图 4.27），马对雪橇的拉力总是平行于路面，雪橇的质量为 m，与路面的滑动摩擦系数为 μ_k。当把雪橇由底端拉上 45°圆弧时，马对雪橇做功多少？重力和摩擦力各做功多少？

4.2　如图 4.28 所示，A 和 B 两物体的质量 $m_A=m_B$，物体 B 与桌面间的滑动摩擦系数 $\mu_k=0.20$，滑

轮摩擦不计。试利用功能概念求物体 A 自静止落下 $h=1.0\ \mathrm{m}$ 时的速度。

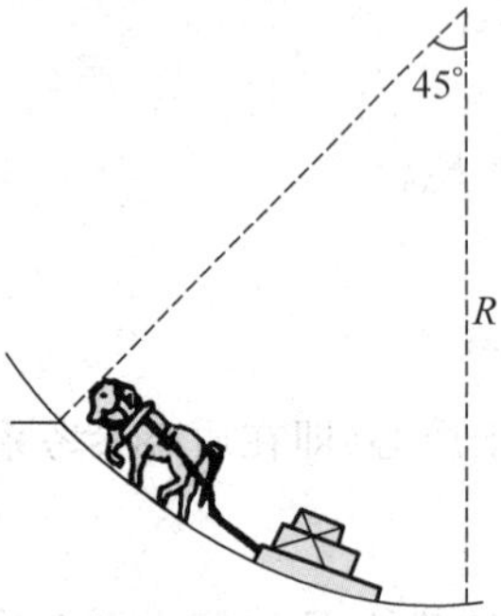

图 4.27　习题 4.1 用图

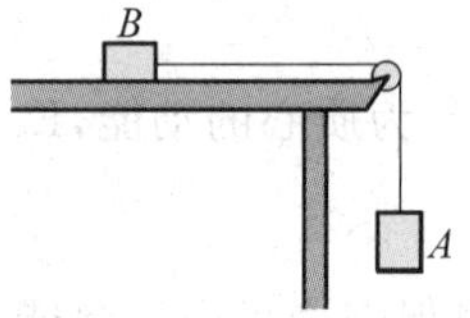

图 4.28　习题 4.2 用图

4.3　一竖直悬挂的弹簧(劲度系数为 k)下端挂一物体，平衡时弹簧已有一伸长。若以物体的平衡位置为竖直 y 轴的原点，相应位形作为弹性势能和重力势能的零点。试证：当物体的位置坐标为 y 时，弹性势能和重力势能之和为 $\frac{1}{2}ky^2$。

4.4　一轻质量弹簧原长 l_0，劲度系数为 k，上端固定，下端挂一质量为 m 的物体，先用手托住，使弹簧保持原长。然后突然将物体释放，物体达最低位置时弹簧的最大伸长和弹力是多少？物体经过平衡位置时的速率多大？

4.5　图 4.29 表示质量为 72 kg 的人跳蹦极。弹性蹦极带原长 20 m，劲度系数为 60 N/m。忽略空气阻力。

(1) 此人自跳台跳出后，落下多高时速度最大？此最大速度是多少？

(2) 已知跳台高于下面的水面 60 m。此人跳下后会不会触到水面？

4.6　如图 4.30 所示，弹簧下面悬挂着质量分别为 m_1，m_2 的两个物体，开始时它们都处于静止状态。突然把 m_1 与 m_2 的连线剪断后，m_1 的最大速率是多少？设弹簧的劲度系数 $k=8.9\ \mathrm{N/m}$，而 $m_1=500\ \mathrm{g}$，$m_2=300\ \mathrm{g}$。

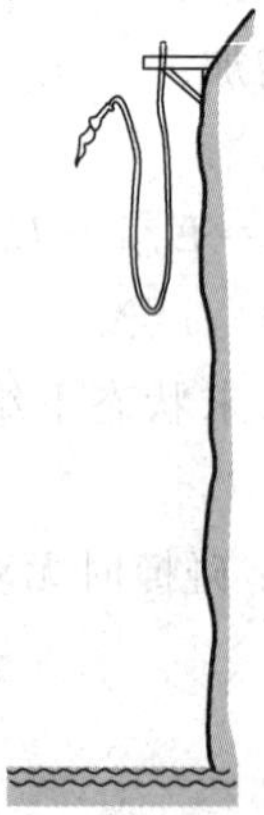

图 4.29　跳蹦极

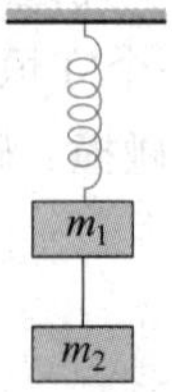

图 4.30　习题 4.6 用图

4.7　一质量为 m 的人造地球卫星沿一圆形轨道运动，离开地面的高度等于地球半径的 2 倍(即 $2R$)。试以 m，R，引力恒量 G，地球质量 M 表示出：

(1) 卫星的动能；

(2) 卫星在地球引力场中的引力势能；

(3) 卫星的总机械能。

4.8 发射地球同步卫星要利用"霍曼轨道"(图 4.31)。设发射一颗质量为 500 kg 的地球同步卫星。先把它发射到高度为 1400 km 的停泊轨道上,然后利用火箭推力使它沿此轨道的切线方向进入霍曼轨道。霍曼轨道远地点即同步高度 36 000 km,在此高度上利用火箭推力使之进入同步轨道。

(1) 先后两次火箭推力给予卫星的能量各是多少?

(2) 先后两次推力使卫星的速率增加多少?

4.9 有一种说法认为地球上的一次灾难性物种(如恐龙)绝灭是由于 6500 万年前一颗大的小行星撞入地球引起的。设小行星的半径是 10 km,密度为 $6.0\times10^3\ kg/m^3$(和地球的一样),它撞入地球将释放多少引力势能?这能量是唐山地震估计能量(见表 4.1)的多少倍?

4.10 一个星体的逃逸速度为光速时,亦即由于引力的作用光子也不能从该星体表面逃离时,该星体就成了一个"黑洞"。理论证明,对于这种情况,逃逸速度公式($v_e=\sqrt{2GM/R}$)仍然正确。试计算太阳要是成为黑洞,它的半径应是多大(目前半径为 $R=7\times10^8$ m)?质量密度是多大?比原子核的平均密度($2.3\times10^{17}\ kg/m^3$)大到多少倍?

4.11 有的黄河区段的河底高于堤外田地。为了用河水灌溉堤外田地就用虹吸管越过堤面把河水引入田中。虹吸管如图 4.32 所示,是倒 U 形,其两端分别处于河内和堤外的水渠口上。如果河水水面和堤外管口的高度差是 5.0 m,而虹吸管的半径是 0.20 m,则每小时引入田地的河水的体积是多少立方米?

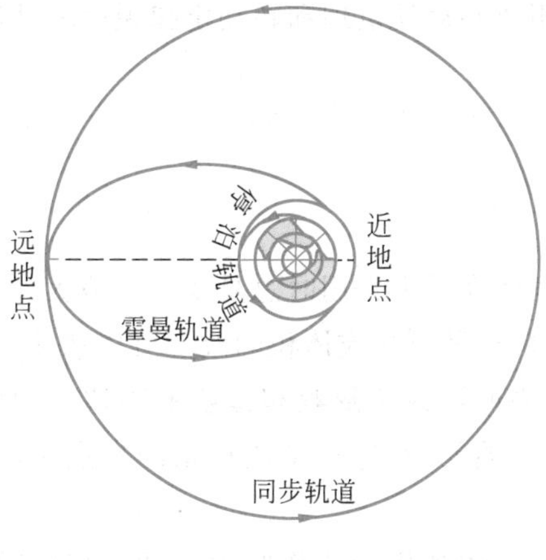

图 4.31 习题 4.8 用图

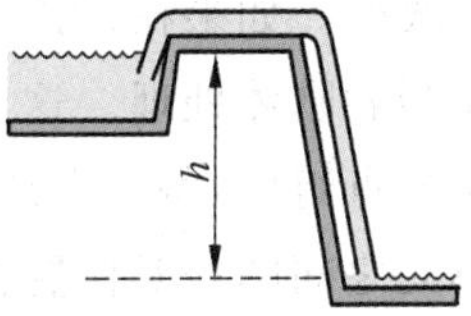

图 4.32 习题 4.11 用图

第 5 章

刚体的转动

在讲过用于质点的牛顿定律及其延伸的概念原理之后，本章讲解刚体转动的规律。这些规律大家在中学课程中没有学过。但是只要注意到一个刚体可以看做是一个质点系，其运动规律应该是牛顿定律对这种质点系的应用，本章内容就并不难掌握。本章将先根据质点系的角动量定理式(3.30)导出对刚体的转动定律，接着说明有刚体时的角动量守恒，然后再讲解功能概念对刚体转动的应用。之后用质心运动定理和转动定律说明一些滚动的规律。最后简要地介绍了进动的原理。

5.1 刚体转动的描述

刚体是固体物件的理想化模型。实际的固体在受力作用时总是要发生或大或小的形状和体积的改变。如果在讨论一个固体的运动时，这种形状或体积的改变可以忽略，我们就把这个固体当做刚体处理。这就是说，**刚体是受力时不改变形状和体积的物体**。刚体可以看成由许多质点组成，每一个质点叫做刚体的一个**质元**，刚体这个质点系的特点是，在外力作用下各质元之间的相对位置保持不变。

转动的最简单情况是定轴转动。在这种运动中各质元均作圆周运动，而且各圆的圆心都在一条固定不动的直线上，这条直线叫**转轴**。转动是刚体的基本运动形式之一。刚体的一般运动都可以认为是平动和绕某一转轴转动的结合。作为基础，本章只讨论刚体的定轴转动。

刚体绕某一固定转轴转动时，各质元的线速度、加速度一般是不同的(图 5.1)。但由于各质元的相对位置保持不变，所以描述各质元运动的角量，如角位移、角速度和角加速度都是一样的。因此描述刚体整体的运动时，用角量最为方便。如在第 1 章讲圆周运动时所提出的，以 $d\theta$ 表示刚体在 dt 时间内转过的角位移，则刚体的角速度为

$$\omega = \frac{d\theta}{dt} \tag{5.1}$$

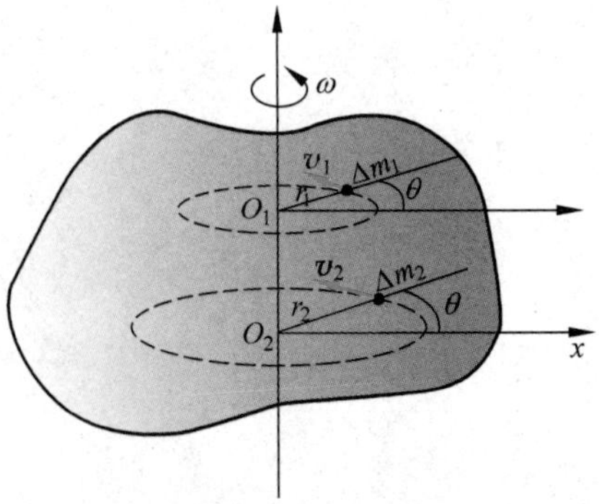

图 5.1 刚体的定轴转动

角速度实际上是矢量,以$\boldsymbol{\omega}$表示。它的方向规定为沿轴的方向,其指向用右手螺旋法则确定(图 5.1)。在刚体定轴转动的情况下,角速度的方向只能沿轴取两个方向,相应于刚体转动的两个相反的旋转方向。这种情况下,ω 就可用代数方法处理,用正负来区别两个旋转方向。

刚体的角加速度为

$$\alpha = \frac{d\omega}{dt} = \frac{d^2\theta}{dt^2} \tag{5.2}$$

离转轴的距离为 r 的质元的线速度和刚体的角速度的关系为

$$v = r\omega \tag{5.3}$$

而其加速度与刚体的角加速度和角速度的关系为

$$a_t = r\alpha \tag{5.4}$$

$$a_n = r\omega^2 \tag{5.5}$$

定轴转动的一种简单情况是匀加速转动。在这一转动过程中,刚体的角加速度 α 保持不变。以 ω_0 表示刚体在时刻 $t=0$ 时的角速度,以 ω 表示它在时刻 t 时的角速度,以 θ 表示它在从 0 到 t 时刻这一段时间内的角位移,仿照匀加速直线运动公式的推导可得匀加速转动的相应公式

$$\omega = \omega_0 + \alpha t \tag{5.6}$$

$$\theta = \omega_0 t + \frac{1}{2}\alpha t^2 \tag{5.7}$$

$$\omega^2 - \omega_0^2 = 2\alpha\theta \tag{5.8}$$

5.2 转动定律

绕定轴转动的刚体的动力学规律是用它的角动量的变化来说明的。作为质点系,它应该服从质点系的角动量定理的一般形式,式(3.30),即

$$\boldsymbol{M} = \frac{d\boldsymbol{L}}{dt} \tag{5.9}$$

此式为一矢量式,它沿某一选定的 z 轴的分量式为

$$M_z = \frac{dL_z}{dt} \tag{5.10}$$

式中 M_z 和 L_z 分别为质点系所受的合外力矩和它的总角动量沿 z 轴的分量。

对于绕定轴转动的刚体,它的轴固定在惯性系中,我们就**取这转轴为 z 轴**。这样便可以用式(5.10)表示定轴转动的刚体的动力学规律。下面就推导对于刚体的 M_z 和 L_z 的具体形式。

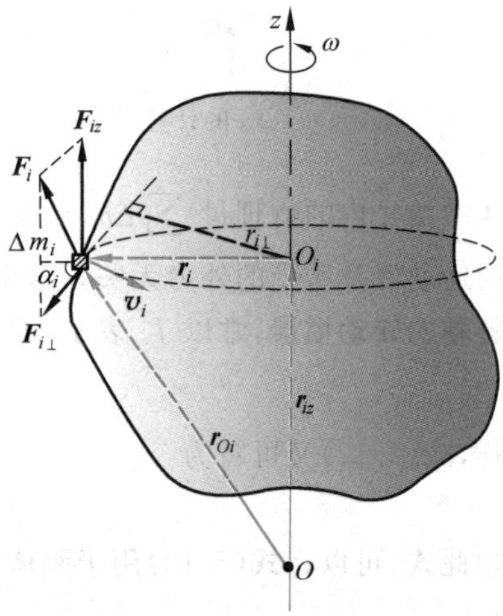

图 5.2 $\boldsymbol{M}_{iz}$ 的计算

先考虑 M_z。如图 5.2 所示,以 $\boldsymbol{F}_i$ 表示质元 Δm_i 所受的外力。注意式(5.9)和式(5.10)都是对于定点说的。取轴上一点 O,相对于它来计算 $\boldsymbol{M}_i$ 和 $\boldsymbol{M}_{iz}$。将 $\boldsymbol{F}_i$ 分解为垂直和平行于转轴两个分量 $\boldsymbol{F}_{i\perp}$

和 $\boldsymbol{F}_{iz}$，则 $\boldsymbol{F}_i$ 对于 O 点的力矩为

$$\boldsymbol{M}_i = \boldsymbol{r}_{Oi} \times \boldsymbol{F}_i = \boldsymbol{r}_{Oi} \times \boldsymbol{F}_{i\perp} + \boldsymbol{r}_{Oi} \times \boldsymbol{F}_{iz}$$

由矢积定义可知，此式最后一项的方向和 z 轴垂直，它在 z 轴方向的分量自然为零。下面看它前面一项在 z 轴方向的分量。

将 $\boldsymbol{r}_{Oi}$ 分解为垂直和平行于转轴的两个分量 $\boldsymbol{r}_i$ 和 $\boldsymbol{r}_{iz}$，则

$$\boldsymbol{r}_{Oi} \times \boldsymbol{F}_{i\perp} = \boldsymbol{r}_i \times \boldsymbol{F}_{i\perp} + \boldsymbol{r}_{iz} \times \boldsymbol{F}_{i\perp}$$

此式中最后一项方向也和 z 轴垂直，它在 z 轴方向的分量也是零。这样 $\boldsymbol{M}_i$ 的 z 轴分量就是 $\boldsymbol{r}_i \times \boldsymbol{F}_{i\perp}$ 的 z 轴分量。由于此矢积的两个因子都垂直于 z 轴，所以这一矢积本身就沿 z 轴，其数值就是 M_{iz}。以 α_i 表示 $\boldsymbol{r}_i$ 和 $\boldsymbol{F}_{i\perp}$ 之间的夹角，则

$$M_{iz} = r_i F_{i\perp} \sin \alpha_i = r_{i\perp} F_{i\perp}$$

由于这一力矩分量是用转轴到质元 Δm_i 的距离 r_i 计算的，所以它又称做**对于转轴的力矩**，以区别于对于定点 O 的力矩。

考虑到所有外力，可得作用在定轴转动的刚体上的合外力矩的 z 向分量，即对于转轴的合外力矩为

$$M_z = \sum M_{iz} = \sum r_i F_{i\perp} \sin \alpha_i \tag{5.11}$$

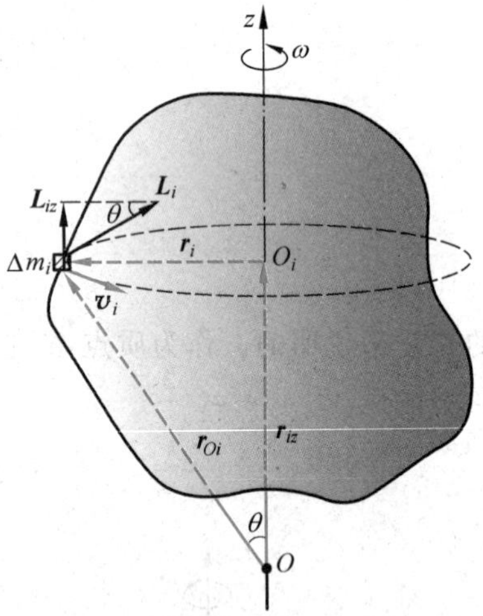

图 5.3　L_{iz} 的计算

现在考虑 L_z。如图 5.3 所示，质元 Δm_i 对于定点 O 的角动量为

$$\boldsymbol{L}_i = \Delta m_i \boldsymbol{r}_{Oi} \times \boldsymbol{v}_i$$

方向如图示，大小为

$$L_i = \Delta m_i r_{Oi} v_i$$

此角动量沿 z 轴的分量为

$$L_{iz} = L_i \sin\theta = \Delta m_i r_{Oi} v_i \sin\theta$$

由于 $r_{Oi}\sin\theta = r_i$，为从 Δm_i 到转轴的垂直距离，而 $v_i = r_i\omega$，所以

$$L_{iz} = \Delta m_i r_i^2 \omega$$

整个刚体的总角动量沿 z 轴的分量，亦即刚体沿 z 轴的角动量为

$$L_z = \sum L_{iz} = \left(\sum \Delta m_i r_i^2\right)\omega \tag{5.12}$$

此式中括号内的物理量 $\sum \Delta m_i r_i^2$ 是由刚体的各质元相对于固定转轴的分布所决定的，与刚体的运动以及所受的外力无关。这个表示刚体本身相对于转轴的特征的物理量叫做**刚体对于转轴的转动惯量**，常以 J_z 表示，即

$$J_z = \sum \Delta m_i r_i^2 \tag{5.13}$$

这样，式(5.12)又可写为

$$L_z = J_z \omega \tag{5.14}$$

利用此式，可以将式(5.10)用于刚体定轴转动的形式而写成

$$M_z = \frac{\mathrm{d}L_z}{\mathrm{d}t} = J_z \frac{\mathrm{d}\omega}{\mathrm{d}t} = J_z \alpha$$

在约定固定轴为 z 轴的情况下，常略去此式中的下标而写成

$$M = J\alpha \tag{5.15}$$

此式表明，**刚体所受的对于某一固定转轴的合外力矩等于刚体对此转轴的转动惯量与刚体在此合外力矩作用下所获得的角加速度的乘积**。这一角动量定理用于刚体定轴转动的具体形式，叫做**刚体定轴转动定律**。

将式(5.15)和牛顿第二定律公式 $\boldsymbol{F}=m\boldsymbol{a}$ 加以对比是很有启发性的。前者中的合外力矩相当于后者中的合外力，前者中的角加速度相当于后者中的加速度，而刚体的转动惯量 J 则和质点的惯性质量 m 相对应。可以说，转动惯量表示刚体在转动过程中表现出的惯性。转动惯量这一词正是这样命名的。

相对于质心的转动定律

上面由式(5.9)，即式(3.30)，导出了式(5.15)，$M=J\alpha$。同样地，可以由式(3.34)，即对质心系的角动量定理，$\boldsymbol{M}_C=\mathrm{d}\boldsymbol{L}_C/\mathrm{d}t$ 导出相对于质心的转动定律

$$M_C = J_C\alpha \tag{5.16}$$

其中 J_C 是刚体对于通过其质心的轴的转动惯量，M_C 是外力对于此轴的合外力矩，α 就是刚体在 M_C 的作用下绕此轴的角加速度。

注意，式(5.15)和式(5.16)虽然形式上一样，但式(5.16)也适用于整个刚体运动的情况，而且不管其质心是否加速式(5.16)都成立。

5.3 转动惯量的计算

应用定轴转动定律式(5.15)时，我们需要先求出刚体对固定转轴(取为 z 轴)的转动惯量。按式(5.13)，转动惯量由下式定义：

$$J = J_z = \sum_i \Delta m_i r_i^2$$

对于质量连续分布的刚体，上述求和应以积分代替，即

$$J = \int r^2 \mathrm{d}m$$

式中 r 为刚体质元 $\mathrm{d}m$ 到转轴的垂直距离。

由上面两公式可知，刚体对某转轴的转动惯量等于刚体中各质元的质量和它们各自离该转轴的垂直距离的平方的乘积的总和，它的大小不仅与刚体的总质量有关，而且和质量相对于轴的分布有关。其关系可以概括为以下三点：

(1) 形状、大小相同的均匀刚体总质量越大，转动惯量越大。

(2) 总质量相同的刚体，质量分布离轴越远，转动惯量越大。

(3) 同一刚体，转轴不同，质量对轴的分布就不同，因而转动惯量就不同。

在国际单位制中，转动惯量的量纲为 ML^2，单位名称是千克二次方米，符号为 $\mathrm{kg\cdot m^2}$。

下面举几个求刚体的转动惯量的例子。

例 5.1

圆环。求质量为 m，半径为 R 的均匀薄圆环的转动惯量，轴与圆环平面垂直并且通过其圆心。

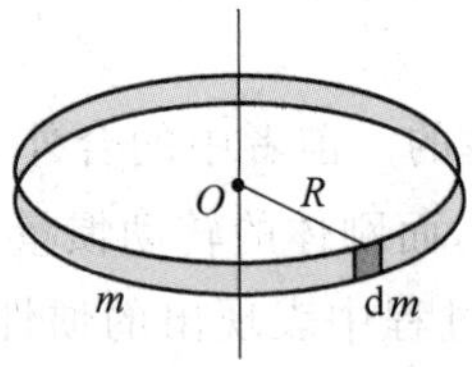

图 5.4　例 5.1 用图

解　如图 5.4 所示，环上各质元到轴的垂直距离都相等，而且等于 R，所以

$$J = \int R^2 \mathrm{d}m = R^2 \int \mathrm{d}m$$

后一积分的意义是环的总质量 m，所以有

$$J = mR^2 \tag{5.17}$$

由于转动惯量是可加的，所以一个质量为 m，半径为 R 的薄壁圆筒对其轴的转动惯量也是 mR^2。

例 5.2

圆盘。求质量为 m，半径为 R，厚为 l 的均匀圆盘的转动惯量，轴与盘面垂直并通过盘心。

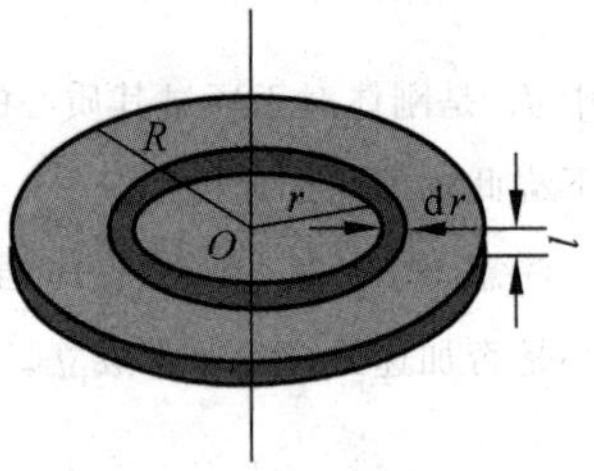

图 5.5　例 5.2 用图

解　如图 5.5 所示，圆盘可以认为是由许多薄圆环组成。取任一半径为 r，宽度为 $\mathrm{d}r$ 的薄圆环。它的转动惯量按例 5.1 计算出的结果为

$$\mathrm{d}J = r^2 \mathrm{d}m$$

其中 $\mathrm{d}m$ 为薄圆环的质量。以 ρ 表示圆盘的密度，则有

$$\mathrm{d}m = \rho 2\pi r l \mathrm{d}r$$

代入上一式可得

$$\mathrm{d}J = 2\pi r^3 l \rho \mathrm{d}r$$

因此

$$J = \int \mathrm{d}J = \int_0^R 2\pi r^3 l \rho \mathrm{d}r = \frac{1}{2}\pi R^4 l \rho$$

由于

$$\rho = \frac{m}{\pi R^2 l}$$

所以

$$J = \frac{1}{2} m R^2 \tag{5.18}$$

此例中对 l 并不限制，所以一个质量为 m，半径为 R 的均匀实心圆柱对其轴的转动惯量也是 $\frac{1}{2}mR^2$。

例 5.3

细棒。求长度为 L，质量为 m 的均匀细棒 AB 的转动惯量：

(1) 对于通过棒的一端与棒垂直的轴；

(2) 对于通过棒的中点与棒垂直的轴。

解　(1) 如图 5.6(a)所示，沿棒长方向取 x 轴。取任一长度元 $\mathrm{d}x$。以 ρ_l 表示单位长度的质量，则这一长度元的质量为 $\mathrm{d}m = \rho_l \mathrm{d}x$。对于在棒的一端的轴来说，

$$J_A = \int x^2 \mathrm{d}m = \int_0^L x^2 \rho_l \mathrm{d}x = \frac{1}{3}\rho_l L^3$$

将 $\rho_l = m/L$ 代入，可得

$$J_A = \frac{1}{3}mL^2 \tag{5.19}$$

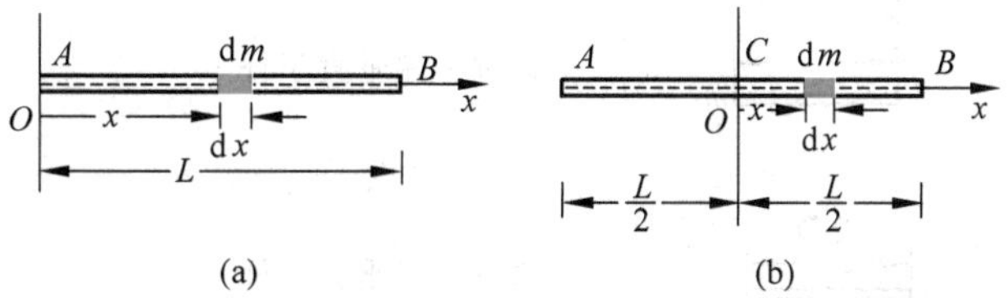

图 5.6 例 5.3 用图

(2) 对于通过棒的中点的轴来说，如图 5.6(b)所示，棒的转动惯量应为

$$J_C = \int x^2 \mathrm{d}m = \int_{-\frac{L}{2}}^{+\frac{L}{2}} x^2 \rho_l \mathrm{d}x = \frac{1}{12}\rho_l L^3$$

以 $\rho_l = m/L$ 代入，可得

$$J_C = \frac{1}{12}mL^2 \tag{5.20}$$

例 5.3 的结果明显地表示，对于不同的转轴，同一刚体的转动惯量不同。我们可以导出一个对不同的轴的转动惯量之间的一般关系。以 m 表示刚体的质量，以 J_C 表示它对于通过其质心 C 的轴的转动惯量。若另一个轴与此轴平行并且相距为 d（图 5.7），则此刚体对于后一轴的转动惯量为

$$J = J_C + md^2 \tag{5.21}$$

这一关系叫做**平行轴定理**。其证明如下。

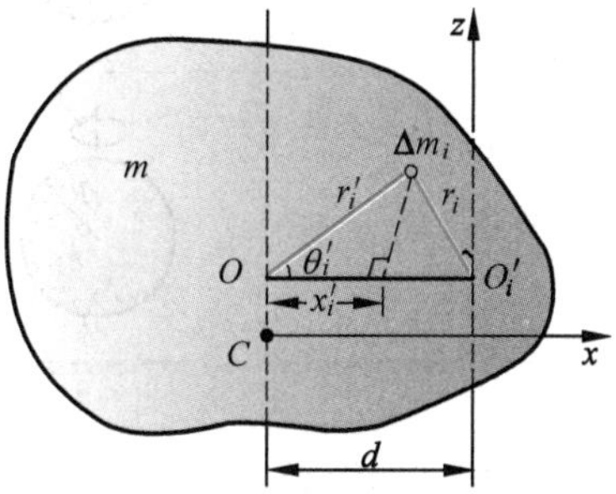

图 5.7 平行轴定理的证明

如图 5.7 所示，取 x 轴垂直于两平行转轴并和它们相交。质元 Δm_i 到两个转轴的距离分别用 r_i' 和 r_i 表示。由余弦定理可得

$$r_i^2 = r_i'^2 + d^2 - 2dr_i'\cos\theta_i' = r_i'^2 + d^2 - 2dx_i'$$

式中 $x_i' = r_i'\cos\theta_i'$ 是 Δm_i 相对于质心 C 的 x 坐标值。由转动惯量定义公式(5.13)，得刚体对于 z 轴的转动惯量为

$$J = \sum_i \Delta m_i r_i^2 = \sum_i \Delta m_i r_i'^2 + \left(\sum_i \Delta m_i\right)d^2 - 2d\sum_i m_i x_i'$$

按质心的定义，$\sum_i \Delta m_i x_i' = mx_C'$，而此 x_C' 为质心相对于质心的 x 坐标值，当然应等于零。上式右侧第一项就是 J_C，因此上式可表示为

$$J = J_C + md^2$$

这正是式(5.21)。

读者可以自己证明，例 5.3 中的两个结果符合此公式。作为另一个例子，利用例 5.2 的结果，可以求出一个均匀圆盘对于通过其边缘一点且垂直于盘面的轴的转动惯量为

$$J = J_C + mR^2 = \frac{1}{2}mR^2 + mR^2 = \frac{3}{2}mR^2$$

一些常见的均匀刚体的转动惯量在表 5.1 中给出。

表 5.1 一些均匀刚体的转动惯量

刚体形状		轴的位置	转动惯量
细杆	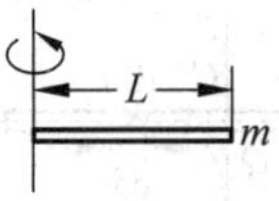	通过一端垂直于杆	$\frac{1}{3}mL^2$
细杆	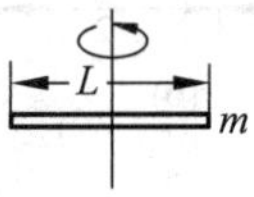	通过中点垂直于杆	$\frac{1}{12}mL^2$
薄圆环（或薄圆筒）	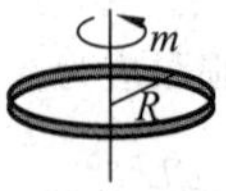	通过环心垂直于环面（或中心轴）	mR^2
圆盘（或圆柱体）	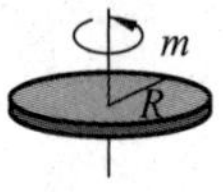	通过盘心垂直于盘面（或中心轴）	$\frac{1}{2}mR^2$
薄球壳	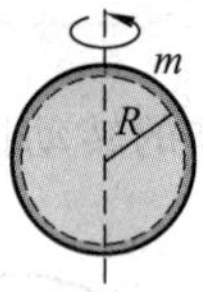	直径	$\frac{2}{3}mR^2$
球体	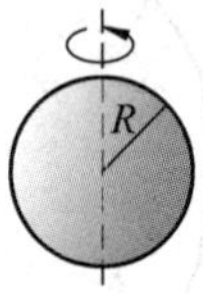	直径	$\frac{2}{5}mR^2$

5.4 转动定律的应用

应用转动定律式(5.15)解题还是比较容易的。不过要特别注意转动轴的位置和指向，也要注意力矩、角速度和角加速度的正负。下面举几个例题。

例 5.4

一个飞轮的质量 $m=60\,\text{kg}$，半径 $R=0.25\,\text{m}$，正在以 $\omega_0=1000\,\text{r/min}$ 的转速转动。现在要制动飞轮（图 5.8），要求在 $t=5.0\,\text{s}$ 内使它均匀减速而最后停下来。求闸瓦对轮子的压力 N 为多大？假定闸瓦与飞轮之间的滑动摩擦系数为 $\mu_k=0.8$，而飞轮的质量可以看做全部均匀分布在轮的外周上。

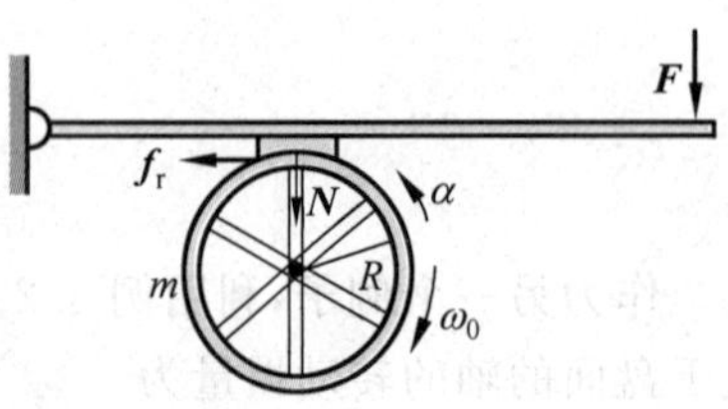

图 5.8 例 5.4 用图

解 飞轮在制动时一定有角加速度，这一角加速度 α 可以用下式求出：

$$\alpha=\frac{\omega-\omega_0}{t}$$

以 $\omega_0=1000\,\text{r/min}=104.7\,\text{rad/s}$，$\omega=0$，$t=5\,\text{s}$ 代入可得

$$\alpha=\frac{0-104.7}{5}\ \text{rad/s}^2=-20.9\ \text{rad/s}^2$$

负值表示 α 与 ω_0 的方向相反，和减速转动相对应。

飞轮的这一负加速度是外力矩作用的结果，这一外力矩就是当用力 $\boldsymbol{F}$ 将闸瓦压紧到轮缘上时对轮缘产生的摩擦力的力矩，以 ω_0 方向为正，则此摩擦力矩应为负值。以 f_r 表示摩擦力的数值，则它对轮的转轴的力矩为

$$M=-f_rR=-\mu NR$$

根据刚体定轴转动定律 $M=J\alpha$，可得

$$-\mu NR=J\alpha$$

将 $J=mR^2$ 代入，可解得

$$N=-\frac{mR\alpha}{\mu}$$

代入已知数值，可得

$$N=-\frac{60\times0.25\times(-20.9)}{0.8}=392\ (\text{N})$$

例 5.5

如图 5.9 所示，一个质量为 M，半径为 R 的定滑轮（当做均匀圆盘）上面绕有细绳。绳的一端固定在滑轮边上，另一端挂一质量为 m 的物体而下垂。忽略轴处摩擦，求物体 m 由静止下落 h 高度时的速度和此时滑轮的角速度。

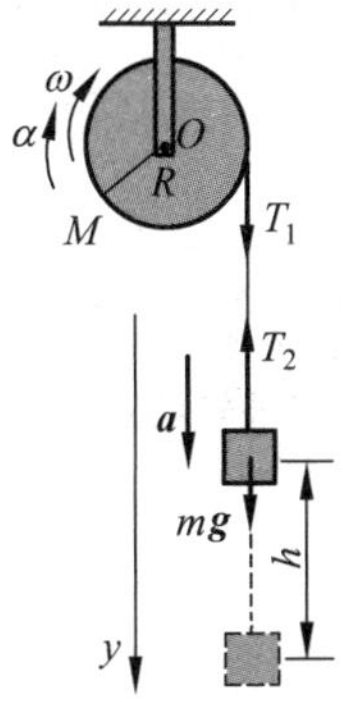

图 5.9 例 5.5 用图

解 图中二拉力 $\boldsymbol{T}_1$ 和 $\boldsymbol{T}_2$ 的大小相等，以 T 表示。

对定滑轮 M，由转动定律，对于轴 O，有

$$RT=J\alpha=\frac{1}{2}MR^2\alpha$$

对物体 m，由牛顿第二定律，沿 y 方向，有

$$mg-T=ma$$

滑轮和物体的运动学关系为

$$a=R\alpha$$

联立解以上三式，可得物体下落的加速度为

$$a=\frac{m}{m+\dfrac{M}{2}}g$$

物体下落高度 h 时的速度为

$$v=\sqrt{2ah}=\sqrt{\frac{4mgh}{2m+M}}$$

这时滑轮转动的角速度为

$$\omega=\frac{v}{R}=\frac{\sqrt{\dfrac{4mgh}{2m+M}}}{R}$$

例 5.6

一根长 l，质量为 m 的均匀细直棒，其一端有一固定的光滑水平轴，因而可以在竖直平面内转动。最初棒静止在水平位置，求它由此下摆 θ 角时的角加速度和角速度，这时棒受轴的力的大小、方向各如何？

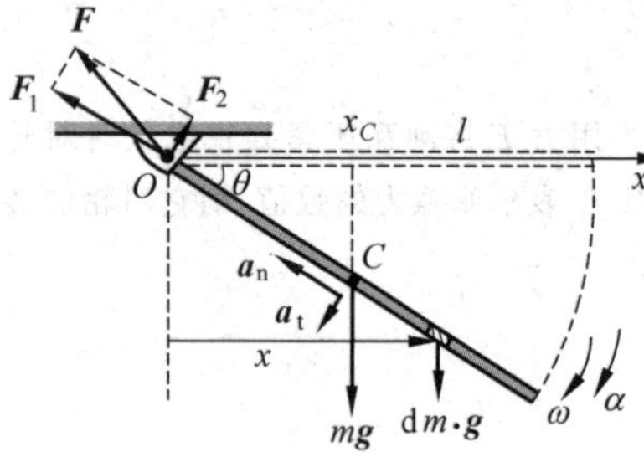

图 5.10 例 5.6 用图

解 讨论此棒的下摆运动时，不能再把它看成质点，而应作为刚体转动来处理。这需要用转动定律。

棒的下摆是一加速转动，所受外力矩即重力对转轴 O 的力矩。取棒上一小段，其质量为 $\mathrm{d}m$（图 5.10）。在棒下摆任意角度 θ 时，它所受重力对轴 O 的力矩是 $x\mathrm{d}m\cdot g$，其中 x 是 $\mathrm{d}m$ 对轴 O 的水平坐标。整个棒受的重力对轴 O 的力矩就是

$$M=\int x\mathrm{d}m\cdot g=g\int x\mathrm{d}m$$

由质心的定义，$\int x\mathrm{d}m=mx_C$，其中 x_C 是质心对于轴 O 的 x 坐标。因而可得

$$M=mgx_C$$

这一结果说明**重力对整个棒的合力矩就和全部重力集中作用于质心所产生的力矩一样。**

由于

$$x_C=\frac{1}{2}l\cos\theta$$

所以有

$$M=\frac{1}{2}mgl\cos\theta$$

代入定轴转动定律式(5.15)可得棒的角加速度为

$$\alpha=\frac{M}{J}=\frac{\frac{1}{2}mgl\cos\theta}{\frac{1}{3}ml^2}=\frac{3g\cos\theta}{2l}$$

又因为

$$\alpha=\frac{\mathrm{d}\omega}{\mathrm{d}t}=\frac{\mathrm{d}\omega}{\mathrm{d}\theta}\frac{\mathrm{d}\theta}{\mathrm{d}t}=\omega\frac{\mathrm{d}\omega}{\mathrm{d}\theta}$$

所以有

$$\omega\frac{\mathrm{d}\omega}{\mathrm{d}\theta}=\frac{3g\cos\theta}{2l}$$

即

$$\omega\,\mathrm{d}\omega=\frac{3g\cos\theta}{2l}\mathrm{d}\theta$$

两边积分

$$\int_0^{\omega}\omega\,\mathrm{d}\omega=\int_0^{\theta}\frac{3g\cos\theta}{2l}\mathrm{d}\theta$$

可得

$$\omega^2=\frac{3g\sin\theta}{l}$$

从而有

$$\omega=\sqrt{\frac{3g\sin\theta}{l}}$$

为了求出棒受轴的力，需考虑棒的质心 C 的运动而用质心运动定理。当棒下摆到 θ 角时，其质心有

法向加速度：
$$a_{\mathrm{n}}=\omega^2\,\frac{l}{2}=\frac{3g\sin\theta}{2}$$

切向加速度：
$$a_{\mathrm{t}}=\alpha\,\frac{l}{2}=\frac{3g\cos\theta}{4}$$

以 $\boldsymbol{F}_1$ 和 $\boldsymbol{F}_2$ 分别表示棒受轴的沿棒的方向和垂直于棒的方向的分力，则由质心运动定理得

法向：
$$F_1-mg\sin\theta=ma_{\mathrm{n}}=\frac{3}{2}mg\sin\theta$$

切向：
$$mg\cos\theta-F_2=ma_{\mathrm{t}}=\frac{3}{4}mg\cos\theta$$

由此得

$$F_1=\frac{5}{2}mg\sin\theta,\quad F_2=\frac{1}{4}mg\cos\theta$$

棒受轴的力的大小为

$$F=\sqrt{F_1^2+F_2^2}=\frac{1}{4}mg\sqrt{99\sin^2\theta+1}$$

此力与棒此时刻的夹角为

$$\beta=\arctan\frac{F_2}{F_1}=\arctan\frac{\cos\theta}{10\sin\theta}$$

5.5 角动量守恒

用于质点系的角动量定理的分量式(5.10)重写如下：

$$M_z=\frac{\mathrm{d}L_z}{\mathrm{d}t}$$

如果 $M_z=0$，则 $L_z=$常量。这就是说，**对于一个质点系，如果它受的对于某一固定轴的合外力矩为零，则它对于这一固定轴的角动量保持不变**。这个结论叫**对定轴的角动量守恒定律**。这里指的质点系可以不是刚体，其中的质点也可以组成一个或几个刚体。一个刚体的角动量可以用 $J\omega$(即 $J_z\omega$)求出。应该注意的是一个系统内的各个刚体或质点的角动量必须是对于同一个**固定轴**说的。

定轴转动中的角动量守恒很容易演示。例如让一个人坐在有竖直光滑轴的转椅上，手持哑铃，两臂伸平(图 5.11(a))，用手推他，使他转起来。当他把两臂收回使哑铃贴在胸前时，他的转速就明显地增大(图 5.11(b))。这个现象可以用角动量守恒解释如下。把人在两臂伸平时和收回以后都当成一个刚体，分别以 J_1 和 J_2 表示他对固定竖直轴的转动惯量，以 ω_1 和 ω_2 分别表示两种状态时的角速度。由于人在收回手臂时对竖直轴并没有受到外力矩的作用，所以他的角动量应该守恒，

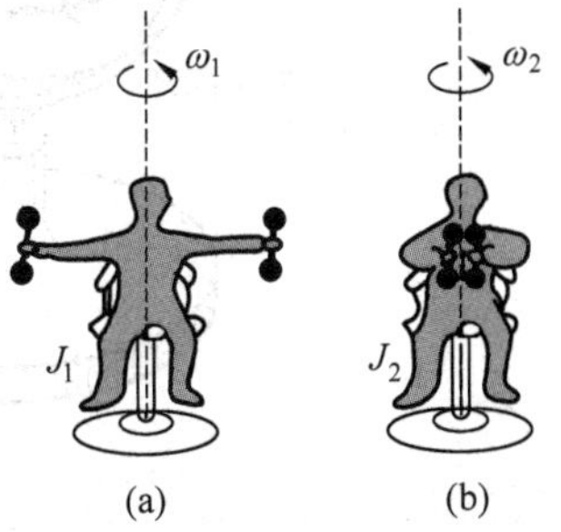

图 5.11 角动量守恒演示

即 $J_1\omega_1=J_2\omega_2$。很明显，$J_2<J_1$，因此$\omega_2>\omega_1$。

式(5.10)虽然是对定轴转动说的，但可以证明，在物体有整体运动的情况下，如果考虑它绕通过其质心的轴的转动，式(5.10)仍然适用，而与质心做何种运动无关。因此，只要物体所受的对于通过其质心的轴的合外力矩为零，它对这根轴的角动量也保持不变。利用角动量守恒定律的这个意义，可以解释许多现象。例如运动员表演空中翻滚时，总是先纵身离地使自己绕通过自身质心的水平轴有一缓慢的转动。在空中时就尽量蜷缩四肢，以减小转动惯量从而增大角速度，迅速翻转。待要着地时又伸开四肢增大转动惯量以便以较小的角速度安稳地落至地面。

刚体的角动量守恒在现代技术中的一个重要应用是**惯性导航**，所用的装置叫**回转仪**，也叫"陀螺"。它的核心部分是装置在**常平架**上的一个质量较大的转子(图5.12)。常平架由套在一起且分别具有竖直轴和水平轴的两个圆环组成。转子装在内环上，其轴与内环的轴垂直。转子是精确地对称于其转轴的圆柱，各轴承均高度润滑。这样转子就具有可以绕其自由转动的三个相互垂直的轴。因此，不管常平架如何移动或转动，转子都不会受到任何力矩的作用。所以一旦使转子高速转动起来，根据角动量守恒定律，它将保持其对称轴在空间的指向不变。安装在船、飞机、导弹或宇宙飞船上的这种回转仪就能指出这些船或飞行器的航向相对于空间某一定向的方向，从而起到导航的作用。在这种应用中，往往用三个这样的回转仪并使它们的转轴相互垂直，从而提供一套绝对的笛卡儿直角坐标系。读者可以想一下，这些转子竟能在浩瀚的太空中认准一个确定的方向并且使自己的转轴始终指向它而不改变。多么不可思议的自然界啊！

上述惯性导航装置出现不过一百年，但常平架在我国早就出现了。那是西汉(公元1世纪)丁缓设计制造但后来失传的"被中香炉"(图5.13)。他用两个套在一起的环形支架架住一个小香炉，香炉由于受有重力总是悬着。不管支架如何转动，香炉总不会倾倒。遗憾的是这种装置只是用来保证被中取暖时的安全，而没有得到任何技术上的应用。虽然如此，它也闪现了我们祖先的智慧之光。

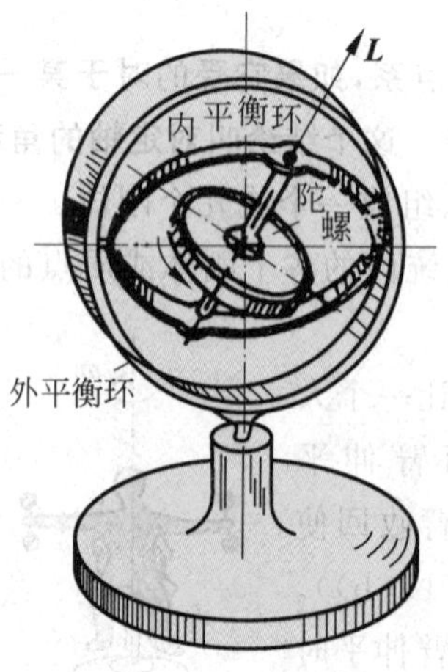

图5.12 回转仪

图5.13 被中香炉

为了对角动量的大小有个量的概念，表5.2列出了一些典型的角动量的数值。

表 5.2 典型的角动量的数值 J·s

太阳系所有行星的轨道运动	3.2×10^{43}	玩具陀螺	1×10^{-1}
地球公转	2.7×10^{40}	致密光盘放音	7×10^{-4}
地球自转	5.8×10^{33}	步枪子弹的自旋	2×10^{-3}
直升机螺旋桨(320 r/min)	5×10^{4}	基态的氢原子中电子的轨道运动	1.05×10^{-34}
汽车轮子(90 km/h)	1×10^{2}	电子的自旋	0.53×10^{-34}
电扇叶片	1		

例 5.7

一根长 l，质量为 M 的均匀直棒，其一端挂在一个水平光滑轴上而静止在竖直位置。今有一子弹，质量为 m，以水平速度 $\boldsymbol{v}_0$ 射入棒的下端而不复出。求棒和子弹开始一起运动时的角速度。

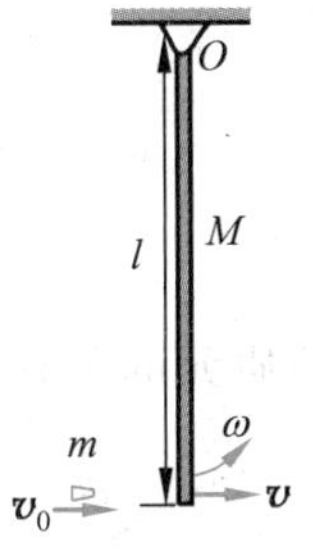

图 5.14 例 5.7 用图

解 由于从子弹进入棒到二者开始一起运动所经过的时间极短，在这一过程中棒的位置基本不变，即仍然保持竖直(图 5.14)。因此，对于木棒和子弹系统，在子弹冲入过程中，系统所受的外力(重力和轴的支持力)对于轴 O 的力矩都是零。这样，系统对轴 O 的角动量守恒。以 v 和 ω 分别表示子弹和木棒一起开始运动时木棒端点的速度和角速度，则角动量守恒给出

$$mlv_0 = mlv + \frac{1}{3}Ml^2\omega$$

再利用关系式 $v = l\omega$，就可解得

$$\omega = \frac{3m}{3m+M}\frac{v_0}{l}$$

将此题和例 3.2 比较一下是很有启发性的。注意，这里，在子弹冲入棒的过程中，木棒和子弹系统的总动量并不守恒。

例 5.8

一个质量为 M，半径为 R 的水平均匀圆盘可绕通过中心的光滑竖直轴自由转动。在盘缘上站着一个质量为 m 的人，二者最初都相对地面静止。当人在盘上沿盘边走一周时，盘对地面转过的角度多大？

解 如图 5.15 所示，对盘和人组成的系统，在人走动时系统所受的对竖直轴的外力矩为零，所以系统对此轴的角动量守恒。以 j 和 J 分别表示人和盘对轴的转动惯量，并以 ω 和 Ω 分别表示任一时刻人和盘绕轴的角速度。由于起始角动量为零，所以角动量守恒给出

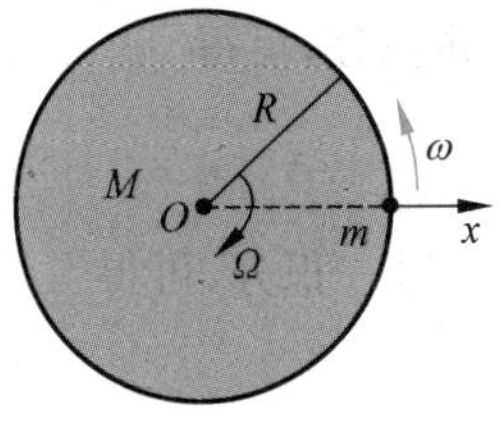

图 5.15 例 5.8 用图

$$j\omega - J\Omega = 0$$

其中 $j = mR^2$，$J = \frac{1}{2}MR^2$，以 θ 和 Θ 分别表示人和盘对地面发生的角位移，则

$$\omega = \frac{\mathrm{d}\theta}{\mathrm{d}t},\quad \Omega = \frac{\mathrm{d}\Theta}{\mathrm{d}t}$$

代入上一式得

$$mR^2\frac{\mathrm{d}\theta}{\mathrm{d}t} = \frac{1}{2}MR^2\frac{\mathrm{d}\Theta}{\mathrm{d}t}$$

两边都乘以 dt,并积分

$$\int_0^\theta mR^2\mathrm{d}\theta = \int_0^\Theta \frac{1}{2}MR^2\mathrm{d}\Theta$$

由此得

$$m\theta = \frac{1}{2}M\Theta$$

人在盘上走一周时

$$\theta = 2\pi - \Theta$$

代入上式可解得

$$\Theta = \frac{2m}{2m+M}\times 2\pi$$

将此例题和例 3.3 比较一下,也是很有启发性的。

5.6 转动中的功和能

在刚体转动时,作用在刚体上某点的力做的功仍用此力和受力作用的质元的位移的点积来定义。但对于刚体这个特殊质点系,在转动中力做的功可以用一个特殊形式表示,下面来导出这个特殊表示式。

以 $\boldsymbol{F}$ 表示作用在刚体上 P 点的外力(图 5.16),当物体绕固定轴 O(垂直于纸面)有一角位移 dθ 时,力 $\boldsymbol{F}$ 做的元功为

$$\mathrm{d}A = \boldsymbol{F}\cdot\mathrm{d}\boldsymbol{r} = F\cos\varphi\,|\,\mathrm{d}\boldsymbol{r}\,| = F\cos\varphi\, r\,\mathrm{d}\theta$$

由于 $F\cos\varphi$ 是力 $\boldsymbol{F}$ 沿 d$\boldsymbol{r}$ 方向的分量,因而垂直于 $\boldsymbol{r}$ 的方向,所以 $F\cos\varphi\, r$ 就是力对转轴的力矩 M。因此有

$$\mathrm{d}A = M\mathrm{d}\theta \tag{5.22}$$

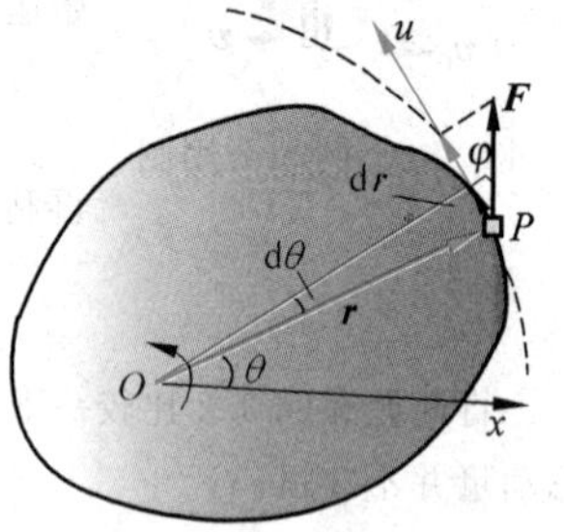

图 5.16 外力矩对刚体做的功

即力对转动刚体做的元功等于相应的力矩和角位移的乘积。

对于有限的角位移,力做的功应该用积分

$$A = \int_{\theta_1}^{\theta_2} M\mathrm{d}\theta \tag{5.23}$$

求得。上式常叫**力矩的功**。它就是力做的功在刚体转动中的特殊表示形式。

力矩做的功对刚体运动的影响可以通过转动定律导出。将转动定律式(5.15)两侧乘以 dθ 并积分,可得

$$\int_{\theta_1}^{\theta_2} M\mathrm{d}\theta = \int J\frac{\mathrm{d}\omega}{\mathrm{d}t}\mathrm{d}\theta = \int_{\omega_1}^{\omega_2} J\omega\,\mathrm{d}\omega$$

演算后一积分,可得

$$\int_{\theta_1}^{\theta_2} M\mathrm{d}\theta = \frac{1}{2}J\omega_2^2 - \frac{1}{2}J\omega_1^2$$

等式左侧是合外力矩对刚体做的功 A。作为质点系,可证明,绕固定转轴转动的刚体中各质元的总动能,即刚体的转动动能为

$$E_\mathrm{k} = \frac{1}{2}J\omega^2 \tag{5.24}$$

这样上式就可写成

$$A = E_{k2} - E_{k1} \tag{5.25}$$

这一公式与质点的动能定理类似，我们可称之为**定轴转动的动能定理**。它说明，**合外力矩对一个绕固定轴转动的刚体所做的功等于它的转动动能的增量**。

如果一个刚体受到保守力的作用，也可以引入势能的概念。例如在重力场中的刚体就具有一定的重力势能，它的重力势能就是它的各质元重力势能的总和。对于一个不太大，质量为 m 的刚体(图 5.17)，它的重力势能为

$$E_p = \sum_i \Delta m_i g h_i = g \sum_i \Delta m_i h_i$$

根据质心的定义，此刚体的质心的高度应为

$$h_C = \frac{\sum_i \Delta m_i h_i}{m}$$

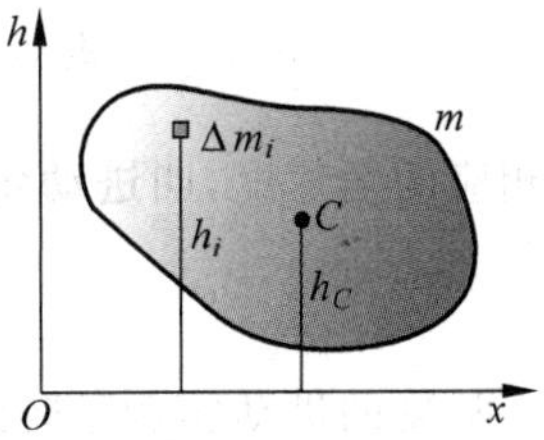

图 5.17 刚体的重力势能

所以上式可以写成

$$E_p = mgh_C \tag{5.26}$$

这一结果说明，**一个不太大的刚体的重力势能和它的全部质量集中在质心时所具有的势能一样**。

对于包括有刚体的系统，如果在运动过程中，只有保守内力做功，则这系统的机械能也应该守恒。

*5.7 进动

本节介绍一种刚体的转动轴不固定的情况。如图 5.18 所示，一个飞轮(实验室中常用一个自行车轮)的轴的一端做成球形，放在一根固定竖直杆顶上的凹槽内。先使轴保持水平，如果这时松手，飞轮当然要下落。如果使飞轮高速地绕自己的对称轴旋转起来(这种旋转叫自旋)，当松手后，则出乎意料地飞轮并不下落，但它的轴会在水平面内以杆顶为中心转动起来。这种高速自旋的物体的轴在空间转动的现象叫**进动**。

为什么飞轮的自旋轴不下落而转动呢？这可以用角动量定理式(5.9)加以解释。根据式(5.9)，可得出在 $\mathrm{d}t$ 时间内飞轮对支点的自旋角动量矢量 $\boldsymbol{L}$ 的增量为

$$\mathrm{d}\boldsymbol{L} = \boldsymbol{M}\mathrm{d}t \tag{5.27}$$

式中 $\boldsymbol{M}$ 为飞轮所受的对支点的外力矩。在飞轮轴为水平的情况下，以 m 表示飞轮的质量，则这一力矩的大小为

$$M = rmg$$

在图 5.18 所示的时刻，$\boldsymbol{M}$ 的方向为水平而且垂直于 $\boldsymbol{L}$ 的方向，顺着 $\boldsymbol{L}$ 方向看去指向 $\boldsymbol{L}$ 左侧(图 5.19)。因此 $\mathrm{d}\boldsymbol{L}$ 的方向也水平向左。既然这增量是水平方向的，所以 $\boldsymbol{L}$ 的方向，也就是自旋轴的方向，就不会向下倾斜，而是要水平向左偏转了。继续不断地向左偏转就形成了自旋轴的转动。这就是说进动现象正是自旋的物体在外力矩的作用下沿外力矩方向改变其角动量矢量的结果。

在图 5.18 中，由于飞轮所受的力矩的大小不变，方向总是水平地垂直于 $\boldsymbol{L}$，所以进动是匀速的。从图 5.19 可以看出，在 $\mathrm{d}t$ 时间内自旋轴转过的角度为

$$\mathrm{d}\Theta = \frac{|\,\mathrm{d}L\,|}{L} = \frac{M\mathrm{d}t}{L}$$

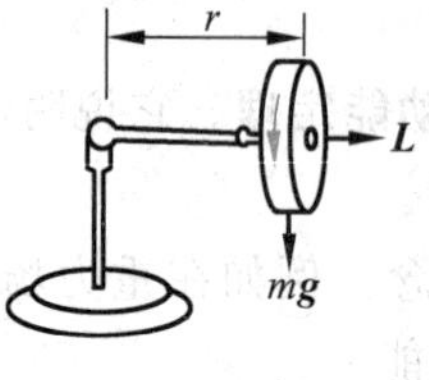

图 5.18　进动现象

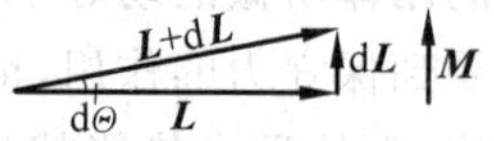

图 5.19　L,M 和 dL 方向关系图(俯视)

而相应的角速度,叫**进动角速度**,为

$$\Omega=\frac{\mathrm{d}\Theta}{\mathrm{d}t}=\frac{M}{L} \tag{5.28}$$

常见的进动实例是陀螺的进动。在不旋转时,陀螺就躺在地面上(图 5.20(a))。当使它绕自己的对称轴高速旋转时,即使轴线已倾斜,它也不会倒下来(图 5.20(b))。它的轴要沿一个圆锥面转动。这一圆锥面的轴线是竖直的,锥顶就在陀螺尖顶与地面接触处。陀螺的这种进动也是重力矩作用的结果。虽然这时重力的方向与陀螺轴线的方向并不垂直,但不难证明,这时陀螺进动的角速度,即它的自旋轴绕竖直轴转动的角速度,可按下式求出:

$$\Omega=\frac{M}{L\sin\theta} \tag{5.29}$$

其中 θ 为陀螺的自旋轴与圆锥的轴线之间的夹角。

技术上利用进动的一个实例是炮弹在空中的飞行(图 5.21)。炮弹在飞行时,要受到空气阻力的作用。阻力 $\boldsymbol{f}$ 的方向总与炮弹质心的速度 $\boldsymbol{v}_C$ 方向相反,但其合力不一定通过质心。阻力对质心的力矩就会使炮弹在空中翻转。这样,当炮弹射中目标时,就有可能是弹尾先触目标而不引爆,从而丧失威力。为了避免这种事故,就在炮筒内壁上刻出螺旋线。这种螺旋线叫**来复线**。当炮弹由于发射药的爆炸被强力推出炮筒时,还同时绕自己的对称轴高速旋转。由于这种旋转,它在飞行中受到的空气阻力的力矩将不能使它翻转,而只是使它绕着质心前进的方向进动。这样,它的轴线将会始终只与前进的方向有不大的偏离,而弹头就总是大致指向前方了。

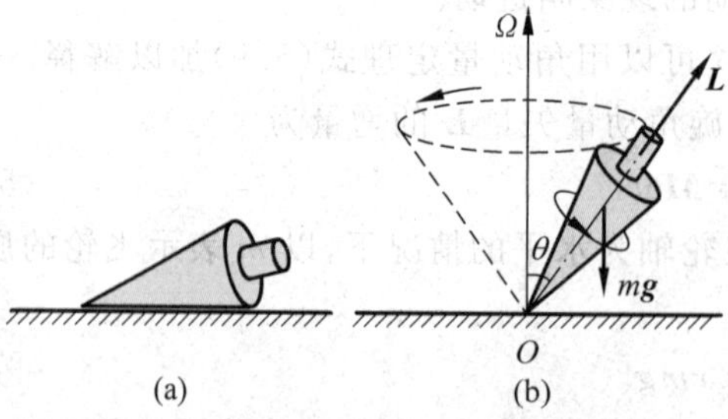

图 5.20　陀螺的进动

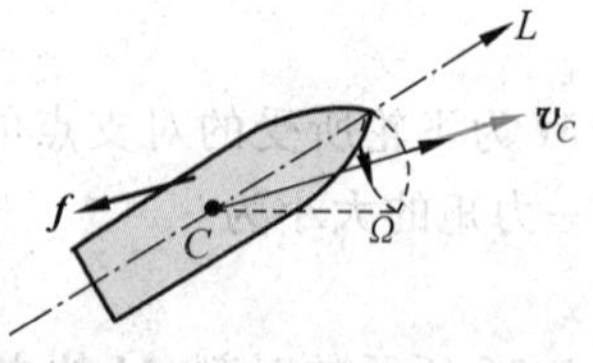

图 5.21　炮弹飞行时的进动

应该指出,在图 5.18 所示的实验中,如果飞轮的自旋速度不是太大,则它的轴线在进动时,还会上上下下周期性地摆动。这种摆动叫**章动**。式(5.28)或式(5.29)并没有给出这种摆动的效果。这是因为我们在推导式(5.28)时做了一个简化,即认为飞轮的总角动量就是它绕自己的对称轴自旋的角动量。实际上它的总角动量 $\boldsymbol{L}$ 应该是自旋角动量和它的进动的角动量的矢量和。当高速旋转时,总角动量近似地等于飞轮的自旋角动量,这样就得出了式(5.28)与式(5.29)。更详尽的分析比较复杂,我们就不讨论了。

提要

1. 刚体的定轴转动

匀加速转动：　$\omega=\omega_0+\alpha t$，　$\theta=\omega_0 t+\frac{1}{2}\alpha t^2$，　$\omega^2-\omega_0^2=2\alpha\theta$

2. 刚体定轴转动定律：　$M_z=\frac{\mathrm{d}L_z}{\mathrm{d}t}$

以转动轴为 z 轴，$M_z=M$ 为外力对转轴的力矩之和；$L_z=J\omega$，J 为刚体对转轴的转动惯量，则

$$M=J\alpha$$

3. 刚体的转动惯量

$$J=\sum m_i r_i^2,\quad J=\int r^2\mathrm{d}m$$

平行轴定理：　$J=J_C+md^2$

4. 刚体转动的功和能

力矩的功：　$A=\int_{\theta_1}^{\theta_2}M\mathrm{d}\theta$

转动动能：　$E_\mathrm{k}=\frac{1}{2}J\omega^2$

刚体的重力势能：　$E_\mathrm{p}=mgh_C$

机械能守恒定律：只有保守力做功时，

$$E_\mathrm{k}+E_\mathrm{p}=\text{常量}$$

5. 对定轴的角动量守恒：系统(包括刚体)所受的对某一固定轴的合外力矩为零时，系统对此轴的总角动量保持不变。

* **6. 进动**：自旋物体在外力矩作用下，自旋轴发生转动的现象。

7. 规律对比：把质点的运动规律和刚体的定轴转动规律对比一下(见表 5.3)，有助于从整体上系统地理解力学定律。读者还应了解它们之间的联系。

表 5.3　质点的运动规律和刚体的定轴转动规律对比

质点的运动	刚体的定轴转动
速度　$\boldsymbol{v}=\frac{\mathrm{d}\boldsymbol{r}}{\mathrm{d}t}$	角速度　$\omega=\frac{\mathrm{d}\theta}{\mathrm{d}t}$
加速度　$\boldsymbol{a}=\frac{\mathrm{d}\boldsymbol{v}}{\mathrm{d}t}=\frac{\mathrm{d}^2\boldsymbol{r}}{\mathrm{d}t^2}$	角加速度　$\alpha=\frac{\mathrm{d}\omega}{\mathrm{d}t}=\frac{\mathrm{d}^2\theta}{\mathrm{d}t^2}$
质量　m	转动惯量　$J=\int r^2\mathrm{d}m$
力　$\boldsymbol{F}$	力矩　$M=r_\perp F_\perp$(⊥表示垂直转轴)
运动定律　$\boldsymbol{F}=m\boldsymbol{a}$	转动定律　$M=J\alpha$
动量　$\boldsymbol{p}=m\boldsymbol{v}$	动量　$\boldsymbol{p}=\sum_i \Delta m_i \boldsymbol{v}_i$

续表

质点的运动	刚体的定轴转动
角动量 $\boldsymbol{L}=\boldsymbol{r}\times\boldsymbol{p}$	角动量 $L=J\omega$
动量定理 $\boldsymbol{F}=\frac{\mathrm{d}(m\boldsymbol{v})}{\mathrm{d}t}$	角动量定理 $M=\frac{\mathrm{d}(J\omega)}{\mathrm{d}t}$
动量守恒 $\sum_i \boldsymbol{F}_i=0$ 时， $\sum_i m_i\boldsymbol{v}_i=$ 恒量	角动量守恒 $M=0$ 时， $\sum J\omega=$ 恒量
力的功 $A_{AB}=\int_{(A)}^{(B)}\boldsymbol{F}\cdot\mathrm{d}\boldsymbol{r}$	力矩的功 $A_{AB}=\int_{\theta_A}^{\theta_B}M\mathrm{d}\theta$
动能 $E_{\mathrm{k}}=\frac{1}{2}mv^2$	转动动能 $E_{\mathrm{k}}=\frac{1}{2}J\omega^2$
动能定理 $A_{AB}=\frac{1}{2}mv_B^2-\frac{1}{2}mv_A^2$	动能定理 $A_{AB}=\frac{1}{2}J\omega_B^2-\frac{1}{2}J\omega_A^2$
重力势能 $E_{\mathrm{p}}=mgh$	重力势能 $E_{\mathrm{p}}=mgh_C$
机械能守恒 对封闭的保守系统， $E_{\mathrm{k}}+E_{\mathrm{p}}=$ 恒量	机械能守恒 对封闭的保守系统， $E_{\mathrm{k}}+E_{\mathrm{p}}=$ 恒量

习题

5.1 一汽车发动机的主轴的转速在 7.0 s 内由 200 r/min 均匀地增加到 3000 r/min。

(1) 求在这段时间内主轴的初角速度和末角速度以及角加速度；

(2) 求这段时间内主轴转过的角度和圈数。

5.2 C_{60}(Fullerene，富勒烯)分子由 60 个碳原子组成，这些碳原子各位于一个球形 32 面体的 60 个顶角上(图 5.22)，此球体的直径为 71 nm。

(1) 按均匀球面计算，此球形分子对其一个直径的转动惯量是多少？

(2) 在室温下一个 C_{60} 分子的自转动能为 6.21×10^{-21} J。求它的自转频率。

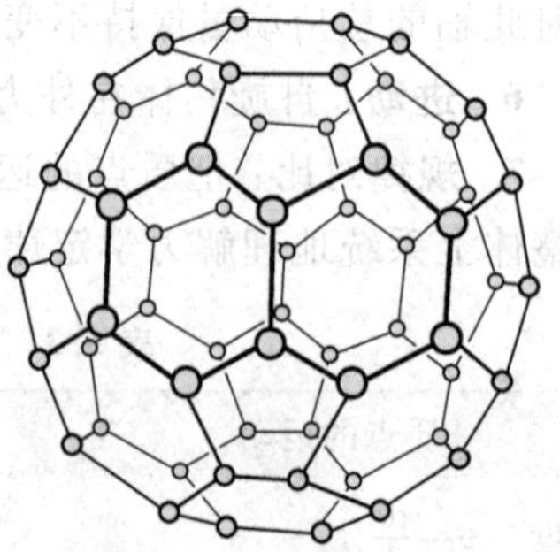

图 5.22 习题 5.2 用图

5.3 一个氧原子的质量是 2.66×10^{-26} kg，一个氧分子中两个氧原子的中心相距 1.21×10^{-10} m。求氧分子相对于通过其质心并垂直于二原子连线的轴的转动惯量。如果一个氧分子相对于此轴的转动动能是 2.06×10^{-21} J，它绕此轴的转动周期是多少？

5.4 一个哑铃由两个质量为 m，半径为 R 的铁球和中间一根长 l 的连杆组成(图 5.23)。和铁球的质量相比，连杆的质量可以忽略。求此哑铃对于通过连杆中心并和它垂直的轴的转动惯量。它对于通过两球的连心线的轴的转动惯量又是多大？

5.5 如图 5.24 所示，两物体质量分别为 m_1 和 m_2，定滑轮的质量为 m，半径为 r，可视作均匀圆盘。已知 m_2 与桌面间的滑动摩擦系数为 μ_k，求 m_1 下落的加速度和两段绳子中的张力各是多少？设绳子和滑轮间无相对滑动，滑轮轴受的摩擦力忽略不计。

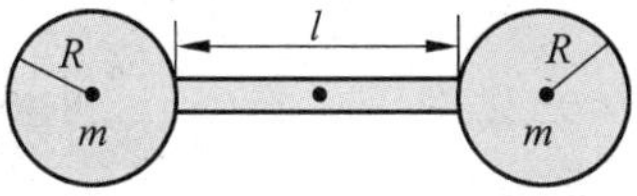

图 5.23　习题 5.4 用图

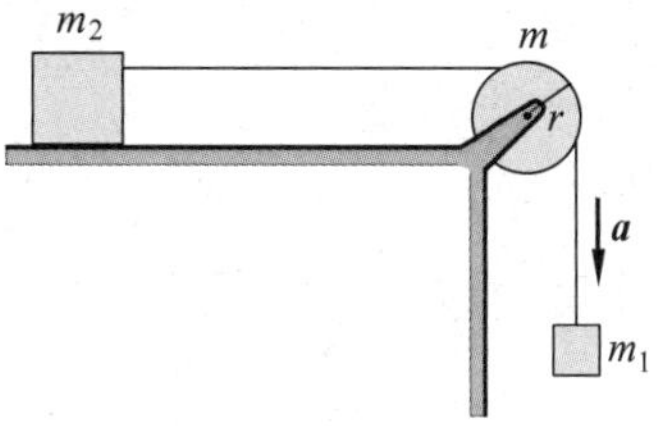

图 5.24　习题 5.5 用图

5.6　一根均匀米尺，在 60 cm 刻度处被钉到墙上，且可以在竖直平面内自由转动。先用手使米尺保持水平，然后释放。求刚释放时米尺的角加速度和米尺到竖直位置时的角速度各是多大？

5.7　唱机的转盘绕着通过盘心的固定竖直轴转动，唱片放上去后将受转盘的摩擦力作用而随转盘转动(图 5.25)。设唱片可以看成是半径为 R 的均匀圆盘，质量为 m，唱片和转盘之间的滑动摩擦系数为 μ_k。转盘原来以角速度 ω 匀速转动，唱片刚放上去时它受到的摩擦力矩多大？唱片达到角速度 ω 需要多长时间？在这段时间内，转盘保持角速度 ω 不变，驱动力矩共做了多少功？唱片获得了多大动能？

5.8　图 5.26 中均匀杆长 $L=0.40$ m，质量 $M=1.0$ kg，由其上端的光滑水平轴吊起而处于静止。今有一质量 $m=8.0$ g 的子弹以 $v_0=200$ m/s 的速率水平射入杆中而不复出，射入点在轴下 $d=3L/4$ 处。

(1) 求子弹停在杆中时杆的角速度；

(2) 求杆的最大偏转角。

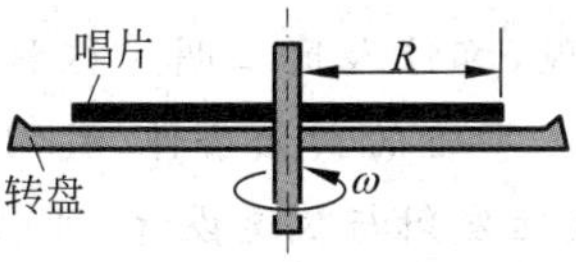

图 5.25　习题 5.7 用图

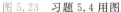

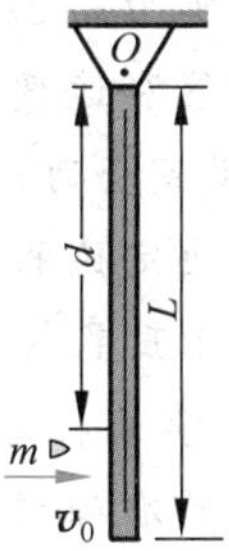

图 5.26　习题 5.8 用图

5.9　一转台绕竖直固定轴转动，每转一周所需时间为 $t=10$ s，转台对轴的转动惯量为 $J=1200\ \mathrm{kg\cdot m^2}$。一质量为 $M=80$ kg 的人，开始时站在转台的中心，随后沿半径向外跑去，当人离转台中心 $r=2$ m 时转台的角速度是多大？

混沌——决定论的混乱

A.1 决定论的可预测性

学习了牛顿力学后，往往会得到这样一种印象，或产生这样一种信念：在物体受力已知的情况下，给定了初始条件，物体以后的运动情况（包括各时刻的位置和速度）就完全决定了，并且可以预测了。这种认识被称做**决定论的可预测性**。验证这种认识的最简单例子是抛体运动。物体受的重力是已知的，一旦初始条件（抛出点的位置和抛出时速度）给定了，物体此后任何时刻的位置和速度也就决定了。这种情况下可以写出严格的数学运动学方程，即解析解，从而使运动完全可以预测。

牛顿力学的这种决定论的可预测性，其威力曾扩及宇宙天体。1757 年哈雷彗星在预定的时间回归，1846 年海王星在预言的方位上被发现，都惊人地证明了这种认识。这样的威力曾使伟大的法国数学家拉普拉斯夸下海口：给定宇宙的初始条件，我们就能预言它的未来。当今日蚀和月食的准确预测，宇宙探测器的成功发射与轨道设计，可以说是在较小范围内实现了拉普拉斯的壮语。牛顿力学在技术中得到了广泛的成功的应用。物理教科书中利用典型的例子对牛顿力学进行了定量的严格的讲解。这些都使得人们对自然现象的决定论的可预测性深信不疑。

但是，这种传统的思想信念在 20 世纪 60 年代遇到了严重的挑战。人们发现由牛顿力学支配的系统，虽然其运动是由外力决定的，但是在一定条件下却是完全不能预测的。原来，牛顿力学显示出的决定论的可预测性，只是那些受力和位置或速度有线性关系的系统才具有的。这样的系统叫**线性系统**。牛顿力学严格、成功地处理过的系统都是这种线性系统。对于受力较复杂的非线性系统，情况就不同了。下面通过一个实际例子说明这一点。

A.2 决定论的不可预测性

如图 A.1 所示的弹簧振子，它的上端固定在一个框架上。当框架上下振动时，振子也就随着上下振动。振子的这种振动叫受迫振动。

在理想的情况下，即弹力完全符合胡克定律，空气阻力也与速率成正比的情况下，这个弹簧振子就是一个线性系统。它的运动可以根据牛顿定律用数学解析方法求出来。它的振动曲线如图 A.2 所示。虽然在开始一段短时间内有点起伏，但很快会达到一种振幅和周期都不再改变的稳定状态。在这种情况下，振子的运动是完全决定而且可以预测的。

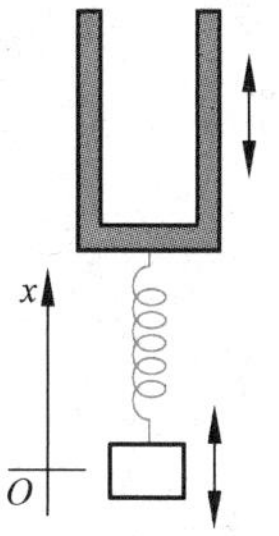

图 A.1 受迫振动

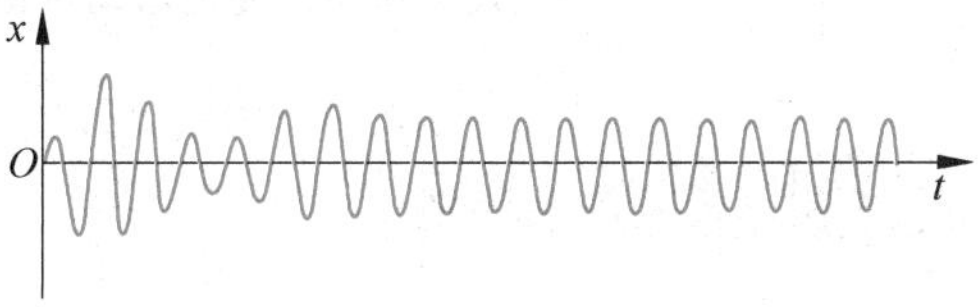

图 A.2 受迫振动的振动曲线

如果把实验条件改变一下，如图 A.3 所示，在振子的平衡位置处放一质量较大的砧块，使振子撞击它以后以同样速率反跳。这时振子所受的撞击力不再与位移成正比，因而系统成为非线性的。对于这一个非线性系统，虽然其运动还是外力决定的，即受牛顿定律决定论的支配，但现在的数学已无法给出其解析解并用严格的数学式表示其运动状态了。可以用实验描绘其振动曲线。虽然在框架振动频率为某些值时，振子的振动最后也能达到周期和振幅都一定的稳定状态(如图 A.4 所示)，但在框架振动频率为另一些值时，振子的振动曲线如图 A.5 所示，振动变得完全杂乱而无法预测了，这时振子的运动就进入了混沌状态。

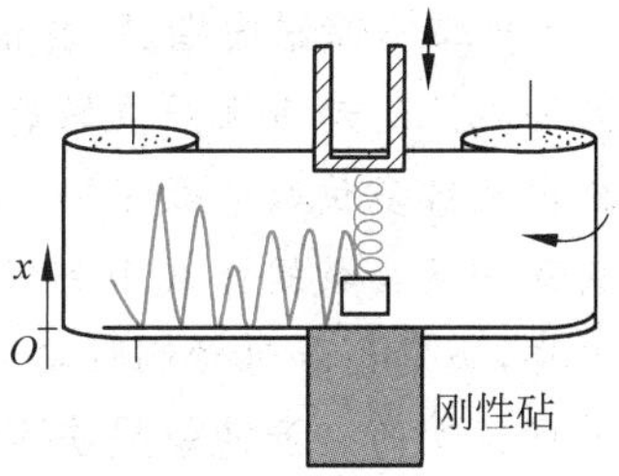

图 A.3 反跳振子装置

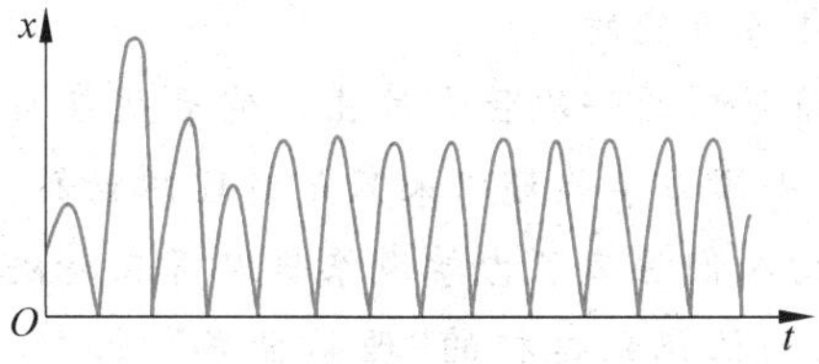

图 A.4 反跳振子的稳定振动

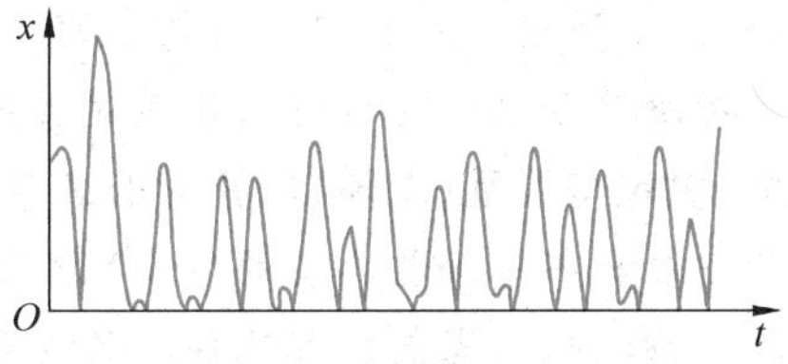

图 A.5 反跳振子的混沌运动

反跳振子的混沌运动，除了每一次实验都表现得非常混乱外，在框架振动的频率保持不变的条件下做几次实验，会发现如果初始条件略有不同，振子的振动情况会发生很明显的不同。图 A.6 画出了 5 次振子初位置略有不同(其差别已在实验误差范围之内)的混沌振动曲线。最初几次反跳，它们基本上是一样的。但是，随着时间的推移，它们的差别越来越大。这显示了反跳振子的混沌运动对初值的极端敏感性——最初的微小差别会随时间逐渐放大而导致明显的巨大差别。这样，本来任一次混沌运动，由于其混乱复杂，就很难预测，再加上这种对初值的极端敏感性，而初值在任何一次实验中又不可能完全精确地给定，因而，对任何一次混沌运动，其进程就更加不能预测了。

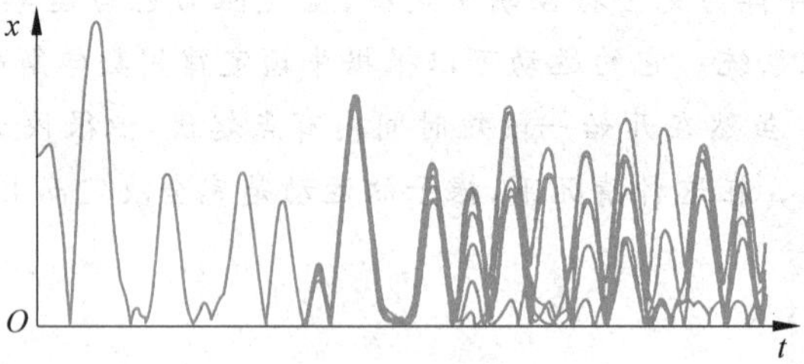

图 A.6 反跳振子的混沌运动对初值的敏感性

A.3 对初值的敏感性

对初值的极端敏感性是混沌运动的普遍的基本特征。两次只是初值不同的混沌运动，它们的差别随时间的推移越来越大。以 δ_0 表示初值的微小差别，则其后各时刻两运动的差别 $\delta(t)$ 将随时间按**指数规律**增大，即

$$\delta(t)=\delta_0 e^{lt}$$

其中 l 叫**李雅普诺夫指数**，其值随系统性质而异。不同初值的混沌运动之间的差别的迅速扩大给混沌运动带来严重的后果。由于从原则上讲，初值不可能完全准确地给定(因为那需要给出无穷多位数的数字!)，因而在任何实际给定的初始条件下，我们对混沌运动的演变的预测就将按指数规律减小到零。这就是说，我们对稍长时间之后的混沌运动不可能预测！就这样，决定论和可预测性之间的联系被切断了。混沌运动虽然仍是决定论的，但它同时又是不可预测的。**混沌就是决定论的混乱！**

对于牛顿力学成功地处理过的线性系统，不同初值的诸运动之间的差别只是随时间线性扩大。这种较慢的离异使得实际上的运动对初值不特别敏感因而实际上可以预测。但即使如此，如果要预测非常远的将来的运动状态，那也是不可能的。

对决定论系统的这种认识是对传统的物理学思维习惯的一次巨大冲击。它表明在自然界中，**决定与混乱**(或**随机**)**并存**而且紧密互相联系。牛顿力学长期以来只是对理想世界(包括物理教科书中那些典型的例子)作了理想的描述，向人们灌输了力学现象普遍存在着决定论的可预测性的思想。混沌现象的发现和研究，使人们认识到这样的"理想世界"只对应于自然界中实际的力学系统的很小一部分。教科书中那些"典型的"例子，对整个自然界来说，并不典型，由它们得出的结论并不适用于更大范围的自然界。对这更大范围的自然界，必须用新的思想和方法加以重新认识和研究，以便找出适用于它们的新的规律。

决定论的不可预测性这种思想早在19世纪末就由法国的伟大数学家庞加莱在研究三体问题时提出来了。对于三个星体在相互引力作用下的运动，他列出了一组非线性的常微分方程。他研究的结论是：这种方程没有解析解。此系统的轨道非常杂乱，以至于他"甚至于连想也不想要把它们画出来"。当时的数学对此已无能为力，于是他设计了一些新的几何方法来说明这么复杂的运动。但是他这种思想，部分由于数学的奇特和艰难，长期未引起物理学家的足够关注。

由于非线性系统的决定论微分方程不可能用解析方法求解，所以混沌概念的复苏是和电子计算机的出现分不开的。借助电子计算机可以很方便地对决定论微分方程进行数值解

法来研究非线性系统的运动。首先在使用计算机时发现混沌运动的是美国气象学家洛伦兹。为了研究大气对流对天气的影响，他抛掉许多次要因素，建立了一组非线性微分方程。解他的方程只能用数值解法——给定初值后一次一次地迭代。他使用的是当时的真空管计算机。1961 年冬的一天，他在某一初值的设定下已算出一系列气候演变的数据。当他再次开机想考察这一系列的更长期的演变时，为了省事，不再从头算起，他把该系列的一个中间数据当作初值输入，然后按同样的程序进行计算。他原来希望得到和上次系列后半段相同的结果。但是，出乎预料，经过短时重复后，新的计算很快就偏离了原来的结果(见图 A.7)。他很快意识到，并非计算机出了故障，问题出在他这次作为初值输入的数据上。计算机内原储存的是 6 位小数 0.506 127，但他打印出来的却是 3 位小数 0.506。他这次输入的就是这三位数字。原来以为这不到千分之一的误差无关紧要，但就是这初值的微小差别导致了结果序列的逐渐分离。凭数学的直观他感到这里出现了违背经典概念的新现象，其实际重要性可能是惊人的。他的结论是：**长期的天气预报是不可能的**。他把这种天气对于初值的极端敏感反应用一个很风趣的词——“蝴蝶效应”——来表述。用畅销名著《混沌——开创一门新科学》的作者格莱克的说法，“蝴蝶效应”指的是“今天在北京一只蝴蝶拍动一下翅膀，可能下月在纽约引起一场暴风雨”。

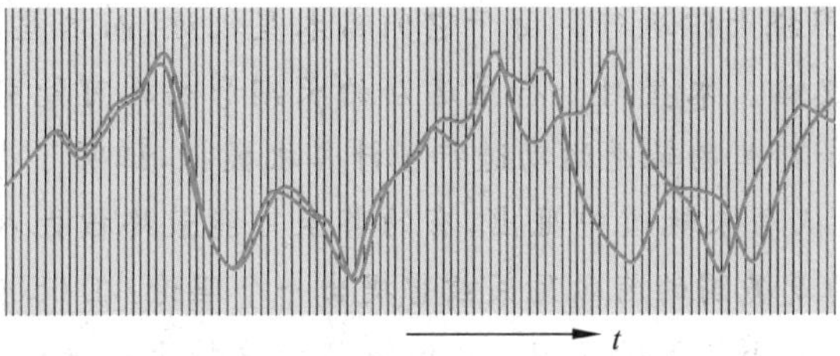

图 A.7　洛伦兹的气候演变曲线

A.4 几个混沌现象实例

1. 天体运动的混沌现象

前已述及，三体问题，更不要说更多体的问题，不可能有解析解。对于这类问题，目前只能用计算机进行数值计算。现举一个简单的例子。两个质量相等的大天体 M_1 和 M_2 围绕它们的质心作圆周运动。选择它们在其中都静止的参考系来研究另一个质量很小的天体 M_3 在它们的引力作用下的运动。计算机给出的在一定条件下 M_3 运动的轨迹如图 A.8 所示。M_3 的运动轨道就是决定论的不可预测的，不可能知道何时 M_3 绕 M_1 运动或绕 M_2 运动，也不能确定 M_3 何时由 M_1 附近转向 M_2 附近。对现时太阳系中行星的运动，并未观察到这种混乱情况。这是因为各行星受的引力主要是太阳的引力。作为一级近似，它们都可以被认为是单独在太阳引力作用下运动而不受其他行星的影响。这样太阳系中行星的运动就可以视为两体问题而有确定的解析解。另一方面，也可以认为太阳系的年龄已够长以致初始的混沌运动已消失，同时年龄又没有大到各可能轨道分离到不可预测的程度(顺便指出，人造宇宙探测器的轨道不出现混沌是因为随时有地面站或宇航员加以控制的缘故)。但是就在太阳系内，也真有在引力作用下的混沌现象发生。结合牛顿力学和混沌理论已证明，冥王星的运动以千万年为时间尺度是混沌的（这一时间尺度虽比它的运行周期 250 年长得多，但比起太阳系的寿命——50 亿年——要短得多了）。哈雷彗星运行周期的微小变动也可用混沌理论来解释。1994 年 7 月苏梅克-列维 9 号彗星撞上木星这种罕见的太空奇观也很可能就是混沌运动的一种表现。

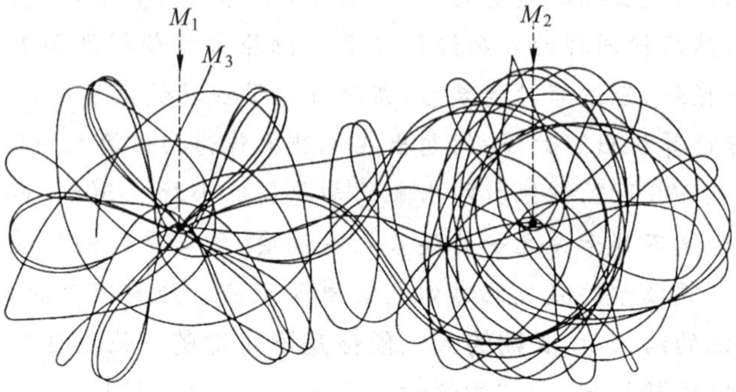

图 A.8 小天体的混沌运动

在太阳系内火星和木星之间分布有一个小行星带。其中的小行星的直径约在 1 km 和 1000 km 之间，它们都围绕太阳运行。由于它们离木星较近，而木星是最大的行星，所以木星对它们的引力不能忽略。木星对小行星运动的长期影响就可能引起小行星进入混沌运动。1985 年有人曾对小行星的轨道运动进行了计算机模拟，证明了小行星的运动的确可能变得混沌，其后果是被从原来轨道中甩出，有的甚至可能最终被抛入地球大气层中成为流星。令人特别感兴趣的是美国的阿尔瓦莱兹曾提出一个理论：在 6500 万年前曾有一颗大的小行星在混沌运动中脱离小行星带而以 10^4 m/s 的速度撞上地球（墨西哥境内现存有撞击后形成的大坑）。撞击时产生的大量尘埃遮天蔽日，引起地球上的气候大变。大量茂盛的植物品种消失，也导致了以植物为食的恐龙及其他动物品种的灭绝。

2. 生物界的混沌

混沌，由于其混乱，往往使人想到灾难。但也正是由于其混乱和多样性，它也提供了充分的选择机会，因此就有可能使得在走出混沌时得到最好的结果。生物的进化就是一个例子。

自然界创造了各种生物以适应各种自然环境，包括灾难性的气候突变。由于自然环境的演变不可预测，生物种族的产生和发展不可能有一个预先安排好的确定程序。自然界在这里利用了混乱来对抗不可预测的环境。它利用无序的突变产生出各种各样的生命形式来适应自然选择的需要。自然选择好像一种反馈，适者生存并得到发展，不适者被淘汰灭绝。可以说，生物进化就是具有反馈的混沌。

人的自体免疫反应也是有反馈的混沌。人体的这种反应是要对付各种各样的微生物病菌和病毒。一种理论认为，如果为此要建立一个确定的程序，那就不但要把现有的各种病菌和病毒都编入打击目录，而且还要列上将来可能出现的病菌和病毒的名字。这种包揽无余的确定程序是不可能建立的。自然界采取了以火攻火的办法利用混沌为人体设计了一种十分经济的程序。在任何一种病菌或病毒入侵后，体内的生产器官就开始制造形状各种各样的分子并把它们运送到病菌入侵处。当发现某一号分子能完全包围入侵者时，就向生产器官发出一个反馈信息。于是生产器官就立即停止生产其他型号的分子而只大量生产这种对路的特定型号的分子。很快，所有入侵者都被这种分子所包围，并通过循环系统把它们带到排泄器官（如肠、肾）而被排出体外。最后，生产器官被通知关闭，一切又恢复正常。

在医学研究中，人们已发现猝死、癫痫、精神分裂症等疾病的根源可能就是混沌。在神经生理测试中，已发现正常人的脑电波是混沌的，而神经病患者的往往简单有序。在所有这些领域，对混沌的研究都有十分重要的意义。

此外，在流体动力学领域还有一种常见的混沌现象。在管道内流体的流速超过一定值时，或是在液流或气流中的障碍物后面，都会出现十分紊乱的流动。这种流动叫**湍流**（或**涡流**）。图A.9是在一个圆柱体后面产生的水流涡流图像，图A.10是直升机旋翼尖后面的气流涡流图像。这种湍流是流体动力学研究的重要问题，具有很大的实际意义，但至今没有比较满意的理论说明。混沌的发现给这方面的研究提供了可能是非常重要的或必要的手段。

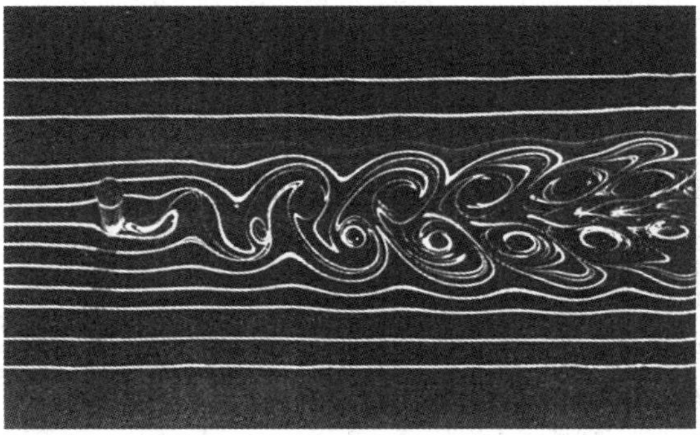

图A.9 水流涡流

图A.10 气流涡流

对混沌现象的研究目前不但在自然科学领域受到人们的极大关注，而且已扩展到人文学科，如经济学、社会学等领域。

今日物理趣闻 B

奇妙的对称性

B.1 对称美

人类和自然界都很喜欢对称。

对称是形象美的重要因素之一，远古时期人类就有这种感受了。我国西安半坡遗址出土的陶器(6000年前遗物)不但具有轴对称性，而且表面还绘有许多优美的对称图案。图B.1的鱼纹就是这种图案之一。当今世界利用对称给人以美感的形体到处都可看到。故宫的每座宫殿都是对其中线左右对称的，而整个建筑群也基本上是对南北中心线按东西对称分布的；天坛的祈年殿(图B.2)则具有严格的对于竖直中心线的轴对称性。这样的设计都给人以庄严、肃穆、优美的感觉。近代建筑群也不乏以对称求美的例子。除建筑外，人们的服饰及其上的图样也常常具有对称性从而增加了体态美。艺术表演上的美也常以对称性来体现。中国残疾人艺术团表演的“千手观音”(图B.3)就突出地表现了这一点。我国古诗中有一种“回文诗”，顺念倒念(甚至横、斜、绕圈念或从任一字开始念)都成章，这可以说是文学创作中表现出的对称性。宋朝大诗人苏东坡的一首回文诗《题金山寺》是这样写的：

图B.1 半坡鱼纹

图B.2 天坛祈年殿

图B.3 千手观音造型
(北京青年报记者陈中文)

潮随暗浪雪山倾，　远浦渔舟钓月明。
桥对寺门松径小，　巷当泉眼石波清。
迢迢远树江天晓，　蔼蔼红霞晚日晴。
遥望四山云接水，　碧峰千点数鸥轻。

大自然的对称表现是随处可见的。植物的叶子几乎都有左右对称的形状(图B.4)，花的美丽和花瓣的轴对称或左右对称的分布有直接的关系，动物的形体几乎都是左右对称的，蝴蝶的美丽和它的体态花样的左右对称分不开(图B.5)。在无机界最容易看到的是雪花的对称图像(图B.6)，这种对称外观是其中水分子排列的严格对称性的表现。分子或原子的对称排列是晶体的微观结构的普遍规律，图B.7是铂针针尖上原子对称排列在场离子显微镜下显示出的花样，图B.8是用电子显微镜拍摄的白铁矿晶体中FeS_2分子的排列图形。

图B.4　树叶的对称形状

图B.5　蝴蝶的对称体形

图B.6　雪花的六角形花样

图B.7　场离子显微镜显示的铂针针尖图形

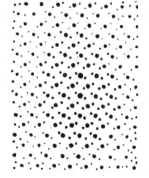

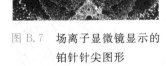

图B.8　电子显微镜拍摄的FeS_2分子的对称排列

B.2 对称性种种

上面我们多次谈到对称性，大家好像都理解其含义，但实际上也还都是一些直观的认识。关于对称性的普遍的严格的定义是德国数学家魏尔1951年给出的：**对一个事物进行一次变动或操作；如果经此操作后，该事物完全复原，则称该事物对所经历的操作是对称的**；而该操作就叫**对称操作**。由于操作方式的不同而有若干种不同的对称性，下面介绍几种常见的对称性。

1. 镜像对称或左右对称

图B.1到图B.5都具有这种对称性。它的特点是如果把各图中的中心线设想为一个垂直于图面的平面镜与图面的交线，则各图的每一半都分别是另一半在平面镜内的像。用魏尔对称性的定义来说，是这样的：设x轴垂直于镜面，原点就在镜面上。将一半图形的坐标值x变成$-x$，就得到了另一半图形(图B.9)。这x坐标的变号就叫镜像对称操作，也叫**空间反演操作**，相应的对称性称为**镜像对称**。由于左手图像经过这种操作就变成了右手图像，所以这种对称又叫**左右对称**。日常生活中的对称性常常指的是这种对称性，回文诗所表现的对称性可以认为是文学创作中的“镜像对称”。

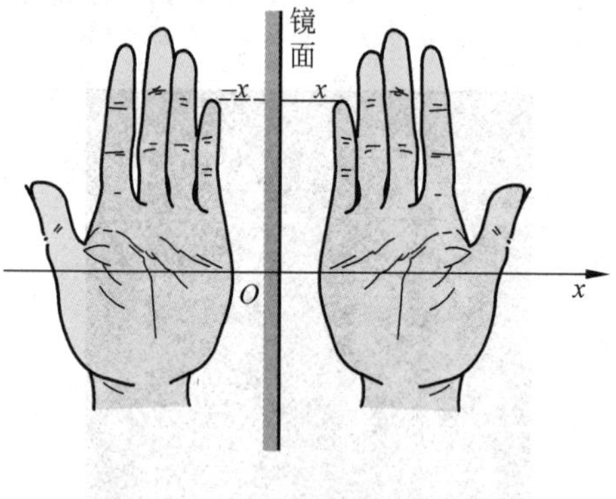

图B.9 镜像对称操作

2. 转动对称

如果使一个形体绕某一固定轴转动一个角度(转动操作)，它又和原来一模一样的话，这种对称叫**转动对称**或**轴对称**。轴对称有级次之别。比如图B.4中的树叶图形绕中心线转180°后可恢复原状，而图B.6中的雪花图形绕垂直于纸面的中心轴转动60°后就可恢复原状，我们说后者比前者的对称性级次高。又如图B.2中祈年殿的外形绕其中心竖直轴转过几乎任意角度时都和原状一样，所以它具有更高级次的转动对称性。

如果一个形体对通过某一定点的任意轴都具有转动对称性，则该形体就具有**球对称性**，而那个定点就叫对称中心。具有球对称性的形体，从对称中心出发，各个方向都是一样的，这叫做**各向同性**。

3. 平移对称

使一个形体发生一平移后它也和原来一模一样的话，该形体就具有**平移对称性**。平移对称性也有高低之分。比如一条无穷长直线对沿自身方向任意大小的平移都是对称的，一个无穷大平面对沿面内的任何平移也都是对称的，但晶体(如食盐)只对沿确定的方向(如沿一列离子的方向)而且一次平移的“步长”具有确定值(如图B.10中的$2d$)的平移才是对称的。我们说，前两种平移对称性比第

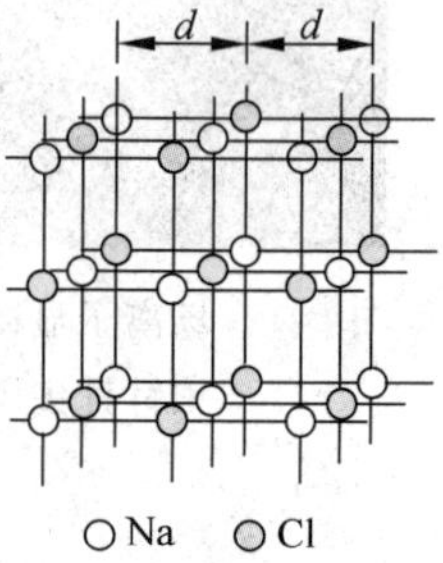

图B.10 食盐晶体的平移对称性

三种的级次高。

以上是几种简单的空间对称性，事物对时间也有对称性，量子力学研究的微观对象还具有更抽象的对称性，这些在下文都有涉及。

B.3 物理定律的对称性

B.2 节所讨论的对称性都是几何形体的对称性，研究它的规律对艺术、对物理学都有重要的意义。例如，对晶体结晶点阵的对称性的研究是研究晶体微观结构及其宏观性质的很重要的方法和内容。除了这种几何形体的对称性外，在物理学中具有更深刻意义的是物理定律的对称性。量子力学的发展特别表明了这一点。

物理定律的对称性是指经过一定的操作后，物理定律的形式保持不变。因此物理定律的对称性又叫**不变性**。

设想我们在空间某处做一个物理实验，然后将该套实验仪器(连同影响该实验的一切外部因素)平移到另一处。如果给予同样的起始条件，实验将会以完全相同的方式进行，这说明物理定律没有因平移而发生变化。这就是物理定律的空间平移对称性。由于它表明空间各处对物理定律是一样的，所以又叫做**空间的均匀性**。

如果在空间某处做实验后，把整套仪器(连同影响实验的一切外部因素)转一个角度，则在相同的起始条件下，实验也会以完全相同的方式进行，这说明物理定律并没有因转动而发生变化。这就是物理定律的转动对称性。由于它表明空间的各个方向对物理定律是一样的，所以又叫**空间的各向同性**。

还可以举出一个物理定律的对称性，即物理定律对于匀速直线运动的对称性。这说的是，如果我们先在一个静止的车厢内做物理实验，然后使此车厢做匀速直线运动，这时将发现物理实验和车厢静止时完全一样地发生。这说明物理定律不受匀速直线运动的影响。(更具体地说，这种对称性是指物理定律在洛伦兹变换下保持形式不变)

在量子力学中还有经过更抽象的对称操作而物理定律保持形式不变的对称性，如经过全同粒子互换、相移、电荷共轭变换(即粒子与反粒子之间的相互转换)等操作所表现出的对称性等。

关于物理定律的对称性有一条很重要的定律：**对应于每一种对称性都有一条守恒定律**。例如，对应于空间均匀性的是动量守恒定律，对应于空间的各向同性的是角动量守恒定律，对应于空间反演对称的是宇称守恒定律(见 B.4 节)，对应于量子力学相移对称的是电荷守恒定律等。

B.4 宇称守恒与不守恒

物理定律具有空间反演对称性吗？可以这样设想：让我们造两只钟，它们所用的材料都一样，只是内部结构和表面刻度做得使一只钟和另一只钟的镜像完全一样(图 B.11)。然后将这两只钟的发条拧得同样紧并且从同一对应位置开始走动。直觉告诉我们这两只钟将会完全按互为镜像的方式走动。这表明把所有东西从“左”式的换成“右”式的，物理定律保持不变。实际上大量的宏观现象和微观过程都表现出这种物理定律的空间反演对称性。

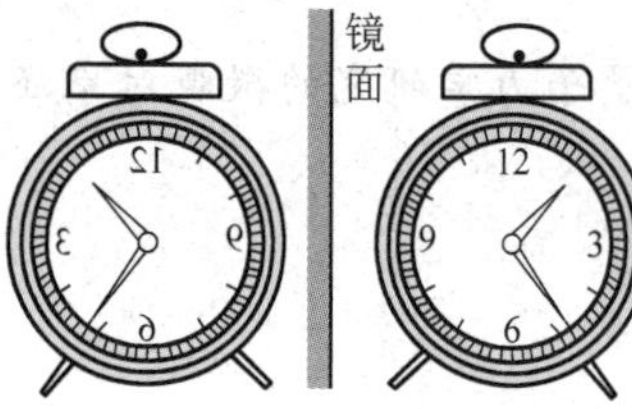

图 B.11 空间反演对称

和空间反演对称性相对应的守恒量叫**宇称**。在经典物理中不曾用到宇称的概念,在量子力学中宇称概念的应用给出关于微观粒子相互作用的很重要的定律——**宇称守恒定律**。下面我们用宏观的例子来说明宇称这一比较抽象的概念。

对于某一状态的系统的镜像和它本身的关系只可能有两种情况。一种是它的镜像和它本身能完全重合或完全一样,一只正放着的圆筒状茶杯和它的镜像(图 B.12)的关系就是这种情况。我们说这样的系统(实际上是指处于某一状态的基本粒子)有**偶宇称**,其宇称值为+1。另一种情况是系统的镜像有左右之分,因而不能完全重合。右手的镜像成为左手(图 B.9),就是这种情况,钟和它的镜像(图 B.11)也是这样。我们说这样的系统(实际上也是指处于某一状态的基本粒子)有**奇宇称**,其宇称值为−1。对应于粒子的轨道运动状态(如氢原子中电子的轨道运动)有**轨道**宇称值。某些粒子还有**内禀**宇称(对应于该粒子的内部结构),如质子的内禀宇称为+1,π 介子的内禀宇称是−1,等等。宇称具有**可乘性**而不是可加性,一个粒子或一个粒子系统的"总"宇称是各粒子的轨道宇称和内禀宇称的总乘积。宇称守恒定律指的就是在经过某一相互作用后,粒子系统的总宇称和相互作用前粒子系统的总宇称相等。

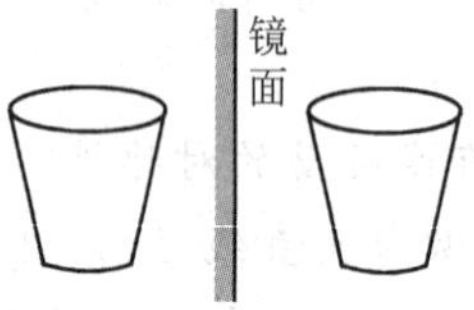

图 B.12 偶宇称

图 B.13 发现宇称不守恒的三位科学家
从左到右依次为李政道、杨振宁和吴健雄

宇称守恒定律原来被认为和动量守恒定律一样是自然界的普遍定律,但后来发现并非如此。1956 年夏天,李政道和杨振宁(图 B.13)在审查粒子相互作用中宇称守恒的实验根据时,发现并没有关于弱相互作用(发生在一些衰变过程中)服从宇称守恒的实验根据。为了说明当时已在实验中发现的困难,他们大胆地提出可能弱相互作用不存在空间反演对称性,因而也不服从宇称守恒定律的假定,并建议做验证这个假定的实验。当年吴健雄(图 B.13)等就做了这样的实验,证明李、杨的假定是符合事实的。该实验是在 0.01 K 的温度下使 ^{60}Co 核在强磁场中排列起来,观察这种核衰变时在各方向上放出的电子的数目。实验结果是放出电子的数目并不是各向相同的,而是沿与 ^{60}Co 自旋方向相反的方向放出的电子数最多(图 B.14)。这样的结果不可能具有空间反演对称性。因为,实际发生的情况的镜像如图 B.14 中虚线所示,这时 ^{60}Co 核自旋的方向反过来了,因此,将是沿与 ^{60}Co 核自旋相同的方向放出的电子数最多。这是

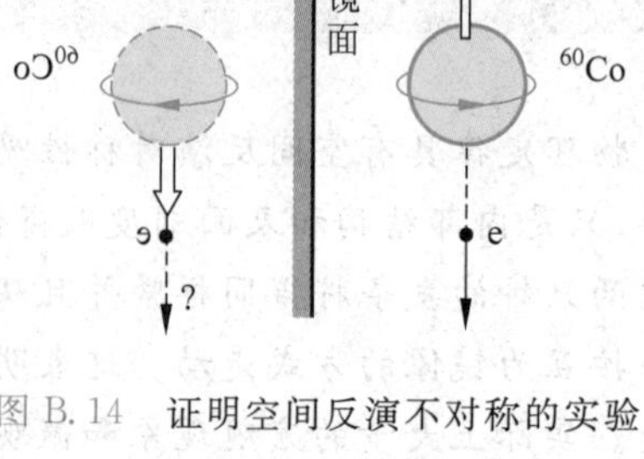

图 B.14 证明空间反演不对称的实验

与实际发生的情况相反的，因而不会发生，也因此这一现象不具有空间反演对称性而不服从宇称守恒定律。宇称不守恒现象的发现在物理学发展史上有重要的意义，这也可由第二年(1957年)李、杨就获得了诺贝尔物理奖看出。这样人们就认识到有些守恒定律是“绝对的”，如动量守恒、角动量守恒、能量守恒等，任何自然过程都要服从这些定律；有些守恒定律则有其局限性，只适用于某些过程，如宇称守恒定律只适用于强相互作用和电磁相互作用引起的变化，而在弱相互作用中则不成立。

弱相互作用的一个实例是如下衰变：

$$\Sigma^+ \rightarrow p + \pi^0$$

实验测得反应前后轨道宇称无变化，但粒子 Σ^+ 和质子 p 的内禀宇称为 +1，π^0 介子的内禀宇称为 −1。显见反应前后的总宇称符号相反，因而宇称不守恒。

B.5　自然界的不对称现象

宇称不守恒是物理规律的不对称的表现，在自然界还存在着一些不对称的事物，其中最重要的是生物界的不对称性和粒子-反粒子的不对称性。

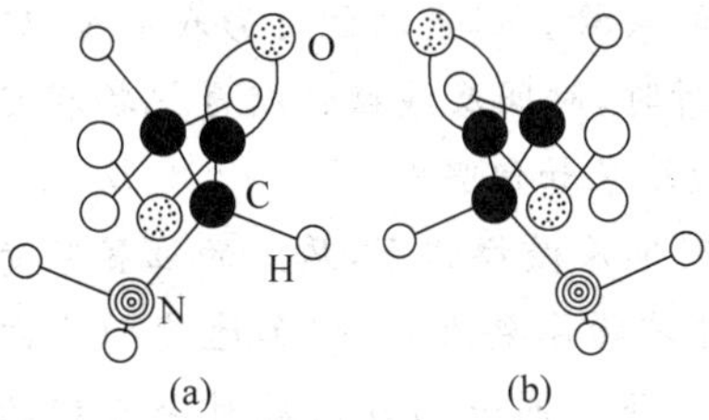

图 B.15　丙氨酸的两种异构体
(a) L(左)型；(b) D(右)型

动物和植物的外观看起来大都具有左右对称性，但是构成它们的蛋白质的分子却只有“左”的一种。我们知道蛋白质是生命的基本物质，它是由多种氨基酸组成的，每种氨基酸都有两种互为镜像的异构体。图 B.15 中画出了丙氨酸(alanine)的两种异构体的模型。利用二氧化碳、乙烷和氨等人工合成的氨基酸，L(左)型和 D(右)型的异构体各占一半。可是，现代生物化学实验已确认：生物体内的蛋白质几乎都是由左型氨基酸组成的，对高等动物尤其如此。已经查明，人工合成的蔗糖也是由等量的左、右两型分子组成，但用甘蔗榨出的蔗糖则只有左型的。有人做过用人工合成的糖培养细菌的实验。当把剩下的糖水加以检验，竟发现其中的糖分子都是右型的。这说明细菌为了实现自己的生命，也只吃那种与自身型类对路的左型糖。所有生物的蛋白质分子几乎都是左型的，这才使那些以生物为食的生物能补充自己而维持生命。但物理规律并不排斥右型生物的存在。如果由于某种原因产生了一只右型猫，虽然按物理规律的空间反演对称性它可以和通常的左型猫一样活动，但由于现实的自然界不存在它能够消化的右型食物，如右型老鼠，这只右型猫很快非饿死不可。饿死的右型猫腐烂后，复归自然，蛋白质就解体成为无机物了。为什么生物界在分子水平上有这种不对称存在，至今还是个谜。

自然界的另一不对称事实是关于基本粒子的。我们知道，在我们的地球(以及我们已能拿到其岩石的月球)上所有物质都是由质子、中子组成的原子核和核外电子构成的。按照 20 世纪 20 年代狄拉克提出的理论，每种粒子都有自己的反粒子，如反质子(带负电)、反中子、反电子(带正电)等。20 世纪 30 年代后各种反粒子的存在已被实验证实。根据对称性的设想(狄拉克理论指出)，在自然界内粒子和反粒子数应该一样。虽然地球、月球甚至整个太阳系中粒子占绝对优势，几乎没有反粒子存在，但宇宙的其他地方“应该”存在着反物质的世界。(物质、反物质相遇时是要湮灭的)由于物质和反物质构成的星体光谱一样,较早的天文学观测手段很难对此下定论。因此许多人相信物质和反物质对称存在的说法。但现在各种天文观测是不利于粒子反粒子对称存在的假定的。例如,可以认定宇宙射线中反质子和质子数目的比不超过 10^{-4} 数量级。为什么有这种粒子反粒子的不对称的存在呢?有人把它归因于宇宙大爆炸初期的某种机遇,但实际上至今并没有完全令人信服的解释。

大自然是喜欢对称的。不对称(无论是物理定律还是具体事物)的存在似乎表明,上帝不愿意大自然十全十美。这正像人们的下述心态一样:绝大多数人喜欢穿具有对称图样的衣服,但在大街上也能看到有的人以他们衣服的图案不对称为美。

B.6 关于时间的对称性

如果我们用一套仪器做实验,显然,该实验进行的方式或秩序是和开始此实验的时刻无关的。比如今天某时刻开始做和推迟一周开始做,我们将得到完全一样的结果。这个事实表示了物理定律的时间平移对称性。可以证明,这种对称性导致能量守恒定律的成立。到目前为止,这种对称性和守恒定律还被认为是“绝对的”。

和空间反演类似,我们可以提出时间反演的操作。它的直观意义是时间倒流。现实中时间是不会倒流的,所以我们不可能直接从事时间反演的实验。但借助于电影我们可以“观察”时间倒流的结果从而理解时间反演的意义。理论分析时,时间反演操作就是把物理定律或某一过程的时间参量变号,即把 t 换成 $-t$,这一操作的结果如何呢?

先看时间反演对个别物理量的影响。在力学中,在时间反演操作下,质点的位置不受影响,但速度是要反向的。正放时物体下落的电影,倒放时该物体要上升,但加速度的方向不变。正放电影时看到物体下落时越来越快,加速度方向向下。同一影片倒放时会看到物体上升,而且越来越慢,加速度方向也是向下。物体的质量与时间反演无关。由于牛顿第二定律是力等于质量乘以加速度,所以经过时间反演操作,力是不变的。这也就是说牛顿定律具有时间反演对称性。电磁学中电荷是时间反演不变的,电流要反向;电场强度 E 是时间反演不变的,而磁场 B 要反向。实验表明,电磁学的基本规律——麦克斯韦方程——具有时间反演对称性。量子力学的规律也具有时间反演对称性。

由于上述“第一级定律”的时间反演对称性,受这些规律所“直接”支配的自然过程(指单个粒子或少数粒子参与的过程)按“正”或“倒”的次序进行都是可能发生的。记录两个钢球碰撞过程的电影,正放倒放,你看起来都是“真”的现象,即时序相反的两种现象在自然界都可能实际发生。与此类似,少数几个分子的相互碰撞与运动过程,也是可以沿相反方向实际发生的。这些事实表明了自然过程的**可逆性**。由于这种可逆性,我们不能区别这些基本过程进行方向的正或倒。这也就是说,上述第一级定律没有时间定向的概念,甚至由此也可以说,没有时间的概念。

可是,实际上我们日常看到的现象几乎没有一个是可逆的,所有现象都沿确定方向进行,决不会按相反方向演变。人只能由小长大,而不能返老还童。茶杯可以摔碎,但那些碎片不会自动聚合起来复原为茶杯。如果你把一滴红水滴入一杯清水后发生的过程拍成电影,然后放映;那么当你看到屏幕上有一杯淡红色的水,其中红、清两色逐渐分开,最后形成清水中有一滴红水的图像时,你一定会马上呼叫“电影倒放了”,因为自然界实际上不存在这种倒向的过程。这些都说明自然界的实际过程是有一定方向的，是**不可逆**的，不具有时间反演对称性。

我们知道，宏观物体是由大量粒子组成的，我们所看到的宏观现象应是一个个粒子运动的总体表现。那么为什么由第一级规律支配的微观运动(包括粒子的各种相互作用)是可逆的，具有时间反演对称性，而它们的总体所表现的行为却是不可逆的呢？这是因为除了第一级规律外，大量粒子的运动还要遵守“第二级规律”，即统计规律，更具体地说就是热力学第二定律。这一定律的核心思想是大量粒子组成的系统总是要沿着越来越无序或越来越混乱的方向发展。这一定律的发现对时间概念产生了巨大的影响：不可逆赋予时间以确定的方向，自然界是沿确定方向发展的，宇宙有了历史，时间是单向地流着因而也才有真正的时间概念。

宏观现象是不可逆的，微观过程都是可逆的。但 1964 年发现了有的微观过程(如 K_L^0 介子的衰变过程)也显示了时间反演的不对称性，尽管十分微弱。看来，上帝在时间方面也没有给自然界以十全十美的对称。这一微观过程的不对称性会带来什么后果，是尚待研究的问题。

第2篇 电磁学

本篇讲解的电磁学是关于宏观电磁现象的规律的知识。关于电磁现象的观察记录，在西方，可以追溯到公元前6世纪希腊学者泰勒斯(Thales)的载有关于用布摩擦过的琥珀能吸引轻微物体的文献。在我国，最早是在公元前4到3世纪战国时期《韩非子》中有关“司南”(一种用天然磁石做成的指向工具)和《吕氏春秋》中有关“慈石召铁”的记载。公元1世纪王充所著《论衡》一书中记有“顿牟缀芥，磁石引针”字句(顿牟即琥珀，缀芥即吸拾轻小物体)。西方在16世纪末年，吉尔伯特(William Gilbert，1540—1603年)对“顿牟缀芥”现象以及磁石的相互作用做了较仔细的观察和记录。electricity(电)这个字就是他根据希腊字 ἠλεκτρου(原意琥珀)创造的。在我国，“电”字最早见于周朝(公元前8世纪)遗物青铜器“畨生簋”上的铭文中，是雷电这种自然现象的观察记录。对“电”字赋予科学的含义当在近代西学东渐之后。

关于电磁现象的定量的理论研究，最早可以从库仑1785年研究电荷之间的相互作用算起。其后通过泊松、高斯等人的研究形成了静电场(以及静磁场)的(超距作用)理论。伽伐尼于1786年发现了电流，后经伏特、欧姆、法拉第等人发现了关于电流的定律。1820年奥斯特发现了电流的磁效应，很快(一两年内)，毕奥、萨伐尔、安培、拉普拉斯等作了进一步定量的研究。1831年法拉第发现了有名的电磁感应现象，并提出了**场**和力线的概念，进一步揭示了电与磁的联系。在这样的基础上，麦克斯韦集前人之大成，再加上他极富创见的关于感应电场和位移电流的假说，建立了以一套方程组为基础的完整的宏观的电磁场理论。在这一历史过程中，有偶然的机遇，也有有目的的探索；有精巧的实验技术，也有大胆的理论独创；有天才的物理模型设想，也有严密的数学方法应用。最后形成的麦克斯韦电磁场方程组是"完整的"，它使人类对宏观电磁现象的认识达到了一个新的高度。麦克斯韦的这一成就可以认为是从牛顿建立力学理论到爱因斯坦提出相对论的这段时期中物理学史上最重要的理论成果。

第6章

静电场

作为电磁学的开始，本章讲解静止电荷相互作用的规律。在简要地说明了电荷的性质之后，就介绍了库仑定律。由于静止电荷是通过它的电场对其他电荷产生作用的，所以关于电场的概念及其规律就具有基础性的意义。本章除介绍用库仑定律求静电场的方法之外，特别介绍了更具普遍意义的高斯定律及应用它求静电场的方法。对称性分析已成为现代物理学的一种基本的分析方法，本章在适当地方多次说明了对称性的意义及利用对称性分析问题的方法。无论是概念的引入，或是定律的表述，或是分析方法的介绍，本章所涉及的内容，就思维方法来讲，对整个电磁学(甚至整个物理学)都具有典型的意义，希望读者细心地、认真地学习体会。

6.1 电荷

物体能产生电磁现象，现在都归因于物体带上了**电荷**以及这些电荷的运动。通过对电荷(包括静止的和运动的电荷)的各种相互作用和效应的研究，人们现在认识到电荷的基本性质有以下几方面。

1. 电荷的种类

电荷有两种，同种电荷相斥，异种电荷相吸。美国物理学家富兰克林(Benjamin Franklin，1706—1790年)首先以正电荷、负电荷的名称来区分两种电荷，这种命名法一直延续到现在。宏观带电体所带电荷种类的不同根源于组成它们的微观粒子所带电荷种类的不同：电子带负电荷，质子带正电荷，中子不带电荷。现代物理实验证实，电子的电荷集中在半径小于 10^{-18} m 的小体积内。因此，电子被当成是一个无内部结构而有有限质量和电荷的“点”。通过高能电子束散射实验测出的质子和中子内部的电荷分布分别如图6.1(a)，(b)所示。质子中只有正电荷，都集中在半径约为 10^{-15} m 的体积内。中子内部也有电荷，靠近中心为正电荷，靠外为负电荷；正负电荷电量相等，所以对外不显带电。

带电体所带电荷的多少叫电量。谈到电量，就涉及如何测量它的问题。一个电荷的量值大小只能通过该电荷所产生的效应来测量，现在我们先假定电量的计量方法已有了。电量常用 Q 或 q 表示，在国际单位制中，它的单位名称为库[仑]，符号为C。正电荷电量取正值，负电荷电量取负值。一个带电体所带总电量为其所带正负电量的代数和。

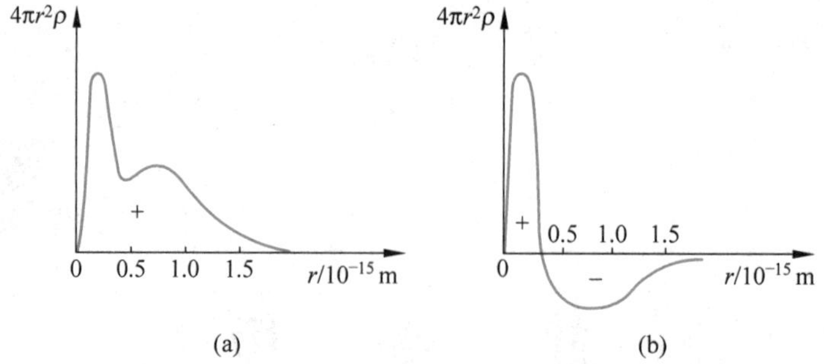

图 6.1 质子内(a)与中子内(b)电荷分布图

2. 电荷的量子性

实验证明，在自然界中，电荷总是以一个**基本单元**的整数倍出现，电荷的这个特性叫做电荷的**量子性**。电荷的基本单元就是一个电子所带电量的绝对值，常以 e 表示。经测定

$$e = 1.602 \times 10^{-19}\ \mathrm{C}$$

电荷具有基本单元的概念最初是根据电解现象中通过溶液的电量和析出物质的质量之间的关系提出的。法拉第(Michael Faraday，1791—1867 年)、阿累尼乌斯(Arrhenius，1859—1927 年)等都为此做出过重要贡献。他们的结论是：一个离子的电量只能是一个基本电荷的电量的整数倍。直到 1890 年斯通尼(John Stone Stoney，1826—1911 年)才引入“**电子**”(electron)这一名称来表示带有负的基元电荷的粒子。其后，1913 年密立根(Robert Anolvews Millikan，1868—1953 年)设计了有名的油滴试验，直接测定了此基元电荷的量值。现在已经知道许多基本粒子都带有正的或负的基元电荷。例如，一个正电子，一个质子都各带有一个正的基元电荷。一个反质子，一个负介子则带有一个负的基元电荷。微观粒子所带的基元电荷数常叫做它们各自的**电荷数**，都是正整数或负整数。近代物理从理论上预言基本粒子由若干种**夸克**或**反夸克**组成，每一个夸克或反夸克可能带有 $\pm\frac{1}{3}e$ 或 $\pm\frac{2}{3}e$ 的电量。然而至今单独存在的夸克尚未在实验中发现(即使发现了，也不过把基元电荷的大小缩小到目前的 1/3，电荷的量子性依然不变)。

本章大部分内容讨论电磁现象的宏观规律，所涉及的电荷常常是基元电荷的许多倍。在这种情况下，我们将只从平均效果上考虑，认为电荷**连续**地分布在带电体上，而忽略电荷的量子性所引起的微观起伏。尽管如此，在阐明某些宏观现象的微观本质时，还是要从电荷的量子性出发。

在以后的讨论中经常用到点电荷这一概念。当一个带电体本身的线度比所研究的问题中所涉及的距离小很多时，该带电体的形状与电荷在其上的分布状况均无关紧要，该带电体就可看作一个带电的点，叫**点电荷**。由此可见，点电荷是个相对的概念。至于带电体的线度比问题所涉及的距离小多少时，它才能被当作点电荷，这要依问题所要求的精度而定。当在宏观意义上谈论电子、质子等带电粒子时，完全可以把它们视为点电荷。

3. 电荷守恒

实验指出，对于一个系统，如果没有净电荷出入其边界，则该系统的正、负电荷的电量的代数和将保持不变，这就是**电荷守恒定律**。宏观物体的带电、电中和以及物体内的电流等现

象实质上是由于微观带电粒子在物体内运动的结果。因此，电荷守恒实际上也就是在各种变化中，系统内粒子的总电荷数守恒。

现代物理研究已表明，在粒子的相互作用过程中，电荷是可以产生和消失的。然而电荷守恒并未因此而遭到破坏。例如，一个高能光子与一个重原子核作用时，该光子可以转化为一个正电子和一个负电子(这叫**电子对的"产生"**)；而一个正电子和一个负电子在一定条件下相遇，又会同时消失而产生两个或三个光子(这叫**电子对的"湮灭"**)。在已观察到的各种过程中，正、负电荷总是成对出现或成对消失。由于光子不带电，正、负电子又各带有等量异号电荷，所以这种电荷的产生和消失并不改变系统中的电荷数的代数和，因而电荷守恒定律仍然保持有效。

4. 电荷的相对论不变性

实验证明，一个电荷的电量与它的运动状态无关。较为直接的实验例子是比较氢分子和氦原子的电中性。氢分子和氦原子都有两个电子作为核外电子，这些电子的运动状态相差不大。氢分子还有两个质子，它们是作为两个原子核在保持相对距离约为 0.07 nm 的情况下转动的(图 6.2(a))。氦原子中也有两个质子，但它们组成一个原子核，两个质子紧密地束缚在一起运动(图 6.2(b))。氦原子中两个质子的能量比氢分子中两个质子的能量大得多(一百万倍的数量级)，因而两者的运动状态有显著的差别。如果电荷的电量与运动状态有关，氢分子中质子的电量就应该和氦原子中质子的电量不同，但两者的电子的电量是相同的，因此，两者就不可能都是电中性的。但是实验证实，氢分子和氦原子都精确地是电中性的，它们内部正、负电荷在数量上的相对差异都小于 $1/10^{20}$。这就说明，质子的电量是与其运动状态无关的。

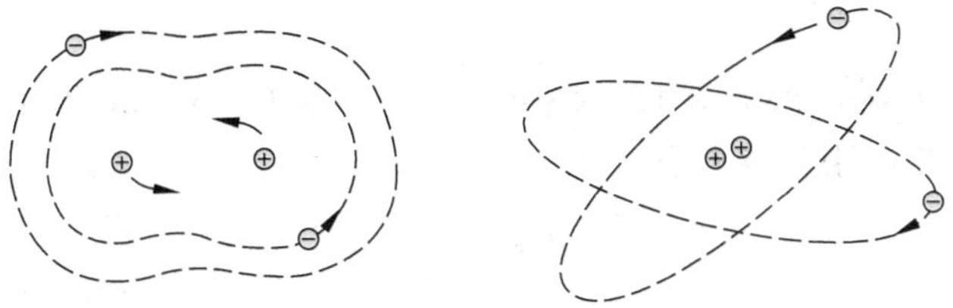

(a) (b)

图 6.2 氢分子(a)与氦原子(b)结构示意图

还有其他实验，也证明电荷的电量与其运动状态无关。另外，根据这一结论导出的大量结果都与实验结果相符合，这也反过来证明了这一结论的正确性。

由于在不同的参考系中观察，同一个电荷的运动状态不同，所以电荷的电量与其运动状态无关，也可以说成是，在不同的参考系内观察，同一带电粒子的电量不变。电荷的这一性质叫**电荷的相对论不变性**。

6.2 库仑定律与叠加原理

在发现电现象后的 2000 多年的长时期内，人们对电的认识一直停留在定性阶段。从 18 世纪中叶开始，不少人着手研究电荷之间作用力的定量规律，最先是研究静止电荷之间的作用力。研究静止电荷之间的相互作用的理论叫**静电学**。它是以 1785 年法国科学家库仑(Charles Augustin de Coulomb,1736—1806 年)通过实验总结出的规律——**库仑定律**——为基础的。这一定律的表述如下:**相对于惯性系观察,自由空间(或真空)中两个静止的点电荷之间的作用力(斥力或吸力,统称库仑力)与这两个电荷所带电量的乘积成正比,与它们之间距离的平方成反比,作用力的方向沿着这两个点电荷的连线**。这一规律用矢量公式表示为

$$\boldsymbol{F}_{21} = k\frac{q_1 q_2}{r_{21}^2}\boldsymbol{e}_{r21} \tag{6.1}$$

式中,q_1 和 q_2 分别表示两个点电荷的电量(带有正、负号),r_{21} 表示两个点电荷之间的距离,$\boldsymbol{e}_{r21}$ 表示从电荷 q_1 指向电荷 q_2 的单位矢量(图 6.3);k 为比例常量,依公式中各量所选取的单位而定。$\boldsymbol{F}_{21}$ 表示电荷 q_2 受电荷 q_1 的作用力。当两个点电荷 q_1 与 q_2 同号时,$\boldsymbol{F}_{21}$ 与 $\boldsymbol{e}_{r21}$ 同方向,表明电荷 q_2 受 q_1 的斥力;当 q_1 与 q_2 反号时,$\boldsymbol{F}_{21}$ 与 $\boldsymbol{e}_{r21}$ 的方向相反,表示 q_2 受 q_1 的引力。由此式还可以看出,两个静止的点电荷之间的作用力符合牛顿第三定律,即

$$\boldsymbol{F}_{21} = -\boldsymbol{F}_{12} \tag{6.2}$$

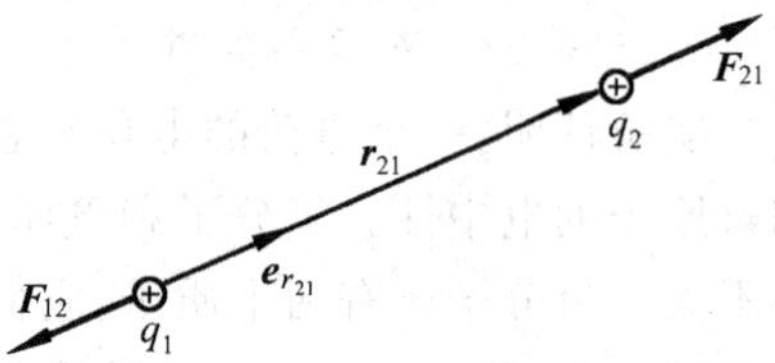

图 6.3　库仑定律

式(6.1)中的单位矢量 $\boldsymbol{e}_{r21}$ 表示两个静止的点电荷之间的作用力沿着它们的连线的方向。对于本身没有任何方向特征的静止的点电荷来说,也只可能是这样。因为自由空间是各向同性的(我们也只能这样认为或假定),对于两个静止的点电荷来说,只有它们的连线才具有唯一确定的方向。由此可知,库仑定律反映了自由空间的各向同性,也就是空间对于转动的对称性。

在国际单位制中,距离 r 用 m 作单位,力 F 用 N 作单位,实验测定比例常量 k 的数值和单位为

$$k = 8.9880\times 10^9\ \mathrm{N\cdot m^2/C^2} \approx 9\times 10^9\ \mathrm{N\cdot m^2/C^2}$$

通常还引入另一常量 ε_0 来代替 k,使

$$k = \frac{1}{4\pi\varepsilon_0}$$

于是,真空中库仑定律的形式就可写成

$$\boldsymbol{F}_{21} = \frac{q_1 q_2}{4\pi\varepsilon_0 r_{21}^2}\boldsymbol{e}_{r21} \tag{6.3}$$

这里引入的 ε_0 叫**真空介电常量**(或真空电容率),在国际单位制中它的数值和单位是

$$\varepsilon_0 = \frac{1}{4\pi k} = 8.85\times 10^{-12}\ \mathrm{C^2/(N\cdot m^2)}$$

在库仑定律表示式中引入"4π"因子的作法,称为单位制的有理化。这样做的结果虽然使库仑定律的形式变得复杂些,但却使以后经常用到的电磁学规律的表示式因不出现"4π"因子而变得简单些。这种作法的优越性,在今后的学习中读者是会逐步体会到的。

实验证实,点电荷放在空气中时,其相互作用的电力和在真空中的相差极小,故式(6.3)的库仑定律对空气中的点电荷亦成立。

库仑定律是关于一种基本力的定律,它的正确性不断经历着实验的考验。设定律分母中 r 的指数为 $2+\alpha$,人们曾设计了各种实验来确定(一般是间接地)α 的上限。1773 年,卡文迪许的静电实验给出 $|\alpha|\leqslant 0.02$。约百年后麦克斯韦的类似实验给出 $|\alpha|\leqslant 5\times 10^{-5}$。1971 年

威廉斯等人改进该实验得出$|\alpha|\leqslant|2.7\pm3.1|\times10^{-16}$。这些都是在实验室范围($10^{-3}\sim10^{-1}$ m)内得出的结果。对于很小的范围,卢瑟福的α粒子散射实验(1910年)已证实小到10^{-15} m的范围,现代高能电子散射实验进一步证实小到10^{-17} m的范围,库仑定律仍然精确地成立。大范围的结果是通过人造地球卫星研究地球磁场时得到的。它给出库仑定律精确地适用于大到10^7 m的范围,因此一般就认为在更大的范围内库仑定律仍然有效。

令人感兴趣的是,现代量子电动力学理论指出,库仑定律中分母r的指数与光子的静质量有关:如果光子的静质量为零,则该指数严格地为2。现在的实验给出光子的静质量上限为10^{-48} kg,这差不多相当于$|\alpha|\leqslant10^{-16}$。

例 6.1

氢原子中电子和质子的距离为5.3×10^{-11} m。求此二粒子间的静电力和万有引力各为多大?

解 由于电子的电荷是$-e$,质子的电荷为$+e$,而电子的质量$m_e=9.1\times10^{-31}$ kg,质子的质量$m_p=1.7\times10^{-27}$ kg,所以由库仑定律,求得两粒子间的静电力大小为

$$F_e=\frac{e^2}{4\pi\varepsilon_0 r^2}=\frac{9.0\times10^9\times(1.6\times10^{-19})^2}{(5.3\times10^{-11})^2}\ \text{N}=8.1\times10^{-8}\ \text{N}$$

由万有引力定律,求得两粒子间的万有引力

$$F_g=G\frac{m_e m_p}{r^2}=\frac{6.7\times10^{-11}\times9.1\times10^{-31}\times1.7\times10^{-27}}{(5.3\times10^{-11})^2}\ \text{N}=3.7\times10^{-47}\ \text{N}$$

由计算结果可以看出,氢原子中电子与质子的相互作用的静电力远较万有引力为大,前者约为后者的10^{39}倍。

库仑定律只讨论两个静止的点电荷间的作用力,当考虑两个以上的静止的点电荷之间的作用时,就必须补充另一个实验事实:**两个点电荷之间的作用力并不因第三个点电荷的存在而有所改变**。因此,两个以上的点电荷对一个点电荷的作用力等于各个点电荷单独存在时对该点电荷的作用力的矢量和。这个结论叫**电力的叠加原理**。

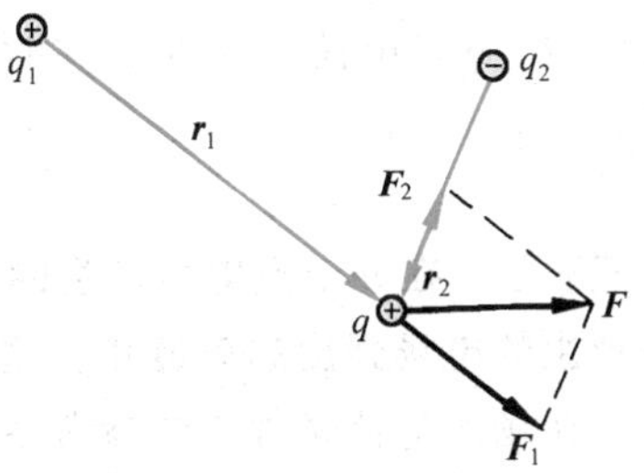

图 6.4 静电力叠加原理

图6.4画出了两个点电荷q_1和q_2对第三个点电荷q的作用力的叠加情况。电荷q_1和q_2单独作用在q上的力分别为$\boldsymbol{F}_1$和$\boldsymbol{F}_2$,它们共同作用在q上的力$\boldsymbol{F}$就是这两个力的合力,即

$$\boldsymbol{F}=\boldsymbol{F}_1+\boldsymbol{F}_2$$

对于由n个点电荷$q_1,q_2,\cdots,q_n$组成的电荷系,若以$\boldsymbol{F}_1,\boldsymbol{F}_2,\cdots,\boldsymbol{F}_n$分别表示它们单独存在时对另一点电荷$q$上的电力,则由电力的叠加原理可知,$q$受到的总电力应为

$$\boldsymbol{F}=\boldsymbol{F}_1+\boldsymbol{F}_2+\cdots+\boldsymbol{F}_n=\sum_{i=1}^{n}\boldsymbol{F}_i \tag{6.4}$$

在$q_1,q_2,\cdots,q_n$和q都静止的情况下,$\boldsymbol{F}_i$都可以用库仑定律式(6.3)计算,因而可得

$$\boldsymbol{F}=\sum_{i=1}^{n}\frac{qq_i}{4\pi\varepsilon_0 r_i^2}\boldsymbol{e}_{r_i} \tag{6.5}$$

式中，r_i为q与q_i之间的距离，$\boldsymbol{e}_{ri}$为从点电荷q_i指向q的单位矢量。

6.3 电场和电场强度

设相对于惯性参考系，在真空中有一固定不动的点电荷系$q_1,q_2,\cdots,q_n$。将另一点电荷q移至该电荷系周围的$P(x,y,z)$点（称场点）处，现在求q受该电荷系的作用力。这力应该由式(6.5)给出。由于电荷系作用于电荷q上的合力与电荷q的电量成正比，所以比值$\boldsymbol{F}/q$只取决于点电荷系的结构（包括每个点电荷的电量以及各点电荷之间的相对位置）和电荷q所在的位置(x,y,z)，而与电荷q的量值无关。因此，可以认为比值$\boldsymbol{F}/q$反映了电荷系周围空间各点的一种特殊性质，它能给出该电荷系对静止于各点的其他电荷q的作用力。这时就说该点电荷系周围空间存在着由它所产生的**电场**。电荷$q_1,q_2,\cdots,q_n$叫**场源电荷**，而比值$\boldsymbol{F}/q$就表示电场中各点的强度，叫**电场强度**（简称**场强**）。通常用$\boldsymbol{E}$表示电场强度，于是就有定义

$$\boldsymbol{E}=\frac{\boldsymbol{F}}{q} \tag{6.6}$$

此式表明，电场中任意点的电场强度等于位于该点的单位正电荷所受的电力。在电场中各点的$\boldsymbol{E}$可以各不相同，因此一般地说，$\boldsymbol{E}$是空间坐标的矢量函数。在考察电场时，式(6.6)中的q起到检验电场的作用，叫**检验电荷**。

在国际单位制中，电场强度的单位名称为牛每库，符号为N/C。以后将证明，这个单位和V/m是等价的，即

$$1\ \mathrm{V/m}=1\ \mathrm{N/C}$$

将式(6.4)代入式(6.6)，可得

$$\boldsymbol{E}=\frac{\sum_{i=1}^{n}\boldsymbol{F}_i}{q}=\sum_{i=1}^{n}\frac{\boldsymbol{F}_i}{q}$$

式中，$\boldsymbol{F}_i/q$是电荷q_i单独存在时在P点产生的电场强度$\boldsymbol{E}_i$。因此，上式可写成

$$\boldsymbol{E}=\sum_{i=1}^{n}\boldsymbol{E}_i \tag{6.7}$$

此式表示：**在n个点电荷产生的电场中某点的电场强度等于每个点电荷单独存在时在该点所产生的电场强度的矢量和**。这个结论叫**电场叠加原理**。

在场源电荷是静止的参考系中观察到的电场叫**静电场**，静电场对电荷的作用力叫**静电力**。在已知静电场中各点电场强度$\boldsymbol{E}$的条件下，可由式(6.6)直接求得置于其中的任意点处的点电荷q受的力为

$$\boldsymbol{F}=q\boldsymbol{E} \tag{6.8}$$

在法拉第之前，人们认为两个电荷之间的相互作用力和两个质点之间的万有引力一样，都是一种超距作用。即一个电荷对另一个电荷的作用力是隔着一定空间直接给予的，不需要什么中间媒质传递，也不需要时间，这种作用方式可表示为

电荷⟺电荷

在19世纪30年代，法拉第提出另一种观点，认为一个电荷周围存在着由它所产生

的电场，另外的电荷受这一电荷的作用力就是通过这电场给予的。这种作用方式可以表示为

$$电荷\Longleftrightarrow电场\Longleftrightarrow电荷$$

这样引入的电场对电荷周围空间各点赋予一种**局域性**，即：如果知道了某一小区域的 $\boldsymbol{E}$，无须更多的要求，我们就可以知道任意电荷在此区域内的受力情况，从而可以进一步知道它的运动。这时，也不需要知道是些什么电荷产生了这个电场。如果知道在空间各点的电场，我们就有了对这整个系统的完整的描述，并可由它揭示出所有电荷的位置和大小。这种局域性场的引入是物理概念上的重要发展。

近代物理学的理论和实验完全证实了场的观点的正确性。电场以及磁场已被证明是一种客观实在，它们运动(或传播)的速度是有限的，这个速度就是光速。电磁场还具有能量、质量和动量。

表 6.1 给出了一些典型的电场强度的数值。

表 6.1 一些电场强度的数值 N/C

铀核表面	2×10^{21}
中子星表面	约 10^{14}
氢原子电子内轨道处	6×10^{11}
X 射线管内	5×10^{6}
空气的电击穿强度	3×10^{6}
范德格拉夫静电加速器内	2×10^{6}
电闪内	10^{4}
雷达发射器近旁	7×10^{3}
太阳光内(平均)	1×10^{3}
晴天大气中(地表面附近)	1×10^{2}
小型激光器发射的激光束内(平均)	1×10^{2}
日光灯内	10
无线电波内	约 10^{-1}
家用电路线内	约 3×10^{-2}
宇宙背景辐射内(平均)	3×10^{-6}

6.4 静止的点电荷的电场及其叠加

现在讨论在场源电荷都是静止的参考系中电场强度的分布，先讨论一个静止的点电荷的电场强度分布。现计算距静止的场源电荷 q 的距离为 r 的 P 点处的场强。设想把一个检验电荷 q_0 放在 P 点，根据库仑定律，q_0 受到的电场力为

$$\boldsymbol{F}=\frac{qq_0}{4\pi\varepsilon_0 r^2}\boldsymbol{e}_r$$

式中，$\boldsymbol{e}_r$ 是从场源电荷 q 指向点 P 的单位矢量。由场强定义式(6.6)，P 点场强为

$$\boldsymbol{E}=\frac{q}{4\pi\varepsilon_0 r^2}\boldsymbol{e}_r \tag{6.9}$$

这就是点电荷场强分布公式。式中，若 $q>0$，则 $\boldsymbol{E}$ 与 $\boldsymbol{r}$ 同向，即在正电荷周围的电场中，任

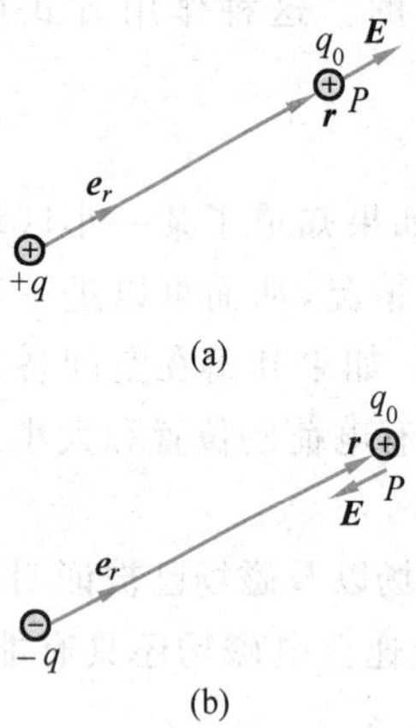

图 6.5 静止的点电荷的电场

意点的场强沿该点径矢方向(见图 6.5(a));若$q<0$,则 $\boldsymbol{E}$ 与 $\boldsymbol{r}$ 反向,即在负电荷周围的电场中,任意点的场强沿该点径矢的反方向(见图 6.5(b))。此式还说明静止的点电荷的电场具有球对称性。在各向同性的自由空间内,一个本身无任何方向特征的点电荷的电场分布必然具有这种对称性。因为对任一场点来说,只有从点电荷指向它的径矢方向具有唯一确定的意义,而且距点电荷等远的各场点,场强大小应该相等。

将点电荷场强公式(6.9)代入式(6.7)可得点电荷系 q_1,q_2,…,q_n 的电场中任一点的场强为

$$\boldsymbol{E}=\sum_{i=1}^{n}\frac{q_i}{4\pi\varepsilon_0 r_i^2}\boldsymbol{e}_{ri} \tag{6.10}$$

式中,r_i 为 q_i 到场点的距离,$\boldsymbol{e}_{ri}$ 为从 q_i 指向场点的单位矢量。

若带电体的电荷是连续分布的,可认为该带电体的电荷是由许多无限小的电荷元 $\mathrm{d}q$ 组成的,而每个电荷元都可以当作点电荷处理。设其中任一个电荷元 $\mathrm{d}q$ 在 P 点产生的场强为 $\mathrm{d}\boldsymbol{E}$,按式(6.9)有

$$\mathrm{d}\boldsymbol{E}=\frac{\mathrm{d}q}{4\pi\varepsilon_0 r^2}\boldsymbol{e}_r$$

式中,r 是从电荷元 $\mathrm{d}q$ 到场点 P 的距离,而 $\boldsymbol{e}_r$ 是这一方向上的单位矢量。整个带电体在 P 点所产生的总场强可用积分计算为

$$\boldsymbol{E}=\int\mathrm{d}\boldsymbol{E}=\int\frac{\mathrm{d}q}{4\pi\varepsilon_0 r^2}\boldsymbol{e}_r \tag{6.11}$$

由上述可知,对于由许多电荷组成的电荷系来说,在它们都静止的参考系中,如果电荷分布为已知,那么根据场强叠加原理,并利用点电荷场强公式(6.9),就可求出该参考系中任意点的场强,也就是求出静电场的空间分布。下面举几个例子。

例 6.2

求电偶极子中垂线上任一点的电场强度。

解 相隔一定距离的等量异号点电荷,当点电荷$+q$和$-q$的距离 l 比从它们到所讨论的场点的距离小得多时,此电荷系统称**电偶极子**。如图 6.6 所示,用 $\boldsymbol{l}$ 表示从负电荷到正电荷的矢量线段。

设$+q$和$-q$到偶极子中垂线上任一点 P 处的位置矢量分别为 $\boldsymbol{r}_+$ 和 $\boldsymbol{r}_-$,而 $r_+=r_-$。由式(6.9),$+q$,$-q$ 在 P 点处的场强 $\boldsymbol{E}_+$,$\boldsymbol{E}_-$ 分别为

$$\boldsymbol{E}_+=\frac{q\boldsymbol{r}_+}{4\pi\varepsilon_0 r_+^3}$$

$$\boldsymbol{E}_-=\frac{-q\boldsymbol{r}_-}{4\pi\varepsilon_0 r_-^3}$$

以 r 表示电偶极子中心到 P 点的距离,则

$$r_+=r_-=\sqrt{r^2+\frac{l^2}{4}}=r\sqrt{1+\frac{l^2}{4r^2}}=r\left(1+\frac{l^2}{8r^2}+\cdots\right)$$

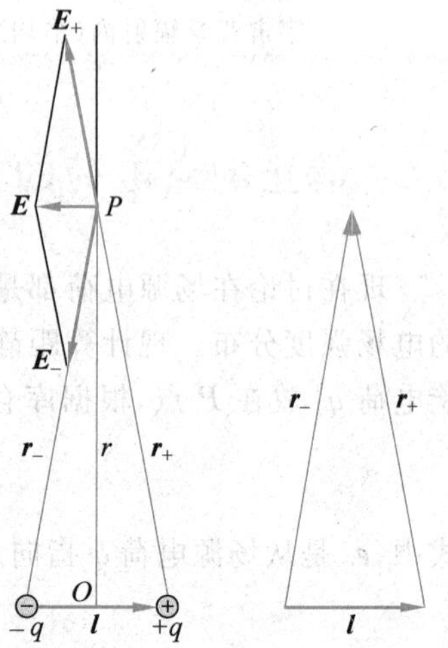

图 6.6 电偶极子的电场

在距电偶极子甚远时，即当 $r\gg l$ 时，取一级近似，有 $r_+=r_-=r$，而 P 点的总场强为

$$\boldsymbol{E}=\boldsymbol{E}_++\boldsymbol{E}_-=\frac{q}{4\pi\varepsilon_0 r^3}(\boldsymbol{r}_+-\boldsymbol{r}_-)$$

由于 $\boldsymbol{r}_+-\boldsymbol{r}_-=-\boldsymbol{l}$，所以上式化为

$$\boldsymbol{E}=\frac{-q\boldsymbol{l}}{4\pi\varepsilon_0 r^3}$$

式中，$q\boldsymbol{l}$ 反映电偶极子本身的特征，叫做电偶极子的**电矩**(或电偶极矩)。以 $\boldsymbol{p}$ 表示电矩，则 $\boldsymbol{p}=q\boldsymbol{l}$。这样上述结果又可写成

$$\boldsymbol{E}=\frac{-\boldsymbol{p}}{4\pi\varepsilon_0 r^3} \tag{6.12}$$

此结果表明，电偶极子中垂线上距离电偶极子中心较远处，各点的电场强度与电偶极子的电矩成正比，与该点离电偶极子中心的距离的三次方成反比，方向与电矩的方向相反。

例 6.3

一根带电直棒，如果我们限于考虑离棒的距离比棒的截面尺寸大得多的地方的电场，则该带电直棒就可以看作一条带电直线。今设一均匀带电直线，长为 L(图 6.7)，线电荷密度(即单位长度上的电荷)为 λ(设 $\lambda>0$)，求直线中垂线上一点的场强。

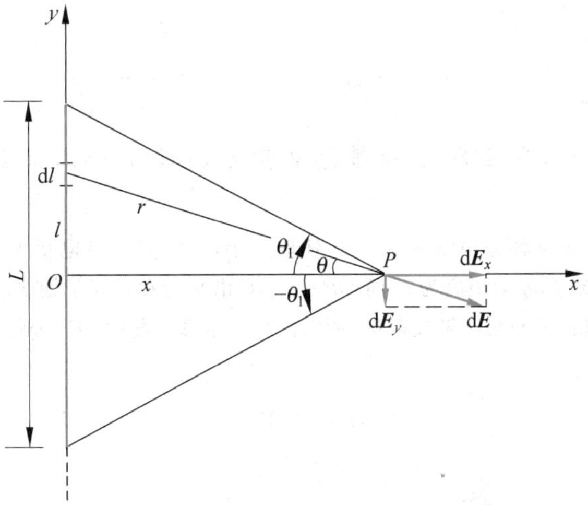

图 6.7 带电直线中垂线上的电场

解 在带电直线上任取一长为 $\mathrm{d}l$ 的电荷元，其电量 $\mathrm{d}q=\lambda\mathrm{d}l$。以带电直线中点 O 为原点，取坐标轴 Ox，Oy 如图 6.7 所示。电荷元 $\mathrm{d}q$ 在 P 点的场强为 $\mathrm{d}\boldsymbol{E}$，$\mathrm{d}\boldsymbol{E}$ 沿两个轴方向的分量分别为 $\mathrm{d}\boldsymbol{E}_x$ 和 $\mathrm{d}\boldsymbol{E}_y$。由于电荷分布对于 OP 直线的对称性，所以全部电荷在 P 点的场强沿 y 轴方向的分量之和为零，因而 P 点的总场强 $\boldsymbol{E}$ 应沿 x 轴方向，并且

$$E=\int\mathrm{d}E_x$$

而

$$\mathrm{d}E_x=\mathrm{d}E\cos\theta=\frac{\lambda\mathrm{d}lx}{4\pi\varepsilon_0 r^3}$$

由于 $l=x\tan\theta$，从而 $\mathrm{d}l=\dfrac{x}{\cos^2\theta}\mathrm{d}\theta$。由图 6.7 知 $r=\dfrac{x}{\cos\theta}$，所以

$$dE_x = \frac{\lambda dl x}{4\pi\varepsilon_0 r^3} = \frac{\lambda\cos\theta}{4\pi\varepsilon_0 x}d\theta$$

由于对整个带电直线来说，θ 的变化范围是从 $-\theta_1$ 到 $+\theta_1$，所以

$$E = \int_{-\theta_1}^{+\theta_1} \frac{\lambda\cos\theta}{4\pi\varepsilon_0 x}d\theta = \frac{\lambda\sin\theta_1}{2\pi\varepsilon_0 x}$$

将 $\sin\theta_1 = \dfrac{L/2}{\sqrt{(L/2)^2+x^2}}$ 代入，可得

$$E = \frac{\lambda L}{4\pi\varepsilon_0 x(x^2+L^2/4)^{1/2}}$$

此电场的方向垂直于带电直线而指向远离直线的一方。

上式中当 $x \ll L$ 时，即在带电直线中部近旁区域内，

$$E \approx \frac{\lambda}{2\pi\varepsilon_0 x} \tag{6.13}$$

此时相对于距离 x，可将该带电直线看作"无限长"。因此，可以说，在一无限长带电直线周围任意点的场强与该点到带电直线的距离成反比。

当 $x \gg L$ 时，即在远离带电直线的区域内，

$$E \approx \frac{\lambda L}{4\pi\varepsilon_0 x^2} = \frac{q}{4\pi\varepsilon_0 x^2}$$

其中 $q=\lambda L$ 为带电直线所带的总电量。此结果显示，离带电直线很远处，该带电直线的电场相当于一个点电荷 q 的电场。

例 6.4

一均匀带电细圆环，半径为 R，所带总电量为 q（设 $q>0$），求圆环轴线上任一点的场强。

解 如图 6.8 所示，把圆环分割成许多小段，任取一小段 dl，其上带电量为 dq。设此电荷元 dq 在 P 点的场强为 $d\boldsymbol{E}$，并设 P 点与 dq 的距离为 r，而 $OP=x$，$d\boldsymbol{E}$ 沿平行和垂直于轴线的两个方向的分量分别为 $d\boldsymbol{E}_{/\!/}$ 和 $d\boldsymbol{E}_{\perp}$。由于圆环电荷分布对于轴线对称，所以圆环上全部电荷的 $d\boldsymbol{E}_{\perp}$ 分量的矢量和为零，因而 P 点的场强沿轴线方向，且

$$E = \int_q dE_{/\!/}$$

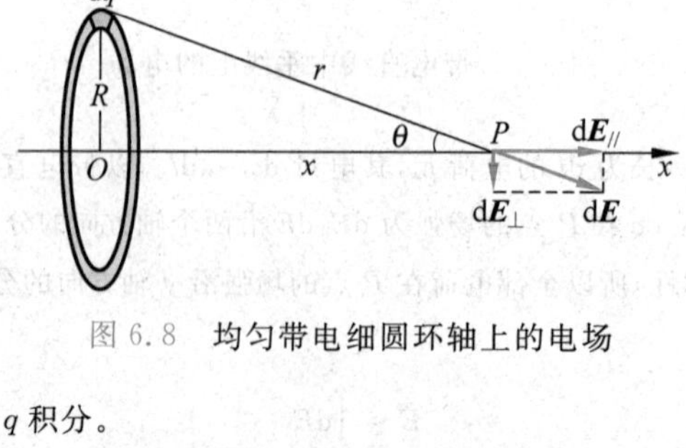

图 6.8 均匀带电细圆环轴上的电场

式中积分为对环上全部电荷 q 积分。

由于

$$dE_{/\!/} = dE\cos\theta = \frac{dq}{4\pi\varepsilon_0 r^2}\cos\theta$$

其中 θ 为 $d\boldsymbol{E}$ 与 x 轴的夹角，所以

$$E = \int_q dE_{/\!/} = \int_q \frac{dq}{4\pi\varepsilon_0 r^2}\cos\theta = \frac{\cos\theta}{4\pi\varepsilon_0 r^2}\int_q dq$$

此式中的积分值即为整个环上的电荷 q，所以

$$E=\frac{q\cos\theta}{4\pi\varepsilon_0 r^2}$$

考虑到 $\cos\theta=x/r$，而 $r=\sqrt{R^2+x^2}$，可将上式改写成

$$E=\frac{qx}{4\pi\varepsilon_0(R^2+x^2)^{3/2}}$$

$\boldsymbol{E}$ 的方向为沿着轴线指向远方。

当 $x\gg R$ 时，$(x^2+R^2)^{3/2}\approx x^3$，则 $\boldsymbol{E}$ 的大小为

$$E\approx\frac{q}{4\pi\varepsilon_0 x^2}$$

此结果说明，远离环心处的电场也相当于一个点电荷 q 所产生的电场。

例 6.5

计算电偶极子在均匀电场中所受的力矩。

解　一个电偶极子在外电场中要受到力矩的作用。以 $\boldsymbol{E}$ 表示均匀电场的场强，$\boldsymbol{l}$ 表示从 $-q$ 到 $+q$ 的矢量线段，偶极子中点 O 到 $+q$ 与 $-q$ 的径矢分别为 $\boldsymbol{r}_+$ 和 $\boldsymbol{r}_-$，如图 6.9 所示。正、负电荷所受力分别为 $\boldsymbol{F}_+=q\boldsymbol{E}_+$，$\boldsymbol{F}_-=-q\boldsymbol{E}$，它们对于偶极子中点 O 的力矩之和为

$$\begin{aligned}\boldsymbol{M}&=\boldsymbol{r}_+\times\boldsymbol{F}_++\boldsymbol{r}_-\times\boldsymbol{F}_-=q\boldsymbol{r}_+\times\boldsymbol{E}+(-q)\boldsymbol{r}_-\times\boldsymbol{E}\\&=q(\boldsymbol{r}_+-\boldsymbol{r}_-)\times\boldsymbol{E}=q\boldsymbol{l}\times\boldsymbol{E}\end{aligned}$$

即

$$\boldsymbol{M}=\boldsymbol{p}\times\boldsymbol{E}\tag{6.14}$$

力矩 $\boldsymbol{M}$ 的作用总是使电偶极子转向电场 $\boldsymbol{E}$ 的方向。当转到 $\boldsymbol{p}$ 平行于 $\boldsymbol{E}$ 时，力矩 $\boldsymbol{M}=0$。

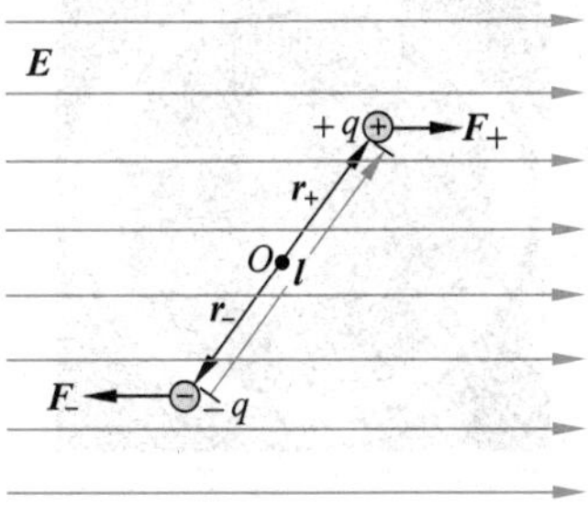

图 6.9　电偶极子在外电场中受力情况

6.5　电场线和电通量

为了形象地描绘电场在空间的分布，可以画电场线图。电场线是按下述规定在电场中画出的一系列假想的曲线：曲线上每一点的切线方向表示该点场强的方向，曲线的疏密表示场强的大小。定量地说，为了表示电场中某点场强的大小，设想通过该点画一个垂直于电场方向的面元 $\mathrm{d}S_\perp$，如图 6.10 所示，通过此面元画 $\mathrm{d}\Phi_\mathrm{e}$ 条电场线，使得

$$E=\frac{\mathrm{d}\Phi_\mathrm{e}}{\mathrm{d}S_\perp}\tag{6.15}$$

这就是说，电场中某点电场强度的大小等于该点处的电场线数密度，即该点附近垂直于电场方向的单位面积所通过的电场线条数。

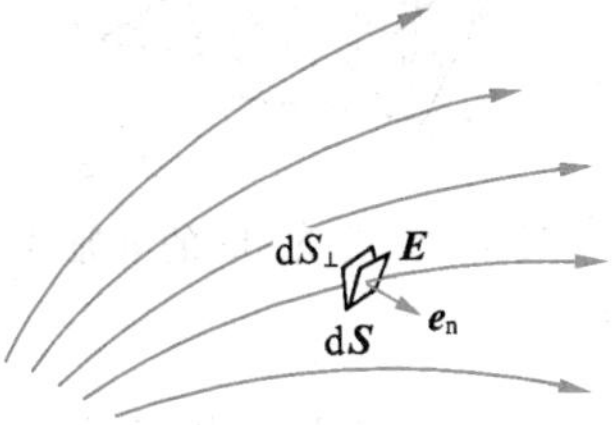

图 6.10　电场线数密度与场强大小的关系

图 6.11 画出了几种不同分布的电荷所产生的电场的电场线。

电场线图形也可以通过实验显示出来。将一些针状晶体碎屑撒到绝缘油中使之悬浮起

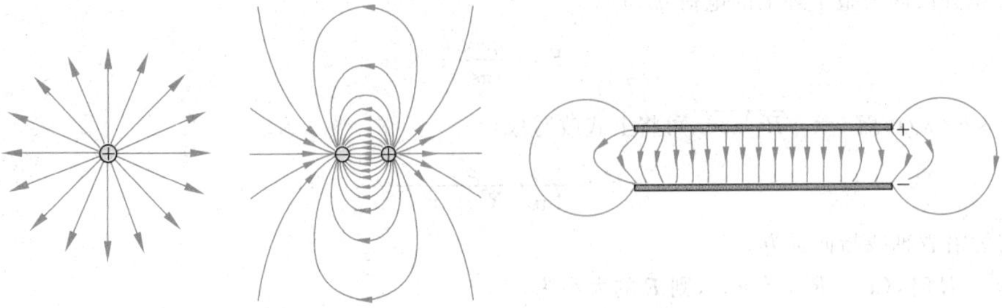

(a) (b) (c)

图 6.11 几种静止的电荷的电场线图

(a) 点电荷；(b) 电偶极子；(c) 带电平行板

来，加以外电场后，这些小晶体会因感应而成为小的电偶极子。它们在电场力的作用下就会转到电场方向排列起来，于是就显示出了电场线的图形(图 6.12)。

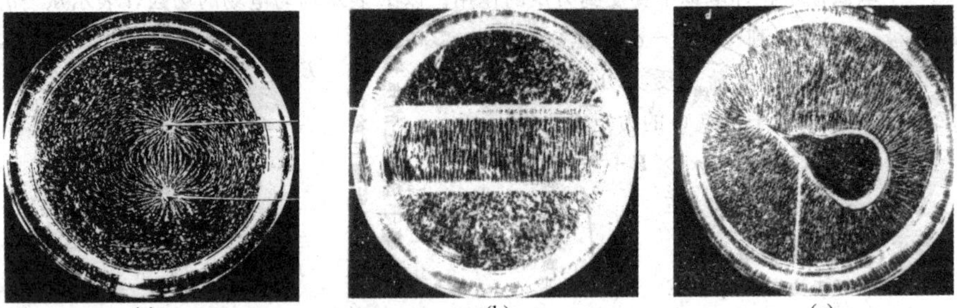

(a) (b) (c)

图 6.12 电场线的显示

(a) 两个等量的正负电荷；(b) 两个带等量异号电荷的平行金属板；(c) 有尖的异形带电导体

式(6.11)或式(6.12)给出了场源电荷和它们的电场分布的关系。利用电场线概念，可以用另一种形式——高斯定律——把这一关系表示出来。这后一种形式还有更普遍的理论意义，为了导出这一形式，我们引入电通量的概念。

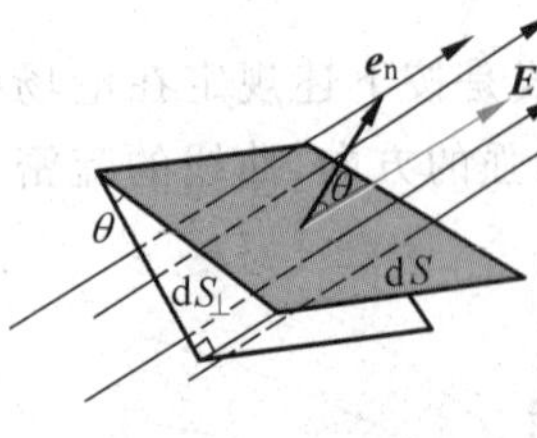

图 6.13 通过 dS 的电通量

如图 6.13 所示，以 dS 表示电场中某一个设想的面元。通过此面元的电场线条数就定义为通过这一面元的**电通量**。为了求出这一电通量，我们考虑此面元在垂直于场强方向的投影 $dS_\perp$。很明显，通过 dS 和 $dS_\perp$ 的电场线条数是一样的。由图可知，$dS_\perp = dS\cos\theta$。将此关系代入式(6.15)，可得通过 dS 的电场线的条数或电通量应为

$$d\Phi_e = E dS_\perp = E dS\cos\theta \tag{6.16}$$

为了同时表示出面元的方位，我们利用面元的法向单位矢量 $\boldsymbol{e}_n$，这时面元就用矢量面元 $d\boldsymbol{S} = dS\boldsymbol{e}_n$ 表示。由图 6.11 可以看出，dS 和 $dS_\perp$ 两面积之间的夹角也等于电场 $\boldsymbol{E}$ 和 $\boldsymbol{e}_n$ 之间的夹角。由矢量标积的定义，可得

$$\boldsymbol{E}\cdot d\boldsymbol{S} = \boldsymbol{E}\cdot\boldsymbol{e}_n dS = E dS\cos\theta$$

将此式与式(6.16)对比，可得用矢量标积表示的通过面元 $d\boldsymbol{S}$ 的电通量的公式

$$d\Phi_e = \boldsymbol{E}\cdot d\boldsymbol{S} \tag{6.17}$$

注意，由此式决定的电通量 $d\Phi_e$ 有正、负之别。当 $0\leqslant\theta\leqslant\pi/2$ 时，$d\Phi_e$ 为正；当 $\pi/2\leqslant\theta\leqslant\pi$ 时，$d\Phi_e$ 为负。

为了求出通过任意曲面 S 的电通量(图 6.14)，可将曲面 S 分割成许多小面元 dS。先计算通过每一小面元的电通量，然后对整个 S 面上所有面元的电通量相加。用数学式表示就有

$$\Phi_e=\int d\Phi_e=\int_S \boldsymbol{E}\cdot d\boldsymbol{S} \tag{6.18}$$

这样的积分在数学上叫**面积分**，积分号下标 S 表示此积分遍及整个曲面。

通过一个封闭曲面 S(图 6.15)的电通量可表示为

$$\Phi_e=\oint_S \boldsymbol{E}\cdot d\boldsymbol{S} \tag{6.19}$$

积分符号"$\oint$"表示对整个封闭曲面进行面积分。

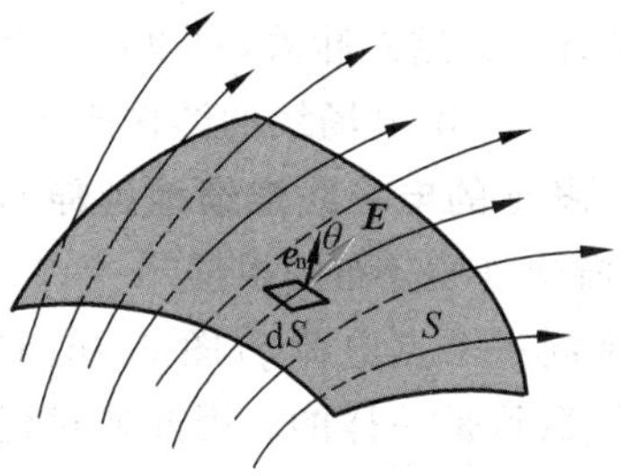

图 6.14 通过任意曲面的电通量

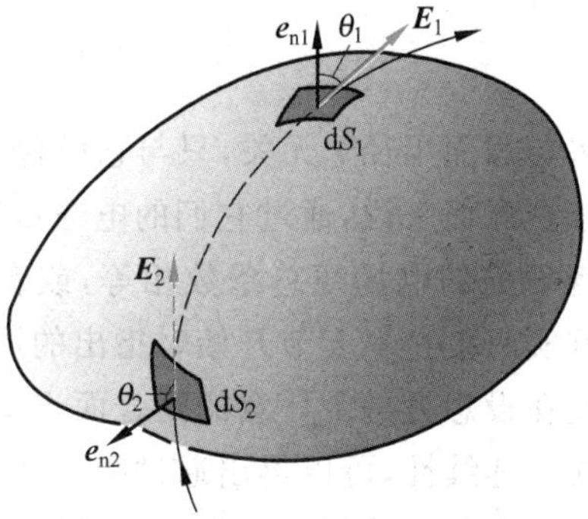

图 6.15 通过封闭曲面的电通量

对于不闭合的曲面，面上各处法向单位矢量的正向可以任意取这一侧或那一侧。对于闭合曲面，由于它使整个空间划分成内、外两部分，所以一般规定**自内向外**的方向为各处面元法向的正方向。因此，当电场线从内部穿出时(如在图 6.13 中面元 dS_1 处)，$0\leqslant\theta_1\leqslant\pi/2$，$d\Phi_e$为正。当电场线由外面穿入时(如图 6.13 中面元 dS_2 处)，$\pi/2\leqslant\theta_2\leqslant\pi$，$d\Phi_e$ 为负。式(6.19)中表示的通过整个封闭曲面的电通量 Φ_e 就等于穿出与穿入封闭曲面的电场线的条数之差，也就是**净穿出封闭面**的电场线的总条数。

6.6 高斯定律

高斯(K. F. Gauss，1777—1855 年)是德国物理学家和数学家，他在实验物理和理论物理以及数学方面都作出了很多贡献，他导出的高斯定律是电磁学的一条重要规律。

高斯定律是用电通量表示的电场和场源电荷关系的定律，它给出了通过任一封闭面的电通量与封闭面内部所包围的电荷的关系。下面我们利用电通量的概念根据库仑定律和场强叠加原理来导出这个关系。

我们先讨论一个静止的点电荷 q 的电场。以 q 所在点为中心，取任意长度 r 为半径作一球面 S 包围这个点电荷 q(图 6.16(a))。我们知道，球面上任一点的电场强度 $\boldsymbol{E}$ 的大小都是 $\frac{q}{4\pi\varepsilon_0 r^2}$，方向都沿着径矢 $\boldsymbol{r}$ 的方向，而处处与球面垂直。根据式(6.19)，可得通过这球面

的电通量为

$$\Phi_e = \oint_S \boldsymbol{E} \cdot d\boldsymbol{S} = \oint_S \frac{q}{4\pi\varepsilon_0 r^2} dS = \frac{q}{4\pi\varepsilon_0 r^2} \oint_S dS = \frac{q}{4\pi\varepsilon_0 r^2} 4\pi r^2 = \frac{q}{\varepsilon_0}$$

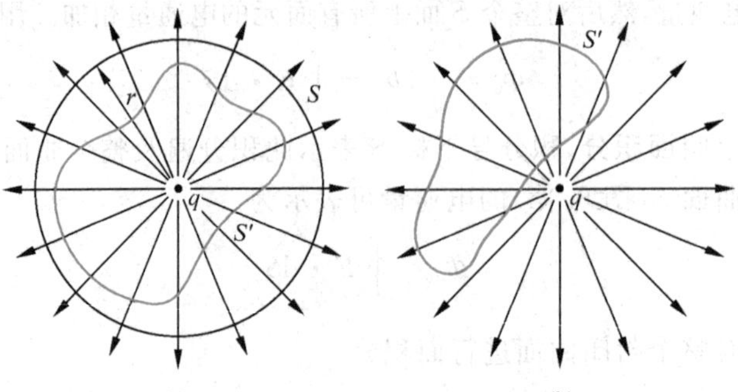

图 6.16 说明高斯定律用图

此结果与球面半径 r 无关，只与它所包围的电荷的电量有关。这意味着，对以点电荷 q 为中心的任意球面来说，通过它们的电通量都一样，都等于 q/ε_0。用电场线的图像来说，这表示通过各球面的电场线总条数相等，或者说，**从点电荷 q 发出的电场线连续地延伸到无限远处**。这实际上是 6.5 节开始时指出的可以用**连续**的线描绘电场分布的根据。

现在设想另一个任意的闭合面 S'，S' 与球面 S 包围同一个点电荷 q（图 6.16(a)），由于电场线的连续性，可以得出通过闭合面 S 和 S' 的电力线数目是一样的。因此通过任意形状的包围点电荷 q 的闭合面的电通量都等于 q/ε_0。

如果闭合面 S' 不包围点电荷 q（图 6.16(b)），则由电场线的连续性可得出，由这一侧进入 S' 的电场线条数一定等于从另一侧穿出 S' 的电场线条数，所以净穿出闭合面 S' 的电场线的总条数为零，亦即通过 S' 面的电通量为零。用公式表示，就是

$$\Phi_e = \oint_S \boldsymbol{E} \cdot d\boldsymbol{S} = 0$$

以上是关于单个点电荷的电场的结论。对于一个由点电荷 $q_1, q_2, \cdots, q_n$ 等组成的电荷系来说，在它们的电场中的任意一点，由场强叠加原理可得

$$\boldsymbol{E} = \boldsymbol{E}_1 + \boldsymbol{E}_2 + \cdots + \boldsymbol{E}_n$$

其中 $\boldsymbol{E}_1, \boldsymbol{E}_2, \cdots, \boldsymbol{E}_n$ 为单个点电荷产生的电场，$\boldsymbol{E}$ 为总电场。这时通过任意封闭曲面 S 的电通量为

$$\begin{aligned}\Phi_e &= \oint_S \boldsymbol{E} \cdot d\boldsymbol{S} = \oint_S \boldsymbol{E}_1 \cdot d\boldsymbol{S} + \oint_S \boldsymbol{E}_2 \cdot d\boldsymbol{S} + \cdots + \oint_S \boldsymbol{E}_n \cdot d\boldsymbol{S} \\ &= \Phi_{e1} + \Phi_{e2} + \cdots + \Phi_{en}\end{aligned}$$

其中 $\Phi_{e1}, \Phi_{e2}, \cdots, \Phi_{en}$ 为单个点电荷的电场通过封闭曲面的电通量。由上述关于单个点电荷的结论可知，当 q_i 在封闭曲面内时，$\Phi_{ei} = q_i/\varepsilon_0$；当 q_i 在封闭曲面外时，$\Phi_{ei} = 0$，所以上式可以写成

$$\Phi_e = \oint_S \boldsymbol{E} \cdot d\boldsymbol{S} = \frac{1}{\varepsilon_0} \sum q_{in} \tag{6.20}$$

式中，$\sum q_{in}$ 表示在封闭曲面内的电量的代数和。式(6.20)就是高斯定律的数学表达式，它表明：**在真空中的静电场内，通过任意封闭曲面的电通量等于该封闭面所包围的电荷的电**

量的代数和的 $1/\varepsilon_0$ **倍**。

对高斯定律的理解应注意以下几点：①高斯定律表达式左方的场强 $\boldsymbol{E}$ 是曲面上各点的场强，它是由**全部电荷**(既包括封闭曲面内又包括封闭曲面外的电荷)共同产生的合场强，并非只由封闭曲面内的电荷 $\sum q_{\text{in}}$ 所产生。②通过封闭曲面的总电通量只决定于它所包围的电荷，即只有封闭曲面**内部的电荷**才对这一总电通量有贡献，封闭曲面外部电荷对这一总电通量无贡献。

上面利用库仑定律(已暗含了自由空间的各向同性)和叠加原理导出了高斯定律。在电场强度定义之后，也可以把高斯定律作为基本定律结合自由空间的各向同性而导出库仑定律来(见例 6.6)。这说明，对静电场来说，库仑定律和高斯定律并不是互相独立的定律，而是用不同形式表示的电场与场源电荷关系的同一客观规律。二者具有"相逆"的意义：库仑定律使我们在电荷分布已知的情况下，能求出场强的分布；而高斯定律使我们在电场强度分布已知时，能求出任意区域内的电荷。尽管如此，当电荷分布具有某种对称性时，也可用高斯定律求出该种电荷系统的电场分布，而且，这种方法在数学上比用库仑定律简便得多。

可以附带指出的是，如上所述，对于静止电荷的电场，可以说库仑定律与高斯定律二者等价。但在研究**运动电荷**的电场或一般地随时间变化的电场时，人们发现，库仑定律不再成立，而高斯定律却仍然有效。所以说，高斯定律是关于电场的普遍的基本规律。

6.7 利用高斯定律求静电场的分布

在一个参考系内，当静止的电荷分布具有某种对称性时，可以应用高斯定律求场强分布。这种方法一般包含两步：首先，根据电荷分布的对称性分析电场分布的对称性；然后，再应用高斯定律计算场强数值。这一方法的决定性的技巧是选取合适的封闭积分曲面(常叫**高斯面**)以便使积分 $\oint \boldsymbol{E}\cdot \mathrm{d}\boldsymbol{S}$ 中的 $\boldsymbol{E}$ 能以标量形式从积分号内提出来。下面举几个例子，它们都要求求出在场源电荷静止的参考系内自由空间中的电场分布。

例 6.6

试由高斯定律求在点电荷 q 静止的参考系中自由空间内的电场分布。

解 由于自由空间是均匀而且各向同性的，因此，点电荷的电场应具有以该电荷为中心的球对称性，即各点的场强方向应沿从点电荷引向各点的径矢方向，并且在距点电荷等远的所有各点上，场强的数值应该相等。据此，可以选择一个以点电荷所在点为球心，半径为 r 的球面为高斯面 S。通过 S 面的电通量为

$$\Phi_{\mathrm{e}} = \oint_S \boldsymbol{E}\cdot \mathrm{d}\boldsymbol{S} = \oint_S E\mathrm{d}S = E\oint_S \mathrm{d}S$$

最后的积分就是球面的总面积 $4\pi r^2$，所以

$$\Phi_{\mathrm{e}} = E\cdot 4\pi r^2$$

S 面包围的电荷为 q。高斯定律给出

$$E\cdot 4\pi r^2 = \frac{1}{\varepsilon_0}q$$

由此得出

$$E = \frac{q}{4\pi\varepsilon_0 r^2}$$

由于 $\boldsymbol{E}$ 的方向沿径向，所以此结果又可以用下一矢量式表示：

$$\boldsymbol{E} = \frac{q}{4\pi\varepsilon_0 r^2}\boldsymbol{e}_r$$

这就是点电荷的场强公式。

若将另一电荷 q_0 放在距电荷 q 为 r 的一点上，则由场强定义可求出 q_0 受的力为

$$\boldsymbol{F} = \boldsymbol{E}q_0 = \frac{qq_0}{4\pi\varepsilon_0 r^2}\boldsymbol{e}_r$$

此式正是库仑定律。这样，我们就由高斯定律导出了库仑定律。

例 6.7

求均匀带电球面的电场分布。已知球面半径为 R，所带总电量为 q(设 $q>0$)。

解 先求球面外任一点 P 处的场强。设 P 距球心为 r（图 6.17），并连接 OP 直线。由于**自由空间**的各向同性和电荷分布对于 O 点的球对称性，在 P 点唯一可能的确定方向是径矢 OP 的方向，因而此处场强 $\boldsymbol{E}$ 的方向只可能是沿此径向（反过来说，设 $\boldsymbol{E}$ 的方向在图中偏离 OP，例如，向下 30°，那么将带电球面连同它的电场以 OP 为轴转动 180°后，电场 $\boldsymbol{E}$ 的方向就将应偏离 OP 向上 30°。由于电荷分布并未因此转动而发生变化，所以电场方向的这种改变是不应该有的。带电球面转动时，P 点的电场方向只有在该方向沿 OP 径向时才能不变）。其他各点的电场方向也都沿各自的径矢方向。又由于电荷分布的球对称性，在以 O 为心的同一球面上各点的电场强度的大小都应该相等，因此可选球面 S 为高斯面，通过它的电通量为

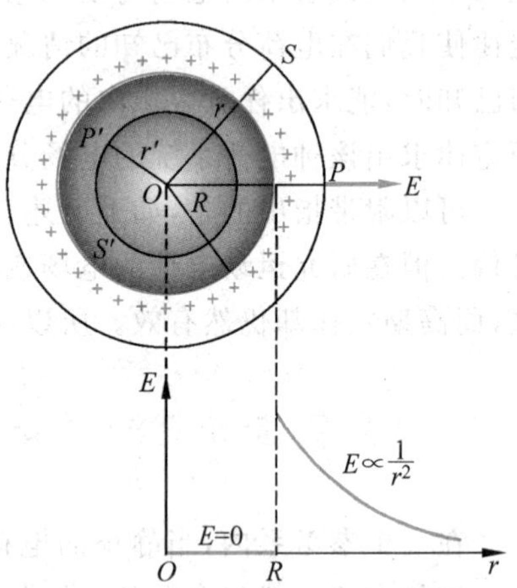

图 6.17 均匀带电球面的电场分析

$$\Phi_e = \oint_S \boldsymbol{E}\cdot d\boldsymbol{S} = \oint_S E dS = E\oint_S dS = E\cdot 4\pi r^2$$

此球面包围的电荷为 $\sum q_{in} = q$。高斯定律给出

$$E\cdot 4\pi r^2 = \frac{q}{\varepsilon_0}$$

由此得出

$$E = \frac{q}{4\pi\varepsilon_0 r^2} \quad (r > R)$$

考虑 $\boldsymbol{E}$ 的方向，可得电场强度的矢量式为

$$\boldsymbol{E} = \frac{q}{4\pi\varepsilon_0 r^2}\boldsymbol{e}_r \quad (r > R) \tag{6.21}$$

此结果说明，均匀带电球面外的场强分布正像球面上的电荷都集中在球心时所形成的一个点电荷在该区的场强分布一样。

对球面内部任一点 P'，上述关于场强的大小和方向的分析仍然适用。过 P' 点作半径为 r' 的同心球面为高斯面 S'。通过它的电通量仍可表示为 $4\pi r'^2 E$，但由于此 S' 面内没有电荷，根据高斯定律，应该有

$$E\cdot 4\pi r^2 = 0$$

即

$$E = 0 \quad (r < R) \tag{6.22}$$

这表明：均匀带电球面内部的场强处处为零。

根据上述结果，可画出场强随距离的变化曲线——E-r 曲线（图 6.17）。从 E-r 曲线中可看出，场强值在球面($r=R$)上是不连续的。

例 6.8

求均匀带电球体的电场分布。已知球半径为 R，所带总电量为 q。

铀核可视为带有 $92e$ 的均匀带电球体，半径为 7.4×10^{-15} m，求其表面的电场强度。

解 设想均匀带电球体是由一层层同心均匀带电球面组成。这样例 6.7 中关于场强方向和大小的分析在本例中也适用。因此，可以直接得出：在球体外部的场强分布和所有电荷都集中到球心时产生的电场一样，即

$$\boldsymbol{E}=\frac{q}{4\pi\varepsilon_0 r^2}\boldsymbol{e}_r \quad (r\geqslant R) \tag{6.23}$$

为了求出球体内任一点的场强，可以通过球内 P 点做一个半径为 $r(r<R)$ 的同心球面 S 作为高斯面(图 6.18)，通过此面的电通量仍为 $E\cdot 4\pi r^2$。此球面包围的电荷为

$$\sum q_{\text{in}}=\frac{q}{\frac{4}{3}\pi R^3}\frac{4}{3}\pi r^3=\frac{qr^3}{R^3}$$

由此利用高斯定律可得

$$E=\frac{q}{4\pi\varepsilon_0 R^3}r \quad (r\leqslant R)$$

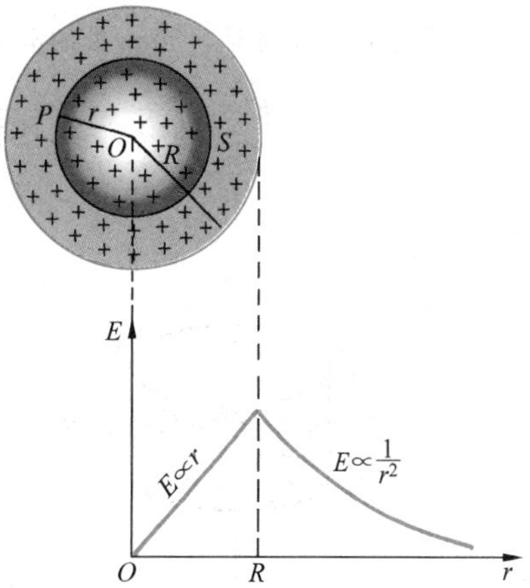

图 6.18 均匀带电球体的电场分析

这表明，在均匀带电球体内部各点场强的大小与径矢大小成正比。考虑到 $\boldsymbol{E}$ 的方向，球内电场强度也可以用矢量式表示为

$$\boldsymbol{E}=\frac{q}{4\pi\varepsilon_0 R^3}\boldsymbol{r} \quad (r\leqslant R) \tag{6.24}$$

以 ρ 表示体电荷密度，则式(6.24)又可写成

$$\boldsymbol{E}=\frac{\rho}{3\varepsilon_0}\boldsymbol{r} \tag{6.25}$$

均匀带电球体的 E-r 曲线绘于图 6.18 中。注意，在球体表面上，场强的大小是连续的。

由式(6.23)或式(6.24)，可得铀核表面的电场强度为

$$E=\frac{92e}{4\pi\varepsilon_0 R^2}=\frac{92\times1.6\times10^{-19}}{4\pi\times8.85\times10^{-12}\times(7.4\times10^{-15})^2}\ \text{N/C}=2.4\times10^{21}\ \text{N/C}$$

例 6.9

求无限长均匀带电直线的电场分布。已知线上线电荷密度为 λ。

输电线上均匀带电，线电荷密度为 4.2 nC/m，求距电线 0.50 m 处的电场强度。

解 带电直线的电场分布应具有轴对称性，考虑离直线距离为 r 的一点 P 处的场强 $\boldsymbol{E}$(图 6.19)。由于空间各向同性而带电直线为无限长，且均匀带电，所以电场分布具有轴对称性，因而 P 点的电场方向唯一的可能是垂直于带电直线而沿径向，并且和 P 点在同一圆柱面(以带电直线为轴)上的各点的场强大小也都相等，而且方向都沿径向。

作一个通过 P 点，以带电直线为轴，高为 l 的圆筒形封闭面为高斯面 S，通过 S 面的电通量为

$$\Phi_e=\oint_S \boldsymbol{E}\cdot d\boldsymbol{S}=\int_{S_l}\boldsymbol{E}\cdot d\boldsymbol{S}+\int_{S_t}\boldsymbol{E}\cdot d\boldsymbol{S}+\int_{S_b}\boldsymbol{E}\cdot d\boldsymbol{S}$$

在 S 面的上、下底面(S_t 和 S_b)上，场强方向与底面平行，因此，上式等号右侧后面两项等于零。而在侧面(S_l)上各点 $\boldsymbol{E}$ 的方向与各该点的法线方向相同，所以有

$$\oint_S \boldsymbol{E}\cdot d\boldsymbol{S}=\int_{S_l}\boldsymbol{E}\cdot d\boldsymbol{S}=\int_{S_l}E\,dS=E\int_{S_l}dS=E\cdot 2\pi rl$$

此封闭面内包围的电荷 $\sum q_{\text{in}}=\lambda l$。由高斯定律得

$$E\cdot 2\pi rl=\lambda l/\varepsilon_0$$

由此得

$$E=\frac{\lambda}{2\pi\varepsilon_0 r} \tag{6.26}$$

这一结果与式(6.13)相同。由此可见,当条件允许时,利用高斯定律计算场强分布要简便得多。

题中所述输电线周围 0.50 m 处的电场强度为

$$E=\frac{\lambda}{2\pi\varepsilon_0 r}=\frac{4.2\times10^{-9}}{2\pi\times8.85\times10^{-12}\times0.50}\text{ N/C}=1.5\times10^{2}\text{ N/C}$$

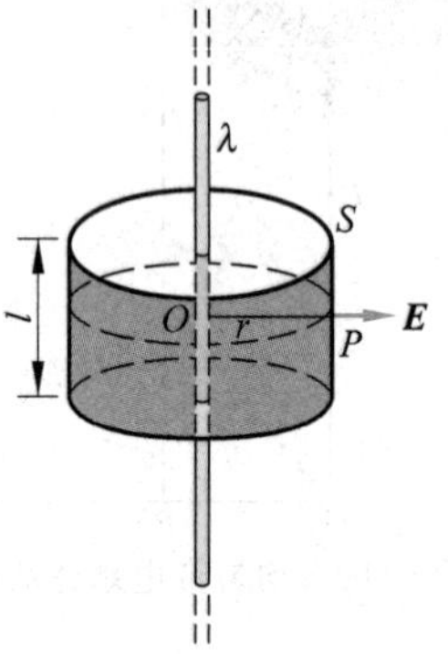

图 6.19 无限长均匀带电直线的场强分析

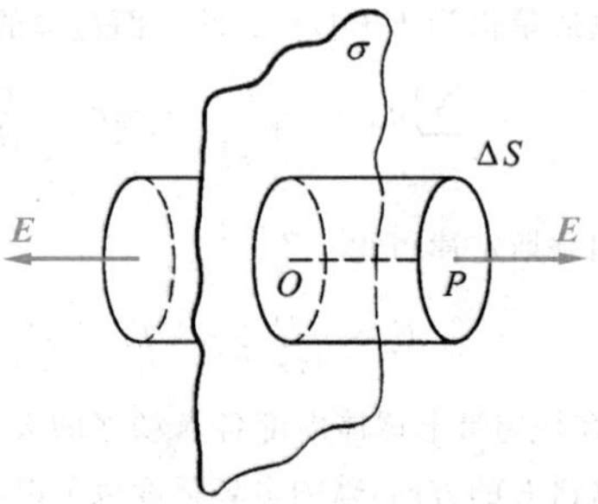

图 6.20 无限大均匀带电平面的电场分析

例 6.10

求无限大均匀带电平面的电场分布。已知带电平面上面电荷密度为 σ。

解 考虑距离带电平面为 r 的 P 点的场强 $\boldsymbol{E}$(图 6.20)。由于电荷分布对于垂线 OP 是对称的,所以 P 点的场强必然垂直于该带电平面。又由于电荷均匀分布在一个无限大平面上,所以电场分布必然对该平面对称,而且离平面等远处(两侧一样)的场强大小都相等,方向都垂直指离平面(当 $\sigma>0$ 时)。

我们选一个其轴垂直于带电平面的圆筒式的封闭面作为高斯面 S,带电平面平分此圆筒,而 P 点位于它的一个底上。

由于圆筒的侧面上各点的 $\boldsymbol{E}$ 与侧面平行,所以通过侧面的电通量为零。因而只需要计算通过两底面(S_{tb})的电通量。以 ΔS 表示一个底的面积,则

$$\Phi_{\text{e}}=\oint_S \boldsymbol{E}\cdot d\boldsymbol{S}=\int_{S_{\text{tb}}}\boldsymbol{E}\cdot d\boldsymbol{S}=2E\Delta S$$

由于

$$\sum q_{\text{in}}=\sigma\Delta S$$

高斯定律给出

$$2E\Delta S=\sigma\Delta S/\varepsilon_0$$

从而

$$E=\frac{\sigma}{2\varepsilon_0} \tag{6.27}$$

此结果说明,无限大均匀带电平面两侧的电场是均匀场。

上述各例中的带电体的电荷分布都具有某种对称性,利用高斯定律计算这类带电体的

场强分布是很方便的。不具有特定对称性的电荷分布，其电场不能直接用高斯定律求出。当然，这绝不是说，高斯定律对这些电荷分布不成立。

对带电体系来说，如果其中每个带电体上的电荷分布都具有对称性，那么可以用高斯定律求出每个带电体的电场，然后再应用场强叠加原理求出带电体系的总电场分布。

提要

1. 电荷的基本性质：两种电荷，量子性，电荷守恒，相对论不变性。

2. 库仑定律：两个静止的点电荷之间的作用力

$$\boldsymbol{F}=\frac{kq_1q_2}{r^2}\boldsymbol{e}_r=\frac{q_1q_2}{4\pi\varepsilon_0 r^2}\boldsymbol{e}_r$$

其中的

$$k=9\times10^9\,\mathrm{N\cdot m^2/C^2}$$

真空介电常量

$$\varepsilon_0=\frac{1}{4\pi k}=8.85\times10^{-12}\,\mathrm{C^2/(N\cdot m^2)}$$

3. 电力叠加原理：$\boldsymbol{F}=\sum\boldsymbol{F}_i$

4. 电场强度：$\boldsymbol{E}=\dfrac{\boldsymbol{F}}{q}$，$q$ 为检验电荷。

5. 场强叠加原理：$\boldsymbol{E}=\sum\boldsymbol{E}_i$

用叠加法求电荷系的静电场：

$$\boldsymbol{E}=\sum_i\frac{q_i}{4\pi\varepsilon_0 r_i^2}\boldsymbol{e}_{ri}$$

$$\boldsymbol{E}=\int_q\frac{\mathrm{d}q}{4\pi\varepsilon_0 r^2}\boldsymbol{e}_r$$

6. 电通量：$\Phi_\mathrm{e}=\int_S\boldsymbol{E}\cdot\mathrm{d}\boldsymbol{S}$

7. 高斯定律：$\oint_S\boldsymbol{E}\cdot\mathrm{d}\boldsymbol{S}=\dfrac{1}{\varepsilon_0}\sum q_{\mathrm{in}}$

8. 典型静电场

均匀带电球面：$\boldsymbol{E}=0$ （球面内），

$$\boldsymbol{E}=\frac{q}{4\pi\varepsilon_0 r^2}\boldsymbol{e}_r\quad（球面外）；$$

均匀带电球体：$\boldsymbol{E}=\dfrac{q}{4\pi\varepsilon_0 R^3}\boldsymbol{r}=\dfrac{\rho}{3\varepsilon_0}\boldsymbol{r}$ （球体内），

$$\boldsymbol{E}=\frac{q}{4\pi\varepsilon_0 r^2}\boldsymbol{e}_r\quad（球体外）；$$

均匀带电无限长直线：$E=\dfrac{\lambda}{2\pi\varepsilon_0 r}$，方向垂直于带电直线；

均匀带电无限大平面：$E=\dfrac{\sigma}{2\varepsilon_0}$，方向垂直于带电平面。

9. 电偶极子在电场中受到的力矩

$$\boldsymbol{M}=\boldsymbol{p}\times\boldsymbol{E}$$

习题

6.1 在边长为 a 的正方形的四角，依次放置点电荷 $q,2q,-4q$ 和 $2q$，它的正中放着一个单位正电荷，求这个电荷受力的大小和方向。

6.2 三个电量为 $-q$ 的点电荷各放在边长为 r 的等边三角形的三个顶点上，电荷 $Q(Q>0)$ 放在三角形的重心上。为使每个负电荷受力为零，Q 之值应为多大？

6.3 两根无限长的均匀带电直线相互平行，相距为 $2a$，线电荷密度分别为 $+\lambda$ 和 $-\lambda$，求每单位长度的带电直线受的作用力。

6.4 一均匀带电直线长为 L，线电荷密度为 λ。求直线的延长线上距 L 中点为 $r(r>L/2)$ 处的场强。

6.5 如图6.21，一个细的带电塑料圆环，半径为 R，所带线电荷密度 λ 和 θ 有 $\lambda=\lambda_0\sin\theta$ 的关系。求在圆心处的电场强度的方向和大小。

6.6 一根不导电的细塑料杆，被弯成近乎完整的圆，圆的半径为 0.5 m，杆的两端有 2 cm 的缝隙，3.12×10^{-9} C 的正电荷均匀地分布在杆上，求圆心处电场的大小和方向。

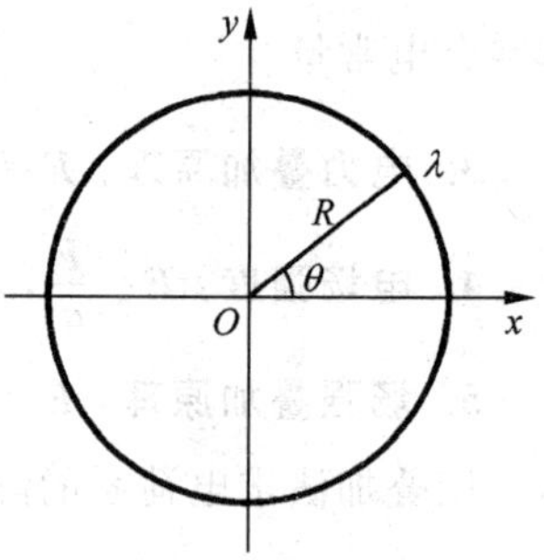

图 6.21 习题 6.5 用图

6.7 (1) 点电荷 q 位于边长为 a 的正立方体的中心，通过此立方体的每一面的电通量各是多少？

(2) 若电荷移至正立方体的一个顶点上，那么通过每个面的电通量又各是多少？

6.8 两个无限长同轴圆筒半径分别为 R_1 和 R_2，单位长度带电量分别为 $+\lambda$ 和 $-\lambda$。求内筒内、两筒间及外筒外的电场分布。

6.9 两个平行无限大均匀带电平面，面电荷密度分别为 $\sigma_1=4\times10^{-11}\ \mathrm{C/m^2}$ 和 $\sigma_2=-2\times10^{-11}\ \mathrm{C/m^2}$。求此系统的电场分布。

6.10 一大平面中部有一半径为 R 的小孔，设平面均匀带电，面电荷密度为 σ_0，求通过小孔中心并与平面垂直的直线上的场强分布。

6.11 通常情况下中性氢原子具有如下的电荷分布：一个大小为 $+e$ 的电荷被密度为 $\rho(r)=-Ce^{-2r/a_0}$ 的负电荷所包围，a_0 是"玻尔半径"，$a_0=0.53\times10^{-10}$ m，C 是为了使电荷总量等于 $-e$ 所需要的常量。试问在半径为 a_0 的球内净电荷是多少？距核 a_0 远处的电场强度多大？

6.12 按照一种模型，中子是由带正电荷的内核与带负电荷的外壳所组成。假设正电荷电量为 $2e/3$，且均匀分布在半径为 0.50×10^{-15} m 的球内；而负电荷电量 $-2e/3$，分布在内、外半径分别为 0.50×10^{-15} m 和 1.0×10^{-15} m 的同心球壳内(图6.22)。求在与中心距离分别为 1.0×10^{-15} m，0.75×10^{-15} m，0.50×10^{-15} m 和 0.25×10^{-15} m 处电场的大小和方向。

6.13 设在氢原子中，负电荷均匀分布在半径为 $r_0=0.53\times10^{-10}$ m 的球体内，总电量为 $-e$，质子位于此电子云的中心。求当外加电场 $E=3\times10^6$ V/m(实验室内很强的电场)时，负电荷的球心和质子相距多远？(设电子云不因外加电场而变形)此时氢原子的"感生电偶极矩"多大？

6.14 根据汤姆孙模型，氦原子由一团均匀的正电荷云和其中的两个电子构成。设正电荷云是半径为 0.05 nm 的球，总电量为 $2e$，两个电子处于和球心对称的位置，求两电子的平衡间距。

6.15 在图6.23所示的空间内电场强度分量为 $E_x=bx^{1/2}$，$E_y=E_z=0$，其中 $b=800\ \mathrm{N\cdot m^{-1/2}/C}$。试求：

(1) 通过正立方体的电通量；

(2) 正立方体的总电荷是多少？设 $a=10$ cm。

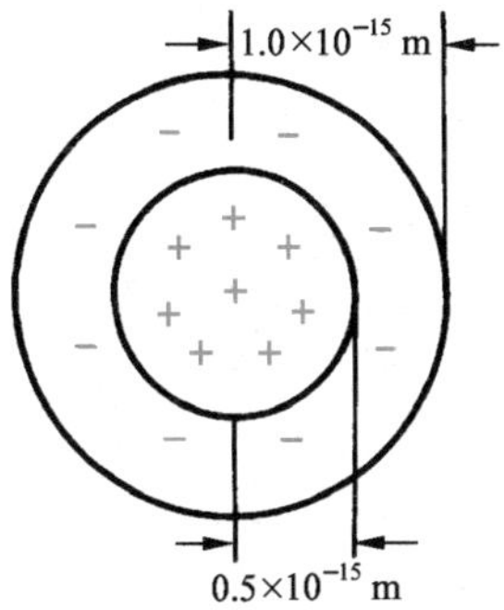

图 6.22 习题 6.12 用图

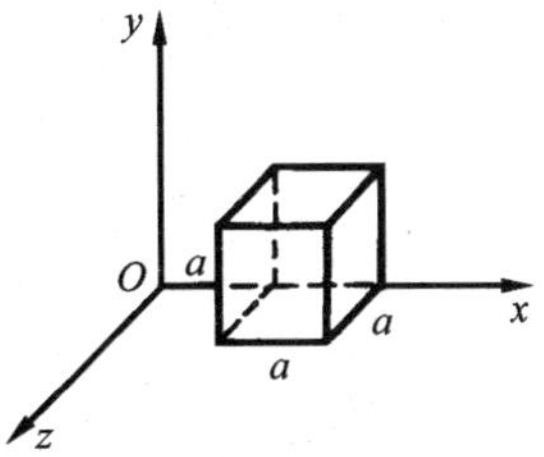

图 6.23 习题 6.15 用图

6.16 在 $x=+a$ 和 $x=-a$ 处分别放上一个电量都是 $+q$ 的点电荷。

(1) 试证明在原点 O 处 $(\mathrm{d}E/\mathrm{d}x)_{x=0}=-q/\pi\varepsilon_0 a^3$；

(2) 在原点处放置一电矩为 $\boldsymbol{p}=p\boldsymbol{i}$ 的电偶极子，试证它受的电场力为 $p(\mathrm{d}E/\mathrm{d}x)_{x=0}=-pq/\pi\varepsilon_0 a^3$。

6.17 两个固定的点电荷电量分别为 $+1.0\times10^{-6}$ C 和 -4.0×10^{-6} C，相距 10 cm。

(1) 在何处放一点电荷 q_0 时，此点电荷受的电场力为零而处于平衡状态？

(2) q_0 在该处的平衡状态沿两点电荷的连线方向是否是稳定的？试就 q_0 为正负两种情况进行讨论。

(3) q_0 在该处的平衡状态沿垂直于该连线的方向又如何？

第7章

电　　势

第6章介绍了电场强度，它说明电场对电荷有作用力。电场对电荷既然有作用力，那么，当电荷在电场中移动时，电场力就要做功。根据功和能量的联系，可知有能量和电场相联系。本章介绍和静电场相联系的能量。首先根据静电场的保守性，引入了电势的概念，并介绍了计算电势的方法以及电势和电场强度的关系。然后根据功能关系导出了电荷系的静电能的计算公式。静电系统的静电能可以认为是储存在电场中的。本章最后给出了电场能量密度的概念。

7.1　静电场的保守性

本章从功能的角度研究静电场的性质，我们先从库仑定律出发证明静电场是保守场。

图7.1中，以 q 表示固定于某处的一个点电荷，当另一电荷 q_0 在它的电场中由 P_1 点沿任一路径移到 P_2 点时，q_0 受的静电场力所做的功为

$$A_{12} = \int_{(P_1)}^{(P_2)} \boldsymbol{F} \cdot \mathrm{d}\boldsymbol{r} = \int_{(P_1)}^{(P_2)} q_0 \boldsymbol{E} \cdot \mathrm{d}\boldsymbol{r} = q_0 \int_{(P_1)}^{(P_2)} \boldsymbol{E} \cdot \mathrm{d}\boldsymbol{r} \tag{7.1}$$

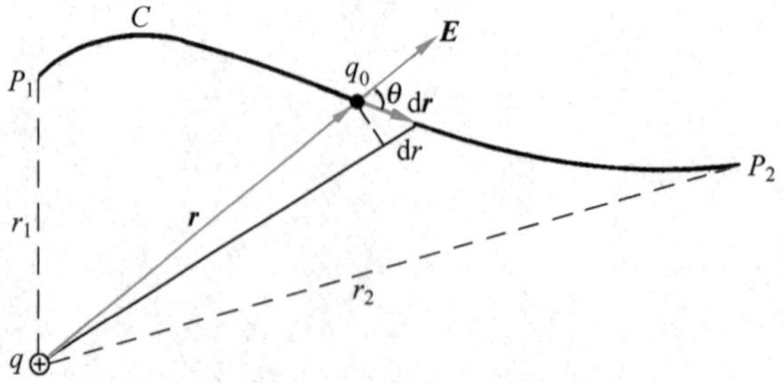

图7.1　电荷运动时电场力做功的计算

上式两侧除以 q_0，得到

$$\frac{A_{12}}{q_0} = \int_{(P_1)}^{(P_2)} \boldsymbol{E} \cdot \mathrm{d}\boldsymbol{r} \tag{7.2}$$

式(7.2)等号右侧的积分 $\int_{(P_1)}^{(P_2)} \boldsymbol{E} \cdot \mathrm{d}\boldsymbol{r}$ 叫电场强度 $\boldsymbol{E}$ 沿任意路径 L 的**线积分**，它表示在电场中从 P_1 点到 P_2 点移动单位正电荷时电场力所做的功。由于这一积分只由 q 的电场强度 $\boldsymbol{E}$

的分布决定，而与被移动的电荷的电量无关，所以可以用它来说明电场的性质。

对于静止的点电荷 q 的电场来说，其电场强度公式为

$$\boldsymbol{E}=\frac{q}{4\pi\varepsilon_0 r^2}\boldsymbol{e}_r=\frac{q}{4\pi\varepsilon_0 r^3}\boldsymbol{r}$$

将此式代入到式(7.2)中，得场强 $\boldsymbol{E}$ 的线积分为

$$\int_{(P_1)}^{(P_2)}\boldsymbol{E}\cdot\mathrm{d}\boldsymbol{r}=\int_{(P_1)}^{(P_2)}\frac{q}{4\pi\varepsilon_0 r^3}\boldsymbol{r}\cdot\mathrm{d}\boldsymbol{r}$$

从图 7.1 看出，$\boldsymbol{r}\cdot\mathrm{d}\boldsymbol{r}=r\cos\theta|\mathrm{d}\boldsymbol{r}|=r\mathrm{d}r$，这里 θ 是从电荷 q 引到 q_0 的径矢与 q_0 的位移元 $\mathrm{d}\boldsymbol{r}$ 之间的夹角。将此关系代入上式，得

$$\int_{(P_1)}^{(P_2)}\boldsymbol{E}\cdot\mathrm{d}\boldsymbol{r}=\int_{r_1}^{r_2}\frac{q}{4\pi\varepsilon_0 r^2}\mathrm{d}r=\frac{q}{4\pi\varepsilon_0}\left(\frac{1}{r_1}-\frac{1}{r_2}\right)\tag{7.3}$$

由于 r_1 和 r_2 分别表示从点电荷 q 到起点和终点的距离，所以此结果说明，在静止的点电荷 q 的电场中，电场强度的线积分只与积分路径的起点和终点位置有关，而与积分路径无关。也可以说在静止的点电荷的电场中，移动单位正电荷时，电场力所做的功只取决于被移动的电荷的起点和终点的位置，而与移动的路径无关。

对于由许多静止的点电荷 $q_1,q_2,\cdots,q_n$ 组成的电荷系，由场强叠加原理可得到其电场强度 $\boldsymbol{E}$ 的线积分为

$$\begin{aligned}\int_{(P_1)}^{(P_2)}\boldsymbol{E}\cdot\mathrm{d}\boldsymbol{r}&=\int_{(P_1)}^{(P_2)}(\boldsymbol{E}_1+\boldsymbol{E}_2+\cdots+\boldsymbol{E}_n)\cdot\mathrm{d}\boldsymbol{r}\\&=\int_{(P_1)}^{(P_2)}\boldsymbol{E}_1\cdot\mathrm{d}\boldsymbol{r}+\int_{(P_1)}^{(P_2)}\boldsymbol{E}_2\cdot\mathrm{d}\boldsymbol{r}+\cdots+\int_{(P_1)}^{(P_2)}\boldsymbol{E}_n\cdot\mathrm{d}\boldsymbol{r}\end{aligned}$$

因为上述等式右侧每一项线积分都与路径无关，而取决于被移动电荷的始末位置，所以总电场强度 $\boldsymbol{E}$ 的线积分也具有这一特点。

对于静止的连续的带电体，可将其看作无数电荷元的集合，因而它的电场场强的线积分同样具有这样的特点。

因此我们可以得出结论：对任何**静电场**，电场强度的线积分 $\int_{(P_1)}^{(P_2)}\boldsymbol{E}\cdot\mathrm{d}\boldsymbol{r}$ **都只取决于起点 P_1 和终点 P_2 的位置而与连结 P_1 和 P_2 点间的路径无关**，静电场的这一特性叫**静电场的保守性**。

静电场的保守性还可以表述成另一种形式。如图 7.2 所示，在静电场中作一任意闭合路径 C，考虑场强 $\boldsymbol{E}$ 沿此闭合路径的线积分。在 C 上取任意两点 P_1 和 P_2，它们把 C 分成 C_1 和 C_2 两段，因此，沿 C 环路的场强的线积分为

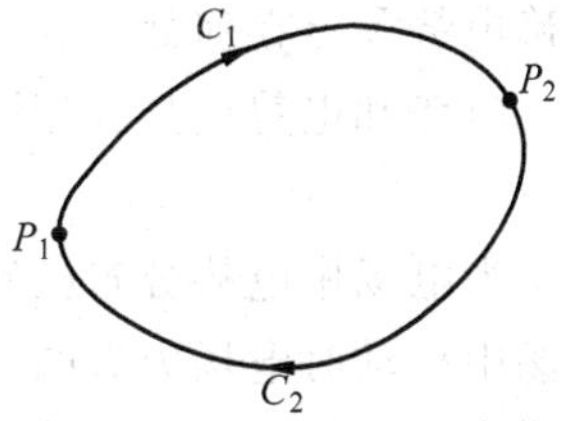

图 7.2 静电场的环路定理

$$\begin{aligned}\oint_C\boldsymbol{E}\cdot\mathrm{d}\boldsymbol{r}&=\int_{C_1(P_1)}^{(P_2)}\boldsymbol{E}\cdot\mathrm{d}\boldsymbol{r}+\int_{C_2(P_2)}^{(P_1)}\boldsymbol{E}\cdot\mathrm{d}\boldsymbol{r}\\&=\int_{C_1(P_1)}^{(P_2)}\boldsymbol{E}\cdot\mathrm{d}\boldsymbol{r}-\int_{C_2(P_1)}^{(P_2)}\boldsymbol{E}\cdot\mathrm{d}\boldsymbol{r}\end{aligned}$$

由于场强的线积分与路径无关，所以上式最后的两个积分值相等。因此

$$\oint_C\boldsymbol{E}\cdot\mathrm{d}\boldsymbol{r}=0\tag{7.4}$$

此式表明，**在静电场中，场强沿任意闭合路径的线积分等于零**。这就是静电场的保守性的另一种说法，称作**静电场环路定理**。

7.2 电势差和电势

静电场的保守性意味着，对静电场来说，存在着一个由电场中各点的位置所决定的标量函数，此函数在 P_1 和 P_2 两点的数值之差等于从 P_1 点到 P_2 点电场强度沿任意路径的线积分，也就等于从 P_1 点到 P_2 点移动单位正电荷时静电场力所做的功。这个函数叫**电场的电势**（或势函数），以 φ_1 和 φ_2 分别表示 P_1 和 P_2 点的电势，就可以有下述定义公式：

$$\varphi_1-\varphi_2=\int_{(P_1)}^{(P_2)}\boldsymbol{E}\cdot\mathrm{d}\boldsymbol{r} \tag{7.5}$$

$\varphi_1-\varphi_2$ 叫做 P_1 和 P_2 两点间的**电势差**，也叫该两点间的电压，记作 U_{12}，$U_{12}=\varphi_1-\varphi_2$。由于静电场的保守性，在一定的静电场中，对于给定的两点 P_1 和 P_2，其电势差具有完全确定的值。

式(7.5)只能给出静电场中任意两点的电势差，而不能确定任一点的电势值。为了给出静电场中各点的电势值，需要预先选定一个参考位置，并指定它的电势为零。这一参考位置叫**电势零点**。以 P_0 表示电势零点，由式(7.5)可得静电场中任意一点 P 的电势为

$$\varphi=\int_{(P)}^{(P_0)}\boldsymbol{E}\cdot\mathrm{d}\boldsymbol{r} \tag{7.6}$$

P 点的电势也就等于将单位正电荷自 P 点沿任意路径移到电势零点时，电场力所做的功。电势零点选定后，电场中所有各点的电势值就由式(7.6)唯一地确定了，由此确定的电势是空间坐标的标量函数，即 $\varphi=\varphi(x,y,z)$。

电势零点的选择只视方便而定。当电荷只分布在有限区域时，电势零点通常选在无限远处。这时式(7.6)可以写成

$$\varphi=\int_{(P)}^{\infty}\boldsymbol{E}\cdot\mathrm{d}\boldsymbol{r} \tag{7.7}$$

在实际问题中，也常常选地球的电势为零电势。

由式(7.6)明显看出，电场中各点电势的大小与电势零点的选择有关，相对于不同的电势零点，电场中同一点的电势会有不同的值。因此，在具体说明各点电势数值时，必须事先明确电势零点在何处。

电势和电势差具有相同的单位，在国际单位制中，电势的单位名称是伏[特]，符号为 V，

$$1\ \mathrm{V}=1\ \mathrm{J/C}$$

当电场中电势分布已知时，利用电势差定义式(7.5)，可以很方便地计算出点电荷在静电场中移动时电场力做的功。由式(7.1)和式(7.5)可知，电荷 q_0 从 P_1 点移到 P_2 点时，静电场力做的功可用下式计算：

$$A_{12}=q_0\int_{(P_1)}^{(P_2)}\boldsymbol{E}\cdot\mathrm{d}\boldsymbol{r}=q_0(\varphi_1-\varphi_2) \tag{7.8}$$

根据定义式(7.7)，在式(7.3)中，选 P_2 在无限远处，即令 $r_2=\infty$，则距静止的点电荷 q 的距离为 $r(r=r_1)$ 处的电势为

$$\varphi=\frac{q}{4\pi\varepsilon_0 r} \tag{7.9}$$

这就是在真空中静止的点电荷的电场中各点电势的公式。此式中视 q 的正负，电势 φ 可正可负。在正电荷的电场中，各点电势均为正值，离电荷越远的点，电势越低。在负电荷的电场中，各点电势均为负值，离电荷越远的点，电势越高。

下面举例说明，在真空中，当静止的电荷分布已知时，如何求出电势的分布。利用式(7.6)进行计算时，首先要明确电势零点，其次是要先求出电场的分布，然后选一条路径进行积分。

例 7.1

求均匀带电球面的电场中的电势分布。球面半径为 R，总带电量为 q。

解 以无限远为电势零点。由于在球面外直到无限远处场强的分布都和电荷集中到球心处的一个点电荷的场强分布一样，因此，球面外任一点的电势应与式(7.9)相同，即

$$\varphi = \frac{q}{4\pi\varepsilon_0 r} \quad (r \geqslant R)$$

若 P 点在球面内($r<R$)，由于球面内、外场强的分布不同，所以由定义式(7.7)，积分要分两段，即

$$\varphi = \int_r^\infty \boldsymbol{E} \cdot \mathrm{d}\boldsymbol{r} = \int_r^R \boldsymbol{E} \cdot \mathrm{d}\boldsymbol{r} + \int_R^\infty \boldsymbol{E} \cdot \mathrm{d}\boldsymbol{r}$$

因为在球面内各点场强为零，而球面外场强为

$$\boldsymbol{E} = \frac{q}{4\pi\varepsilon_0 r^3}\boldsymbol{r}$$

所以上式结果为

$$\varphi = \int_R^\infty \boldsymbol{E} \cdot \mathrm{d}\boldsymbol{r} = \int_R^\infty \frac{q}{4\pi\varepsilon_0 r^2}\mathrm{d}r = \frac{q}{4\pi\varepsilon_0 R} \quad (r \leqslant R)$$

这说明均匀带电球面内各点电势相等，都等于球面上各点的电势。电势随 r 的变化曲线(φ-r 曲线)如图 7.3 所示。和场强分布 E-r 曲线(图 6.16)相比，可看出，在球面处($r=R$)，场强不连续，而电势是连续的。

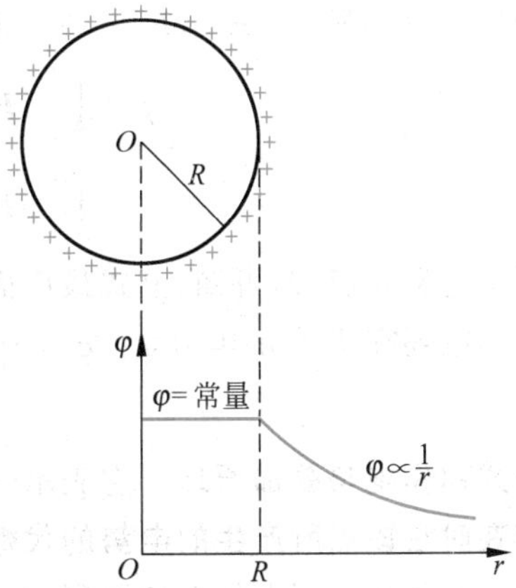

图 7.3 均匀带电球面的电势分布

例 7.2

求无限长均匀带电直线的电场中的电势分布。

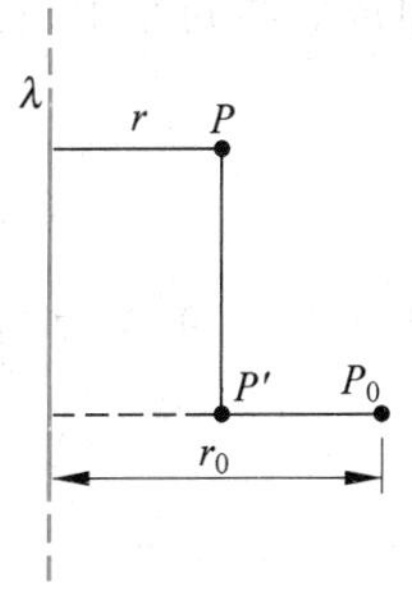

图 7.4 均匀带电直线的电势分布的计算

解 无限长均匀带电直线周围的场强的大小为

$$E = \frac{\lambda}{2\pi\varepsilon_0 r}$$

方向垂直于带电直线。如果仍选无限远处作为电势零点，则由 $\int_{(P)}^\infty \boldsymbol{E} \cdot \mathrm{d}\boldsymbol{r}$ 积分的结果可知各点电势都将为无限大值而失去意义。这时我们可选某一距带电直线为 r_0 的 P_0 点(图 7.4)为电势零点，则距带电直线为 r 的 P 点的电势为

$$\varphi = \int_{(P)}^{(P_0)} \boldsymbol{E} \cdot \mathrm{d}\boldsymbol{r} = \int_{(P)}^{(P')} \boldsymbol{E} \cdot \mathrm{d}\boldsymbol{r} + \int_{(P')}^{(P_0)} \boldsymbol{E} \cdot \mathrm{d}\boldsymbol{r}$$

式中，积分路径 PP' 段与带电直线平行，而 $P'P_0$ 段与带电直线垂直。由于 PP' 段与电场方向垂直，所以上式等号右侧第一项积分为零。于是，

$$\varphi=\int_{(P')}^{(P_0)}\boldsymbol{E}\cdot\mathrm{d}\boldsymbol{r}=\int_{r}^{r_0}\frac{\lambda}{2\pi\varepsilon_0 r}\mathrm{d}r=-\frac{\lambda}{2\pi\varepsilon_0}\ln r+\frac{\lambda}{2\pi\varepsilon_0}\ln r_0$$

这一结果可以一般地表示为

$$\varphi=\frac{-\lambda}{2\pi\varepsilon_0}\ln r+C$$

式中，C为与电势零点的位置有关的常数。

由此例看出，当电荷的分布扩展到无限远时，电势零点不能再选在无限远处。

7.3 电势叠加原理

已知在真空中静止的电荷分布求其电场中的电势分布时，除了直接利用定义公式(7.6)以外，还可以在点电荷电势公式(7.9)的基础上应用叠加原理来求出结果。这后一方法的原理如下。

设场源电荷系由若干个带电体组成，它们各自分别产生的电场为$\boldsymbol{E}_1,\boldsymbol{E}_2,\cdots$，由叠加原理知道总场强$\boldsymbol{E}=\boldsymbol{E}_1+\boldsymbol{E}_2+\cdots$。根据定义公式(7.6)，它们的电场中$P$点的电势应为

$$\varphi=\int_{(P)}^{(P_0)}\boldsymbol{E}\cdot\mathrm{d}\boldsymbol{r}=\int_{(P)}^{(P_0)}(\boldsymbol{E}_1+\boldsymbol{E}_2+\cdots)\cdot\mathrm{d}\boldsymbol{r}$$

$$=\int_{(P)}^{(P_0)}\boldsymbol{E}_1\cdot\mathrm{d}\boldsymbol{r}+\int_{(P)}^{(P_0)}\boldsymbol{E}_2\cdot\mathrm{d}\boldsymbol{r}+\cdots$$

再由定义式(7.6)可知，上式最后面一个等号右侧的每一积分分别是各带电体单独存在时产生的电场在P点的电势$\varphi_1,\varphi_2,\cdots$。因此就有

$$\varphi=\sum\varphi_i \tag{7.10}$$

此式称作**电势叠加原理**。它表示**一个电荷系的电场中任一点的电势等于每一个带电体单独存在时在该点所产生的电势的代数和**。

实际上应用电势叠加原理时，可以从点电荷的电势出发，先考虑场源电荷系由许多点电荷组成的情况。这时将点电荷电势公式(7.9)代入式(7.10)，可得点电荷系的电场中P点的电势为

$$\varphi=\sum\frac{q_i}{4\pi\varepsilon_0 r_i} \tag{7.11}$$

式中，r_i为从点电荷q_i到P点的距离。

对一个电荷连续分布的带电体，可以设想它由许多电荷元$\mathrm{d}q$所组成。将每个电荷元都当成点电荷，就可以由式(7.11)得出用叠加原理求电势的积分公式

$$\varphi=\int\frac{\mathrm{d}q}{4\pi\varepsilon_0 r} \tag{7.12}$$

应该指出的是：由于公式(7.11)或式(7.12)都是以点电荷的电势公式(7.9)为基础的，所以应用式(7.11)和式(7.12)时，电势零点都已选定在无限远处了。

下面举例说明电势叠加原理的应用。

例 7.3

一半径为R的均匀带电细圆环，所带总电量为q，求在圆环轴线上任意点P的电势。

解 在图7.5中以 x 表示从环心到 P 点的距离，以 $\mathrm{d}q$ 表示在圆环上任一电荷元。由式(7.11)可得 P 点的电势为

$$\varphi = \int \frac{\mathrm{d}q}{4\pi\varepsilon_0 r} = \frac{1}{4\pi\varepsilon_0 r}\int_q \mathrm{d}q = \frac{q}{4\pi\varepsilon_0 r} = \frac{q}{4\pi\varepsilon_0 (R^2 + x^2)^{1/2}}$$

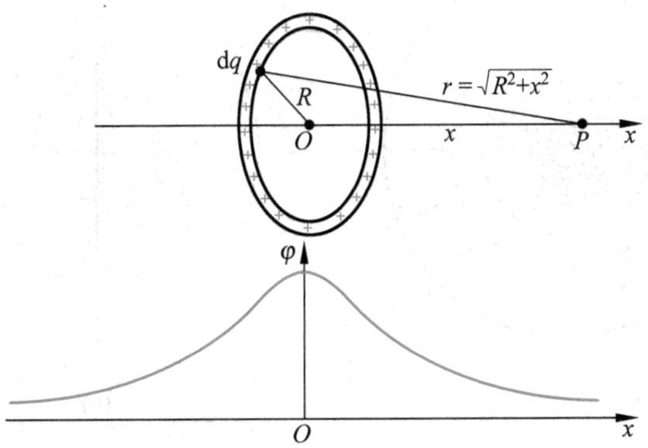

图7.5 例7.3用图

当 P 点位于环心 O 处时，$x=0$，则

$$\varphi = \frac{q}{4\pi\varepsilon_0 R}$$

例7.4

图7.6表示两个同心的均匀带电球面，半径分别为 $R_A=5$ cm，$R_B=10$ cm，分别带有电量 $q_A=+2\times10^{-9}$ C，$q_B=-2\times10^{-9}$ C。求距球心距离为 $r_1=15$ cm，$r_2=6$ cm，$r_3=2$ cm 处的电势。

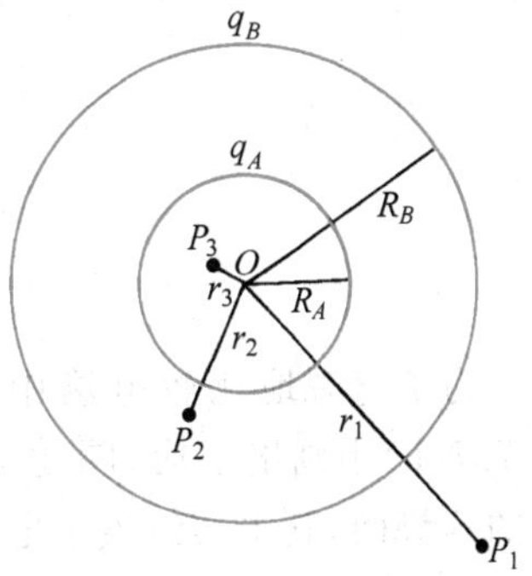

图7.6 例7.4用图

解 这一带电系统的电场的电势分布可以由两个带电球面的电势相加求得。每一个带电球面的电势分布已在例7.1中求出。由此可得在外球外侧 $r=r_1$ 处，

$$\varphi_1 = \varphi_{A1} + \varphi_{B1} = \frac{q_A}{4\pi\varepsilon_0 r_1} + \frac{q_B}{4\pi\varepsilon_0 r_1} = \frac{q_A + q_B}{4\pi\varepsilon_0 r_1} = 0$$

在两球面中间 $r=r_2$ 处，

$$\begin{aligned}\varphi_2 &= \varphi_{A2} + \varphi_{B2} = \frac{q_A}{4\pi\varepsilon_0 r_2} + \frac{q_B}{4\pi\varepsilon_0 R_B} \\ &= \left[\frac{9\times10^9\times2\times10^{-9}}{0.06} + \frac{9\times10^9\times(-2\times10^{-9})}{0.10}\right]\text{V} \\ &= 120\ \text{V}\end{aligned}$$

在内球内侧 $r=r_3$ 处，

$$\begin{aligned}\varphi_3 &= \varphi_{A3} + \varphi_{B3} = \frac{q_A}{4\pi\varepsilon_0 R_A} + \frac{q_B}{4\pi\varepsilon_0 R_B} \\ &= \left[\frac{9\times10^9\times2\times10^{-9}}{0.05} + \frac{9\times10^9\times(-2\times10^{-9})}{0.10}\right]\text{V} \\ &= 180\ \text{V}\end{aligned}$$

我们常用等势面来表示电场中电势的分布，在电场中**电势相等的点所组成的曲面叫等**

势面。不同的电荷分布的电场具有不同形状的等势面。对于一个点电荷 q 的电场，根据式(7.9)，它的等势面应是一系列以点电荷所在点为球心的同心球面(图7.7(a))。

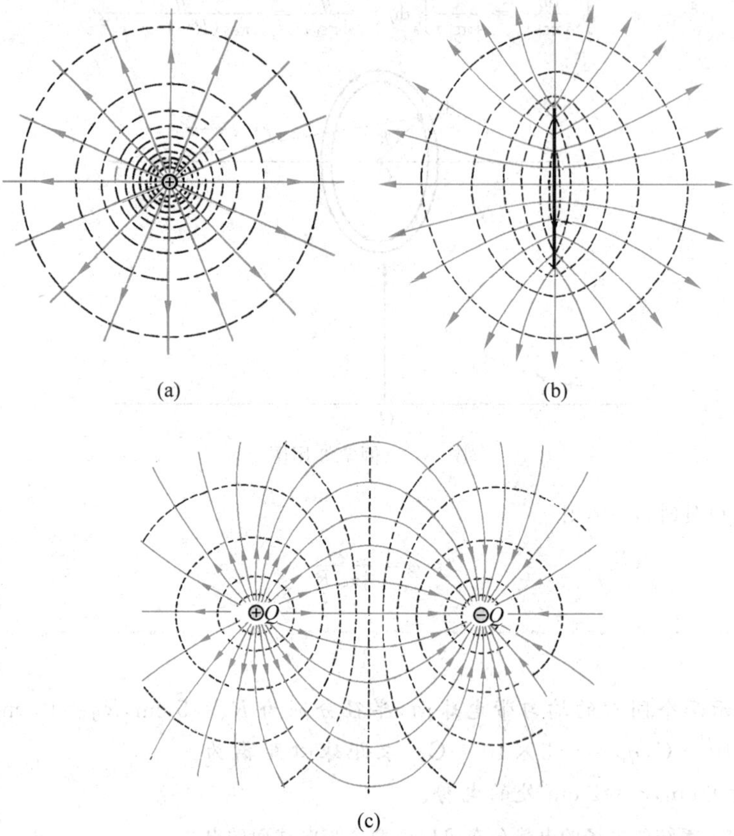

图7.7 几种电荷分布的电场线与等势面

(a) 正点电荷；(b) 均匀带电圆盘；(c) 等量异号电荷对

为了直观地比较电场中各点的电势，画等势面时，使相邻等势面的电势差为常数。图7.7(b)中画出了均匀带正电圆盘的电场的等势面，图7.7(c)中画出了等量异号电荷的电场的等势面，其中实线表示电场线，虚线代表等势面与纸面的交线。

根据等势面的意义可知它和电场分布有如下关系：

(1) 等势面与电场线处处正交；

(2) 两等势面相距较近处的场强数值大，相距较远处场强数值小。

等势面的概念在实际问题中也很有用，主要是因为在实际遇到的很多带电问题中等势面(或等势线)的分布容易通过实验条件描绘出来，并由此可以分析电场的分布。

7.4 电势梯度

电场强度和电势都是描述电场中各点性质的物理量，式(7.6)以积分形式表示了场强与电势之间的关系，即电势等于电场强度的线积分。反过来，场强与电势的关系也应该可以用微分形式表示出来，即场强等于电势的导数。但由于场强是一个矢量，这后一导数关系显得复杂一些。下面我们来导出场强与电势的关系的微分形式。

在电场中考虑沿任意的 $\boldsymbol{r}$ 方向相距很近的两点 P_1 和 P_2(图 7.8),从 P_1 到 P_2 的微小位移矢量为 $\mathrm{d}\boldsymbol{r}$。根据定义式(7.6),这两点间的电势差为

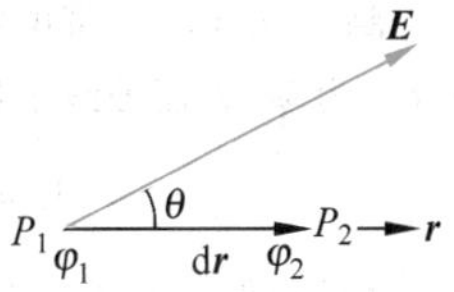

图 7.8 电势的空间变化率

$$\varphi_1-\varphi_2=\boldsymbol{E}\cdot\mathrm{d}\boldsymbol{r}$$

由于 $\varphi_2=\varphi_1+\mathrm{d}\varphi$,其中 $\mathrm{d}\varphi$ 为 φ 沿 $\boldsymbol{r}$ 方向的增量,所以

$$\varphi_1-\varphi_2=-\mathrm{d}\varphi=\boldsymbol{E}\cdot\mathrm{d}\boldsymbol{r}=E\mathrm{d}r\cos\theta$$

式中,θ 为 $\boldsymbol{E}$ 与 $\boldsymbol{r}$ 之间的夹角。由此式可得

$$E\cos\theta=E_r=-\frac{\mathrm{d}\varphi}{\mathrm{d}r} \tag{7.13}$$

式中,$\frac{\mathrm{d}\varphi}{\mathrm{d}r}$为电势函数沿 $\boldsymbol{r}$ 方向经过单位长度时的变化,即电势对空间的变化率。式(7.13)说明,在电场中某点场强沿某方向的分量等于电势沿此方向的空间变化率的负值。

由式(7.13)可看出,当 $\theta=0$ 时,即 $\boldsymbol{r}$ 沿着 $\boldsymbol{E}$ 的方向时,变化率 $\mathrm{d}\varphi/\mathrm{d}r$ 有最大值,这时

$$E=-\left.\frac{\mathrm{d}\varphi}{\mathrm{d}r}\right|_{\max} \tag{7.14}$$

过电场中任意一点,沿不同方向其电势随距离的变化率一般是不等的。沿某一方向其电势随距离的变化率最大,此最大值称为该点的**电势梯度**,电势梯度是一个矢量,**它的方向是该点附近电势升高最快的方向**。

式(7.14)说明,电场中任意点的场强等于该点电势梯度的负值,负号表示该点场强方向和电势梯度方向相反,即场强指向电势降低的方向。

当电势函数用直角坐标表示,即 $\varphi=\varphi(x,y,z)$时,由式(7.13)可求得电场强度沿 3 个坐标轴方向的分量,它们是

$$E_x=-\frac{\partial\varphi}{\partial x},\quad E_y=-\frac{\partial\varphi}{\partial y},\quad E_z=-\frac{\partial\varphi}{\partial z} \tag{7.15}$$

将上式合在一起用矢量表示为

$$\boldsymbol{E}=-\left(\frac{\partial\varphi}{\partial x}\boldsymbol{i}+\frac{\partial\varphi}{\partial y}\boldsymbol{j}+\frac{\partial\varphi}{\partial z}\boldsymbol{k}\right) \tag{7.16}$$

这就是式(7.14)用直角坐标表示的形式。梯度常用 grad 或∇算符表示,这样式(7.14)又常写作

$$\boldsymbol{E}=-\mathrm{grad}\varphi=-\nabla\varphi \tag{7.17}$$

上式就是电场强度与电势的微分关系,由它可方便地根据电势分布求出场强分布。

需要指出的是,场强与电势的关系的微分形式说明,电场中某点的场强决定于电势在该点的空间变化率,而与该点电势值本身无直接关系。

电势梯度的单位名称是伏每米,符号为 V/m。根据式(7.14),场强的单位也可用 V/m 表示,它与场强的另一单位 N/C 是等价的。

例 7.5

根据例 7.3 中得出的在均匀带电细圆环轴线上任一点的电势公式

$$\varphi=\frac{q}{4\pi\varepsilon_0(R^2+x^2)^{1/2}}$$

求轴线上任一点的场强。

解 由于均匀带电细圆环的电荷分布对于轴线是对称的，所以轴线上各点的场强在垂直于轴线方向的分量为零，因而轴线上任一点的场强方向沿 x 轴。由式(7.16)得

$$E = E_x = -\frac{\partial \varphi}{\partial x} = -\frac{\partial}{\partial x}\left[\frac{q}{4\pi\varepsilon_0 (R^2 + x^2)^{1/2}}\right] = \frac{qx}{4\pi\varepsilon_0 (R^2 + x^2)^{3/2}}$$

这一结果与例6.3的结果相同。

由于电势是标量，因此根据电荷分布用叠加法求电势分布是标量积分，再根据式(7.16)由电势的空间变化率求场强分布是微分运算。这虽然经过两步运算，但是比起根据电荷分布直接利用场强叠加来求场强分布有时还是简单些，因为后一运算是矢量积分。

7.5 电荷在外电场中的静电势能

由于静电场是保守场，也即在静电场中移动电荷时，静电场力做功与路径无关，所以任一电荷在静电场中都具有势能，这一势能叫**静电势能**(简称**电势能**)。电荷 q_0 在静电场中移动时，它的电势能的减少就等于电场力所做的功。以 W_1 和 W_2 分别表示电荷 q_0 在静电场中 P_1 点和 P_2 点时具有的电势能，就应该有

$$A_{12} = W_1 - W_2$$

将此式和式(7.8)

$$A_{12} = q_0(\varphi_1 - \varphi_2) = q_0\varphi_1 - q_0\varphi_2$$

对比，可取 $W_1 = q_0\varphi_1$，$W_2 = q_0\varphi_2$，或者，一般地取

$$W = q_0\varphi \tag{7.18}$$

这就是说，一个电荷在电场中某点的电势能等于它的电量与电场中该点电势的乘积。在电势零点处，电荷的电势能为零。

应该指出，一个电荷在外电场中的电势能是属于该电荷与产生电场的电荷系所共有的，是一种相互作用能。

国际单位制中，电势能的单位就是一般能量的单位，符号为J。还有一种常用的能量单位名称为电子伏，符号为eV，1 eV表示1个电子通过1 V电势差时所获得的动能，

$$1\ \text{eV} = 1.60 \times 10^{-19}\ \text{J}$$

7.6 静电场的能量

当谈到能量时，常常要说能量属于谁或存于何处。根据超距作用的观点，一组电荷系的静电能只能是属于系内那些电荷本身，或者说由那些电荷携带着。但也只能说静电能属于这电荷系整体，说其中某个电荷携带多少能量是完全没有意义的。因此也就很难说电荷带有能量。从**场**的观点看来，很自然地可以认为静电能就储存在电场中。

由于空间中的电场未必均匀分布，因此可以引入**电场能量密度**的概念。以 w_e 表示电场能量密度，则

$$w_e = \frac{dW}{dV} = \frac{\varepsilon_0 E^2}{2} \tag{7.19}$$

可以证明它适用于静电场的一般情况。如果知道了一个带电系统的电场分布，则可将式(7.19)对全空间 V 进行积分以求出一个带电系统的电场的总能量，即

$$W=\int_V w_e \mathrm{d}V=\int_V \frac{\varepsilon_0 E^2}{2}\mathrm{d}V \tag{7.20}$$

这也就是该带电系统的总能量。

提要

1. 静电场是保守场： $\oint_L \boldsymbol{E}\cdot\mathrm{d}\boldsymbol{r}=0$

2. 电势差： $\varphi_1-\varphi_2=\int_{(P_1)}^{(P_2)}\boldsymbol{E}\cdot\mathrm{d}\boldsymbol{r}$

电势： $\varphi_P=\int_{(P)}^{(P_0)}\boldsymbol{E}\cdot\mathrm{d}\boldsymbol{r}$ （P_0 是电势零点）

电势叠加原理： $\varphi=\sum\varphi_i$

3. 点电荷的电势： $\varphi=\dfrac{q}{4\pi\varepsilon_0 r}$

电荷连续分布的带电体的电势：

$$\varphi=\int\frac{\mathrm{d}q}{4\pi\varepsilon_0 r}$$

4. 电场强度 $\boldsymbol{E}$ 与电势 φ 的关系的微分形式：

$$\boldsymbol{E}=-\operatorname{grad}\varphi=-\nabla\varphi=-\left(\frac{\partial\varphi}{\partial x}\boldsymbol{i}+\frac{\partial\varphi}{\partial y}\boldsymbol{j}+\frac{\partial\varphi}{\partial z}\boldsymbol{k}\right)$$

电场线处处与等势面垂直，并指向电势降低的方向；电场线密处等势面间距小。

5. 电荷在外电场中的电势能： $W=q\varphi$

移动电荷时电场力做的功：

$$A_{12}=q(\varphi_1-\varphi_2)=W_1-W_2$$

6. 静电场的能量： 静电能储存在电场中，带电系统总电场能量为

$$W=\int_V w_e\mathrm{d}V$$

其中 w_e 为电场能量体密度。在真空中，

$$w_e=\frac{\varepsilon_0 E^2}{2}$$

习题

7.1 两个同心球面，半径分别为 10 cm 和 30 cm，小球均匀带有正电荷 1×10^{-8} C，大球均匀带有正电荷 1.5×10^{-8} C。求离球心分别为(1)20 cm，(2)50 cm 的各点的电势。

7.2 两均匀带电球壳同心放置，半径分别为 R_1 和 R_2（$R_1<R_2$），已知内外球之间的电势差为 U_{12}，求

两球壳间的电场分布。

7.3 两个同心的均匀带电球面，半径分别为 $R_1=5.0$ cm，$R_2=20.0$ cm，已知内球面的电势为 $\varphi_1=60$ V，外球面的电势 $\varphi_2=-30$ V。

(1) 求内、外球面上所带电量；

(2) 在两个球面之间何处的电势为零？

7.4 一细直杆沿 z 轴由 $z=-a$ 延伸到 $z=a$，杆上均匀带电，其线电荷密度为 λ，试计算 x 轴上 $x>0$ 各点的电势。

7.5 一均匀带电细杆，长 $l=15.0$ cm，线电荷密度 $\lambda=2.0\times10^{-7}$ C/m，求：

(1) 细杆延长线上与杆的一端相距 $a=5.0$ cm 处的电势；

(2) 细杆中垂线上与细杆相距 $b=5.0$ cm 处的电势。

7.6 一计数管中有一直径为 2.0 cm 的金属长圆筒，在圆筒的轴线处装有一根直径为 1.27×10^{-5} m 的细金属丝。设金属丝与圆筒的电势差为 1×10^3 V，求：

(1) 金属丝表面的场强大小；

(2) 圆筒内表面的场强大小。

7.7 一无限长均匀带电圆柱，体电荷密度为 ρ，截面半径为 a。

(1) 用高斯定律求出柱内外电场强度分布；

(2) 求出柱内外的电势分布，以轴线为势能零点；

(3) 画出 E-r 和 φ-r 的函数曲线。

7.8 一均匀带电的圆盘，半径为 R，面电荷密度为 σ，今将其中心半径为 $R/2$ 圆片挖去。试用叠加法求剩余圆环带在其垂直轴线上的电势分布，在中心的电势和电场强度各是多大？

7.9 (1)一个球形雨滴半径为 0.40 mm，带有电量 1.6 pC，它表面的电势多大？(2)两个这样的雨滴碰后合成一个较大的球形雨滴，这个雨滴表面的电势又是多大？

7.10 金原子核可视为均匀带电球体，总电量为 $79e$，半径为 7.0×10^{-15} m。求金核表面的电势，它的中心的电势又是多少？

7.11 一次闪电的放电电压大约是 1.0×10^9 V，而被中和的电量约是 30 C。

(1) 求一次放电所释放的能量是多大？

(2) 一所希望小学每天消耗电能 20 kW·h。上述一次放电所释放的电能够该小学用多长时间？

7.12 一边长为 a 的正三角形，其三个顶点上各放置 q，$-q$ 和 $-2q$ 的点电荷，求此三角形重心上的电势。将一电量为 $+Q$ 的点电荷由无限远处移到重心上，外力要做多少功？

7.13 如图 7.9 所示，三块互相平行的均匀带电大平面，面电荷密度为 $\sigma_1=1.2\times10^{-4}$ C/m^2，$\sigma_2=2.0\times10^{-5}$ C/m^2，$\sigma_3=1.1\times10^{-4}$ C/m^2。A 点与平面 Ⅱ 相距为 5.0 cm，B 点与平面 Ⅱ 相距 7.0 cm。

(1) 计算 A，B 两点的电势差；

(2) 设把电量 $q_0=-1.0\times10^{-8}$ C 的点电荷从 A 点移到 B 点，外力克服电场力做多少功？

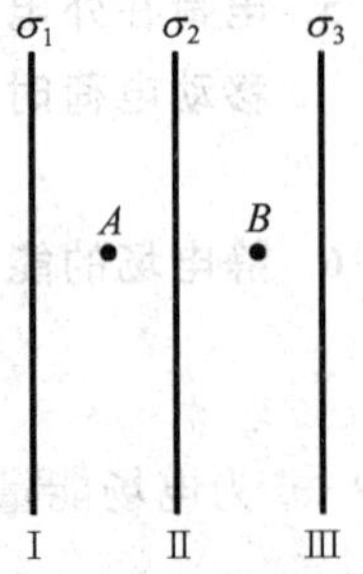

图 7.9 习题 7.13 用图

第8章

静电场中的导体

前两章中讲述了有关静电场的基本概念和一般规律。实际上，通常利用导体带电形成电场。本章讨论导体带电和它周围的电场有什么关系，也就是介绍静电场的一般规律在有导体存在的情况下的具体应用。作为基础知识，本章的讨论只限于各向同性的均匀的金属导体在电场中的情况。

8.1 导体的静电平衡条件

金属导体的电结构特征是在它内部有可以自由移动的电荷——**自由电子**，将金属导体放在静电场中，它内部的自由电子将受静电场的作用而产生定向运动。这一运动将改变导体上的电荷分布，这电荷分布的改变又将反过来改变导体内部和周围的电场分布。这种电荷和电场的分布将一直改变到导体达到静电平衡状态为止。

所谓**导体的静电平衡状态是指导体内部和表面都没有电荷定向移动的状态**。这种状态只有在导体内部电场强度处处为零时才有可能达到和维持。否则，导体内部的自由电子在电场的作用下将发生定向移动。同时，**导体表面紧邻处的电场强度必定和导体表面垂直**。否则电场强度沿表面的分量将使自由电子沿表面作定向运动。因此，导体处于静电平衡的条件是

$$\boldsymbol{E}_{\text{in}}=0,\quad \boldsymbol{E}_S\perp \text{表面} \tag{8.1}$$

应该指出，这一静电平衡条件是由导体的电结构特征和静电平衡的要求所决定的，与导体的形状无关。

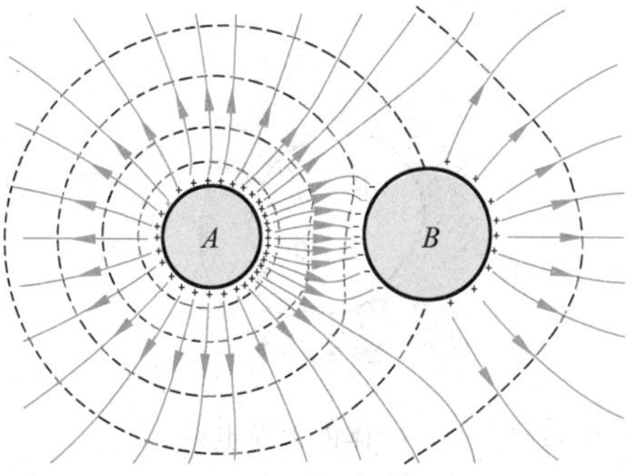

图8.1 处于静电平衡的导体的电荷和电场的分布

图8.1画出了两个导体处于静电平衡时电荷和电场分布的情况(图中实线为电场线，虚线为等势面和纸面的交线)。球形导体A上原来带有正电荷而且均匀分布，原来不带电的导体B引入后，其中自由电子在A上电荷的电场作用下向靠近A的那一端移动，使B上出现等量异号的**感生电荷**。与此同时，A上的电荷分布也发生了改变。这些电荷分布的改变将一直进

行到它们在导体内部的合场强等于零为止。这时导体外的电场分布和原来相比也发生了改变。

导体处于静电平衡时，既然其内部电场强度处处为零，而且表面紧邻处的电场强度都垂直于表面，所以导体中以及表面上任意两点间的电势差必然为零。这就是说，**处于静电平衡的导体是等势体，其表面是等势面**。这是导体静电平衡条件的另一种说法。

8.2 静电平衡的导体上的电荷分布

处于静电平衡的导体上的电荷分布有以下的规律。

(1) **处于静电平衡的导体，其内部各处净电荷为零，电荷只能分布在表面。**

这一规律可以用高斯定律证明，为此可在导体内部围绕任意P点作一个小封闭曲面S，如图8.2所示。由于静电平衡时导体内部场强处处为零，因此通过此封闭曲面的电通量必然为零。由高斯定律可知，此封闭面内电荷的代数和为零。由于这个封闭面很小，而且P点是导体内任意一点，所以可得出在整个导体内无净电荷，电荷只能分布在导体表面上的结论。

(2) **处于静电平衡的导体，其表面上各处的面电荷密度与当地表面紧邻处的电场强度的大小成正比。**

这个规律也可以用高斯定律证明，为此，在导体表面紧邻处取一点P，以 $\boldsymbol{E}$ 表示该处的电场强度，如图8.3所示。过 P 点作一个平行于导体表面的小面积元 ΔS，以 ΔS 为底，以过 P 点的导体表面法线为轴作一个封闭的扁筒，扁筒的另一底面 $\Delta S'$ 在导体的内部。由于导体内部场强为零，而表面紧邻处的场强又与表面垂直，所以通过此封闭扁筒的电通量就是通过 ΔS 面的电通量，即等于 $E\Delta S$，以 σ 表示导体表面上 P 点附近的面电荷密度，则扁筒包围的电荷就是 $\sigma\Delta S$。根据高斯定律可得

$$E\Delta S = \frac{\sigma\Delta S}{\varepsilon_0}$$

由此得

$$\sigma = \varepsilon_0 E \tag{8.2}$$

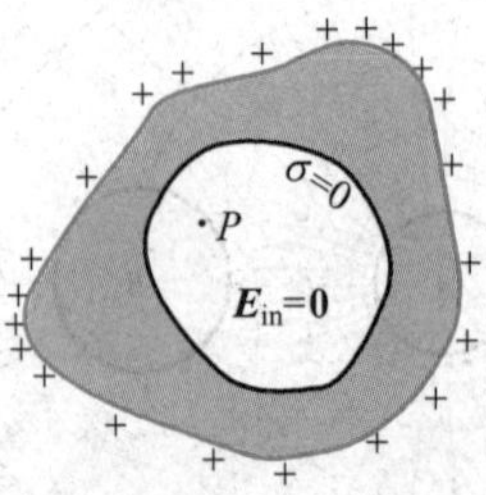

图8.2 导体内无净电荷

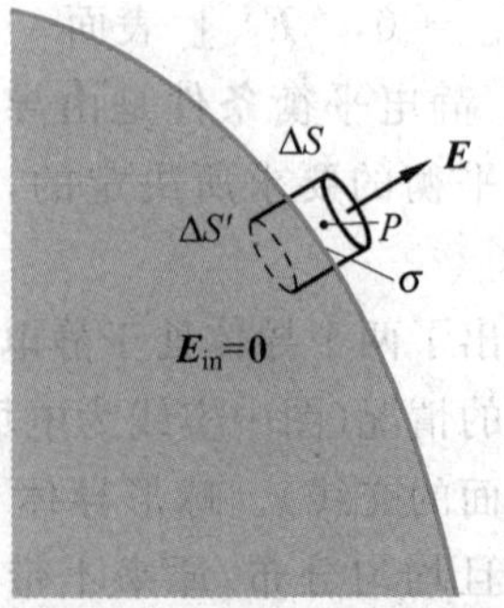

图8.3 导体表面电荷与场强的关系

此式就说明处于静电平衡的导体表面上各处的面电荷密度与当地表面紧邻处的场强大小成正比。

利用式(8.2)也可以由导体表面某处的面电荷密度 σ 求出当地表面紧邻处的场强 E。这样做时,这一公式容易被误解为导体表面紧邻某处的电场仅仅是由当地导体表面上的电荷产生的,其实不然。此处电场实际上是所有电荷(包括该导体上的全部电荷以及导体外现有的其他电荷)产生的,而 $\boldsymbol{E}$ 是这些电荷的合场强。只要回顾一下在式(8.2)的推导过程中利用了高斯定律就可以明白这一点。当导体外的电荷位置发生变化时,导体上的电荷分布也会发生变化,而导体外面的合电场分布也要发生变化。这种变化将一直继续到它们满足式(8.2)的关系使导体又处于静电平衡为止。

(3) **孤立的导体处于静电平衡时,它的表面各处的面电荷密度与各处表面的曲率有关,曲率越大的地方,面电荷密度也越大**。

图 8.4 画出一个有尖端的导体表面的电荷和场强分布的情况,尖端附近的面电荷密度最大。

尖端上电荷过多时,会引起**尖端放电**现象。这种现象可以这样来解释。由于尖端上面电荷密度很大,所以它周围的电场很强。那里空气中散存的带电粒子(如电子或离子)在这强电场的作用下作加速运动时就可能获得足够大的能量,以至它们和空气分子碰撞时,能使后者离解成电子和离子。这些新的电子和离子与其他空气分子相碰,又能产生新的带电粒子。这样,就会产生大量的带电粒子。与尖端上电荷异号的带电粒子受尖端电荷的吸引,飞向尖端,使尖端上的电荷被中和掉;与尖端上电荷同号的带电粒子受到排斥而从尖端附近飞开。图 8.5 从外表上看,就好像尖端上的电荷被"喷射"出来放掉一样,所以叫做尖端放电。

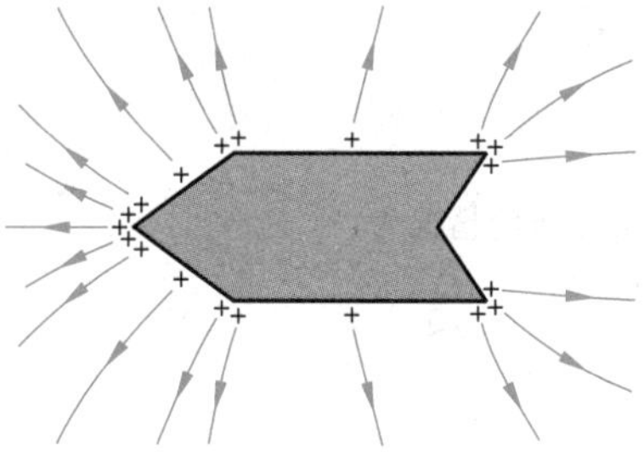

图 8.4 导体尖端处电荷多

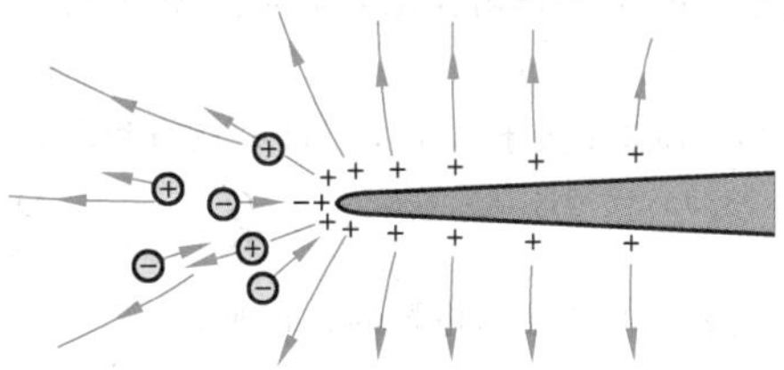

图 8.5 尖端放电示意图

在高电压设备中,为了防止因尖端放电而引起的危险和漏电造成的损失,输电线的表面应是光滑的。具有高电压的零部件的表面也必须做得十分光滑并尽可能做成球面。与此相反,在很多情况下,人们还利用尖端放电。例如,火花放电设备的电极往往做成尖端形状。避雷针也是利用其尖端的电场强度大,空气被电离,形成放电通道,使云地间电流通过导线流入地下而避免"雷击"的。(雷击实际上是天空中大量异号电荷急剧中和所产生的恶果。)

8.3 有导体存在时静电场的分析与计算

导体放入静电场中时,电场会影响导体上电荷的分布,同时,导体上的电荷分布也会影响电场的分布。这种相互影响将一直继续到达到静电平衡时为止,这时导体上的电荷分布以及周围的电场分布就不再改变了。这时的电荷和电场的分布可以根据静电场的基本规律、电荷守恒以及导体静电平衡条件加以分析和计算。下面举两个例子。

例 8.1

有一块大金属平板，面积为 S，带有总电量 Q，今在其近旁平行地放置第二块大金属平板，此板原来不带电。(1)求静电平衡时，金属板上的电荷分布及周围空间的电场分布；(2)如果把第二块金属板接地，最后情况又如何？(忽略金属板的边缘效应)

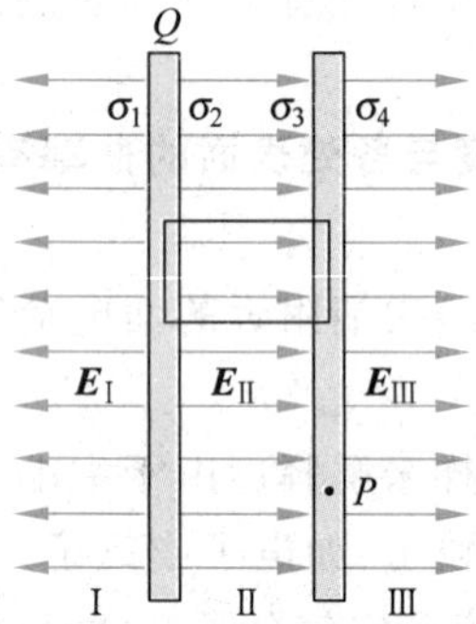

图 8.6 例 8.1 解(1)用图

解 (1) 由于静电平衡时导体内部无净电荷，所以电荷只能分布在两金属板的表面上。不考虑边缘效应，这些电荷都可当作是均匀分布的。设 4 个表面上的面电荷密度分别为 $\sigma_1,\sigma_2,\sigma_3$ 和 σ_4，如图 8.6 所示。由电荷守恒定律可知

$$\sigma_1+\sigma_2=\frac{Q}{S}$$

$$\sigma_3+\sigma_4=0$$

由于板间电场与板面垂直，且板内的电场为零，所以选一个两底分别在两个金属板内而侧面垂直于板面的封闭面作为高斯面，则通过此高斯面的电通量为零。根据高斯定律就可以得出

$$\sigma_2+\sigma_3=0$$

在金属板内一点 P 的场强应该是 4 个带电面的电场的叠加，因而有

$$E_P=\frac{\sigma_1}{2\varepsilon_0}+\frac{\sigma_2}{2\varepsilon_0}+\frac{\sigma_3}{2\varepsilon_0}-\frac{\sigma_4}{2\varepsilon_0}$$

由于静电平衡时，导体内各处场强为零，所以 $E_P=0$，因而有

$$\sigma_1+\sigma_2+\sigma_3-\sigma_4=0$$

将此式和上面 3 个关于 $\sigma_1,\sigma_2,\sigma_3$ 和 σ_4 的方程联立求解，可得电荷分布的情况为

$$\sigma_1=\frac{Q}{2S},\quad \sigma_2=\frac{Q}{2S},\quad \sigma_3=-\frac{Q}{2S},\quad \sigma_4=\frac{Q}{2S}$$

由此可根据式(8.2)求得电场的分布如下：

在Ⅰ区， $E_{\mathrm{I}}=\dfrac{Q}{2\varepsilon_0 S}$，方向向左

在Ⅱ区， $E_{\mathrm{II}}=\dfrac{Q}{2\varepsilon_0 S}$，方向向右

在Ⅲ区， $E_{\mathrm{III}}=\dfrac{Q}{2\varepsilon_0 S}$，方向向右

(2) 如果把第二块金属板接地(图 8.7)，它就与地这个大导体连成一体。这块金属板右表面上的电荷就会分散到更远的地球表面上而使得这右表面上的电荷实际上消失，因而

$$\sigma_4=0$$

第一块金属板上的电荷守恒仍给出

$$\sigma_1+\sigma_2=\frac{Q}{S}$$

由高斯定律仍可得

$$\sigma_2+\sigma_3=0$$

为了使得金属板内 P 点的电场为零，又必须有

$$\sigma_1+\sigma_2+\sigma_3=0$$

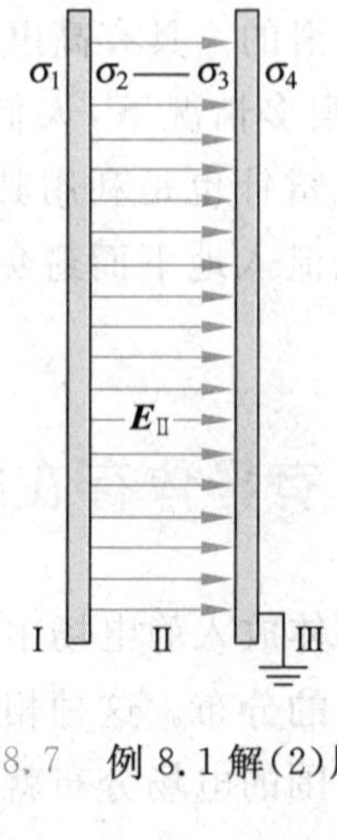

图 8.7 例 8.1 解(2)用图

以上 4 个方程式给出

$$\sigma_1 = 0,\quad \sigma_2 = \frac{Q}{S},\quad \sigma_3 = -\frac{Q}{S},\quad \sigma_4 = 0$$

和未接地前相比，电荷分布改变了。这一变化是负电荷通过接地线从地里跑到第二块金属板上的结果。这负电荷的电量一方面中和了金属板右表面上的正电荷（这是正电荷跑入地球的另一种说法），另一方面又补充了左表面上的负电荷使其面密度增加一倍。同时第一块板上的电荷全部移到了右表面上。只有这样，才能使两导体内部的场强为零而达到静电平衡状态。

这时的电场分布可根据上面求得的电荷分布求出，即有

$$E_{\mathrm{I}} = 0;\quad E_{\mathrm{II}} = \frac{Q}{\varepsilon_0 S}, \text{向右};\quad E_{\mathrm{III}} = 0$$

例 8.2

一个金属球 A，半径为 R_1。它的外面套一个同心的金属球壳 B，其内外半径分别为 R_2 和 R_3。二者带电后电势分别为 φ_A 和 φ_B。求此系统的电荷及电场的分布。如果用导线将球和壳连接起来，结果又将如何？

解 导体球和壳内的电场应为零，而电荷均匀分布在它们的表面上。如图 8.8 所示，设 q_1, q_2, q_3 分别表示半径为 R_1, R_2, R_3 的金属球面上所带的电量。由例 7.1 的结果和电势叠加原理可得

$$\varphi_A = \frac{q_1}{4\pi\varepsilon_0 R_1} + \frac{q_2}{4\pi\varepsilon_0 R_2} + \frac{q_3}{4\pi\varepsilon_0 R_3}$$

$$\varphi_B = \frac{q_1 + q_2 + q_3}{4\pi\varepsilon_0 R_3}$$

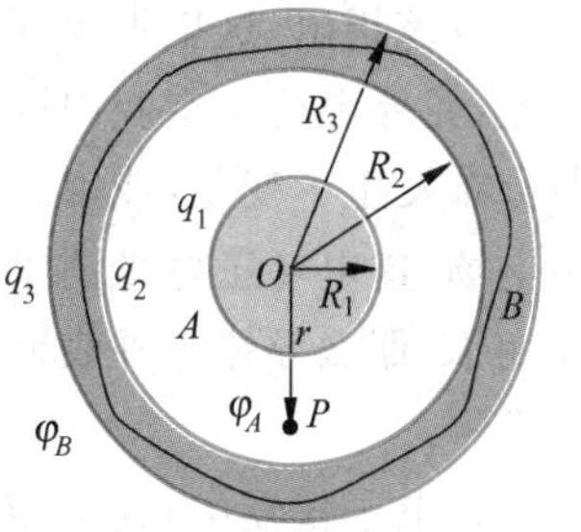

图 8.8 例 8.2 用图

在壳内作一个包围内腔的高斯面，由高斯定律就可得

$$q_1 + q_2 = 0$$

联立解上述 3 个方程，可得

$$q_1 = \frac{4\pi\varepsilon_0(\varphi_A - \varphi_B)R_1R_2}{R_2 - R_1},\quad q_2 = \frac{4\pi\varepsilon_0(\varphi_B - \varphi_A)R_1R_2}{R_2 - R_1},\quad q_3 = 4\pi\varepsilon_0\varphi_B R_3$$

由此电荷分布可求得电场分布如下：

$$E = 0 \qquad (r < R_1)$$

$$E = \frac{(\varphi_A - \varphi_B)R_1R_2}{(R_2 - R_1)r^2} \qquad (R_1 < r < R_2)$$

$$E = 0 \qquad (R_2 < r < R_3)$$

$$E = \frac{\varphi_B R_3}{r^2} \qquad (r > R_3)$$

如果用导线将球和球壳连接起来，则壳的内表面和球表面的电荷会完全中和而使两个表面都不再带电，二者之间的电场变为零，而二者之间的电势差也变为零。在球壳的外表面上电荷仍保持为 q_3，而且均匀分布，它外面的电场分布也不会改变而仍为 $\varphi_B R_3/r^2$。

8.4 静电屏蔽

静电平衡时导体内部的场强为零这一规律在技术上用来作静电屏蔽。用一个金属空壳就能使其内部不受外面的静止电荷的电场的影响，下面我们来说明其中的道理。

如图8.9所示，一金属空壳 A 外面放有带电体 B，当空壳处于静电平衡时，金属壳体内的场强为零。这时如果在壳体内作一个封闭曲面 S 包围住空腔，可以由高斯定律推知空腔内表面上的净电荷为零。但是会不会在内表面上某处有正电荷，另一处有等量的负电荷呢？不会的。因为如果是这样，则空腔内将有电场。这一电场将使得内表面上带正电荷和带负电荷的地方有电势差，这与静电平衡时导体是等势体的性质就相矛盾了。所以空壳的内表面上必然处处无净电荷而空腔内的电场强度也就必然为零。这个结论是和壳外的电荷和电场的分布无关的，因此金属壳就起到了屏蔽外面电荷的电场的作用。

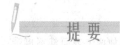

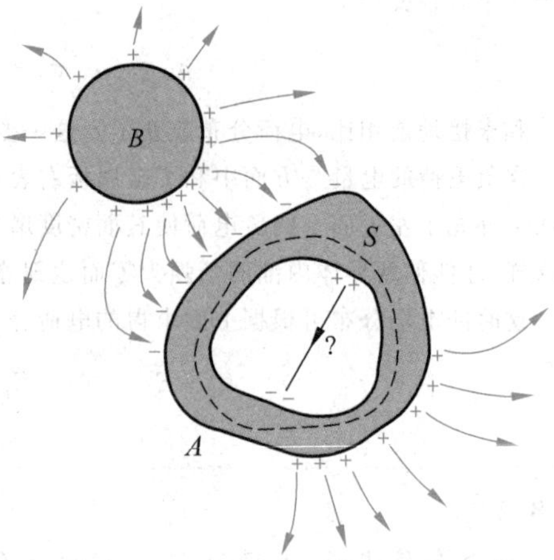

图8.9 金属空壳的静电屏蔽作用

应该指出，这里不要误认为由于导体壳的存在，壳外电荷就不在空腔内产生电场了。实际上，壳外电荷在空腔内同样产生电场。空腔内的场强所以为零，是因为壳的外表面上的电荷分布发生了变化（或说产生了感生电荷）的缘故。这些重新分布的表面电荷在空腔内也产生电场，这电场正好抵消了壳外电荷在空腔内产生的电场。如果导体壳外的带电体的位置改变了，那么导体壳外表面上的电荷分布也会跟着改变，其结果将是始终保持壳内的总场强为零。

在电子仪器中，为了使电路不受外界带电体的干扰，就把电路封闭在金属壳内。实用上常常用金属网罩代替全封闭的金属壳。传送微弱电信号的导线，其外表就是用金属丝编成的网包起来的。这样的导线叫**屏蔽线**。

导体空壳内电场为零的结论还有重要的理论意义。对于库仑定律中的反比指数"2"，库仑曾用扭秤实验直接地确定过，但是扭秤实验不可能做得非常精确。处于静电平衡的导体空壳内无电场的结论是由高斯定律和静电场的电势概念导出的，而这些又都是库仑定律的直接结果。因此在实验上检验导体空壳内是否有电场存在可以间接地验证库仑定律的正确性。卡文迪许和麦克斯韦以及威廉斯等人都是利用这一原理做实验来验证库仑定律的。

提要

1. 导体的静电平衡条件

$$\boldsymbol{E}_{\text{in}} = 0，\text{表面外紧邻处 } \boldsymbol{E}_S \perp \text{表面}$$

或导体是个等势体。

2. 静电平衡的导体上电荷的分布

$$q_{\text{in}} = 0, \quad \sigma = \varepsilon_0 E$$

3. 计算有导体存在时的静电场分布问题的基本依据

高斯定律，电势概念，电荷守恒，导体静电平衡条件。

4. 静电屏蔽：金属空壳的外表面上及壳外的电荷在壳内的合场强总为零，因而对壳内无影响。

习题

8.1 求导体外表面紧邻处场强的另一方法。设导体面上某处面电荷密度为 σ，在此处取一小面积 ΔS，将 ΔS 面两侧的电场看成是 ΔS 面上的电荷的电场(用无限大平面算)和导体上其他地方以及导体外的电荷的电场(这电场在 ΔS 附近可以认为是均匀的)的叠加，并利用导体内合电场应为零求出导体表面处紧邻处的场强为 σ/ε_0(即式(8.2))。

8.2 一导体球半径为 R_1，其外同心地罩以内、外半径分别为 R_2 和 R_3 的厚导体壳，此系统带电后内球电势为 φ_1，外球所带总电量为 Q。求此系统各处的电势和电场分布。

8.3 在一半径为 $R_1=6.0$ cm 的金属球 A 外面套有一个同心的金属球壳 B。已知球壳 B 的内、外半径分别为 $R_2=8.0$ cm，$R_3=10.0$ cm。设 A 球带有总电量 $Q_A=3\times10^{-8}$ C，球壳 B 带有总电量 $Q_B=2\times10^{-8}$ C。

(1) 求球壳 B 内、外表面上各带有的电量以及球 A 和球壳 B 的电势；

(2) 将球壳 B 接地然后断开，再把金属球 A 接地。求金属球 A 和球壳 B 内、外表面上各带有的电量以及金属球 A 和球壳 B 的电势。

8.4 一个接地的导体球，半径为 R，原来不带电。今将一点电荷 q 放在球外距球心的距离为 r 的地方，求球上的感生电荷总量。

8.5 如图 8.10 所示，有三块互相平行的导体板，外面的两块用导线连接，原来不带电。中间一块上所带总面电荷密度为 1.3×10^{-5} C/m^2。求每块板的两个表面的面电荷密度各是多少？(忽略边缘效应)

8.6 一球形导体 A 含有两个球形空腔，这导体本身的总电荷为零，但在两空腔中心分别有一点电荷 q_b 和 q_c，导体球外距导体球很远的 r 处有另一点电荷 q_d(图 8.11)。试求 q_b，q_c 和 q_d 各受到多大的力。哪个答案是近似的？

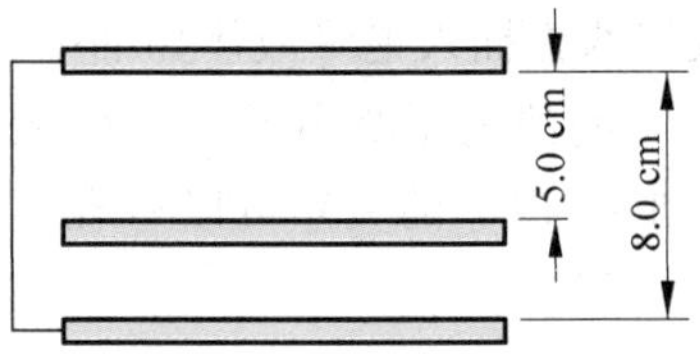

图 8.10 习题 8.5 用图

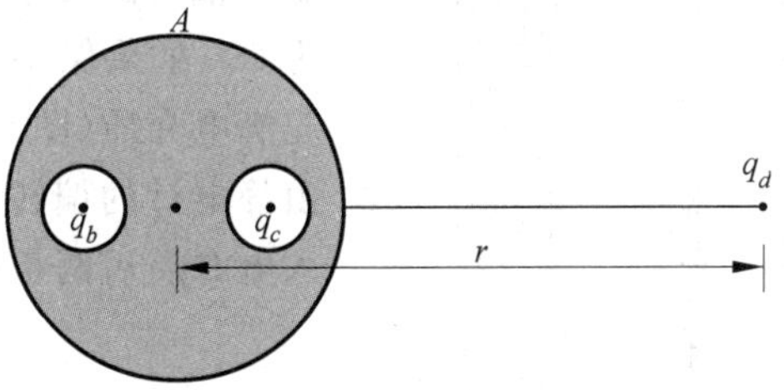

图 8.11 习题 8.6 用图

8.7 帕塞尔教授在他的《电磁学》中写道：“如果从地球上移去一滴水中的所有电子，则地球的电势将会升高几百万伏。”请用数字计算证实他这句话。

第9章

静电场中的电介质

电介质就是通常所说的绝缘体，实际上并没有完全电绝缘的材料。本章只讨论一种典型的情况，即理想的电介质。理想的电介质内部没有可以自由移动的电荷，因而完全不能导电。但把一块电介质放到电场中，它也要受电场的影响，即发生电极化现象，处于电极化状态的电介质也会影响原有电场的分布。本章讨论这种相互影响的规律，所涉及的电介质只限于各向同性的材料。

9.1 电介质对电场的影响

电介质对电场的影响可以通过下述实验观察出来。图 9.1(a)画出了两个平行放置的金属板，分别带有等量异号电荷$+Q$和$-Q$。板间是空气，可以非常近似地当成真空处理。两板分别连到静电计的直杆和外壳上，这样就可以由直杆上指针偏转的大小测出两带电板之间的电压来。设此时的电压为U_0，如果保持两板距离和板上的电荷都不改变，而在板间充满电介质(图 9.1(b))，或把两板插入绝缘液体如油中，则可由静电计的偏转减小发现两板间的电压变小了。以U表示插入电介质后两板间的电压，则它与U_0的关系可以写成

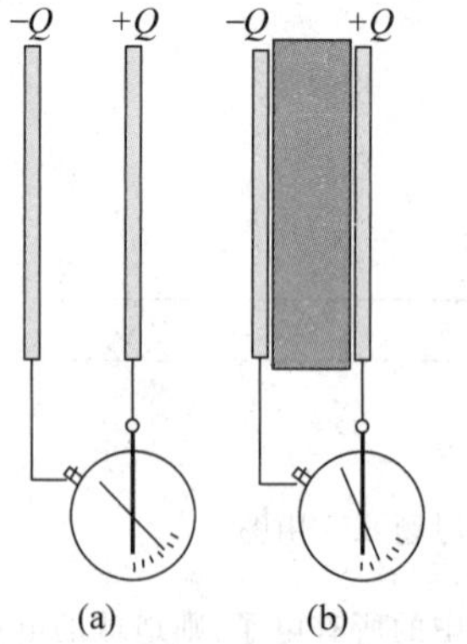

图 9.1　电介质对电场的影响

$$U = U_0/\varepsilon_r \tag{9.1}$$

式中ε_r为一个大于 1 的数，它的大小随电介质的种类和状态(如温度)的不同而不同，是电介质的一种特性常数，叫做电介质的**相对介电常量**(或**相对电容率**)。几种电介质的相对介电常量列在表 9.1 中。

在上述实验中，电介质插入后两板间的电压减小，说明由于电介质的插入使板间的电场减弱了。由于$U=Ed$，$U_0=E_0d$，所以

$$E = E_0/\varepsilon_r \tag{9.2}$$

即电场强度减小到板间为真空时的$1/\varepsilon_r$。为什么会有这个结果呢？我们可以用电介质受电场的影响而发生的变化来说明，而这又涉及电介质的微观结构。下面我们就来说明这一点。

表 9.1 几种电介质的相对介电常量

电介质	相对介电常量 ε_r
真空	1
氦(20℃,1 atm)①	1.000 064
空气(20℃,1 atm)	1.000 55
石蜡	2
变压器油(20℃)	2.24
聚乙烯	2.3
尼龙	3.5
云母	4～7
纸	约为 5
瓷	6～8
玻璃	5～10
水(20℃,1 atm)	80
钛酸钡	10^3～10^4

① 1 atm=101 325 Pa。

9.2 电介质的极化

电介质中每个分子都是一个复杂的带电系统,有正电荷,有负电荷。它们分布在一个线度为 10^{-10} m 的数量级的体积内,而不是集中在一点。但是,在考虑这些电荷离分子较远处所产生的电场时,或是考虑一个分子受外电场的作用时,都可以认为其中的正电荷集中于一点,这一点叫正电荷的"重心"。而负电荷也集中于另一点,这一点叫负电荷的"重心"。对于中性分子,由于其正电荷和负电荷的电量相等,所以一个分子就可以看成是一个由正、负点电荷相隔一定距离所组成的电偶极子。在讨论电场中的电介质的行为时,可以认为电介质是由大量的这种微小的电偶极子所组成的。

以 q 表示一个分子中的正电荷或负电荷的电量的数值,以 $\boldsymbol{l}$ 表示从负电荷"重心"指到正电荷"重心"的矢量距离,则这个分子的电矩应是

$$\boldsymbol{p} = q\boldsymbol{l}$$

按照电介质的分子内部的电结构的不同,可以把电介质分子分为两大类:极性分子和非极性分子。

有一类分子,如 HCl,H_2O,CO 等,在正常情况下,它们内部的电荷分布就是不对称的,因而其正、负电荷的重心不重合。这种分子具有**固有电矩**(图 9.2(a)),它们统称为**极性分子**。几种极性分子的固有电矩列于表 9.2 中。

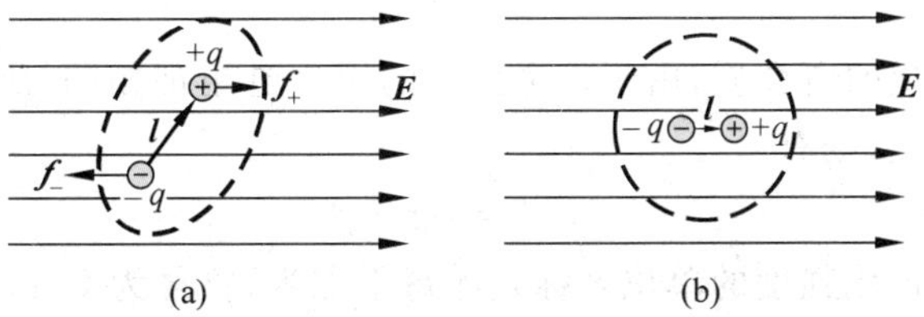

图 9.2 在外电场中的电介质分子

表 9.2 几种极性分子的固有电矩

电 介 质	电矩/(C·m)	电 介 质	电矩/(C·m)
HCl	3.4×10^{-30}	CO	0.9×10^{-30}
NH_3	4.8×10^{-30}	H_2O	6.1×10^{-30}

另一类分子，如 He，H_2，N_2，O_2，CO_2 等，在正常情况下，它们内部的电荷分布具有对称性，因而正、负电荷的重心重合，这样的分子就没有固有电矩，这种分子叫**非极性分子**。但如果把这种分子置于外电场中，则由于外电场的作用，两种电荷的重心会分开一段微小距离，因而使分子具有了电矩(图 9.2(b))。这种电矩叫**感生电矩**。在实际可以得到的电场中，感生电矩比极性分子的固有电矩小得多，约为后者的 10^{-5}。很明显，感生电矩的方向总与外加电场的方向相同。

当把一块均匀的电介质放到静电场中时，它的分子将受到电场的作用而发生变化，但最后也会达到一个平衡状态。如果电介质是由非极性分子组成，这些分子都将沿电场方向产生感生电矩，如图 9.3(a)所示。外电场越强，感生电矩越大。如果电介质是由极性分子组成，这些分子的固有电矩将受到外电场的力矩作用而沿着外电场方向取向，如图 9.3(b)所示。由于分子的无规则热运动总是存在的，这种取向不可能完全整齐。外电场越强，固有电矩排列越整齐。

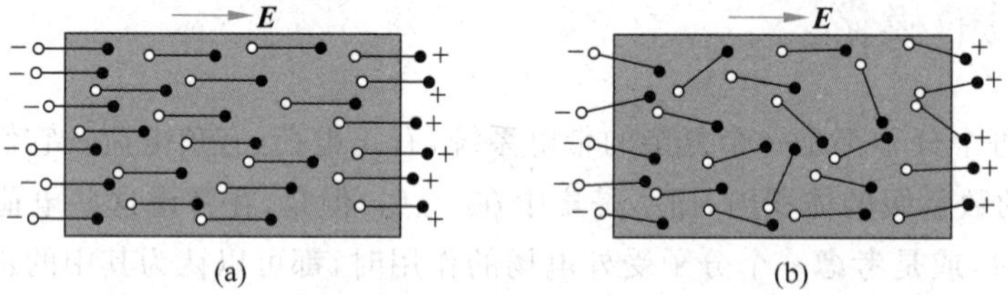

图 9.3 在外电场中的电介质

虽然两种电介质受外电场的影响所发生的变化的微观机制不同，但其宏观总效果是一样的。在电介质内部的宏观微小的区域内，正负电荷的电量仍相等，因而仍表现为中性。但是，在电介质的表面上却出现了只有正电荷或只有负电荷的电荷层，如图 9.3 所示。这种出现在电介质表面的电荷叫**面束缚电荷**(或**面极化电荷**)，因为它不像导体中的自由电荷那样能用传导的方法引走。在外电场的作用下，电介质表面出现束缚电荷的现象，叫做**电介质的极化**。显然，外电场越强，电介质表面出现的束缚电荷越多。

电介质的电极化状态，可用电介质的**电极化强度**来表示。电极化强度的定义是单位体积内的分子的电矩的矢量和。以 $\boldsymbol{p}_i$ 表示在电介质中某一小体积 ΔV 内的某个分子的电矩(固有的或感生的)，则该处的电极化强度 $\boldsymbol{P}$ 为

$$\boldsymbol{P}=\frac{\sum \boldsymbol{p}_i}{\Delta V} \tag{9.3}$$

对非极性分子构成的电介质，由于每个分子的感生电矩都相同，所以，若以 n 表示电介质单位体积内的分子数，则有

$$\boldsymbol{P}=n\boldsymbol{p}$$

国际单位制中电极化强度的单位名称是库每平方米，符号为 C/m^2，它的量纲与面电荷密度的量纲相同。

由于一个分子的感生电矩随外电场的增强而增大,而分子的固有电矩随外电场的增强而排列得更加整齐,所以,不论哪种电介质,它的电极化强度都随外电场的增强而增大。实验证明:当电介质中的电场 $\boldsymbol{E}$ 不太强时,各种**各向同性**的电介质(我们以后仅限于讨论此种电介质)的电极化强度与 $\boldsymbol{E}$ 成正比,方向相同,其关系可表示为

$$\boldsymbol{P} = \varepsilon_0(\varepsilon_r - 1)\boldsymbol{E} \tag{9.4}$$

式中的 ε_r 即电介质的相对介电常量①。

由于电介质的束缚电荷是电介质极化的结果,所以束缚电荷与电极化强度之间一定存在某种定量的关系,这一定量关系可如下求得。以非极性分子电介质为例,考虑电介质内部某一小面元 $\mathrm{d}\boldsymbol{S}$ 处的电极化。设电场 $\boldsymbol{E}$ 的方向(因而 $\boldsymbol{P}$ 的方向)和 $\mathrm{d}\boldsymbol{S}$ 的正法线方向 $\boldsymbol{e}_n$ 成 θ 角,如图 9.4 所示。由于电场 $\boldsymbol{E}$ 的作用,分子的正、负电荷的重心将沿电场方向分离。为简单起见,假定负电荷不动,而正电荷沿 $\boldsymbol{E}$ 的方向发生位移 $\boldsymbol{l}$。在面元 $\mathrm{d}\boldsymbol{S}$ 后侧取一斜高为 l,底面积为 $\mathrm{d}\boldsymbol{S}$ 的体积元 $\mathrm{d}V$。由于电场 $\boldsymbol{E}$ 的作用,此体积内所有分子的正电荷重心将越过 $\mathrm{d}\boldsymbol{S}$ 到前侧去。以 q 表示每个分子的正电荷量,以 n 表示电介质单位体积内的分子数,则由于电极化而越过 $\mathrm{d}\boldsymbol{S}$ 面的总电荷为

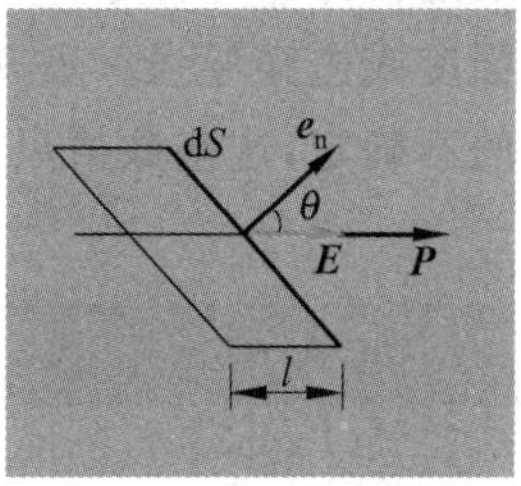

图 9.4 极化电荷的产生

$$\mathrm{d}q' = qn\mathrm{d}V = qnl\mathrm{d}S\cos\theta$$

由于 $ql = p$,而 $np = P$,所以

$$\mathrm{d}q' = P\cos\theta\mathrm{d}S$$

因此,$\mathrm{d}S$ 面上因电极化而越过单位面积的电荷应为

$$\frac{\mathrm{d}q'}{\mathrm{d}S} = P\cos\theta = \boldsymbol{P}\cdot\boldsymbol{e}_n$$

这一关系式虽然是利用非极性分子电介质推出的,但对极性分子电介质同样适用。

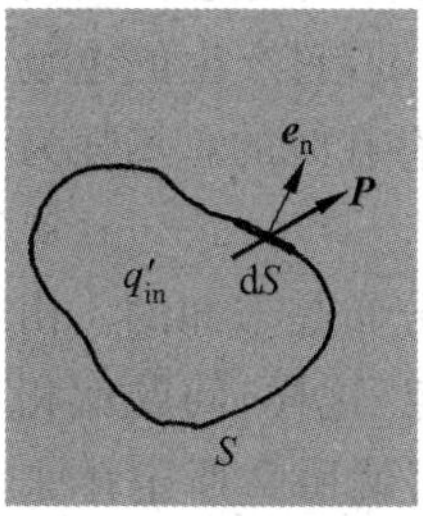

图 9.5 体束缚电荷的产生

在上述论证中,如果 $\mathrm{d}\boldsymbol{S}$ 面碰巧是电介质的面临真空的表面,而 $\boldsymbol{e}_n$ 是其外法线方向的单位矢量,则上式就给出因电极化而在电介质表面单位面积上显露出的面束缚电荷,即面束缚电荷密度。以 σ' 表示面束缚电荷密度,则由上述可得

$$\sigma' = P\cos\theta = \boldsymbol{P}\cdot\boldsymbol{e}_n \tag{9.5}$$

电介质内部体束缚电荷的产生可以根据式(9.5)进一步求出。为此可设想电介质内部任一封闭曲面 S(图 9.5)。如上已求得由于电极化而越过 $\mathrm{d}\boldsymbol{S}$ 面向外移出封闭面的电荷为

$$\mathrm{d}q'_{out} = P\cos\theta\mathrm{d}S = \boldsymbol{P}\cdot\mathrm{d}\boldsymbol{S}$$

通过整个封闭面向外移出的电荷应为

$$q'_{out} = \oint_S \mathrm{d}q'_{out} = \oint_S \boldsymbol{P}\cdot\mathrm{d}\boldsymbol{S}$$

因为电介质是中性的,根据电荷守恒,由于电极化而在封闭面内留下的多余的电荷,即体束缚电荷,应为

① 式(9.4)也常写成 $\boldsymbol{P} = \varepsilon_0\chi\boldsymbol{E}$ 的形式,其中 $\chi = \varepsilon_r - 1$,叫做电介质的**电极化率**。

$$q'_{\text{in}} = -q'_{\text{out}} = -\oint_S \boldsymbol{P} \cdot \mathrm{d}\boldsymbol{S} \tag{9.6}$$

这就是电介质内由于电极化而产生的体束缚电荷与电极化强度的关系：封闭面内的体束缚电荷等于通过该封闭面的电极化强度通量的负值。

当外加电场不太强时，它只是引起电介质的极化，不会破坏电介质的绝缘性能（实际的各种电介质中总有数目不等的少量自由电荷，所以总有微弱的导电能力）。如果外加电场很强，则电介质的分子中的正负电荷有可能被拉开而变成可以自由移动的电荷。由于大量的这种自由电荷的产生，电介质的绝缘性能就会遭到明显的破坏而变成导体。这种现象叫**电介质的击穿**。一种电介质材料所能承受的不被击穿的最大电场强度，叫做这种电介质的**介电强度**或击穿场强。表9.3给出了几种电介质的介电强度的数值（由于实验条件及材料成分的不确定，这些数值只是大致的）。

表9.3 几种电介质的介电强度

电 介 质	介电强度/(kV/mm)	电 介 质	介电强度/(kV/mm)
空气(1 atm)	3	胶木	20
玻璃	10～25	石蜡	30
瓷	6～20	聚乙烯	50
矿物油	15	云母	80～200
纸(油浸过的)	15	钛酸钡	3

9.3 D的高斯定律

电介质放在电场中时，受电场的作用而极化，产生了束缚电荷，这束缚电荷又会反过来影响电场的分布。有电介质存在时的电场应该由电介质上的束缚电荷和其他电荷共同决定。其他电荷包括金属导体上带的电荷，统称**自由电荷**。设自由电荷为 q_0，它产生的电场用 $\boldsymbol{E}_0$ 表示，电介质上的束缚电荷为 q'，它产生的电场用 $\boldsymbol{E}'$ 表示，则有电介质存在时的总场强为

$$\boldsymbol{E} = \boldsymbol{E}_0 + \boldsymbol{E}' \tag{9.7}$$

一般问题中，只给出自由电荷的分布和电介质的分布，束缚电荷的分布是未知的。由于束缚电荷由电场的分布 $\boldsymbol{E}$ 决定，而 $\boldsymbol{E}$ 又通过上式由束缚电荷的分布决定，这样，问题就相当复杂。但这种复杂关系可以通过引入适当的物理量来简明地表示，下面就用高斯定律来导出这种表示式。

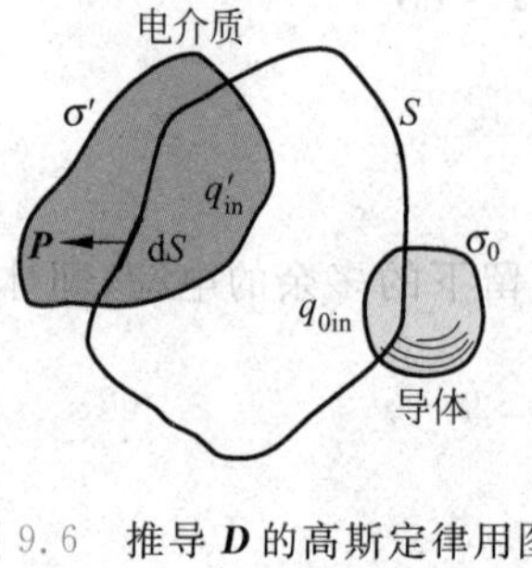

图9.6 推导 **D** 的高斯定律用图

如图9.6所示，带电的导体和电极化了的电介质组成的系统可视为由一定的束缚电荷 $q'(\sigma')$ 和自由电荷 $q_0(\sigma_0)$ 分布组成的电荷系统，所有这些电荷产生一电场分布 $\boldsymbol{E}$。由高斯定律可知，对封闭面 S 来说，

$$\oint_S \boldsymbol{E} \cdot \mathrm{d}\boldsymbol{S} = \frac{1}{\varepsilon_0}\left(\sum q_{0\text{in}} + q'_{\text{in}}\right)$$

将式(9.6)的 q'_{in} 代入此式，移项后可得

$$\oint_S (\varepsilon_0 \boldsymbol{E} + \boldsymbol{P}) \cdot \mathrm{d}\boldsymbol{S} = \sum q_{0\text{in}}$$

在此，引入一个辅助物理量——**电位移**——表示积分号内的合矢量，并以 $\boldsymbol{D}$ 表示，即定义

$$\boldsymbol{D}=\varepsilon_0\boldsymbol{E}+\boldsymbol{P} \tag{9.8}$$

则上式就可简洁地表示为

$$\oint_S \boldsymbol{D}\cdot d\boldsymbol{S}=\sum q_{0\text{in}} \tag{9.9}$$

此式说明**通过任意封闭曲面的电位移通量等于该封闭面包围的自由电荷的代数和**。这一关系式叫 **$\boldsymbol{D}$ 的高斯定律**，是电磁学的一条基本定律。在无电介质的情况下，$\boldsymbol{P}=0$，式(9.9)还原为式(6.19)。

将式(9.4)的 $\boldsymbol{P}$ 代入式(9.8)，可得

$$\boldsymbol{D}=\varepsilon_0\varepsilon_r\boldsymbol{E} \tag{9.10}$$

通常还用 ε 代表乘积 $\varepsilon_0\varepsilon_r$，即

$$\varepsilon=\varepsilon_0\varepsilon_r \tag{9.11}$$

并叫做电介质的**介电常量**(或**电容率**)，它的单位与 ε_0 的单位相同。这样，式(9.10)可以写成

$$\boldsymbol{D}=\varepsilon\boldsymbol{E} \tag{9.12}$$

这一关系式是点点对应的关系，即电介质中某点的 $\boldsymbol{D}$ 等于该点的 $\boldsymbol{E}$ 与电介质在该点的介电常量的乘积，二者的方向相同[①]。

在国际单位制中电位移的单位名称为库每平方米，符号为 $\mathrm{C/m^2}$。

利用 $\boldsymbol{D}$ 的高斯定律，可以先由自由电荷的分布求出 $\boldsymbol{D}$ 的分布，然后再用式(9.10)或式(9.12)求出 $\boldsymbol{E}$ 的分布。当然，具体来说，还是只有对那些自由电荷和电介质的分布都具有一定对称性的系统，才可能用 $\boldsymbol{D}$ 的高斯定律简便地求解。下面举个例子。

例 9.1

如图 9.7 所示，一个带正电的金属球，半径为 R，电量为 q，浸在一个大油箱中，油的相对介电常量为 ε_r，求球外的电场分布以及贴近金属球表面的油面上的束缚电荷总量 q'。

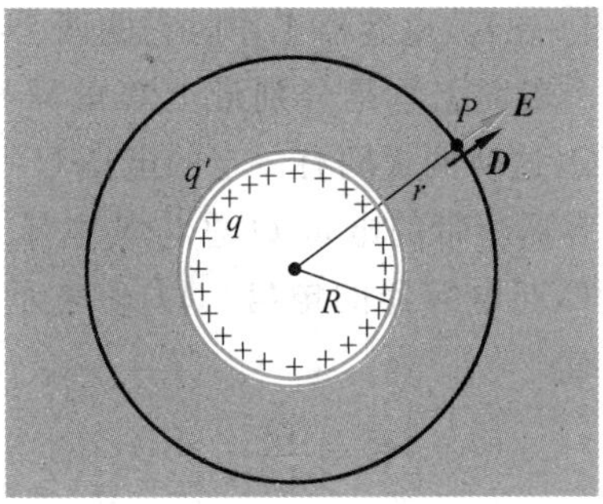

图 9.7 例 9.1 用图

解 由自由电荷 q 和电介质分布的球对称性可知，$\boldsymbol{E}$ 和 $\boldsymbol{D}$ 的分布也具有球对称性。为了求出在油内距球心距离为 r 处的电场强度 $\boldsymbol{E}$，可以作一个半径为 r 的球面并计算通过此球面的 $\boldsymbol{D}$ 通量。这一通量是

$$\oint_S \boldsymbol{D}\cdot d\boldsymbol{S}=D\cdot 4\pi r^2$$

由 $\boldsymbol{D}$ 的高斯定律可知

$$D\cdot 4\pi r^2=q$$

由此得

$$D=\frac{q}{4\pi r^2}$$

考虑到 $\boldsymbol{D}$ 的方向沿径向向外，此式可用矢量式表示为

① 在各向异性的电介质(例如某些晶体)中，同一地点的 $\boldsymbol{D}$ 和 $\boldsymbol{E}$ 的方向可能不同，它们的关系不能用式(9.12)简单地表示。

$$\boldsymbol{D}=\frac{q}{4\pi r^2}\boldsymbol{e}_r$$

根据式(9.10)可得油中的电场分布公式为

$$\boldsymbol{E}=\frac{\boldsymbol{D}}{\varepsilon_0\varepsilon_r}=\frac{q}{4\pi\varepsilon_0\varepsilon_r r^2}\boldsymbol{e}_r \tag{9.13}$$

由于在真空情况下，电荷 q 周围的电场为 $\boldsymbol{E}_0=\frac{q}{4\pi\varepsilon_0 r^2}\boldsymbol{e}_r$ 可见，当电荷周围充满电介质时，场强减弱到真空时的 ε_r 分之一。这减弱的原因是在贴近金属球表面的油面上出现了束缚电荷。

现在来求束缚电荷总量 q'。由于 q' 在贴近球面的介质表面上均匀分布，它在 r 处产生的电场应为

$$\boldsymbol{E}'=\frac{q'}{4\pi\varepsilon_0 r^2}\boldsymbol{e}_r$$

自由电荷 q 在 r 处产生的电场为

$$\boldsymbol{E}_0=\frac{q}{4\pi\varepsilon_0 r^2}\boldsymbol{e}_r$$

将此二式和式(9.13)代入式(9.7)，可得

$$q'=\left(\frac{1}{\varepsilon_r}-1\right)q$$

由于 $\varepsilon_r>1$，所以 q' 总与 q 反号，而其数值则小于 q。

9.4 电容器和它的电容

电容器是一种常用的电学和电子学元件，它由两个用电介质隔开的金属导体组成。电容器的最基本的形式是平行板电容器，它是用两块平行的金属板或金属箔，中间夹以电介质薄层如云母片、浸了油或蜡的纸等构成的(图 9.8)。电容器工作时它的两个金属板的相对的两个表面上总是分别带上等量异号的电荷 $+Q$ 和 $-Q$，这时两板间有一定的电压 $U=\varphi_+-\varphi_-$。一个电容器所带的电量 Q 总与其电压 U 成正比，比值 Q/U 叫电容器的**电容**。以 C 表示电容器的电容，就有

$$C=\frac{Q}{U} \tag{9.14}$$

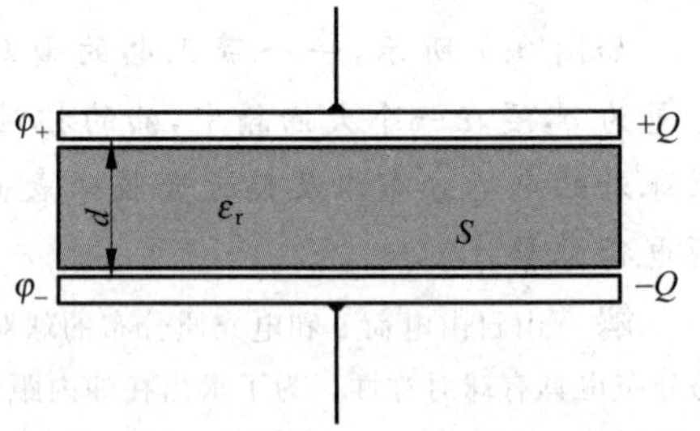

图 9.8 平行板电容器

电容器的电容决定于电容器本身的结构，即两导体的形状、尺寸以及两导体间电介质的种类等，而与它所带的电量无关。

在国际单位制中，电容的单位名称是法[拉]，符号为 F，

$$1\ \mathrm{F}=1\ \mathrm{C/V}$$

实际上 1 F 是非常大的，常用的单位是 μF 或 pF 等较小的单位，

$$1\ \mu\mathrm{F}=10^{-6}\ \mathrm{F}$$
$$1\ \mathrm{pF}=10^{-12}\ \mathrm{F}$$

从式(9.14)可以看出，在电压相同的条件下，电容 C 越大的电容器，所储存的电量越多。这说明电容是反映电容器储存电荷本领大小的物理量。实际上除了储存电量外，电容

器在电工和电子线路中起着很大的作用。交流电路中电流和电压的控制，发射机中振荡电流的产生，接收机中的调谐，整流电路中的滤波，电子线路中的时间延迟等都要用到电容器。

简单电容器的电容可以容易地计算出来，下面举几个例子。对如图 9.8 所示的平行板电容器，以 S 表示两平行金属板相对着的表面积，以 d 表示两板之间的距离，并设两板间充满了相对介电常数为 ε_r 的电介质。为了求它的电容，我们假设它带上电量 Q（即两板上相对的两个表面分别带上 $+Q$ 和 $-Q$ 的电荷）。忽略边缘效应，它的两板间的电场是

$$E=\frac{\sigma}{\varepsilon_0\varepsilon_r}=\frac{Q}{\varepsilon_0\varepsilon_r S}$$

两板间的电压就是

$$U=Ed=\frac{Qd}{\varepsilon_0\varepsilon_r S}$$

将此电压代入电容的定义式(9.14)就可得出平行板电容器的电容为

$$C=\frac{\varepsilon_0\varepsilon_r S}{d} \tag{9.15}$$

此结果表明电容的确只决定于电容器的结构，而且板间充满电介质时的电容是板间为真空($\varepsilon_r=1$)时的电容的 ε_r 倍。

圆柱形电容器由两个同轴的金属圆筒组成。如图 9.9 所示，设筒的长度为 L，两筒的半径分别为 R_1 和 R_2，两筒之间充满相对介电常数为 ε_r 的电介质。为了求出这种电容器的电容，我们也假设它带有电量 Q（即外筒的内表面和内筒的外表面分别带有电量 $-Q$ 和 $+Q$）。忽略两端的边缘效应，根据自由电荷和电介质分布的轴对称性可以利用 $\boldsymbol{D}$ 的高斯定律求出电场分布来。距离轴线为 r 的电介质中一点的电场强度为

$$E=\frac{Q}{2\pi\varepsilon_0\varepsilon_r rL}$$

场强的方向垂直于轴线而沿径向，由此可以求出两圆筒间的电压为

$$U=\int \boldsymbol{E}\cdot \mathrm{d}\boldsymbol{r}=\int_{R_1}^{R_2}\frac{Q}{2\pi\varepsilon_0\varepsilon_r rL}\mathrm{d}r=\frac{Q}{2\pi\varepsilon_0\varepsilon_r L}\ln\frac{R_2}{R_1}$$

将此电压代入电容的定义式(9.14)，就可得圆柱形电容器的电容为

$$C=\frac{2\pi\varepsilon_0\varepsilon_r L}{\ln(R_2/R_1)} \tag{9.16}$$

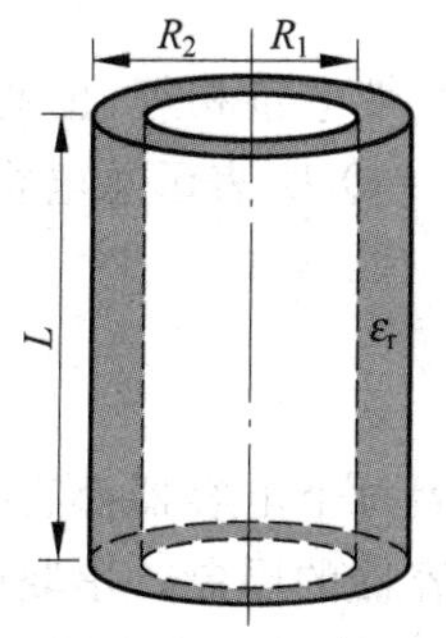

图 9.9　圆柱形电容器

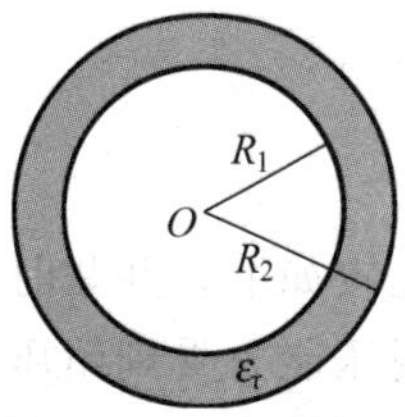

图 9.10　球形电容器

球形电容器是由两个同心的导体球壳组成。如果两球壳间充满相对介电常量为 ε_r 的电介质(图 9.10)，则可用与上面类似的方法求出球形电容器的电容为

$$C=\frac{4\pi\varepsilon_0\varepsilon_r R_1 R_2}{R_2-R_1} \tag{9.17}$$

式中 R_1 和 R_2 分别表示内球壳外表面和外球壳内表面的半径。

实际的电工和电子装置中任何两个彼此隔离的导体之间都有电容，例如两条输电线之间，电子线路中两段靠近的导线之间都有电容。这种电容实际上反映了两部分导体之间通过电场的相互影响，有时叫做"杂散电容"。在有些情况下（如高频率的变化电流），这种杂散电容对电路的性质产生明显的影响。

对一个孤立导体，可以认为它和无限远处的另一导体组成一个电容器。这样一个电容器的电容就叫做这个孤立导体的电容。例如对一个在空气中的半径为 R 的孤立的导体球，就可以认为它和一个半径为无限大的同心导体球组成一个电容器。这样，利用式(9.17)，使 $R_2\to\infty$，将 R_1 改写为 R，又因为空气的 ε_r 可取作 1，所以这个导体球的电容就是

$$C=4\pi\varepsilon_0 R \tag{9.18}$$

衡量一个实际的电容器的性能有两个主要的指标：一个是它的电容的大小；另一个是它的耐（电）压能力。使用电容器时，所加的电压不能超过规定的耐压值，否则在电介质中就会产生过大的场强，而使它有被击穿的危险。

在实际电路中当遇到单独一个电容器的电容或耐压能力不能满足要求时，就把几个电容器连接起来使用。电容器连接的基本方式有并联和串联两种。

并联电容器组如图 9.11(a)所示。这时各电容器的电压相等，即总电压 U，而总电量 Q 为各电容器所带的电量之和。以 $C=Q/U$ 表示电容器组的总电容或等效电容，则可证明，对并联电容器组，

$$C=\sum C_i \tag{9.19}$$

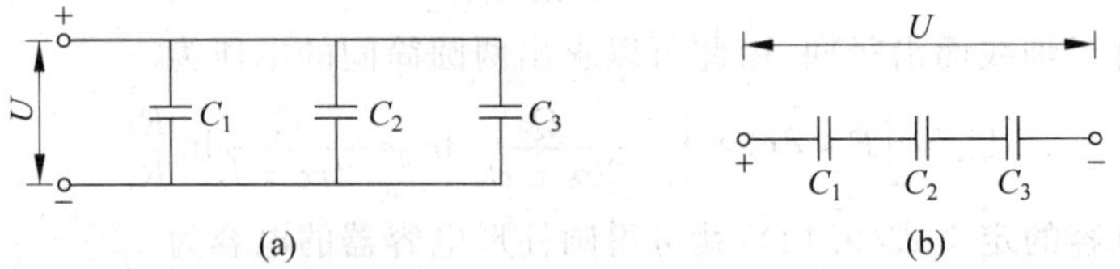

图 9.11　电容器连接

(a) 三个电容器并联；(b) 三个电容器串联

串联电容器组如图 9.11(b)所示。这时各电容器所带电量相等，也就是电容器组的总电量 Q，总电压 U 等于各个电容器的电压之和。仍以 $C=Q/U$ 表示总电容，则可以证明，对于串联电容器组

$$\frac{1}{C}=\sum\frac{1}{C_i} \tag{9.20}$$

并联和串联比较如下。并联时，总电容增大了，但因每个电容器都直接连到电压源上，所以电容器组的耐压能力受到耐压能力最低的那个电容器的限制。串联时，总电容比每个电容器都减小了，但是，由于总电压分配到各个电容器上，所以电容器组的耐压能力比每个电容器都提高了。

9.5 电容器的能量

电容器带电时具有能量可以从下述实验看出。将一个电容器 C、一个直流电源 $\mathscr{E}$ 和一个灯泡 B 连成如图 9.12(a)的电路，先将开关 K 倒向 a 边，当再将开关倒向 b 边时，灯泡会发出一次强的闪光。有的照相机上附装的闪光灯就是利用了这样的装置。

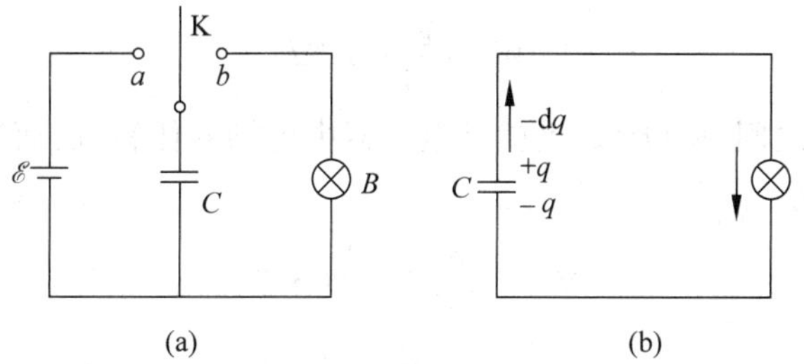

图 9.12 电容器充放电电路图(a)和电容器放电过程(b)

可以这样来分析这个实验现象。开关倒向 a 边时，电容器两板和电源相连，使电容器两板带上电荷。这个过程叫电容器的**充电**。当开关倒向 b 边时，电容器两板上的正负电荷又会通过有灯泡的电路中和。这一过程叫电容器的**放电**。灯泡发光是电流通过它的显示，灯泡发光所消耗的能量是从哪里来的呢？是从电容器释放出来的，而电容器的能量则是它充电时由电源供给的。

现在我们来计算电容器带有电量 Q，相应的电压为 U 时所具有的能量，这个能量可以根据电容器在放电过程中电场力对电荷做的功来计算。设在放电过程中某时刻电容器两极板所带的电量为 q。以 C 表示电容，则这时两板间的电压为 $u=q/C$。以 $-\mathrm{d}q$ 表示在此电压下电容器由于放电而减小的微小电量(由于放电过程中 q 是减小的，所以 q 的增量 $\mathrm{d}q$ 本身是负值)，也就是说，有 $-\mathrm{d}q$ 的正电荷在电场力作用下沿导线从正极板经过灯泡与负极板等量的负电荷 $\mathrm{d}q$ 中和，如图 9.12(b)所示。在这一微小过程中电场力做的功为

$$\mathrm{d}A=(-\mathrm{d}q)u=-\frac{q}{C}\mathrm{d}q$$

从原有电量 Q 到完全中和的整个放电过程中，电场力做的总功为

$$A=\int \mathrm{d}A=-\int_Q^0 \frac{q}{C}\mathrm{d}q=\frac{1}{2}\frac{Q^2}{C}$$

这也就是电容器原来带有电量 Q 时所具有的能量。用 W 表示电容器的能量，并利用 $Q=CU$ 的关系，可以得到电容器的能量公式为

$$W=\frac{1}{2}\frac{Q^2}{C}=\frac{1}{2}CU^2=\frac{1}{2}QU \tag{9.21}$$

电容器的能量同样可以认为是储存在电容器内的电场之中，可以用下面的分析把这个能量和电场强度 E 联系起来。

仍以平行板电容器为例，设板的面积为 S，板间距离为 d，板间充满相对介电常量为 ε_r 的电介质。此电容器的电容由式(9.15)给出，即

$$C=\frac{\varepsilon_0\varepsilon_r S}{d}$$

将此式代入式(9.21)可得

$$W=\frac{1}{2}\frac{Q^2}{C}=\frac{1}{2}\frac{Q^2 d}{\varepsilon_0\varepsilon_r S}=\frac{\varepsilon_0\varepsilon_r}{2}\left(\frac{Q}{\varepsilon_0\varepsilon_r S}\right)^2 Sd$$

由于电容器的两板间的电场为

$$E=\frac{Q}{\varepsilon_0\varepsilon_r S}$$

所以可得

$$W=\frac{\varepsilon_0\varepsilon_r}{2}E^2 Sd$$

由于电场存在于两板之间，所以 Sd 也就是电容器中电场的体积，因而这种情况下的电场能量体密度 w_e 应表示为

$$w_e=\frac{W}{Sd}=\frac{1}{2}\varepsilon_0\varepsilon_r E^2$$

或

$$w_e=\frac{1}{2}\varepsilon E^2=\frac{1}{2}DE \tag{9.22}$$

式(9.22)虽然是利用平行板电容器推导出来的，但是可以证明，它对于任何电介质内的电场都是成立的。在真空中，由于 $\varepsilon_r=1, \varepsilon=\varepsilon_0$，所以式(9.22)就还原为式(7.19)，即 $w_e=\frac{1}{2}\varepsilon_0 E^2$。比较式(9.22)和式(7.19)可知，在电场强度相同的情况下，电介质中的电场能量密度将增大到 ε_r 倍。这是因为在电介质中，不但电场 $\boldsymbol{E}$ 本身像式(7.19)那样储有能量，而且电介质的极化过程也吸收并储存了能量。

一般情况下，有电介质时的电场总能量 W 应该是对式(9.22)的能量密度积分求得，即

$$W=\int w_e \mathrm{d}V=\int\frac{\varepsilon E^2}{2}\mathrm{d}V \tag{9.23}$$

此积分应遍及电场分布的空间。

例 9.2

一球形电容器，内外球的半径分别为 R_1 和 R_2(图 9.13)，两球间充满相对介电常量为 ε_r 的电介质，求此电容器带有电量 Q 时所储存的电能。

解 由于此电容器的内外球分别带有 $+Q$ 和 $-Q$ 的电量，根据高斯定律可求出内球内部和外球外部的电场强度都是零。两球间的电场分布为

$$E=\frac{Q}{4\pi\varepsilon_0\varepsilon_r r^2}$$

将此电场分布代入式(9.23)可得此球形电容器储存的电能为

$$W=\int w_e \mathrm{d}V=\int_{R_1}^{R_2}\frac{\varepsilon_0\varepsilon_r}{2}\left(\frac{Q}{4\pi\varepsilon_0\varepsilon_r r^2}\right)^2 4\pi r^2\mathrm{d}r$$

$$=\frac{Q^2}{8\pi\varepsilon_0\varepsilon_r}\left(\frac{1}{R_1}-\frac{1}{R_2}\right)$$

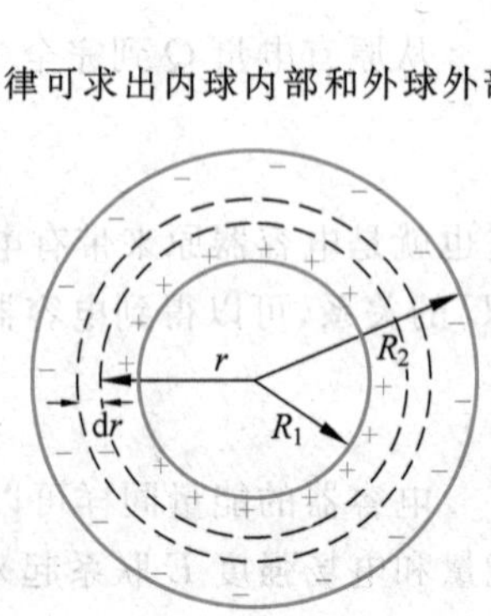

图 9.13 例 9.2 用图

此电能应该和用式(9.21)计算的结果相同。和式(9.21)中的 $W=\frac{1}{2}\frac{Q^2}{C}$ 比较，可得球形电容器的电容为

$$C=4\pi\varepsilon_0\varepsilon_r\frac{R_1 R_2}{R_2-R_1}$$

此式和式(9.17)相同。这里利用了能量公式,这是计算电容器电容的另一种方法。

提要

1. 电介质分子的电矩：极性分子有固有电矩,非极性分子在外电场中产生感生电矩。

2. 电介质的极化：在外电场中固有电矩的取向或感生电矩的产生使电介质的表面(或内部)出现束缚电荷。

电极化强度：对各向同性的电介质,在电场不太强的情况下

$$\boldsymbol{P}=\varepsilon_0(\varepsilon_r-1)\boldsymbol{E}=\varepsilon_0\chi\boldsymbol{E}$$

面束缚电荷密度：$\sigma'=\boldsymbol{P}\cdot\boldsymbol{e}_n$

3. 电位移：$\boldsymbol{D}=\varepsilon_0\boldsymbol{E}+\boldsymbol{P}$

对各向同性电介质：$\boldsymbol{D}=\varepsilon_0\varepsilon_r\boldsymbol{E}=\varepsilon\boldsymbol{E}$

$\boldsymbol{D}$ 的高斯定律：$\oint_S\boldsymbol{D}\cdot d\boldsymbol{S}=q_{0in}$

4. 电容器的电容

$$C=\frac{Q}{U}$$

平行板电容器：$C=\frac{\varepsilon_0\varepsilon_r S}{d}$

并联电容器组：$C=\sum C_i$

串联电容器组：$\frac{1}{C}=\sum\frac{1}{C_i}$

5. 电容器的能量

$$W=\frac{1}{2}\frac{Q^2}{C}=\frac{1}{2}CU^2=\frac{1}{2}QU$$

6. 电介质中电场的能量密度：$w_e=\frac{\varepsilon_0\varepsilon_r E^2}{2}=\frac{DE}{2}$

习题

9.1 两个同心的薄金属球壳,内、外球壳半径分别为 $R_1=0.02$ m 和 $R_2=0.06$ m。球壳间充满两层均匀电介质,它们的相对介电常量分别为 $\varepsilon_{r1}=6$ 和 $\varepsilon_{r2}=3$。两层电介质的分界面半径 $R=0.04$ m。设内球壳带电量 $Q=-6\times10^{-8}$ C,求：

(1) $\boldsymbol{D}$ 和 $\boldsymbol{E}$ 的分布,并画 D-r,E-r 曲线；

(2) 两球壳之间的电势差；

(3) 贴近内金属壳的电介质表面上的面束缚电荷密度。

9.2 两共轴的导体圆筒的内、外筒半径分别为 R_1 和 R_2,$R_2<2R_1$。其间有两层均匀电介质,分界面半径为 r_0。内层介质相对介电常量为 ε_{r1},外层介质相对介电常量为 ε_{r2},且 $\varepsilon_{r2}=\varepsilon_{r1}/2$。两层介质的击穿场

强都是 $E_{\max}$。当电压升高时，哪层介质先击穿？两筒间能加的最大电势差多大？

9.3 空气的介电强度为 3 kV/mm，试求空气中半径分别为 1.0 cm，1.0 mm，0.1 mm 的长直导线上单位长度最多各能带多少电荷？

9.4 人体的某些细胞壁两侧带有等量的异号电荷。设某细胞壁厚为 5.2×10^{-9} m，两表面所带面电荷密度为 $\pm0.52\times10^{-3}\ \mathrm{C/m^2}$，内表面为正电荷。如果细胞壁物质的相对介电常量为 6.0，求：(1)细胞壁内的电场强度；(2)细胞壁两表面间的电势差。

9.5 有的计算机键盘的每一个键下面连一小块金属片，它下面隔一定空气隙是一块小的固定金属片。这样两片金属片就组成一个小电容器(图 9.14)。当键被按下时，此小电容器的电容就发生变化，与之相连的电子线路就能检测出是哪个键被按下了，从而给出相应的信号。设每个金属片的面积为 $50.0\ \mathrm{mm^2}$，两金属片之间的距离是 0.600 mm。如果电子线路能检测出的电容变化是 0.250 pF，那么键需要按下多大的距离才能给出必要的信号？

图 9.14 习题 9.5 用图

9.6 一个平行板电容器的每个板的面积为 $0.02\ \mathrm{m^2}$，两板相距 0.5 mm，放在一个金属盒子中(图 9.15)。电容器两板到盒子上下底面的距离各为 0.25 mm，忽略边缘效应，求此电容器的电容。如果将一个板和盒子用导线连接起来，电容器的电容又是多大？

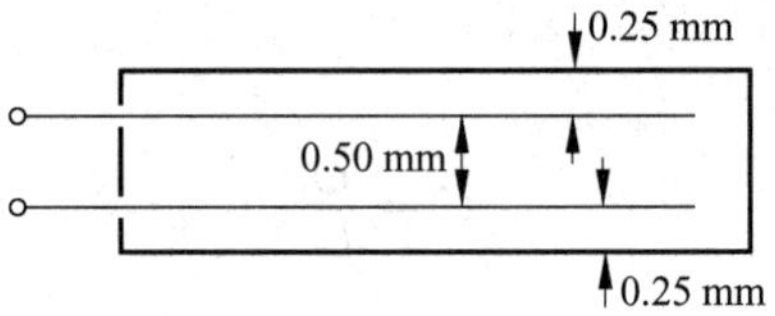

图 9.15 习题 9.6 用图

9.7 一平行板电容器面积为 S，板间距离为 d，板间以两层厚度相同而相对介电常量分别为 ε_{r1} 和 ε_{r2} 的电介质充满(图 9.16)。求此电容器的电容。

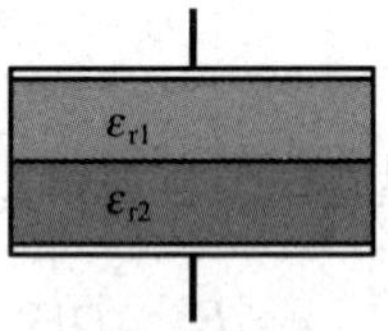

图 9.16 习题 9.7 用图

9.8 将一个电容为 4 μF 的电容器和一个电容为 6 μF 的电容器串联起来接到 200 V 的电源上，充电后，将电源断开并将两电容器分离。在下列两种情况下，每个电容器的电压各变为多少？

(1) 将每一个电容器的正板与另一电容器的负板相连；

(2) 将两电容器的正板与正板相连，负板与负板相连。

第10章

磁场和它的源

本章开始讲解，电荷之间的另一种相互作用——磁力，它是运动电荷之间的一种相互作用。利用场的概念，就认为这种相互作用是通过另一种场——**磁场**实现的。本章在引入描述磁场的物理量，即磁感应强度之后，就介绍磁场的源，如运动电荷（包括电流）产生磁场的规律。先介绍这一规律的宏观基本形式，即表明电流元的磁场的毕奥-萨伐尔定律。由这一定律原则上可以利用积分运算求出任意电流分布的磁场。接着在这一基础上导出了关于恒定磁场的一条基本定理：安培环路定理。然后利用这两个定理求解有一定对称性的电流分布的磁场分布。这一求解方法类似于利用电场的高斯定律来求有一定对称性的电荷分布的静电场分布。

10.1 磁力与电荷的运动

一般情况下，磁力是指电流和磁体之间的相互作用力。我国古籍《吕氏春秋》（成书于公元前 3 世纪战国时期）所载的“慈石召铁”，即天然磁石对铁块的吸引力，就是磁力。这种磁力现在很容易用两条磁铁棒演示出来。如图 10.1(a)，(b)所示，两根磁铁棒的同极相斥，异极相吸。

还有下述实验可演示磁力。

如图 10.2 所示，把导线悬挂在蹄形磁铁的两极之间，当导线中通入电流时，导线会被排开或吸入，显示了通有电流的导线受到了磁铁的作用力。

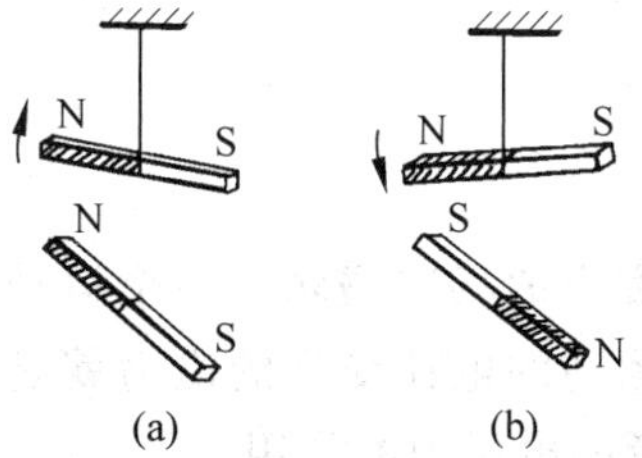

图 10.1 永磁体同极相斥，异极相吸

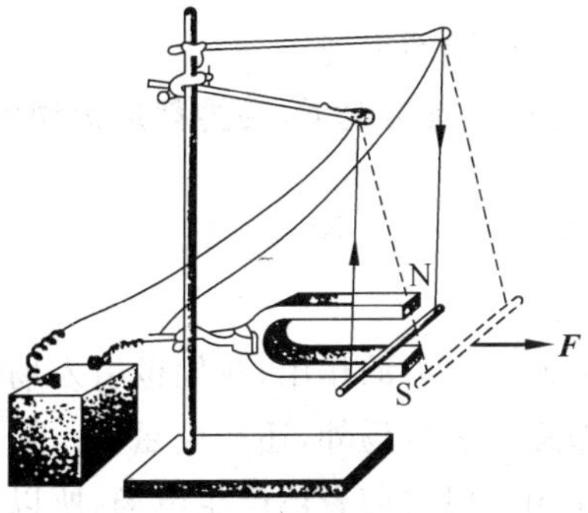

图 10.2 磁体对电流的作用

如图 10.3 所示，一个阴极射线管的两个电极之间加上电压后，会有电子束从阴极 K 射向阳极 A。当把一个蹄形磁铁放到管的近旁时，会看到电子束发生偏转。这显示运动的电子受到了磁铁的作用力。

如图 10.4 所示，一个磁针沿南北方向静止在那里，如果在它上面平行地放置一根导线，当导线中通入电流时，磁针就要转动。这显示了磁针受到了电流的作用力。1820 年奥斯特做的这个实验，在历史上第一次揭示了电现象和磁现象的联系，对电磁学的发展起了重要的作用。

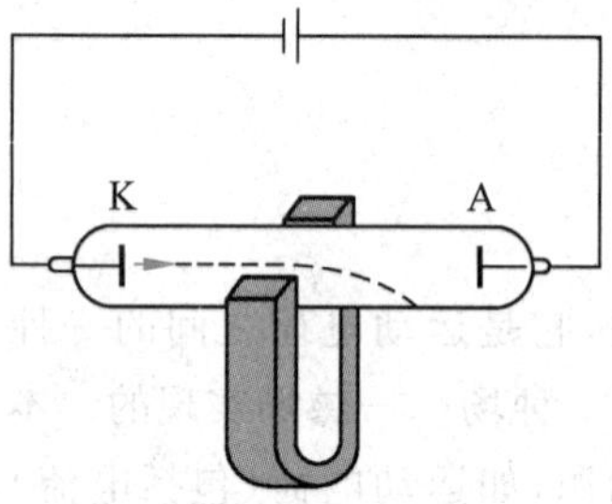

图 10.3 磁体对运动电子的作用

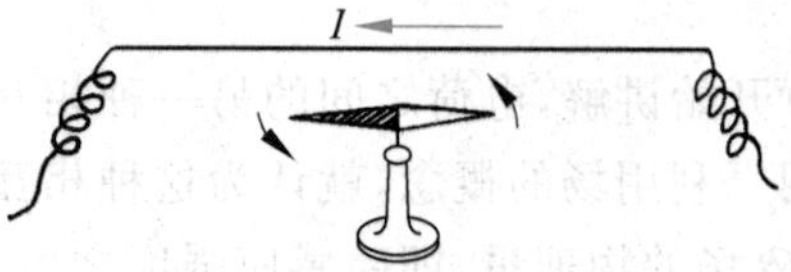

图 10.4 奥斯特实验

如图 10.5 所示，有两段平行放置并两端固定的导线，当它们通以方向相同的电流时，互相吸引(图 10.5(a))。当它们通以相反方向的电流时，互相排斥(图 10.5(b))。这说明电流与电流之间有相互作用力。

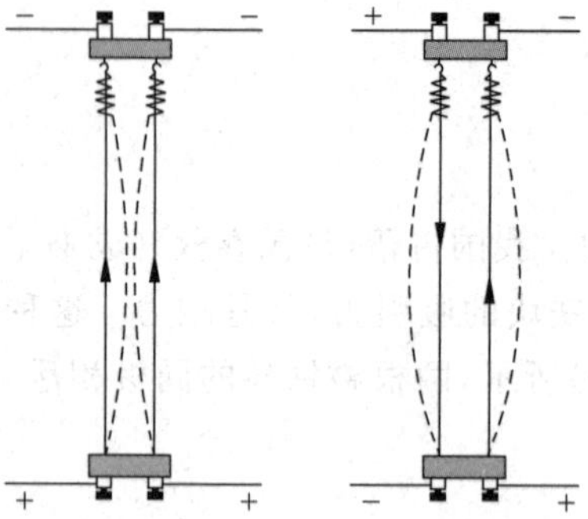

图 10.5 平行电流间的相互作用

在这些实验中，图 10.5 所示的电流之间的相互作用可以说是运动电荷之间的相互作用，因为电流是电荷的定向运动形成的。其他几类现象都用到永磁体，为什么说它们也是运动电荷相互作用的表现呢？这是因为，永磁体也是由分子和原子组成的，在分子内部，电子和质子等带电粒子的运动也形成微小的电流，叫**分子电流**。当成为磁体时，其内部的分子电流的方向都按一定的方式**排列**起来了。一个永磁体与其他永磁体或电流的相互作用，实际上就是这些已排列整齐了的分子电流之间或它们与导线中定向运动的电荷之间的相互作用，因此它们之间的相互作用也是运动电荷之间的相互作用的表现。

总之，在所有情况下，**磁力都是运动电荷之间相互作用的表现**。

10.2 磁场与磁感应强度

为了说明磁力的作用，我们也引入场的概念。产生磁力的场叫**磁场**。一个运动电荷在它的周围除产生电场外，还产生磁场。另一个在它附近运动的电荷受到的磁力就是该磁场对它的作用。但因前者还产生电场，所以后者还受到前者的电场力的作用。

为了研究磁场，需要选择一种只有磁场存在的情况。通有电流的导线的周围空间就是这种情况。在这里一个电荷是不会受到电场力的作用的，这是因为导线内既有正电荷，即金属正离子，也有负电荷，即自由电子。在通有电流时，导线也是中性的，其中的正负电荷密度相等，在导线外产生的电场相互抵消，合电场为零了。在电流的周围，一个**运动的**带电粒子是要受到作用力的，这力和该粒子的速度直接有关。这力就是**磁力**，它就是导线内定向运动的自由电子所产生的磁场对运动的电荷的作用力。下面我们就利用这种情况先说明如何对磁场加以描述。

对应于用电场强度对电场加以描述，我们用**磁感应强度**(矢量)对磁场加以描述。通常用 $\boldsymbol{B}$ 表示磁感应强度，它用下述方法定义。

如图 10.6 所示，一电荷 q 以速度 $\boldsymbol{v}$ 通过电流周围某场点 P。我们把这一运动电荷当作检验(磁场的)电荷。实验指出，q 沿不同方向通过 P 点时，它受磁力的大小不同，但当 q 沿某一特定方向(或其反方向)通过 P 点时，它受的磁力为零而与 q 无关。磁场中各点都有各自的这种特定方向。这说明磁场本身具有"方向性"。我们就可以用这个特定方向(或其反方向)来规定磁场的方向。当 q 沿其他方向运动时，实验发现 q 受的磁力 $\boldsymbol{F}$ 的方向总与此"不受力方向"以及 q 本身的速度 $\boldsymbol{v}$ 的方向垂直。这样我们就可以进一步具体地**规定 $\boldsymbol{B}$ 的方向使得 $\boldsymbol{v}\times\boldsymbol{B}$ 的方向正是 $\boldsymbol{F}$ 的方向**，如图 10.6 所示。

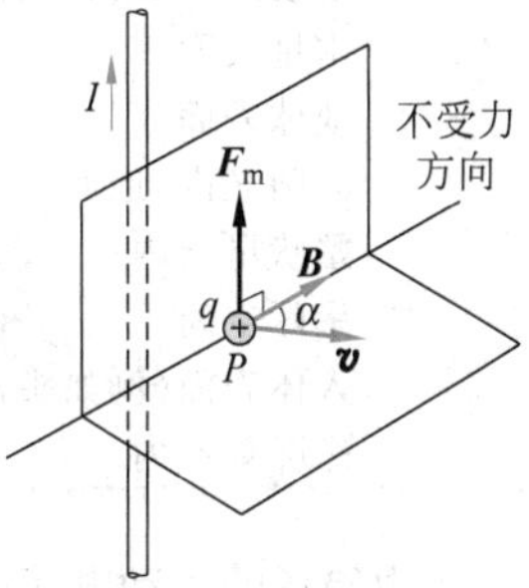

图 10.6 $\boldsymbol{B}$ 的定义

以 α 表示 q 的速度 $\boldsymbol{v}$ 与 $\boldsymbol{B}$ 的方向之间的夹角。实验给出，在不同的场点，不同的 q 以不同的大小 v 和方向 α 的速度越过时，它受的磁力 $\boldsymbol{F}$ 的大小一般不同；但在同一场点，实验给出比值 $F/qv\sin\alpha$ 是一个恒量，与 q,v,α 无关。只决定于场点的位置。根据这一结果，可以用 $F/qv\sin\alpha$ 表示磁场本身的性质而把 $\boldsymbol{B}$ 的大小规定为

$$B=\frac{F}{qv\sin\alpha} \tag{10.1}$$

这样，就有磁力的大小

$$F=Bqv\sin\alpha \tag{10.2}$$

将式(10.2)关于 $\boldsymbol{B}$ 的大小的规定和上面关于 $\boldsymbol{B}$ 的方向的规定结合到一起，可得到磁感应强度(矢量)$\boldsymbol{B}$ 的定义式为

$$\boldsymbol{F}=q\boldsymbol{v}\times\boldsymbol{B} \tag{10.3}$$

这一公式在中学物理中被称为**洛伦兹力**公式，现在我们用它根据运动的检验电荷受力来定义磁感应强度。在已经测知或理论求出磁感应强度分布的情况下，就可以用式(10.3)求任意运动电荷在磁场中受的磁场力。

在国际单位制中磁感应强度的单位名称叫特[斯拉]，符号为 T。几种典型的磁感应强度的大小如表 10.1 所示。

磁感应强度的一种非国际单位制的(但目前还常见的)单位名称叫高斯，符号为 G，它和 T 在数值上有下述关系：

$$1\ \mathrm{T}=10^4\ \mathrm{G}$$

在电磁学中，表示同一规律的数学形式常随所用单位制的不同而不同，式(10.3)的形式只用于国际单位制。

表 10.1　一些磁感应强度的大小　T

原子核表面	约 10^{12}
中子星表面	约 10^{8}
目前实验室值：瞬时	1×10^{3}
恒定	37
大型气泡室内	2
太阳黑子中	约 0.3
电视机内偏转磁场	约 0.1
太阳表面	约 10^{-2}
小型条形磁铁近旁	约 10^{-2}
木星表面	约 10^{-3}
地球表面	约 5×10^{-5}
太阳光内(地面上，均方根值)	3×10^{-6}
蟹状星云内	约 10^{-8}
星际空间	10^{-10}
人体表面(例如头部)	3×10^{-10}
磁屏蔽室内	3×10^{-14}

产生磁场的运动电荷或电流可称为磁场源。实验指出，在有若干个磁场源的情况下，它们产生的磁场服从叠加原理。以 $\boldsymbol{B}_i$ 表示第 i 个磁场源在某处产生的磁场，则在该处的总磁场 $\boldsymbol{B}$ 为

$$\boldsymbol{B}=\sum\boldsymbol{B}_i \tag{10.4}$$

为了形象地描绘磁场中磁感应强度的分布，类比电场中引入电场线的方法引入磁感线(或叫 $\boldsymbol{B}$ 线)。磁感线的画法规定与电场线画法一样。实验上可用铁粉来显示磁感线图形，如图 10.7 所示。

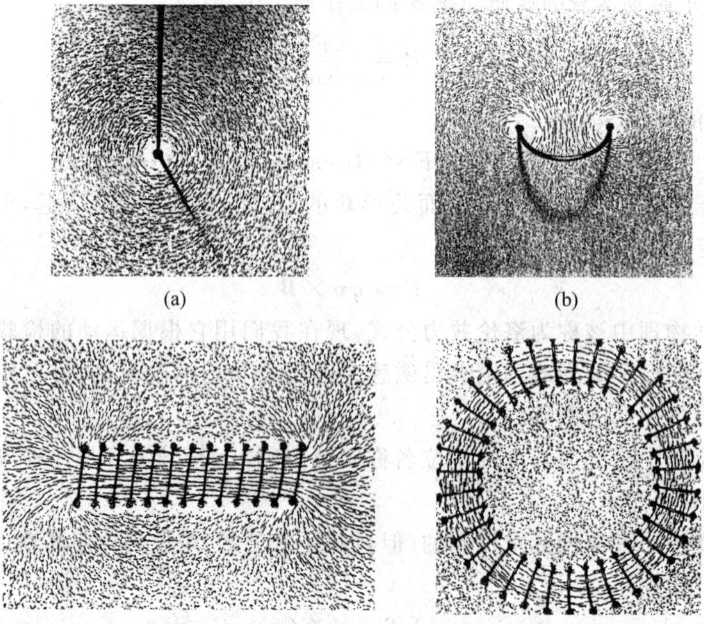

图 10.7　铁粉显示的磁感线图

(a) 直电流；(b) 圆电流；(c) 载流螺线管；(d) 载流螺绕环

在说明磁场的规律时，类比电通量，也引入**磁通量**的概念。通过某一面积的磁通量Φ的定义是

$$\Phi=\int_S \boldsymbol{B}\cdot \mathrm{d}\boldsymbol{S} \tag{10.5}$$

它就等于通过该面积的磁感线的总条数。

在国际单位制中，磁通量的单位名称是韦[伯]，符号为 Wb。$1\ \mathrm{Wb}=1\ \mathrm{T}\cdot \mathrm{m}^2$。据此，磁感应强度的单位 T 也常写作 $\mathrm{Wb/m^2}$。

我们已用电流周围的磁场定义了磁感应强度，在给定电流周围不同的场点磁感应强度一般是不同的。下面就介绍恒定电流周围磁场分布的规律。由于恒定电流是不随时间改变的，所以它产生的磁场在各处的分布也不随时间改变。这样的磁场叫**恒定磁场**或**静磁场**。

10.3 毕奥-萨伐尔定律

恒定电流在其周围产生磁场，其规律的基本形式是电流元产生的磁场和该电流元的关系。以 $I\mathrm{d}\boldsymbol{l}$ 表示恒定电流的一电流元，以 $\boldsymbol{r}$ 表示从此电流元指向某一场点 P 的径矢(图 10.8)，实验给出，此电流元在 P 点产生的磁场 $\mathrm{d}\boldsymbol{B}$ 由下式决定：

$$\mathrm{d}\boldsymbol{B}=\frac{\mu_0}{4\pi}\frac{I\mathrm{d}\boldsymbol{l}\times \boldsymbol{e}_r}{r^2} \tag{10.6}$$

式中

$$\mu_0=\frac{1}{\varepsilon_0 c^2}=4\pi\times 10^{-7}\ \mathrm{N/A^2} \tag{10.7}$$

叫**真空磁导率**。由于电流元不能孤立地存在，所以式(10.6)不是直接对实验数据的总结。它是 1820 年首先由毕奥和萨伐尔根据对电流的磁作用的实验结果分析得出的，现在就叫**毕奥-萨伐尔定律**。

有了电流元的磁场公式(10.6)，根据叠加原理，对这一公式进行积分，就可以求出任意电流的磁场分布。

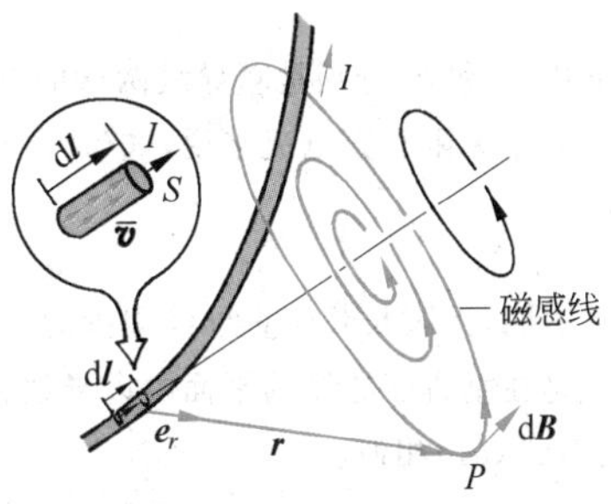

图 10.8 电流元的磁场

根据式(10.6)中的矢量积关系可知，电流元的磁场的磁感线也都是圆心在电流元轴线上的同心圆(图 10.8)。由于这些圆都是闭合曲线，所以通过任意封闭曲面的磁通量都等于零。又由于任何电流都是一段段电流元组成的，根据叠加原理，在它的磁场中通过一个封闭曲面的磁通量应是各个电流元的磁场通过该封闭曲面的磁通量的代数和。既然每一个电流元的磁场通过该封闭面的磁通量为零，所以在**任何磁场中通过任意封闭曲面的磁通量总等于零**。这个关于磁场的结论叫**磁通连续定理**，或磁场的高斯定律。它的数学表示式为

$$\oint_S \boldsymbol{B}\cdot \mathrm{d}\boldsymbol{S}=0 \tag{10.8}$$

和电场的高斯定律相比，可知磁通连续反映自然界中没有与电荷相对应的“磁荷”即单独的磁极或磁单极子存在。近代关于基本粒子的理论研究早已预言有磁单极子存在，也曾

企图在实验中找到它。但至今除了个别事件可作为例证外，还不能说完全肯定地发现了它。

下面举两个例子，说明如何用毕奥-萨伐尔定律求电流的磁场分布。

例 10.1

直线电流的磁场。如图10.9所示，导电回路中通有电流 I，求长度为 L 的直线段的电流在它周围某点 P 处的磁感应强度，P 点到导线的距离为 r。

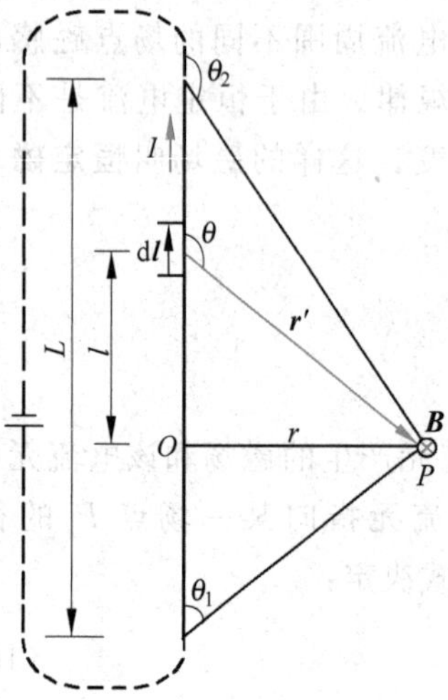

图 10.9　直线电流的磁场

解　以 P 点在直导线上的垂足为原点 O，选坐标如图。由毕奥-萨伐尔定律可知，L 段上任意一电流元 $I\mathrm{d}\boldsymbol{l}$ 在 P 点所产生的磁场为

$$\mathrm{d}\boldsymbol{B}=\frac{\mu_0}{4\pi}\frac{I\mathrm{d}\boldsymbol{l}\times\boldsymbol{e}_{r'}}{r'^2}$$

其大小为

$$\mathrm{d}B=\frac{\mu_0}{4\pi}\frac{I\mathrm{d}l\sin\theta}{r'^2}$$

式中 r' 为电流元到 P 点的距离。由于直导线上各个电流元在 P 点的磁感应强度的方向相同，都垂直于纸面向里，所以合磁感应强度也在这个方向，它的大小等于上式 $\mathrm{d}B$ 的标量积分，即

$$B=\int\mathrm{d}B=\int\frac{\mu_0 I\mathrm{d}l\sin\theta}{4\pi r'^2}$$

由图10.9可以看出，$r'=r/\sin\theta$，$l=-r\cot\theta$，$\mathrm{d}l=r\mathrm{d}\theta/\sin^2\theta$。把此 r' 和 $\mathrm{d}l$ 代入上式，可得

$$B=\int_{\theta_1}^{\theta_2}\frac{\mu_0 I}{4\pi r}\sin\theta\mathrm{d}\theta$$

由此得

$$B=\frac{\mu_0 I}{4\pi r}(\cos\theta_1-\cos\theta_2)\tag{10.9}$$

上式中 θ_1 和 θ_2 分别是直导线两端的电流元和它们到 P 点的径矢之夹角。

对于无限长直电流来说，式(10.9)中 $\theta_1=0$，$\theta_2=\pi$，于是有

$$B=\frac{\mu_0 I}{2\pi r}\tag{10.10}$$

此式表明，无限长载流直导线周围的磁感应强度 B 与导线到场点的距离成反比，与电流成正比。它的磁感应线是在垂直于导线的平面内以导线为圆心的一系列同心圆，如图10.10所示。这和用铁粉显示的图形(图10.7(a))相似。

例 10.2

圆电流的磁场。一圆形载流导线，电流强度为 I，半径为 R。求圆形导线轴线上的磁场分布。

解　如图10.11所示，把圆电流轴线作为 x 轴，并令原点在圆心上。在圆线圈上任取一电流元 $I\mathrm{d}\boldsymbol{l}$，它在轴上任一点 P 处的磁场 $\mathrm{d}\boldsymbol{B}$ 的方向垂直于 $\mathrm{d}\boldsymbol{l}$ 和 $\boldsymbol{r}$，亦即垂直于 $\mathrm{d}\boldsymbol{l}$ 和 $\boldsymbol{r}$ 组成的平面。由于 $\mathrm{d}\boldsymbol{l}$ 总与 $\boldsymbol{r}$ 垂直，所以 $\mathrm{d}\boldsymbol{B}$ 的大小为

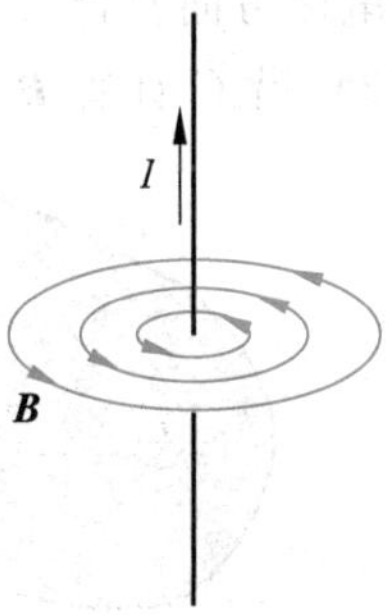

图 10.10　无限长直电流的磁感应线

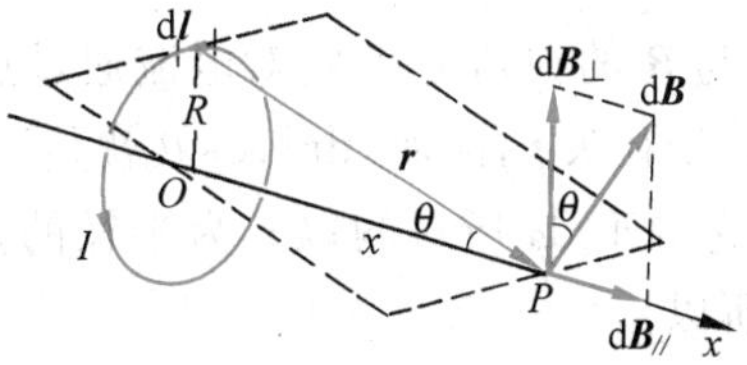

图 10.11　圆电流的磁场

$$\mathrm{d}B=\frac{\mu_0 I\mathrm{d}l}{4\pi r^2}$$

将 d$\boldsymbol{B}$ 分解成平行于轴线的分量 d$\boldsymbol{B}_{/\!/}$ 和垂直于轴线的分量 d$\boldsymbol{B}_\perp$ 两部分，它们的大小分别为

$$\mathrm{d}B_{/\!/}=\mathrm{d}B\sin\theta=\frac{\mu_0 IR}{4\pi r^3}\mathrm{d}l$$

$$\mathrm{d}B_\perp=\mathrm{d}B\cos\theta$$

式中 θ 是 $\boldsymbol{r}$ 与 x 轴的夹角。考虑电流元 $I\mathrm{d}\boldsymbol{l}$ 所在直径另一端的电流元在 P 点的磁场，可知它的 d$\boldsymbol{B}_\perp$ 与 $I\mathrm{d}l$ 的大小相等、方向相反，因而相互抵消。由此可知，整个圆电流垂直于 x 轴的磁场 $\int \mathrm{d}\boldsymbol{B}_\perp=0$，因而 P 点的合磁场的大小为

$$B=\int \mathrm{d}B_{/\!/}=\oint\frac{\mu_0 RI}{4\pi r^3}\mathrm{d}l=\frac{\mu_0 RI}{4\pi r^3}\oint\mathrm{d}l$$

因为 $\oint\mathrm{d}l=2\pi R$，所以上述积分为

$$B=\frac{\mu_0 R^2 I}{2r^3}=\frac{\mu_0 IR^2}{2(R^2+x^2)^{3/2}}\tag{10.11}$$

$\boldsymbol{B}$ 的方向沿 x 轴正方向，其指向与圆电流的电流流向符合右手螺旋定则。

在圆电流中心处，$r=R$，式(10.11)给出

$$B=\frac{\mu_0 I}{2R}\tag{10.12}$$

10.4　安培环路定理

由毕奥-萨伐尔定律表示的恒定电流和它的磁场的关系，可以导出表示恒定电流的磁场的一条基本规律。这一规律叫**安培环路定理**，它表述为：**在恒定电流的磁场中，磁感应强度 $\boldsymbol{B}$ 沿任何闭合路径 C 的线积分(即环路积分)等于路径 C 所包围的电流强度的代数和的 μ_0 倍**，它的数学表示式为

$$\oint_C \boldsymbol{B}\cdot\mathrm{d}\boldsymbol{r}=\mu_0\sum I_{\mathrm{in}}\tag{10.13}$$

为了说明此式的正确性，让我们先考虑载有恒定电流 I 的无限长直导线的磁场。

根据式(10.10)，与一无限长直电流相距为 r 处的磁感应强度为

$$B=\frac{\mu_0 I}{2\pi r}$$

B 线为在垂直于导线的平面内围绕该导线的同心圆，其绕向与电流方向符合右手螺旋定则。在上述平面内围绕导线作一任意形状的闭合路径 C(图 10.12)，沿 C 计算 **B** 的环路积分 $\oint_C \boldsymbol{B}\cdot \mathrm{d}\boldsymbol{r}$ 的值。先计算 $\boldsymbol{B}\cdot \mathrm{d}\boldsymbol{r}$ 的值。如图示，在路径上任一点 P 处，$\mathrm{d}\boldsymbol{r}$ 与 **B** 的夹角为 θ，它对电流通过点所张的角为 $\mathrm{d}\alpha$。由于 **B** 垂直于径矢 $\boldsymbol{r}$，因而 $|\mathrm{d}\boldsymbol{r}|\cos\theta$ 就是 $\mathrm{d}\boldsymbol{r}$ 在垂直于 $\boldsymbol{r}$ 方向上的投影，它等于 $\mathrm{d}\alpha$ 所对的以 r 为半径的弧长。由于此弧长等于 $r\mathrm{d}\alpha$，所以

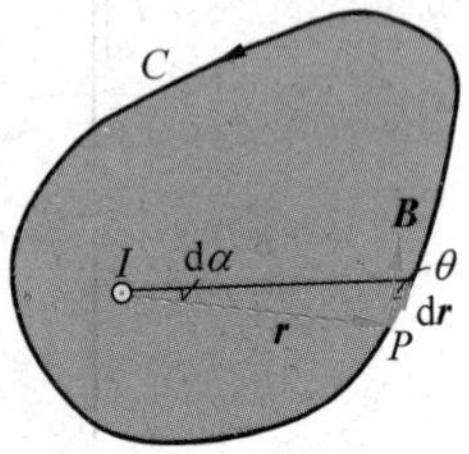

图 10.12 安培环路定理的说明

$$\boldsymbol{B}\cdot \mathrm{d}\boldsymbol{r} = Br\mathrm{d}\alpha$$

沿闭合路径 C 的 **B** 的环路积分为

$$\oint_C \boldsymbol{B}\cdot \mathrm{d}\boldsymbol{r} = \oint_C Br\mathrm{d}\alpha$$

将前面的 **B** 值代入上式，可得

$$\oint_C \boldsymbol{B}\cdot \mathrm{d}\boldsymbol{r} = \oint_C \frac{\mu_0 I}{2\pi r} r\mathrm{d}\alpha = \frac{\mu_0 I}{2\pi}\oint_C \mathrm{d}\alpha$$

沿整个路径一周积分，$\oint_C \mathrm{d}\alpha = 2\pi$，所以

$$\oint_C \boldsymbol{B}\cdot \mathrm{d}\boldsymbol{r} = \mu_0 I \tag{10.14}$$

此式说明，当闭合路径 C 包围电流 I 时，这个电流对该环路上 **B** 的环路积分的贡献为 $\mu_0 I$。

如果电流的方向相反，仍按如图 10.12 所示的路径 C 的方向进行积分时，由于 **B** 的方向与图示方向相反，所以应该得

$$\oint_C \boldsymbol{B}\cdot \mathrm{d}\boldsymbol{r} = -\mu_0 I$$

可见积分的结果与电流的方向有关。如果对于电流的正负作如下的规定，即电流方向与 C 的绕行方向符合右手螺旋定则时，此电流为正，否则为负，则 **B** 的环路积分的值可以统一地用式(10.14)表示。

如果闭合路径不包围电流，例如，图 10.13 中 C 为在垂直于直导线平面内的任一不围绕导线的闭合路径，那么可以从导线与上述平面的交点作 C 的切线，将 C 分成 C_1 和 C_2 两部分，再沿图示方向取 **B** 的环流，于是有

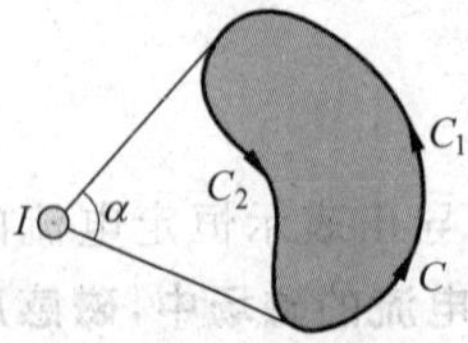

图 10.13 C 不包围电流的情况

$$\begin{aligned}\oint_C \boldsymbol{B}\cdot \mathrm{d}\boldsymbol{r} &= \int_{C_1} \boldsymbol{B}\cdot \mathrm{d}\boldsymbol{r} + \int_{C_2} \boldsymbol{B}\cdot \mathrm{d}\boldsymbol{r}\\ &= \frac{\mu_0 I}{2\pi}\left(\int_{C_1}\mathrm{d}\alpha + \int_{C_2}\mathrm{d}\alpha\right)\\ &= \frac{\mu_0 I}{2\pi}[\alpha + (-\alpha)] = 0\end{aligned}$$

可见，闭合路径 C 不包围电流时，该电流对沿这一闭合路径的 **B** 的环路积分无贡献。

上面的讨论只涉及在垂直于长直电流的平面内的闭合路径。可以比较容易地论证在长直电流的情况下，对非平面闭合路径，上述讨论也适用。还可以进一步证明(步骤比较复杂，证明略去)，对于任意的闭合恒定电流，上述 **B** 的环路积分和电流的关系仍然成立。这样，再根据磁场叠加原理可得到，当有若干个闭合恒定电流存在时，沿任一闭合路径 C 的合磁场

$\boldsymbol{B}$ 的环路积分应为

$$\oint_C \boldsymbol{B} \cdot \mathrm{d}\boldsymbol{r} = \mu_0 \sum I_{\text{in}}$$

式中 $\sum I_{\text{in}}$ 是环路 C 所包围的电流的代数和。这就是我们要说明的安培环路定理。

这里特别要注意闭合路径 C“包围”的电流的意义。对于闭合的恒定电流来说，只有与 C 相**铰链**的电流，才算被 C 包围的电流。在图 10.14 中，电流 I_1，I_2 被回路C 所包围，而且 I_1 为正，I_2 为负；I_3 和 I_4 没有被 C 所包围，它们对沿 C 的 $\boldsymbol{B}$ 的环路积分无贡献。

如果电流回路为螺旋形，而积分环路 C 与数匝电流铰链，则可作如下处理。如图 10.15 所示，设电流有 2 匝，C 为积分路径。可以设想将 cf 用导线连接起来，并想象在这一段导线中有两支方向相反，大小都等于 I 的电流流通。这样的两支电流不影响原来的电流和磁场的分布。这时 $abcfa$ 组成了一个电流回路，$cdefc$ 也组成了一个电流回路，对 C 计算 $\boldsymbol{B}$ 的环路积分时，应有

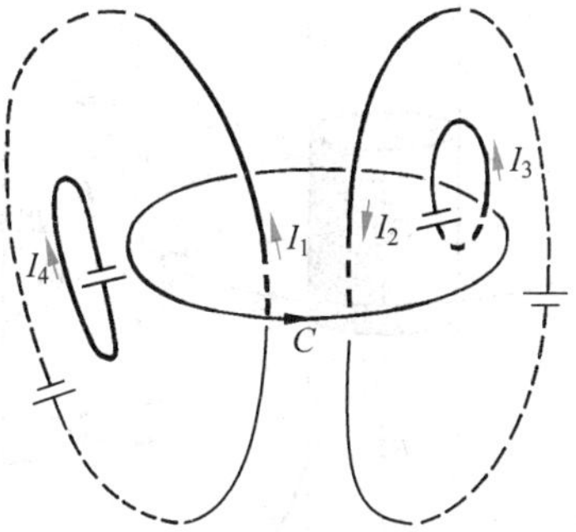

图 10.14 电流回路与环路 C 铰链

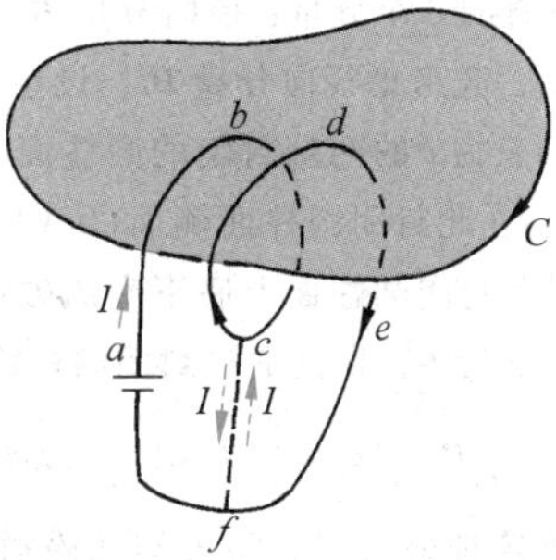

图 10.15 积分回路 C 与 2 匝电流铰链

$$\oint_C \boldsymbol{B} \cdot \mathrm{d}\boldsymbol{r} = \mu_0 (I + I) = \mu_0 \cdot 2I$$

此式就是上述情况下实际存在的电流所产生的磁场 $\boldsymbol{B}$ 沿 C 的环路积分。

如果电流在螺线管中流通，而积分环路 C 与 N 匝线圈铰链，则同理可得

$$\oint_C \boldsymbol{B} \cdot \mathrm{d}\boldsymbol{r} = \mu_0 NI \tag{10.15}$$

应该强调指出，安培环路定理表达式中右端的 $\sum I_{\text{in}}$ 中包括闭合路径 C 所包围的电流的代数和，但在式左端的 $\boldsymbol{B}$ 却代表空间所有电流产生的磁感应强度的矢量和，其中也包括那些不被 C 所包围的电流产生的磁场，只不过后者的磁场对沿 C 的 $\boldsymbol{B}$ 的环路积分无贡献罢了。

还应明确的是，安培环路定理中的电流都应该是**闭合**恒定电流，对于一段恒定电流的磁场，安培环路定理不成立（无限长直电流可以认为在无限远处是闭合的）。对于变化电流的磁场，式(10.13)的定理形式也不成立，其推广的形式见 10.6 节。

10.5 利用安培环路定理求磁场的分布

正如利用高斯定律可以方便地计算某些具有对称性的带电体的电场分布一样，利用安培环路定理也可以方便地计算出某些具有一定对称性的载流导线的磁场分布。

利用安培环路定理求磁场分布一般也包含两步：首先依据电流的对称性分析磁场分布的对称性，然后再利用安培环路定理计算磁感应强度的数值和方向。此过程中决定性的技巧是选取合适的闭合路径 C（也称**安培环路**），以便使积分 $\oint_C \boldsymbol{B}\cdot \mathrm{d}\boldsymbol{r}$ 中的 $\boldsymbol{B}$ 能以标量形式从积分号内提出来。

下面举几个例子。

例 10.3

无限长圆柱面电流的磁场分布。设圆柱面半径为 R，面上均匀分布的轴向总电流为 I。求这一电流系统的磁场分布。

解 如图 10.16 所示，P 为距柱面轴线距离为 r 处的一点。由于圆柱无限长，根据电流沿轴线分布的平移对称性，通过 P 而且平行于轴线的直线上各点的磁感应强度 $\boldsymbol{B}$ 应该相同。为了分析 P 点的磁场，将 $\boldsymbol{B}$ 分解为相互垂直的 3 个分量：径向分量 $\boldsymbol{B}_r$，轴向分量 $\boldsymbol{B}_a$ 和切向分量 $\boldsymbol{B}_t$。先考虑径向分量 $\boldsymbol{B}_r$。设想与圆柱同轴的一段半径为 r，长为 l 的两端封闭的圆柱面。根据电流分布的柱对称性，在此封闭圆柱面侧面（S_1）上各点的 B_r 应该相等。通过此封闭圆柱面上底下底的磁通量由 $\boldsymbol{B}_a$ 决定，一正一负相消为零。因此通过封闭圆柱面的磁通量为

$$\oint_S \boldsymbol{B}\cdot \mathrm{d}\boldsymbol{S} = \int_{S_1} B_r \mathrm{d}S = 2\pi r l B_r$$

由磁通连续定理公式（10.8）可知此磁通量应等于零，于是 $B_r=0$。这就是说，无限长圆柱面电流的磁场不能有径向分量。

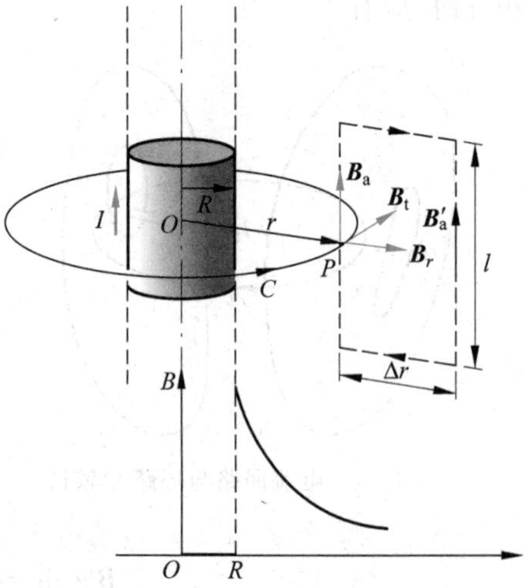

图 10.16 无限长圆柱面电流的磁场的对称性分析

其次考虑轴向分量 $\boldsymbol{B}_a$。设想通过 P 点的一个长为 l，宽为 Δr 的，与圆柱轴线共面的闭合矩形回路 C，以 $\boldsymbol{B}'_a$ 表示另一边处的磁场的轴向分量。沿此回路的磁场的环路积分为

$$\oint_C \boldsymbol{B}\cdot \mathrm{d}\boldsymbol{r} = B_a l - B'_a l$$

由于此回路并未包围电流，所以此环路积分应等于零，于是得 $B_a=B'_a$。但是这意味着 B_a 到处一样而且其大小无定解，即对于给定的电流，B_a 可以等于任意值。这是不可能的。因此，对于任意给定的电流 I 值，只能有 $\boldsymbol{B}_a=0$。这就是说，无限长直圆柱面电流的磁场不可能有轴向分量。

这样，无限长直圆柱面电流的磁场就只可能有切向分量了，即 $\boldsymbol{B}=\boldsymbol{B}_t$。由电流的轴对称性可知，在通过 P 点，垂直于圆柱面轴线的圆周 C 上各点的 $\boldsymbol{B}$ 的指向都沿同一绕行方向，而且大小相等。于是沿此圆周（取与电流成右手螺线关系的绕向为正方向）的 $\boldsymbol{B}$ 的环路积分为

$$\oint_C \boldsymbol{B}\cdot \mathrm{d}\boldsymbol{r} = B\cdot 2\pi r$$

由此得

$$B=\frac{\mu_0 I}{2\pi r} \quad (r>R) \tag{10.16}$$

这一结果说明，在无限长圆柱面电流外面的磁场分布与电流都汇流在轴线中的直线电流产生的磁场相同。

如果选 $r<R$ 的圆周作安培环路，上述分析仍然适用，但由于 $\sum I_{in}=0$，所以有

$$B=0 \quad (r<R) \tag{10.17}$$

即在无限长圆柱面电流内的磁场为零。图 10.16 中也画出了 B-r 曲线。

例 10.4

通电螺绕环的磁场分布。如图 10.17(a)所示的环状螺线管叫**螺绕环**。设环管的轴线半径为 R,环上均匀密绕 N 匝线圈(图 10.17(b)),线圈中通有电流 I。求线圈中电流的磁场分布。

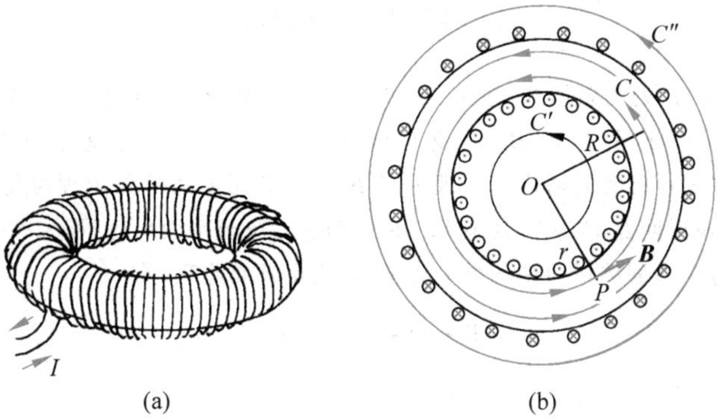

图 10.17 螺绕环及其磁场
(a) 螺绕环;(b) 螺绕环磁场分布

解 根据电流分布的对称性,仿照例 10.3 的对称性分析方法,可得与螺绕环共轴的圆周上各点 $\boldsymbol{B}$ 的大小相等,方向沿圆周的切线方向。以在环管内顺着环管的,半径为 r 的圆周为安培环路 C,则

$$\oint_C \boldsymbol{B}\cdot \mathrm{d}\boldsymbol{r}=B\cdot 2\pi r$$

该环路所包围的电流为 NI,故安培环路定理给出

$$B\cdot 2\pi r=\mu_0 NI$$

由此得

$$B=\frac{\mu_0 NI}{2\pi r} \quad (\text{在环管内}) \tag{10.18}$$

在环管横截面半径比环半径 R 小得多的情况下,可忽略从环心到管内各点的 r 的区别而取 $r=R$,这样就有

$$B=\frac{\mu_0 NI}{2\pi R}=\mu_0 nI \tag{10.19}$$

其中 $n=N/2\pi R$ 为螺绕环单位长度上的匝数。

对于管外任一点,过该点作一与螺绕环共轴的圆周为安培环路 C' 或 C'',由于这时 $\sum I_{\text{in}}=0$,所以有

$$B=0 \quad (\text{在环管外}) \tag{10.20}$$

上述两式的结果说明,密绕螺绕环的磁场集中在管内,外部无磁场。这也和用铁粉显示的通电螺绕环的磁场分布图像(图 10.7(d))一致。

例 10.5

无限大平面电流的磁场分布。如图 10.18 所示,一无限大导体薄平板垂直于纸面放置,其上有方向指向读者的电流流通,**面电流密度**(即通过与电流方向垂直的单位长度的电流)

到处均匀，大小为 j。求此电流板的磁场分布。

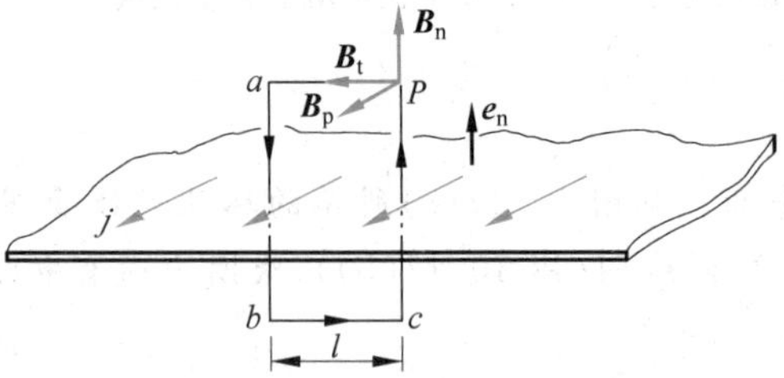

图 10.18 无限大平面电流的磁场分析

解 先分析任一点 P 处的磁场 $\boldsymbol{B}$。如图 10.18 所示，将 $\boldsymbol{B}$ 分解为相互垂直的3个分量：垂直于电流平面的分量 $\boldsymbol{B}_n$，与电流平行的分量 $\boldsymbol{B}_p$ 以及与电流平面平行且与电流方向垂直的分量 $\boldsymbol{B}_t$。类似例 10.3 的分析，利用平面对称和磁通连续定理可得 $\boldsymbol{B}_n=0$，利用安培环路定理可得 $\boldsymbol{B}_p=0$。因此 $\boldsymbol{B}=\boldsymbol{B}_t$。根据这一结果，可以作矩形回路 $PabcP$，其中 Pa 和 bc 两边与电流平面平行，长为 l，ab 和 cP 与电流平面垂直而且被电流平面等分。该回路所包围的电流为 jl，由安培环路定理，有

$$\oint_C \boldsymbol{B} \cdot \mathrm{d}\boldsymbol{r} = B \cdot 2l = \mu_0 jl$$

由此得

$$B = \frac{1}{2}\mu_0 j \tag{10.21}$$

这个结果说明，在无限大均匀平面电流两侧的磁场都是均匀磁场，并且大小相等，但方向相反。

10.6 与变化电场相联系的磁场

在安培环路定理公式(10.13)的说明中，曾指出闭合路径所包围的电流是指与该闭合路径所**铰链**的闭合电流。由于电流是闭合的，所以与闭合路径"铰链"也意味着该电流穿过以该闭合路径为边的**任意形状**的曲面。例如，在图 10.19 中，闭合路径 C 环绕着电流 I，该电流通过以 L 为边的平面 S_1，它也同样通过以 C 为边的口袋形曲面 S_2，由于恒定电流总是闭合的，所以安培环路定理的正确性与所设想的曲面 S 的形状无关，只要闭合路径是确定的就可以了。

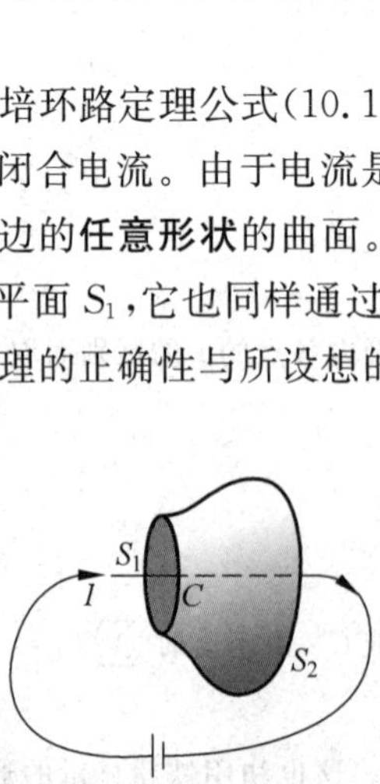

图 10.19 C 环路环绕闭合电流

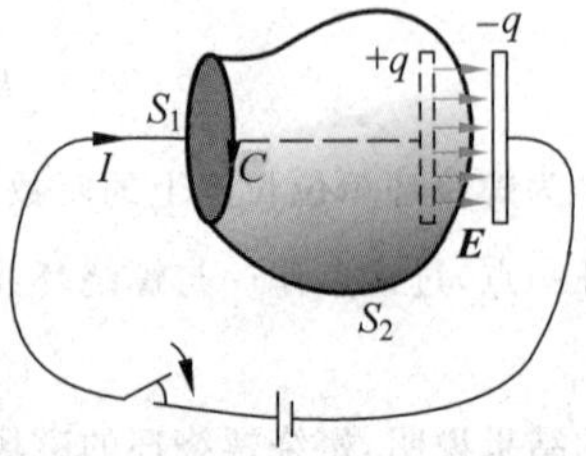

图 10.20 C 环路环绕不闭合电流

实际上也常遇到并不闭合的电流，如电容器充电(或放电)时的电流(图 10.20)。这时电流随时间改变，也不再是恒定的了，那么安培环路定理是否还成立呢？由于电流不闭合，所以不能再说它与闭合路径铰链了。实际上这时通过 S_1 和通过 S_2 的电流不相等了。如果

按面 S_1 计算电流，沿闭合路径 C 的 $\boldsymbol{B}$ 的环路积分等于 $\mu_0 I$。但如果按面 S_2 计算电流，则由于没有电流通过面 S_2，沿闭合路径 C 的 $\boldsymbol{B}$ 的环路积分按式(10.13)就要等于零。由于沿同一闭合路径 $\boldsymbol{B}$ 的环流只能有一个值，所以这里明显地出现了矛盾。它说明以式(10.13)的形式表示的安培环路定理不适用于非恒定电流的情况。

1861 年麦克斯韦研究电磁场的规律时，想把安培环路定理推广到非恒定电流的情况。他注意到如图 10.20 所示的电容器充电的情况下，在电流断开处，随着电容器被充电，这里总有电荷的不断积累或散开，如在电容器充电时，两平行板上的电量是不断变化的，因而在电流断开处的**电场总是变化的**。他大胆地假设这电场的变化和磁场相联系，并从他的理论的要求出发给出在没有电流的情况下这种联系的定量关系为

$$\oint_C \boldsymbol{B} \cdot \mathrm{d}\boldsymbol{r} = \mu_0 \varepsilon_0 \frac{\mathrm{d}\Phi_e}{\mathrm{d}t} = \mu_0 \varepsilon_0 \frac{\mathrm{d}}{\mathrm{d}t} \int_S \boldsymbol{E} \cdot \mathrm{d}\boldsymbol{S} \tag{10.22}$$

式中 S 是以闭合路径 C 为边线的任意形状的曲面。此式说明和变化电场相联系的磁场沿闭合路径 C 的环路积分等于以该路径为边线的任意曲面的电通量 Φ_e 的变化率的 $\mu_0\varepsilon_0$（即 $1/c^2$）倍（国际单位制）。电场和磁场的这种**联系**常被称为变化的电场产生磁场，式(10.22)就成了**变化电场产生磁场的规律**，或称麦克斯韦定律。

如果一个面 S 上有传导电流（即电荷运动形成的电流）I_c 通过而且还同时有变化的电场存在，则沿此面的边线 L 的磁场的环路积分由下式决定：

$$\begin{aligned}\oint_C \boldsymbol{B} \cdot \mathrm{d}\boldsymbol{r} &= \mu_0 \left(I_{c,\mathrm{in}} + \varepsilon_0 \frac{\mathrm{d}}{\mathrm{d}t} \int_S \boldsymbol{E} \cdot \mathrm{d}\boldsymbol{S} \right) \\ &= \mu_0 \int_S \left(\boldsymbol{J}_c + \varepsilon_0 \frac{\partial \boldsymbol{E}}{\partial t} \right) \cdot \mathrm{d}\boldsymbol{S}\end{aligned} \tag{10.23}$$

这一公式被称做**推广了的或普遍的安培环路定理**。事后的实验证明，麦克斯韦的假设和他提出的定量关系是完全正确的，而式(10.23)也就成了一条电磁学的基本定律。

式(10.23)中的矢量 $\boldsymbol{J}$ 为电流密度矢量，定义为

$$\boldsymbol{J} = qn\boldsymbol{v} \tag{10.24}$$

其中 q 为导体中载流子的电量，$\boldsymbol{v}$ 为载流子的运动速度，n 为单位体积内载流子的数目。由此定义可知，对于正载流子，电流密度的方向与载流子运动的方向相同；对负载流子，电流密度的方向与载流子的运动方向相反。

通过面元 $\mathrm{d}\boldsymbol{S}$ 处的电流为

$$\mathrm{d}I = \boldsymbol{J} \cdot \mathrm{d}\boldsymbol{S} \tag{10.25}$$

如果 $\boldsymbol{J}$ 与 $\mathrm{d}\boldsymbol{S}$ 垂直，则 $\mathrm{d}I = J\mathrm{d}S$，或 $J = \mathrm{d}I/\mathrm{d}S$。这就是说，电流密度的大小等于通过垂直于载流子运动方向的单位面积的电流。

在国际单位制中电流密度的单位名称为安每平方米，符号为 $\mathrm{A/m^2}$。

对于电流区域内一个有限的面积 S，通过它的电流应为通过它的各个面元的电流的代数和，即

$$I = \int_S \mathrm{d}I = \int_S \boldsymbol{J} \cdot \mathrm{d}\boldsymbol{S} \tag{10.26}$$

由此可见，在电流场中，通过某一面积的电流就是通过该面积的电流密度的通量。它是一个代数量，不是矢量。

通过一个封闭曲面 S 的电流可以表示为

$$I=\oint \boldsymbol{J}_S\cdot \mathrm{d}\boldsymbol{S} \tag{10.27}$$

根据 $\boldsymbol{J}$ 的意义可知，这一公式实际上表示净流出封闭曲面的电流，也就是单位时间内从封闭曲面内向外流出的正电荷的电量。根据电荷守恒定律，通过封闭曲面流出的电量应等于封闭曲面内电荷 q_{in} 的减少。因此，式(10.27)应该等于 q_{in} 的减少率，即

$$\oint \boldsymbol{J}_S\cdot \mathrm{d}\boldsymbol{S}=-\frac{\mathrm{d}q_{in}}{\mathrm{d}t} \tag{10.28}$$

这一关系式叫**电流的连续性方程**。

由于式(10.23)中第一个等号右侧括号内第二项具有电流的量纲，所以也可以把它叫做"电流"。麦克斯韦在引进这一项时曾把它和"以太粒子"的运动联系起来，并把它叫做**位移电流**。以 I_d 表示通过 S 面的位移电流，则有

$$I_d=\varepsilon_0\frac{\mathrm{d}\Phi_e}{\mathrm{d}t}=\varepsilon_0\frac{\mathrm{d}}{\mathrm{d}t}\int_S \boldsymbol{E}\cdot \mathrm{d}\boldsymbol{S} \tag{10.29}$$

而位移电流密度 $\boldsymbol{J}_d$ 则直接和电场的变化相联系，即

$$\boldsymbol{J}_d=\varepsilon_0\frac{\partial \boldsymbol{E}}{\partial t} \tag{10.30}$$

现在，从本质上看来，真空中的位移电流不过是变化电场的代称，并不是电荷的运动①，而且除了在产生磁场方面与电荷运动形成的传导电流等效外，和传导电流并无其他共同之处。

传导电流与位移电流之和，即式(10.23)第一个等号右侧括号中两项之和称做"**全电流**"。以 I 表示全电流，则通过 S 面的全电流为

$$I=I_c+I_d=\int_S \boldsymbol{J}_c\cdot \mathrm{d}\boldsymbol{S}+\int_S \boldsymbol{J}_d\cdot \mathrm{d}\boldsymbol{S}=\int_S\left(\boldsymbol{J}_c+\varepsilon_0\frac{\partial \boldsymbol{E}}{\partial t}\right)\cdot \mathrm{d}\boldsymbol{S} \tag{10.31}$$

现在再来讨论图 10.20 所示的情况。对口袋形面积 S_2 来说，并没有传导电流 I 通过，但由于电场的变化而有位移电流通过。由于板间 $E=\sigma/\varepsilon_0$，所以 $\Phi_e=q/\varepsilon_0$，其中 q 是一个板上已积累的电荷。因此通过 S_2 面的位移电流为

$$I_d=\varepsilon_0\frac{\mathrm{d}\Phi_e}{\mathrm{d}t}=\frac{\mathrm{d}q}{\mathrm{d}t}$$

由于单位时间内极板上电荷的增量 $\mathrm{d}q/\mathrm{d}t$ 等于通过导线流入极板的电流 I，所以上式给出 $I_d=I$。这就是说，对于和磁场的关系来说，**全电流是连续的**，而式(10.23)中 $\boldsymbol{B}$ 的环路积分也就和以积分回路 L 为边的面积 S 的形状无关了。

现在考虑全电流的一般情况。对于有全电流分布的空间，通过任一封闭曲面的全电流为

$$I=\oint_S \boldsymbol{J}_c\cdot \mathrm{d}\boldsymbol{S}+\varepsilon_0\frac{\mathrm{d}}{\mathrm{d}t}\oint_S \boldsymbol{E}\cdot \mathrm{d}\boldsymbol{S}=\oint_S \boldsymbol{J}_c\cdot \mathrm{d}\boldsymbol{S}+\frac{\mathrm{d}q_{in}}{\mathrm{d}t}$$

此式后一等式应用了高斯定律 $\oint_S \boldsymbol{E}\cdot \mathrm{d}\boldsymbol{S}=q_{in}/\varepsilon_0$。此式第二个等号后第一项表示流出封闭面的总电流，即单位时间内流出封闭面的电量。第二项表示单位时间内封闭面内电荷的增

① 位移电流的一般定义是电位移通量的变化率，即 $I_d=\frac{\mathrm{d}}{\mathrm{d}t}\Phi_d=\frac{\mathrm{d}}{\mathrm{d}t}\int_S \boldsymbol{D}\cdot \mathrm{d}\boldsymbol{S}$。在电介质内部，位移电流中确有一部分是电荷(束缚电荷)的定向运动。

量。根据表示电荷守恒的连续性方程式(10.28),这两项之和应该等于零。这就是说,通过任意封闭曲面的全电流等于零,也就是说,全电流总是连续的。上述电容器充电时全电流的连续正是这个结论的一个特例。

例 10.6

一板面半径为 $R=0.2$ m 的圆形平行板电容器,正以 $I_c=10$ A 的传导电流充电。求在板间距轴线 $r_1=0.1$ m 处和 $r_2=0.3$ m 处的磁场(忽略边缘效应)。

解 两板之间的电场为

$$E=\sigma/\varepsilon_0=\frac{q}{\pi\varepsilon_0 R^2}$$

由此得

$$\frac{\mathrm{d}E}{\mathrm{d}t}=\frac{1}{\pi\varepsilon_0 R^2}\frac{\mathrm{d}q}{\mathrm{d}t}=\frac{I_c}{\pi\varepsilon_0 R^2}$$

如图 10.21(a)所示,由于两板间的电场对圆形平板具有轴对称性,所以磁场的分布也具有轴对称性。磁感线都是垂直于电场而圆心在圆板中心轴线上的同心圆,其绕向与$\frac{\mathrm{d}\boldsymbol{E}}{\mathrm{d}t}$的方向符合右手螺旋定则。

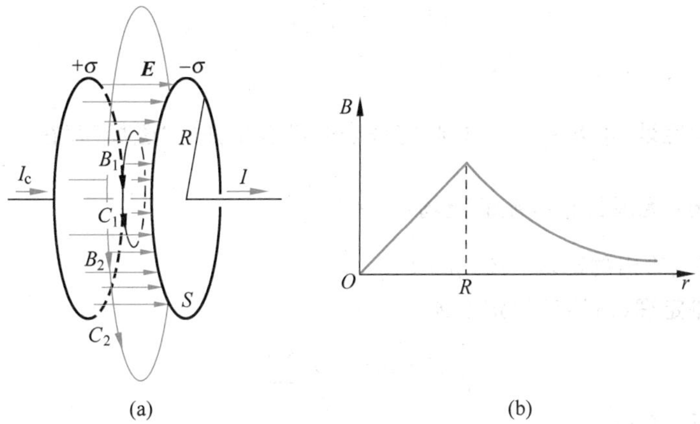

图 10.21 平行板电容器充电时,板间的磁场分布(a)和 B 随 r 变化的曲线(b)

取半径为 r_1 的圆周为安培环路 C_1,$\boldsymbol{B}_1$ 的环路积分为

$$\oint_C \boldsymbol{B}_1\cdot\mathrm{d}\boldsymbol{r}=2\pi r_1 B_1$$

而

$$\frac{\mathrm{d}\Phi_{e1}}{\mathrm{d}t}=\pi r_1^2\frac{\mathrm{d}E}{\mathrm{d}t}=\frac{\pi r_1^2 I_c}{\pi\varepsilon_0 R^2}=\frac{r_1^2 I_c}{\varepsilon_0 R^2}$$

式(10.22)给出

$$2\pi r_1 B_1=\mu_0\varepsilon_0\frac{r_1^2 I_c}{\varepsilon_0 R^2}=\mu_0\frac{r_1^2 I_c}{R^2}$$

由此得

$$B_1=\frac{\mu_0 r_1 I_c}{2\pi R^2}=\frac{4\pi\times10^{-7}\times0.1\times10}{2\pi\times0.2^2}=5\times10^{-6}\,(\mathrm{T})$$

对于 r_2,由于 $r_2>R$,取半径为 r_2 的圆周 C_2 为安培环路时,

$$\frac{\mathrm{d}\Phi_{e2}}{\mathrm{d}t}=\pi R^2\frac{\mathrm{d}E}{\mathrm{d}t}=\frac{I_c}{\varepsilon_0}$$

式(10.22)给出

$$2\pi r_2 B_2 = \mu_0 I_c$$

由此得

$$B_2 = \frac{\mu_0 I_c}{2\pi r_2} = \frac{4\pi \times 10^{-7} \times 10}{2\pi \times 0.3} = 6.67 \times 10^{-6}\,(\mathrm{T})$$

磁场的方向如图 10.21(a)所示。图 10.21(b)中画出了板间磁场的大小随离中心轴的距离变化的关系曲线。

提要

1. 磁力：磁力是运动电荷之间的相互作用，它是通过磁场实现的。

2. 磁感应强度 $\boldsymbol{B}$：用洛伦兹力公式定义 $\boldsymbol{F}=q\boldsymbol{v}\times\boldsymbol{B}$。

3. 毕奥-萨伐尔定律：电流元的磁场

$$\mathrm{d}\boldsymbol{B} = \frac{\mu_0 I\mathrm{d}\boldsymbol{l}\times\boldsymbol{e}_r}{4\pi r^2}$$

其中真空磁导率：$\mu_0=4\pi\times10^{-7}\ \mathrm{N/A^2}$。

4. 磁通连续定理：$\oint_S \boldsymbol{B}\cdot\mathrm{d}\boldsymbol{S}=0$ 此定理表明没有单独的“磁场”存在。

5. 典型磁场：无限长直电流的磁场：$B=\dfrac{\mu_0 I}{2\pi r}$

载流长直螺线管内的磁场：$B=\mu_0 nI$

6. 安培环路定理(适用于恒定电流)

$$\oint_L \boldsymbol{B}\cdot\mathrm{d}\boldsymbol{r} = \mu_0 \sum I_{\mathrm{in}}$$

7. 电流密度：$\boldsymbol{J}=nq\boldsymbol{v}$

电流：$I=\int_S \boldsymbol{J}\cdot\mathrm{d}\boldsymbol{S}$

电流的连续性方程：$\oint_S \boldsymbol{J}\cdot\mathrm{d}\boldsymbol{S}=-\dfrac{\mathrm{d}q_{\mathrm{in}}}{\mathrm{d}t}$

8. 与变化电场相联系的磁场

$$\oint_L \boldsymbol{B}\cdot\mathrm{d}\boldsymbol{r} = \mu_0\varepsilon_0 \frac{\mathrm{d}}{\mathrm{d}t}\int_S \boldsymbol{E}\cdot\mathrm{d}\boldsymbol{S}$$

位移电流：$I_{\mathrm{d}}=\varepsilon_0 \dfrac{\mathrm{d}}{\mathrm{d}t}\int_S \boldsymbol{E}\cdot\mathrm{d}\boldsymbol{S}$

位移电流密度：$\boldsymbol{J}_{\mathrm{d}}=\varepsilon_0 \dfrac{\partial \boldsymbol{E}}{\partial t}$

全电流：$I=I_{\mathrm{c}}+I_{\mathrm{d}}$，总是连续的。

9. 普遍的安培环路定理

$$\oint_L \boldsymbol{B}\cdot\mathrm{d}\boldsymbol{r} = \mu_0\left(I+\varepsilon_0 \frac{\mathrm{d}}{\mathrm{d}t}\int_S \boldsymbol{E}\cdot\mathrm{d}\boldsymbol{S}\right)$$

习题

10.1 求图 10.22 各图中 P 点的磁感应强度 $\boldsymbol{B}$ 的大小和方向。

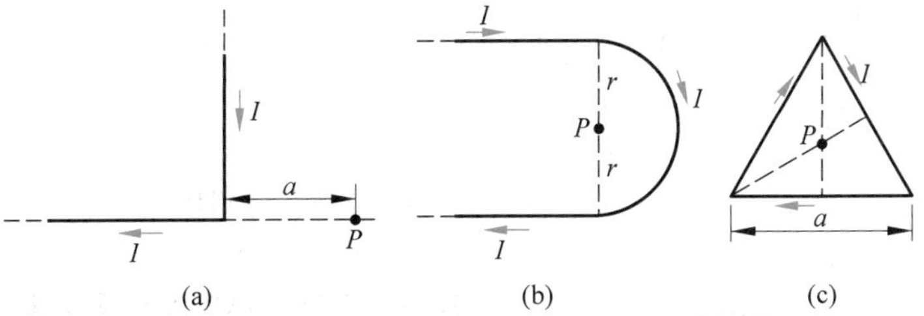

图 10.22 习题 10.1 用图

(a) P 在水平导线延长线上；(b) P 在半圆中心处；(c) P 在正三角形中心

10.2 高压输电线在地面上空 25 m 处，通过电流为 1.8×10^3 A。

(1) 求在地面上由这电流所产生的磁感应强度多大？

(2) 在上述地区，地磁场为 0.6×10^{-4} T，问输电线产生的磁场与地磁场相比如何？

10.3 两根导线沿半径方向被引到铁环上 A，C 两点，电流方向如图 10.23 所示。求环中心 O 处的磁感应强度是多少？

10.4 两平行直导线相距 $d=40$ cm，每根导线载有电流 $I_1=I_2=20$ A，如图 10.24 所示。求：

(1) 两导线所在平面内与该两导线等距离的一点处的磁感应强度；

(2) 通过图中灰色区域所示面积的磁通量(设 $r_1=r_3=10$ cm，$l=25$ cm)。

10.5 如图 10.25 所示，求半圆形电流 I 在半圆的轴线上离圆心距离 x 处的 $\boldsymbol{B}$。

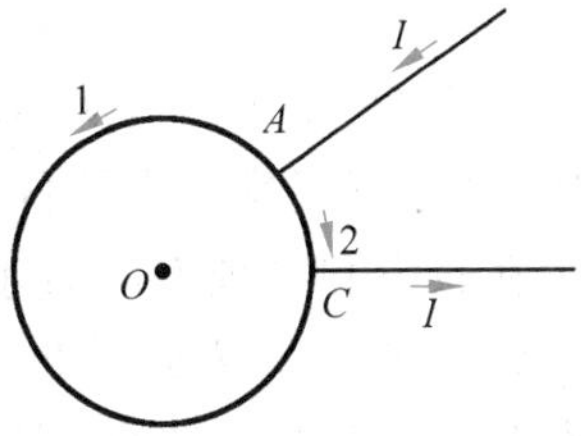

图 10.23 习题 10.3 用图

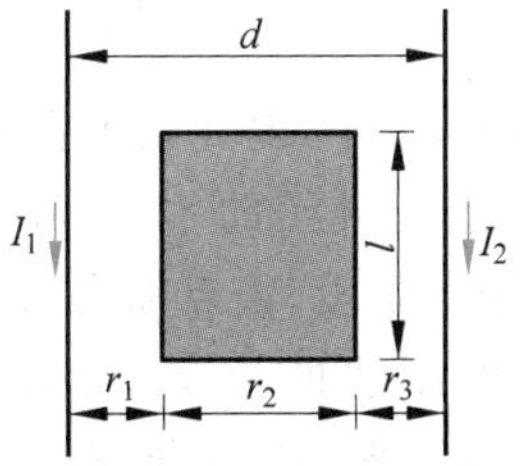

图 10.24 习题 10.4 用图

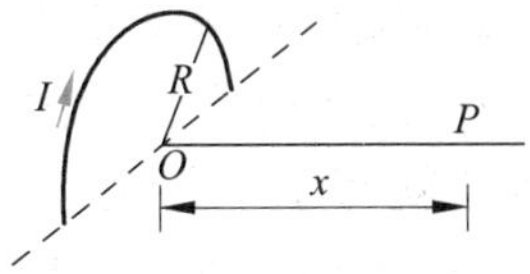

图 10.25 习题 10.5 用图

10.6 有一长圆柱形导体，截面半径为 R。今在导体中挖去一个与轴平行的圆柱体，形成一个截面半径为 r 的圆柱形空洞，其横截面如图 10.26 所示。在有洞的导体柱内有电流沿柱轴方向流通。求洞中各处的磁场分布。设柱内电流均匀分布，电流密度为 J，从柱轴到空洞轴之间的距离为 d。

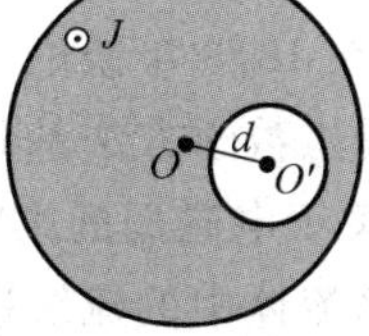

图 10.26 习题 10.6 用图

科学家介绍

麦克斯韦

(James Clerk Maxwell,1831—1879 年)

麦克斯韦像

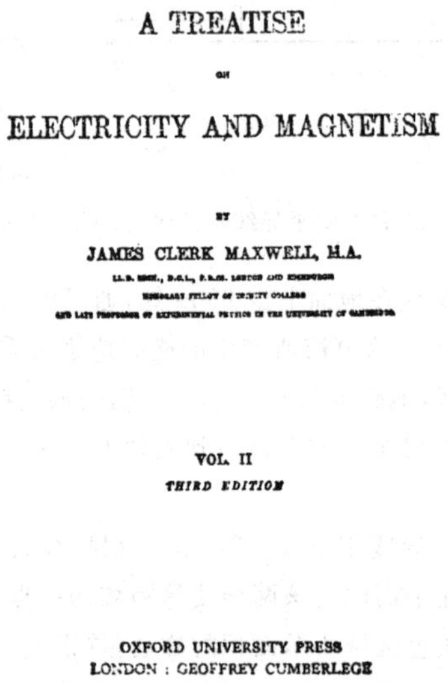

A TREATISE

ON

ELECTRICITY AND MAGNETISM

BY

JAMES CLERK MAXWELL, M.A.

VOL. II

THIRD EDITION

OXFORD UNIVERSITY PRESS

LONDON : GEOFFREY CUMBERLEGE

《电学和磁学通论》一书的扉页

在法拉第发现电磁感应现象的 1831 年,麦克斯韦在英国的爱丁堡出生了。他从小聪敏好问。父亲是位机械设计师,很赏识自己儿子的才华,常带他去听爱丁堡皇家学会的科学讲座,10 岁时送他进爱丁堡中学。在中学阶段,麦克斯韦就显示了在数学和物理方面的才能,15 岁那年就写了一篇关于卵形线作图法的论文,被刊登在《爱丁堡皇家学会学报》上。1847 年,16 岁的麦克斯韦考入爱丁堡大学,1850 年又转入剑桥大学。他学习勤奋,成绩优异,经著名数学家霍普金斯和斯托克斯的指点,很快就掌握了当时先进的数学理论,这为他以后的发展打下了良好的基础。1854 年在剑桥大学毕业后,麦克斯韦曾先后任亚伯丁马里夏尔学院、伦敦皇家学院和剑桥大学物理学教授。他的口才不行,讲课效果较差。

麦克斯韦在电磁学方面的贡献是总结了库仑、高斯、安培、法拉第、诺埃曼、汤姆孙等人的研究成果,特别是把法拉第的力线和场的概念用数学方法加以描述、论证、推广和提升,创立了一套完整的电磁场理论。他自己在 1873 年谈论他的巨著《电学和磁学通论》时曾说过:“主要是怀着给(法拉第的)这些概念提供数学方法基础的愿望,我开始写作这部论著。”

1855—1856 年,麦克斯韦发表了关于电磁场的第一篇论文《论法拉第的力线》。在这篇文章中,他把法拉第的力线和不可压缩流体中的流线进行类比,用数学形式——矢量场——来描述电磁场,并总结了 6 个数学公式(有代数式、微分式和积分式)来表示电流、电场、磁场、磁通量以及矢势之间的关系。这是他把法拉第的直观图像数学化的第一次尝试,此后麦克斯韦电磁场理论就是在这个基础上发展起来的。

1860 年麦克斯韦转到伦敦皇家学院任教。一到伦敦，他就带着这篇论文拜访年近古稀的法拉第。法拉第 4 年前看到过这篇论文，会见时对麦克斯韦大加赞赏地说："我不认为自己的学说一定是真理，但你是真正理解它的人。""这是一篇出色的文章，但你不应该停留在用数学来解释我的观点，而应该突破它。"麦克斯韦大受鼓舞，而且后来也确实没有辜负老人的期望。

1861 年麦克斯韦对法拉第电磁感应现象进行深入分析时，认为即使没有导体回路，变化的磁场也应在其周围产生电场。他把这种电场称做**感应电场**。有导体回路时，这电场就在回路中产生感生电动势从而激起感应电流。这一假设是对法拉第实验结论的第一个突破，它揭示了变化的磁场和电场相联系。

同年 12 月，在给汤姆孙的信中，麦克斯韦提出了**位移电流**的概念，认为对变化的电磁现象来说，安培定律的电流项中必须加入电场变化率一项才能与电荷守恒无矛盾，这一提法又是一个一流的独创，它揭示了变化的电场和磁场相联系。

1862 年，麦克斯韦发表了《论物理的力线》一文。这篇论文除了更仔细地阐述位移电流概念(先是电介质中的，再是真空即以太中的)外，主要是提出一种以太管模型来构造法拉第的力线并用以解释排斥、吸引、电流产生磁场、电磁感应等现象。这个模型现在看来比较勉强，麦克斯韦本人此后也再没有使用这样的模型。

1864 年，麦克斯韦发表了《电磁场动力论》。在这篇论文中，他明确地把自己的理论叫做"场的动力理论"，而且定义"电磁场是包含和围绕着处于电或磁的状态之下的一些物体的那一部分空间，它可以充满着某种物质，也可以被抽成真空"。在这一篇论文中他提出一套完整的方程组(共有 20 个方程式)，并由此方程组导出了电场和磁场相互垂直而且和传播方向相垂直的电磁波。他给出了电磁波的能量密度以及能流密度公式。更奇妙的是，从这一方程组中，他得出了电磁波的传播速度是 $1/\sqrt{\mu\varepsilon}$，在真空中是 $1/\sqrt{\mu_0\varepsilon_0}$，而其值等于 3×10^{10} cm/s，正好等于由实验测得的光速(这一巧合，在 1863 年他和詹金研究电磁学单位制时也得到过)。这一结果促使麦克斯韦提出"光是一种按照电磁规律在场内传播的电磁扰动"的结论。这一点在 1868 年他发表的《关于光的电磁理论》中更明确地肯定下来了。20 年后赫兹用实验证实了这个论断。就这样，原来被认为是互相独立的光现象和电磁现象互相联系起来了。这是在牛顿之后人类对自然的认识史上的又一次大综合。

1873 年，麦克斯韦出版了他的关于电磁学研究的总结性论著《电学和磁学通论》。在这本书中他汇集了前人的发现和他自己的独创，对电磁场的规律作了全面系统而严谨的论述，写下了 11 个方程(以矢量形式表示)。他还证明了"唯一性定理"，从而说明了这一方程组是完整而充分地反映了电磁场运动的规律(现代教科书中用 4 个公式表示的完整方程组是 1890 年赫兹写出的)。就这样，麦克斯韦从法拉第的力线概念出发，经过坚持不懈的研究得到了一套完美的数学理论。这一理论概括了当时已发现的所有电磁现象和光现象的规律，它是在牛顿建立力学理论之后的又一光辉成就。

《电学和磁学通论》出版后，麦克斯韦即转入筹建卡文迪什实验室的工作并担任了它的第一任主任(该实验室后来出了汤姆孙、卢瑟福等一流的物理学家)。整理卡文迪什遗作的繁重工作耗费了他很大的精力。1879年，年仅48岁的麦克斯韦由于肺结核不治而过早地离开了人间。

除了在电磁学方面的伟大贡献外，麦克斯韦还是气体动理论的奠基人之一。他第一次用概率的数学概念导出了气体分子的速率分布律，还用分子的刚性球模型研究了气体分子的碰撞和输运过程。他的关于内摩擦的理论结论和他自己做的实验结果相符，有力地支持了气体动理论。

第11章

磁　力

磁场对其中的运动电荷,根据洛伦兹力公式 $\boldsymbol{F}=q\boldsymbol{v}\times\boldsymbol{B}$,有磁力的作用。大家在中学物理中已学过带电粒子在磁场中作匀速圆周运动,磁场对电流的作用力(安培力),磁场对载流线圈的力矩作用(电动机的原理)等知识。本章将对这些规律做简要但更系统全面的讲述。关于磁力矩,本章特别着重于讲解载流线圈所受的磁力矩与其磁矩的关系。

11.1　带电粒子在磁场中的运动

一个带电粒子以一定速度 $\boldsymbol{v}$ 进入磁场后,它会受到由式(10.3)所表示的洛伦兹力的作用,因而改变其运动状态。下面先讨论均匀磁场的情形。

设一个质量为 m 带有电量为 q 的正离子,以速度 $\boldsymbol{v}$ 沿**垂直**于磁场方向进入一均匀磁场中(图 11.1)。由于它受的力 $\boldsymbol{F}=q\boldsymbol{v}\times\boldsymbol{B}$ 总与速度垂直,因而它的速度的大小不改变,而只是方向改变。又因为这个 $\boldsymbol{F}$ 也与磁场方向垂直,所以正离子将在垂直于磁场平面内作圆周运动。用牛顿第二定律可以容易地求出这一圆周运动的半径 R 为

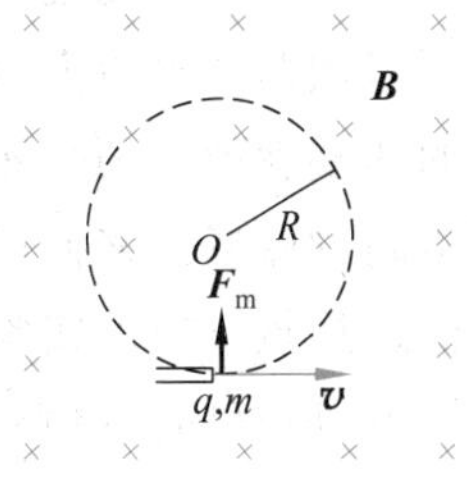

图 11.1　带电粒子在均匀磁场中作圆周运动

$$R=\frac{mv}{qB}=\frac{p}{qB}\tag{11.1}$$

而圆运动的周期,即**回旋周期** T 为

$$T=\frac{2\pi m}{qB}\tag{11.2}$$

由上述两式可知,回旋半径与粒子速度成正比,但回旋周期与粒子速度无关,这一点被用在回旋加速器中来加速带电粒子。

如果一个带电粒子进入磁场时的速度 $\boldsymbol{v}$ 的方向不与磁场垂直,则可将此入射速度分解为沿磁场方向的分速度 $\boldsymbol{v}_{/\!/}$ 和垂直于磁场方向的分速度 $\boldsymbol{v}_{\perp}$(图 11.2)。后者使粒子产生垂直于磁场方向的圆运动,使其不能飞开,其圆周半径由式(11.1)得出,为

$$R=\frac{mv_{\perp}}{qB}\tag{11.3}$$

而回旋周期仍由式(11.2)给出。粒子平行于磁场方向的分速度 $\boldsymbol{v}_{/\!/}$ 不受磁场的影响,因而粒

子将具有沿磁场方向的匀速分运动。上述两种分运动的合成是一个轴线沿磁场方向的螺旋运动，这一螺旋轨迹的**螺距**为

$$h = v_{/\!/} T = \frac{2\pi m}{qB} v_{/\!/} \tag{11.4}$$

如果在均匀磁场中某点 A 处(图 11.3)引入一发散角不太大的带电粒子束，其中粒子的速度又大致相同；则这些粒子沿磁场方向的分速度大小几乎一样，因而其轨迹有几乎相同的螺距。这样，经过一个回旋周期后，这些粒子将重新会聚穿过另一点 A'。这种发散粒子束汇聚到一点的现象叫做**磁聚焦**。它广泛地应用于电真空器件中，特别是电子显微镜中。

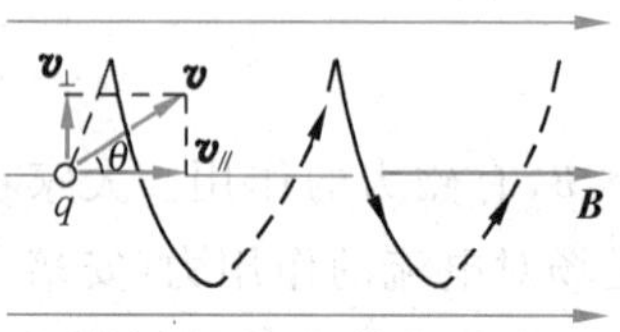

图 11.2 螺旋运动

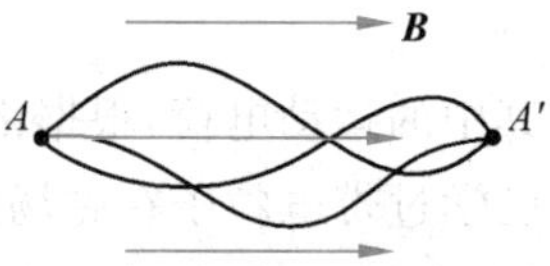

图 11.3 磁聚焦

在非均匀磁场中，速度方向和磁场不同的带电粒子，也要作螺旋运动，但半径和螺距都将不断发生变化。特别是当粒子具有一分速度向磁场较强处螺旋前进时，它受到的磁场力，根据式(11.3)，有一个和前进方向相反的分量(图 11.4)。这一分量有可能最终使粒子的前进速度减小到零，并继而沿反方向前进。强度逐渐增加的磁场能使粒子发生"反射"，因而把这种磁场分布叫做**磁镜**。

可以用两个电流方向相同的线圈产生一个中间弱两端强的磁场(图 11.5)。这一磁场区域的两端就形成两个磁镜，平行于磁场方向的速度分量不太大的带电粒子将被约束在两个磁镜间的磁场内来回运动而不能逃脱。这种能约束带电粒子的磁场分布叫**磁瓶**。在现代研究受控热核反应的实验中，需要把很高温度的等离子体限制在一定空间区域内。在这样的高温下，所有固体材料都将化为气体而不能用作为容器。上述**磁约束**就成了达到这种目的的常用方法之一。

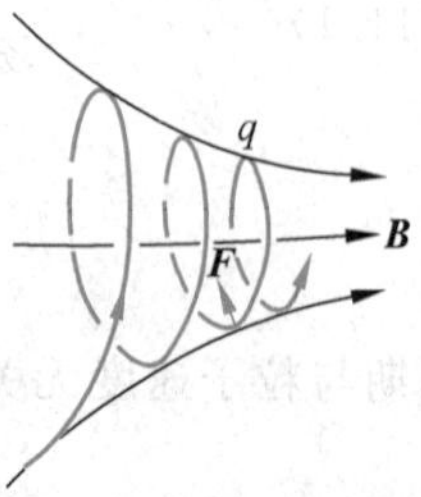

图 11.4 不均匀磁场对运动的带电粒子的力

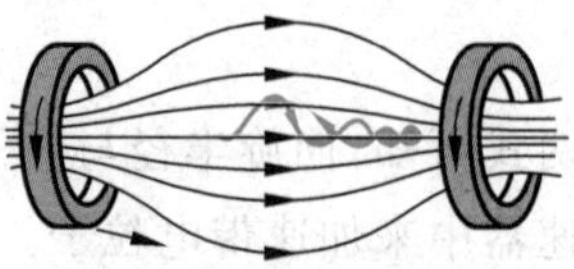
图 11.5 磁瓶

磁约束现象也存在于宇宙空间中，地球的磁场是一个不均匀磁场，从赤道到地磁的两极磁场逐渐增强。因此地磁场是一个天然的磁捕集器，它能俘获从外层空间入射的电子或质子形成一个带电粒子区域。这一区域叫**范艾仑辐射带**(图 11.6)。它有两层，内层在地面上空 800 km 到 4000 km 处，外层在 60 000 km 处。在范艾仑辐射带中的带电粒子就围绕地磁

场的磁感线作螺旋运动而在靠近两极处被反射回来。这样，带电粒子就在范艾仑带中来回振荡直到由于粒子间的碰撞而被逐出为止。这些运动的带电粒子能向外辐射电磁波。在地磁两极附近由于磁感线与地面垂直，由外层空间入射的带电粒子可直射入高空大气层内。它们和空气分子的碰撞产生的辐射就形成了绚丽多彩的**极光**。

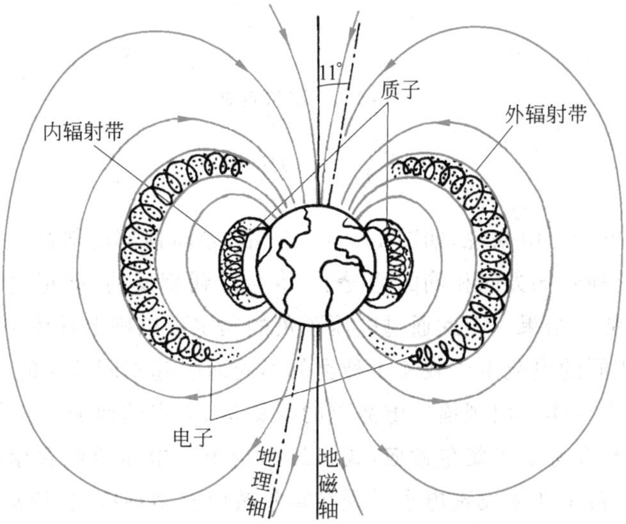

图 11.6 地磁场内的范艾仑辐射带

据宇宙飞行探测器证实，在土星、木星周围也有类似地球的范艾仑辐射带存在。

11.2 霍尔效应

如图 11.6 所示，在一个金属窄条(宽度为 h，厚度为 b)中，通以电流。这电流是外加电场 $\boldsymbol{E}$ 作用于电子使之向右作定向运动(漂移速度为 $\boldsymbol{v}$)形成的。当加以外磁场 $\boldsymbol{B}$ 时，由于洛伦兹力的作用，电子的运动将向下偏(图 11.7(a))，当它们跑到窄条底部时，由于表面所限，它们不能脱离金属因而就聚集在窄条的底部，同时在窄条的顶部显示出有多余的正电荷。这些多余的正、负电荷将在金属内部产生一横向电场 $\boldsymbol{E}_{\mathrm{H}}$。随着底部和顶部多余电荷的增多，这一电场也迅速地增大到它对电子的作用力 $(-e)\boldsymbol{E}_{\mathrm{H}}$ 与磁场对电子的作用力 $(-e)\boldsymbol{v}\times\boldsymbol{B}$ 相平衡。这时电子将恢复原来水平方向的漂移运动而电流又重新恢复为恒定电流。由平衡条件($-e\boldsymbol{E}_{\mathrm{H}}+(-e)\boldsymbol{v}\times\boldsymbol{B}=0$)可知所产生横向电场的大小为

$$E_{\mathrm{H}} = vB \tag{11.5}$$

由于横向电场 $\boldsymbol{E}_{\mathrm{H}}$ 的出现，在导体的横向两侧会出现电势差(图 11.7(b))，这一电势差的数值为

$$U_{\mathrm{H}} = E_{\mathrm{H}}h = vBh$$

已经知道电子的漂移速度 v 与电流 I 有下述关系：

$$I = nSqv = nbhqv$$

其中 n 为载流子浓度，即导体内单位体积内的载流子数目。由此式求出 v 代入上式可得

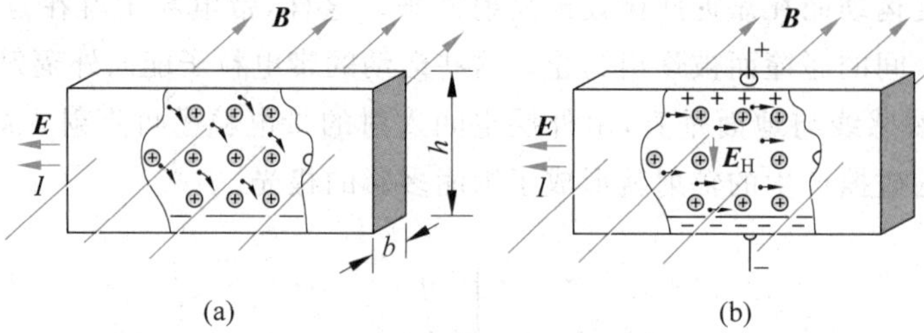

图 11.7 霍尔效应

$$U_H = \frac{IB}{nqb} \tag{11.6}$$

对于金属中的电子导电来说，如图 11.7(b)所示，导体顶部电势高于底部电势。如果载流子带正电，在电流和磁场方向相同的情况下，将会得到相反的，即正电荷聚集在底部而底部电势高于顶部电势的结果。因此通过电压正负的测定可以确定导体中载流子所带的电荷的正负，这是方向相同的电流由于载流子种类的不同而引起不同效应的一个实际例子。

在磁场中的载流导体上出现横向电势差的现象是 24 岁的研究生霍尔(Edwin H. Hall)在 1879 年发现的，现在称之为**霍尔效应**，式(11.6)给出的电压就叫**霍尔电压**。当时还不知道金属的导电机构，甚至还未发现电子。现在霍尔效应有多种应用，特别是用于半导体的测试。由测出的霍尔电压即横向电压的正负可以判断半导体的载流子种类(是电子或是空穴)，还可以用式(11.6)计算出载流子浓度。用一块制好的半导体薄片通以给定的电流，在校准好的条件下，还可以通过霍尔电压来测磁场 B。这是现在测磁场的一个常用的比较精确的方法。

应该指出，对于金属来说，由于是电子导电，在如图 11.7 所示的情况下测出的霍尔电压应该显示顶部电势高于底部电势。但是实际上有些金属却给出了相反的结果，好像在这些金属中的载流子带正电似的。这种"反常"的霍尔效应，以及正常的霍尔效应实际上都只能用金属中电子的量子理论才能圆满地解释。

11.3 载流导线在磁场中受的磁力

导线中的电流是由其中的载流子定向移动形成的。当把载流导线置于磁场中时，这些运动的载流子就要受到洛伦兹力的作用，其结果将表现为载流导线受到磁力的作用。为了计算一段载流导线受的磁力，先考虑它的一段长度元受的作用力。

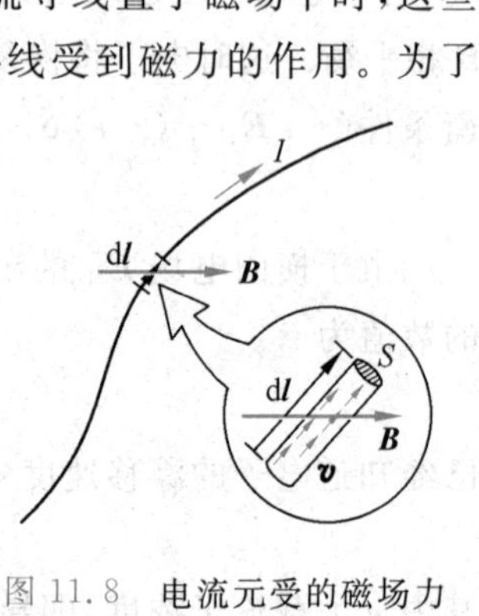

图 11.8 电流元受的磁场力

如图 11.8 所示，设导线截面积为 S，其中有电流 I 通过。考虑长度为 dl 的一段导线。把它规定为矢量，使它的方向与电流的方向相同。这样一段载有电流的导线元就是一段电流元，以 $I\mathrm{d}\boldsymbol{l}$ 表示。设导线的单位体积内有 n 个载流子，每一个载流子的电荷都是 q。为简单起见，我们认为各载流子都以漂移速度 $\boldsymbol{v}$ 运动。由于每一个载流子受的磁场力都是 $q\,\boldsymbol{v}\times\boldsymbol{B}$，而在 d$l$

段中共有 $n\mathrm{d}l\,S$ 个载流子，所以这些载流子受的力的总和就是

$$\mathrm{d}\boldsymbol{F} = nS\mathrm{d}l\,q\ \boldsymbol{v} \times \boldsymbol{B}$$

由于 $\boldsymbol{v}$ 的方向和 $\mathrm{d}l$ 的方向相同，所以 $q\mathrm{d}l\ \boldsymbol{v}=qv\mathrm{d}\boldsymbol{l}$。利用这一关系，上式就可写成

$$\mathrm{d}\boldsymbol{F} = n\,Svq\,\mathrm{d}\boldsymbol{l} \times \boldsymbol{B}$$

又由于 $nSvq=I$，即通过 $\mathrm{d}\boldsymbol{l}$ 的电流强度的大小，所以最后可得

$$\mathrm{d}\boldsymbol{F} = I\mathrm{d}\boldsymbol{l} \times \boldsymbol{B} \tag{11.7}$$

$\mathrm{d}\boldsymbol{l}$ 中的载流子由于受到这些力所增加的动量最终总要传给导线本体的正离子结构，所以这一公式也就给出了这一段导线元受的磁力。载流导线受磁场的作用力通常叫做**安培力**。

知道了一段载流导线元受的磁力就可以用积分的方法求出一段有限长载流导线 L 受的磁力，如

$$\boldsymbol{F} = \int_L I\mathrm{d}\boldsymbol{l} \times \boldsymbol{B} \tag{11.8}$$

式中 $\boldsymbol{B}$ 为各电流元所在处的"当地 $\boldsymbol{B}$"。

下面举个例子。

例 11.1

载流导线受磁力。在均匀磁场 $\boldsymbol{B}$ 中有一段弯曲导线 ab，通有电流 I（图 11.9），求此段导线受的磁场力。

解 根据式(11.8)，所求力为

$$\boldsymbol{F} = \int_{(a)}^{(b)} I\mathrm{d}\boldsymbol{l} \times \boldsymbol{B} = I\left(\int_{(a)}^{(b)} \mathrm{d}\boldsymbol{l}\right) \times \boldsymbol{B}$$

此式中积分是各段矢量长度元 $\mathrm{d}\boldsymbol{l}$ 的矢量和，它等于从 a 到 b 的矢量直线段 $\boldsymbol{l}$。因此得

$$\boldsymbol{F} = I\boldsymbol{l} \times \boldsymbol{B}$$

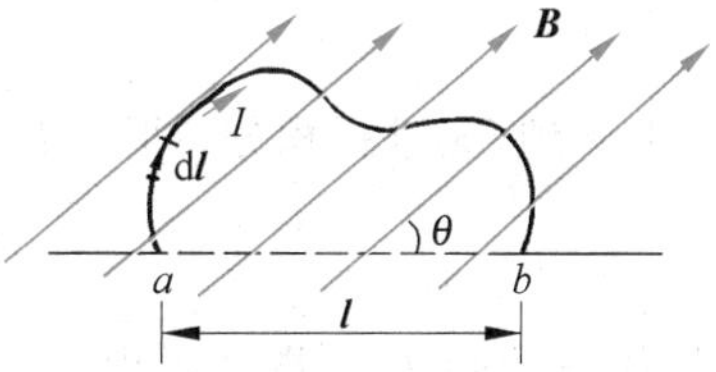

图 11.9 例 11.1 用图

这说明整个弯曲导线受的磁场力的总和等于从起点到终点连起的直导线通过相同的电流时受的磁场力。在图示的情况下，$\boldsymbol{l}$ 和 $\boldsymbol{B}$ 的方向均与纸面平行，因而

$$F = IlB\sin\,\theta$$

此力的方向垂直纸面向外。

如果 a,b 两点重合，则 $l=0$，上式给出 $F=0$。这就是说，**在均匀磁场中的闭合载流回路整体上不受磁力**。

11.4 载流线圈在均匀磁场中受的磁力矩

如图 11.10(a)所示，一个载流圆线圈半径为 R，电流为 I，放在一均匀磁场中。它的平面法线方向 $\boldsymbol{e}_n$（$\boldsymbol{e}_n$ 的方向与电流的流向符合右手螺旋关系）与磁场 $\boldsymbol{B}$ 的方向夹角为 θ。在例 11.1 已经得出，此载流线圈整体上所受的磁力为零。下面来求此线圈所受磁场的力矩。为此，将磁场 $\boldsymbol{B}$ 分解为与 $\boldsymbol{e}_n$ 平行的 $\boldsymbol{B}_{/\!/}$ 和与 $\boldsymbol{e}_n$ 垂直的 $\boldsymbol{B}_\perp$ 两个分量，分别考虑它们对线圈的作用力。

$\boldsymbol{B}_{/\!/}$ 分量对线圈的作用力如图 11.10(b)所示，各段 $\mathrm{d}l$ 相同的导线元所受的力大小都相等，

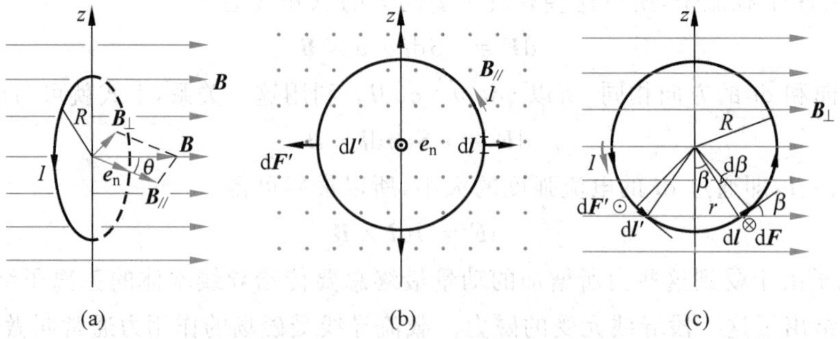

图 11.10 载流线圈受的力和力矩

方向都在线圈平面内沿径向向外。由于这种对称性，线圈受这一磁场分量的合力矩也为零。

$\boldsymbol{B}_\perp$ 分量对线圈的作用如图 11.10(c)所示，右半圈上一电流元 $Id\boldsymbol{l}$ 受的磁场力的大小为

$$dF = IdlB_\perp \sin\beta$$

此力的方向垂直纸面向里。和它对称的左半圈上的电流元 $Id\boldsymbol{l}'$ 受的磁场力的大小和 $Id\boldsymbol{l}$ 受的一样，但力的方向相反，向外。但由于 $Id\boldsymbol{l}$ 和 $Id\boldsymbol{l}'$ 受的磁力不在一条直线上，所以对线圈产生一个力矩。$Id\boldsymbol{l}$ 受的力对线圈 z 轴产生的力矩的大小为

$$dM = dF\,r = IdlB_\perp \sin\beta\, r$$

由于 $dl = Rd\beta, r = R\sin\beta$，所以

$$dM = IR^2 B_\perp \sin^2\beta d\beta$$

对 β 由 0 到 2π 进行积分，即可得线圈所受磁力的力矩为

$$M = \int dM = IR^2 B_\perp \int_0^{2\pi} \sin^2\beta d\beta = \pi IR^2 B_\perp$$

由于 $B_\perp = B\sin\theta$，所以又可得

$$M = \pi R^2 IB\sin\theta$$

在此力矩的作用下，线圈要绕 z 轴按反时针方向（俯视）转动。用矢量表示力矩，则 $\boldsymbol{M}$ 的方向沿 z 轴正向。

综合上面得出的 $\boldsymbol{B}_{/\!/}$ 和 $\boldsymbol{B}_\perp$ 对载流线圈的作用，可得它们的总效果是：均匀磁场对载流线圈的合力为 0，而力矩为

$$M = \pi R^2 IB\sin\theta = SIB\sin\theta \tag{11.9}$$

其中 $S = \pi R^2$ 为线圈围绕的面积。根据 $\boldsymbol{e}_n$ 和 $\boldsymbol{B}$ 的方向以及 $\boldsymbol{M}$ 的方向，此式可用矢量积表示为

$$\boldsymbol{M} = SI\boldsymbol{e}_n \times \boldsymbol{B} \tag{11.10}$$

根据载流线圈的磁偶极矩，或磁矩（它是一个矢量）的定义

$$\boldsymbol{m} = SI\boldsymbol{e}_n \tag{11.11}$$

则式(11.10)又可写成

$$\boldsymbol{M} = \boldsymbol{m} \times \boldsymbol{B} \tag{11.12}$$

此力矩力图使 $\boldsymbol{e}_n$ 的方向，也就是磁矩 $\boldsymbol{m}$ 的方向，转向与外加磁场方向一致。当 $\boldsymbol{m}$ 与 $\boldsymbol{B}$ 方向一致时，$\boldsymbol{M}=0$。线圈不再受磁场的力矩作用。

不只是载流线圈有磁矩，电子、质子等微观粒子也有磁矩。磁矩是粒子本身的特征之一。它们在磁场中受的力矩也都由式(11.12)表示。

在非均匀磁场中,载流线圈除受到磁力矩作用外,还受到磁力的作用。因其情况复杂,我们就不作进一步讨论了。

11.5 平行载流导线间的相互作用力

设有两根平行的长直导线,分别通有电流 I_1 和 I_2,它们之间的距离为 d(图 11.11),导线直径远小于 d。让我们来求每根导线单位长度线段受另一电流的磁场的作用力。

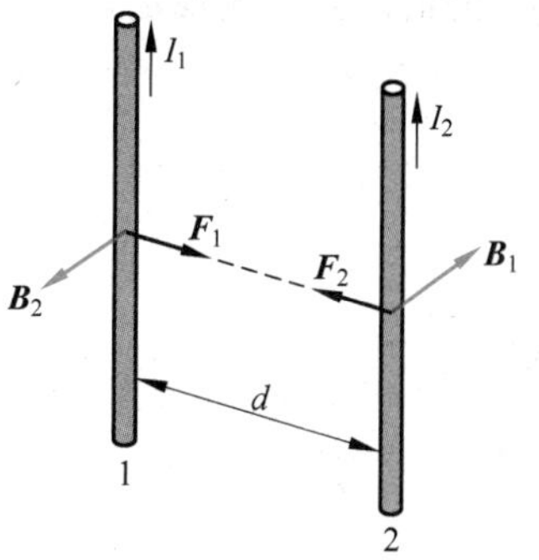

图 11.11 两平行载流长直导线之间的作用力

电流 I_1 在电流 I_2 处所产生的磁场为(式(10.10))

$$B_1 = \frac{\mu_0 I_1}{2\pi d}$$

载有电流 I_2 的导线单位长度线段受此磁场①的安培力为(式(11.7))

$$F_2 = B_1 I_2 = \frac{\mu_0 I_1 I_2}{2\pi d} \tag{11.13}$$

同理,载流导线 I_1 单位长度线段受电流 I_2 的磁场的作用力也等于这一数值,即

$$F_1 = B_2 I_1 = \frac{\mu_0 I_1 I_2}{2\pi d}$$

当电流 I_1 和 I_2 方向相同时,两导线相吸;相反时,则相斥。

在国际单位制中,电流的单位安[培](符号为 A)就是根据式(11.13)规定的。设在真空中两根无限长的平行直导线相距 1 m,通以大小相同的恒定电流,如果导线每米长度受的作用力为 2×10^{-7}N,则每根导线中的电流强度就规定为 1 A。

根据这一定义,由于 $d=1$ m,$I_1=I_2=1$ A,$F=2\times10^{-7}$N,式(11.13)给出

$$\mu_0 = \frac{2\pi F d}{I^2} = \frac{2\pi\times2\times10^{-7}\times1}{1\times1} = 4\pi\times10^{-7}\ (\mathrm{N/A^2})$$

这一数值与式(10.7)中 μ_0 的值相同。

电流的单位确定之后,电量的单位也就可以确定了。在通有 1 A 电流的导线中,每秒钟流过导线任一横截面上的电量就定义为 1 C,即

$$1\,\mathrm{C} = 1\,\mathrm{A\cdot s}$$

实际的测电流之间的作用力的装置如图 11.12 所示,称为电流秤。它用到两个固定的

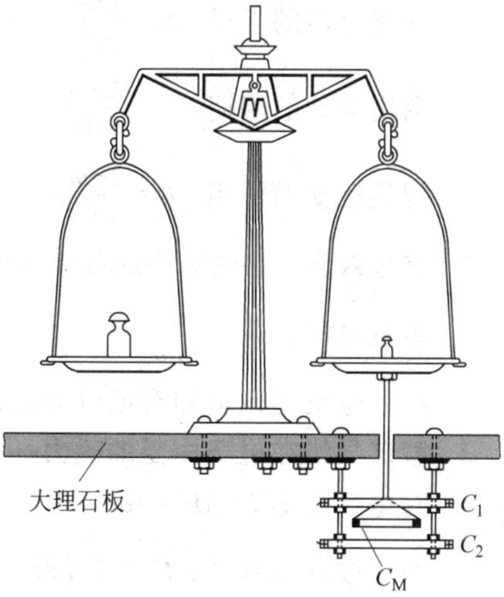

图 11.12 电流秤

① 由于电流 I_2 的各电流元在本导线所在处所产生的磁场为零,所以电流 I_2 各段不受本身电流的磁力作用。

线圈 C_1 和 C_2，吊在天平的一个盘下面的活动线圈 C_M 放在它们中间，三个线圈通有大小相同的电流。天平的平衡由加减砝码来调节。这样的电流秤用来校准其他更方便的测量电流的二级标准。

关于常量 μ_0，ε_0，c 的数值关系

上面讲了电流单位安[培]的规定，它利用了式(11.13)。此式中有比例常量 μ_0（真空磁导率）。只有 μ_0 有了确定的值，电流的单位才可能规定，因此 μ_0 的值需要事先规定，

$$\mu_0 = 4\pi \times 10^{-7}\,\mathrm{N/A^2} = 1.256\,637\,061\,4\cdots \times 10^{-7}\,\mathrm{N/A^2}$$

由于是人为规定的，不依赖于实验，所以它是精确的。

真空中的光速值

$$c = 299\,792\,458\ \mathrm{m/s}$$

由电磁学理论知，c 和 ε_0，μ_0 有下述关系：

$$c^2 = \frac{1}{\mu_0 \varepsilon_0}$$

因此真空电容率

$$\varepsilon_0 = \frac{1}{\mu_0 c^2} = 8.854\,187\,817\cdots \times 10^{-12}\,\mathrm{F/m}$$

ε_0 值也是精确的而不依赖于实验。

提要

1. 带电粒子在均匀磁场中的运动

圆周运动的半径：$R=\dfrac{mv}{qB}$

圆周运动的周期：$T=\dfrac{2\pi m}{qB}$

螺旋运动的螺距：$h=\dfrac{2\pi m}{qB}v_{/\!/}$

2. 霍尔效应：在磁场中的载流导体上出现横向电势差的现象。

霍尔电压：$U_H=\dfrac{IB}{nqb}$

霍尔电压的正负和形成电流的载流子的正负有关。

3. 载流导线在磁场中受的磁力——安培力

对电流元 $I\mathrm{d}\boldsymbol{l}$：$\mathrm{d}\boldsymbol{F}=I\mathrm{d}\boldsymbol{l}\times\boldsymbol{B}$

对一段载流导线：$\boldsymbol{F}=\int_L I\mathrm{d}\boldsymbol{l}\times\boldsymbol{B}$

对均匀磁场中的载流线圈，磁力 $\boldsymbol{F}=0$

4. 载流线圈受均匀磁场的力矩

$$\boldsymbol{M}=\boldsymbol{m}\times\boldsymbol{B}$$

其中 $\boldsymbol{m}=I\boldsymbol{S}=IS\boldsymbol{e}_n$

为载流线圈的磁矩。

5. 平行载流导线间的相互作用力：单位长度导线段受的力的大小为

$$F_1 = \frac{\mu_0 I_1 I_2}{2\pi d}$$

国际上约定以这一相互作用力定义电流的 SI 单位 A。

习题

11.1　某一粒子的质量为 0.5 g，带有 2.5×10^{-8} C 的电荷。这一粒子获得一初始水平速度 6.0×10^4 m/s，若利用磁场使这粒子仍沿水平方向运动，则应加的磁场的磁感应强度的大小和方向各如何？

11.2　如图 11.13，一电子经过 A 点时，具有速率 $v_0=1\times10^7$ m/s。

(1) 欲使这电子沿半圆自 A 至 C 运动，试求所需的磁场大小和方向；

(2) 求电子自 A 运动到 C 所需的时间。

11.3　把 2.0×10^3 eV 的一个正电子，射入磁感应强度 $B=0.1$ T 的匀强磁场中，其速度矢量与 $\boldsymbol{B}$ 成 89°角，路径成螺旋线，其轴在 $\boldsymbol{B}$ 的方向。试求这螺旋线运动的周期 T、螺距 h 和半径 r。

11.4　在一汽泡室中，磁场为 20 T，一高能质子垂直于磁场飞过时留下一半径为 3.5 m 的圆弧径迹。求此质子的动量和能量。

11.5　质谱仪的基本构造如图 11.14 所示。质量 m 待测的、带电 q 的离子束经过速度选择器(其中有相互垂直的电场 $\boldsymbol{E}$ 和磁场 $\boldsymbol{B}$)后进入均匀磁场 $\boldsymbol{B}'$ 区域发生偏转而返回，打到胶片上被记录下来。

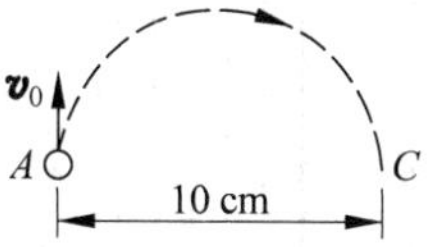

图 11.13　习题 11.2 用图

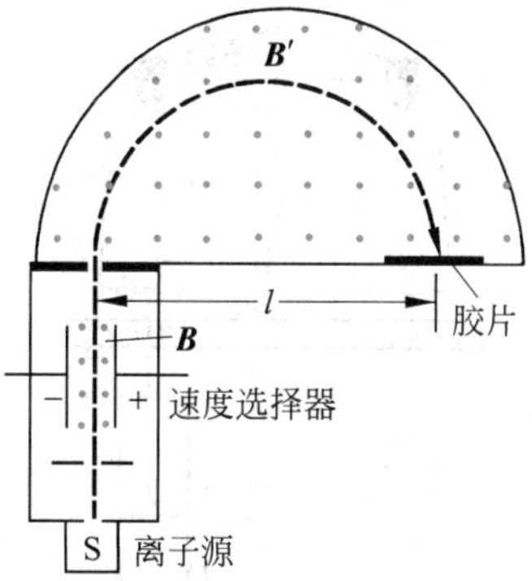

图 11.14　质谱仪结构简图

(1) 证明偏转距离为 l 的离子的质量为

$$m = \frac{qBB'l}{2E}$$

(2) 在一次实验中 ^{16}O 离子的偏转距离为 29.20 cm，另一种氧的同位素离子的偏转距离为 32.86 cm。已知 ^{16}O 离子的质量为 16.00 u，另一种同位素离子的质量是多少？

11.6　如图 11.15 所示，一铜片厚为 $d=1.0$ mm，放在 $B=1.5$ T 的磁场中，磁场方向与铜片表面垂直。已知铜片里每立方厘米有 8.4×10^{22} 个自由电子，每个电子的电荷 $-e=-1.6\times10^{-19}$ C，当铜片中有 $I=200$ A 的电流流通时，

(1) 求铜片两侧的电势差 $U_{aa'}$；

(2) 铜片宽度 b 对 $U_{aa'}$ 有无影响？为什么？

11.7　霍尔效应可用来测量血液的速度。其原理如图 11.16 所示，在动脉血管两侧分别安装电极并

加以磁场。设血管直径是 2.0 mm，磁场为 0.080 T，毫伏表测出的电压为 0.10 mV，血流的速度多大？（实际上磁场由交流电产生而电压也是交流电压。）

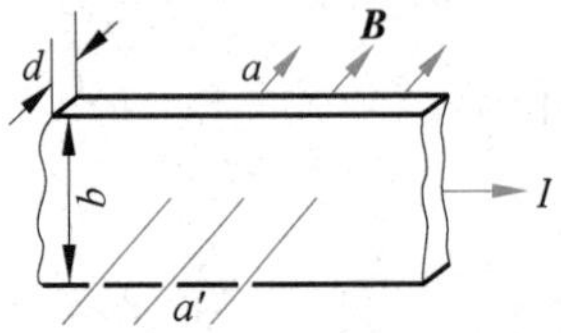

图 11.15 习题 11.6 用图

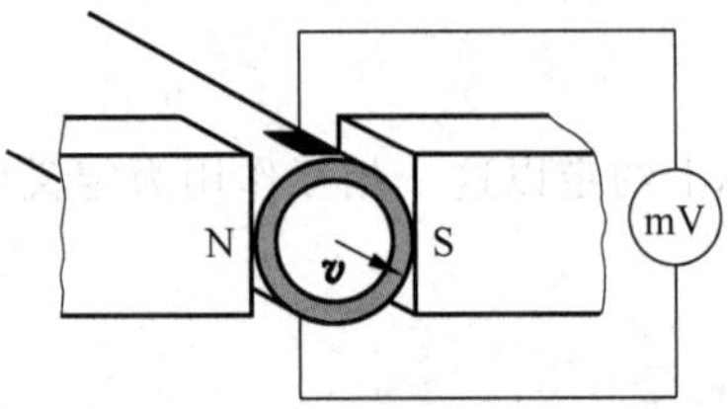

图 11.16 习题 11.7 用图

11.8 安培天平如图 11.17 所示，它的一臂下面挂有一个矩形线圈，线圈共有 n 匝。它的下部悬在一均匀磁场 $\boldsymbol{B}$ 内，下边一段长为 l，它与 $\boldsymbol{B}$ 垂直。当线圈的导线中通有电流 I 时，调节砝码使两臂达到平衡；然后使电流反向，这时需要在一臂上加质量为 m 的砝码，才能使两臂再达到平衡（设 $g=9.80\ \mathrm{m/s^2}$）。

（1）写出求磁感应强度 $\boldsymbol{B}$ 的大小公式；

（2）当 $l=10.0\ \mathrm{cm}, n=5, I=0.10\ \mathrm{A}, m=8.78\ \mathrm{g}$ 时，$B=?$

11.9 一正方形线圈由外皮绝缘的细导线绕成，共绕有200 匝，每边长为 150 mm，放在 $B=4.0\ \mathrm{T}$ 的外磁场中，当导线中通有 $I=8.0\ \mathrm{A}$ 的电流时，求：

（1）线圈磁矩 $\boldsymbol{m}$ 的大小；

（2）作用在线圈上的力矩的最大值。

11.10 将一均匀分布着电流的无限大载流平面放入均匀磁场中，电流方向与此磁场垂直。已知平面两侧的磁感应强度分别为 $\boldsymbol{B}_1$ 和 $\boldsymbol{B}_2$（图 11.18），求该载流平面单位面积所受的磁场力的大小和方向。

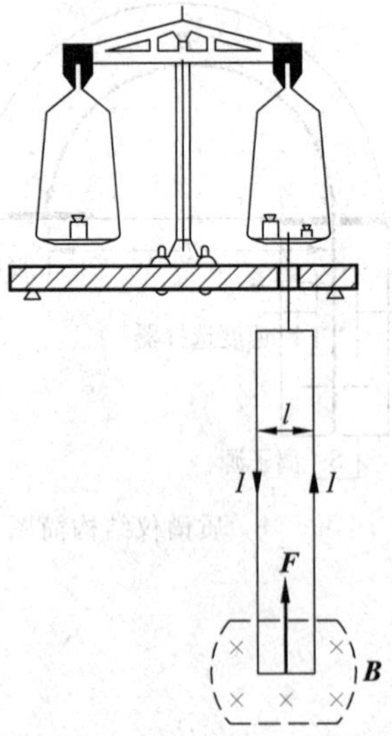

图 11.17 习题 11.8 用图

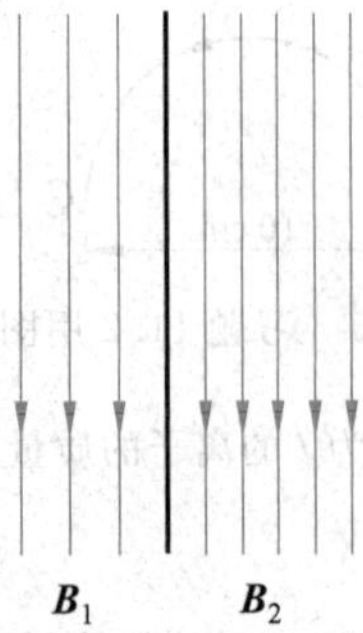

图 11.18 习题 11.10 用图

第12章

磁场中的磁介质

上两章讨论了真空中磁场的规律，在实际应用中，常需要了解物质中磁场的规律。由于物质的分子（或原子）中都存在着运动的电荷，所以当物质放到磁场中时，其中的运动电荷将受到磁力的作用而使物质处于一种特殊的状态中，处于这种特殊状态的物质又会反过来影响磁场的分布。本章将讨论物质和磁场相互影响的规律。

值得指出的是，本章所述研究磁介质的方法，包括一些物理量的引入和规律的介绍，都和第9章研究电介质的方法十分类似，几乎可以“平行地”对照说明。这一点对读者是很有启发性的。

12.1 磁介质对磁场的影响

在考虑物质受磁场的影响或它对磁场的影响时，物质统称为**磁介质**。磁介质对磁场的影响可以通过实验观察出来。最简单的方法是做一个长直螺线管，先让管内是真空或空气（图12.1(a)），沿导线通入电流 I，测出此时管内的磁感应强度的大小。然后使管内充满某种磁介质材料（图12.1(b)），保持电流 I 不变，再测出此时管内磁介质内部的磁感应强度的大小。以 B_0 和 B 分别表示管内为真空和充满磁介质时的磁感应强度，则实验结果显示出二者的数值不同，它们的关系可以用下式表示：

$$B = \mu_r B_0 \tag{12.1}$$

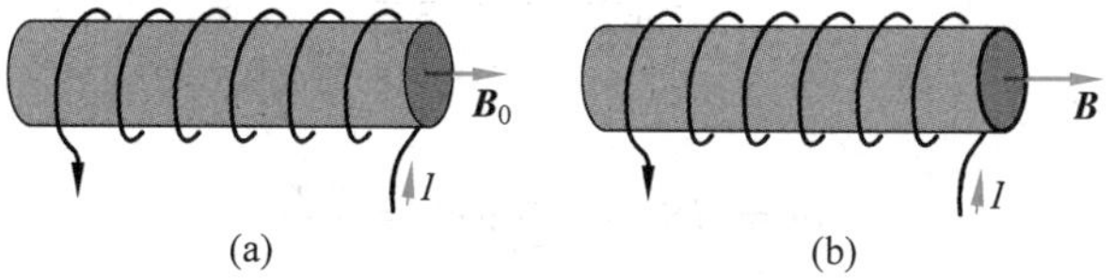

图12.1 磁介质对磁场的影响

式中 μ_r 叫磁介质的**相对磁导率**，它随磁介质的种类或状态的不同而不同（表12.1）。有的磁介质的 μ_r 是略小于1的常数，这种磁介质叫**抗磁质**。有的磁介质的 μ_r 是略大于1的常数，这种磁介质叫**顺磁质**。这两种磁介质对磁场的影响很小，一般技术中常不考虑它们的影响。还有一种磁介质，它的 μ_r 比1大得多，而且还随 B_0 的大小发生变化，这种磁介质叫**铁磁质**。它们对磁场的影响很大，在电工技术中有广泛的应用。

表 12.1 几种磁介质的相对磁导率

磁介质种类		相对磁导率
抗磁质 $\mu_r<1$	铋(293 K)	$1-16.6\times10^{-5}$
	汞(293 K)	$1-2.9\times10^{-5}$
	铜(293 K)	$1-1.0\times10^{-5}$
	氢(气体)	$1-3.98\times10^{-5}$
顺磁质 $\mu_r>1$	氧(液体,90 K)	$1+769.9\times10^{-5}$
	氧(气体,293 K)	$1+344.9\times10^{-5}$
	铝(293 K)	$1+1.65\times10^{-5}$
	铂(293 K)	$1+26\times10^{-5}$
铁磁质 $\mu_r\gg1$	纯铁	5×10^3(最大值)
	硅钢	7×10^2(最大值)
	坡莫合金	1×10^5(最大值)

为什么磁介质对磁场有这样的影响?这要由磁介质受磁场的影响而发生的改变来说明。这就涉及到磁介质的微观结构,下面我们来说明这一点。

12.2 原子的磁矩

在原子内,核外电子有绕核的轨道运动,同时还有自旋,核也有自旋运动。这些运动都形成微小的圆电流。我们知道,一个小圆电流所产生的磁场或它受磁场的作用都可以用它的**磁偶极矩**(简称**磁矩**)来说明。以 I 表示电流,以 S 表示圆面积,则一个圆电流的磁矩为

$$\boldsymbol{m} = IS\boldsymbol{e}_n$$

其中 $\boldsymbol{e}_n$ 为圆面积的正法线方向的单位矢量,它与电流流向满足右手螺旋关系。

下面我们用一个简单的模型来估算原子内电子轨道运动的磁矩的大小。假设电子在半径为 r 的圆周上以恒定的速率 v 绕原子核运动,电子轨道运动的周期就是 $2\pi r/v$。由于每个周期内通过轨道上任一"截面"的电量为一个电子的电量 e,因此,沿着圆形轨道的电流就是

$$I = \frac{e}{2\pi r/v} = \frac{ev}{2\pi r}$$

而电子轨道运动的磁矩为

$$m = IS = \frac{ev}{2\pi r}\pi r^2 = \frac{evr}{2} \tag{12.2}$$

由于电子轨道运动的角动量 $L=m_e vr$,所以此轨道磁矩还可表示为

$$m = \frac{e}{2m_e}L \tag{12.3}$$

上面用经典模型推出了电子的轨道磁矩和它的轨道角动量的关系,量子力学理论也给出同样的结果。上式不但对单个电子的轨道运动成立,而且对一个原子内所有电子的总轨道磁矩和总角动量也成立。量子力学给出的总轨道角动量是量子化的,即它的值只可

能是[①]

$$L = m\hbar, \quad m = 0,1,2,\cdots \tag{12.4}$$

再据式(12.3)可知,原子电子轨道总磁矩也是量子化的。例如氧原子的总轨道角动量的一个可能值是$L=1\ \hbar=1.05\times10^{-34}\,\mathrm{J\cdot s}$,相应的轨道总磁矩就是

$$m = \frac{e}{2m_e}\hbar = 9.27\times10^{-24}\,\mathrm{J/T}$$

电子在轨道运动的同时,还具有自旋运动——内禀(固有)自旋。电子内禀自旋角动量s的大小为$\hbar/2$。它的内禀自旋磁矩为

$$m_B = \frac{e}{m_e}s = \frac{e}{2m_e}\hbar = 9.27\times10^{-24}\,\mathrm{J/T} \tag{12.5}$$

这一磁矩称为**玻尔磁子**。

原子核也有磁矩,但都小于电子磁矩的千分之一。所以通常计算原子的磁矩时只计算它的电子的轨道磁矩和自旋磁矩的矢量和也就足够精确了,但有的情况下要单独考虑核磁矩,如核磁共振技术。

在一个分子中有许多电子和若干个核,一个分子的磁矩是其中所有电子的轨道磁矩和自旋磁矩以及核的自旋磁矩的矢量和。有些分子在正常情况下,其磁矩的矢量和为零。由这些分子组成的物质就是抗磁质。有些分子在正常情况下其磁矩的矢量和具有一定的值,这个值叫分子的**固有磁矩**。由这些分子组成的物质就是顺磁质。铁磁质是顺磁质的一种特殊情况,它们的原子内电子之间还存在一种特殊的相互作用使它们具有很强的磁性。表12.2列出了几种原子的磁矩的大小。

表 12.2 几种原子的磁矩 J/T

原子	磁矩	原子	磁矩
H	9.27×10^{-24}	Na	9.27×10^{-24}
He	0	Fe	20.4×10^{-24}
Li	9.27×10^{-24}	Ce^{3+}	19.8×10^{-24}
O	13.9×10^{-24}	Yb^{3+}	37.1×10^{-24}
Ne	0		

当顺磁质放入磁场中时,其分子的固有磁矩就要受到磁场的力矩的作用。这力矩力图使分子的磁矩的方向转向与外磁场方向一致。由于分子的热运动的妨碍,各个分子的磁矩的这种取向不可能完全整齐。外磁场越强,分子磁矩排列得越整齐,正是这种排列使它对原磁场发生了影响。

抗磁质的分子没有固有磁矩,但为什么也能受磁场的影响并进而影响磁场呢?这是因为抗磁质的分子在外磁场中产生了和外磁场方向相反的**感生磁矩**的缘故。

可以证明,在外磁场作用下,一个电子的轨道运动和自旋运动以及原子核的自旋运动都会发生变化,因而都在原有磁矩$\boldsymbol{m}_0$的基础上产生一**附加磁矩**$\Delta\boldsymbol{m}$,而且不管原有磁矩的方

① 严格来讲,式(12.4)的量子化值指的是角动量沿空间某一方向(实际上总是外加磁场的方向)的分量。下面式(12.5)关于自旋磁矩的意义也如此。

向如何，所产生的附加磁矩的方向都是**和外加磁场方向相反**的。对抗磁质分子来说，尽管在没有外加磁场时，其中所有电子以及核的磁矩的矢量和为零，因而没有固有磁矩；但是在加上外磁场后，每个电子和核都会产生与外磁场方向相反的附加磁矩。这些方向相同的附加磁矩的矢量和就是一个分子在外磁场中产生的感生磁矩。

在实验室通常能获得的磁场中，一个分子所产生的感生磁矩要比分子的固有磁矩小到5个数量级以下。就是由于这个原因，虽然顺磁质的分子在外磁场中也要产生感生磁矩，但和它的固有磁矩相比，前者的效果是可以忽略不计的。

感生磁矩产生过程的一种经典理论解释

以电子的轨道运动为例。如图12.2(b)，(c)所示，电子作轨道运动时，具有一定的角动量，以 $\boldsymbol{L}$ 表示此角动量，它的方向与电子运动的方向有右手螺旋关系。电子的轨道运动使它也具有磁矩 $\boldsymbol{m}$。由于电子带负电，这一磁矩的方向和它的角动量 $\boldsymbol{L}$ 的方向相反。

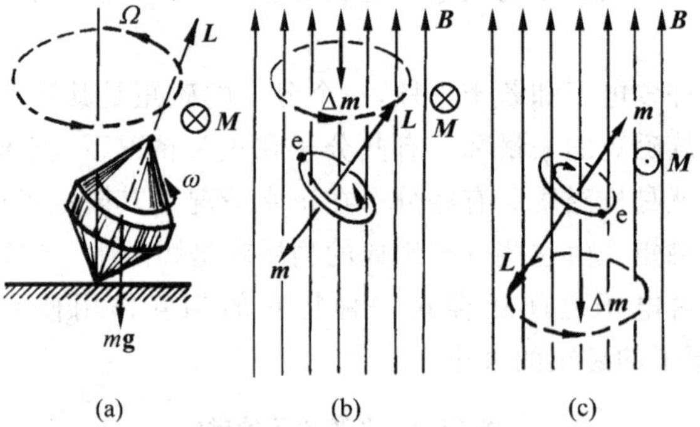

图12.2 电子轨道运动在磁场中的进动与附加磁矩

当分子处于磁场中时，其电子的轨道运动要受到力矩的作用，这一力矩为 $\boldsymbol{M}=\boldsymbol{m}_0\times\boldsymbol{B}$。在图12.2(b)所示的时刻，电子轨道运动所受的磁力矩方向垂直于纸面向里。具有角动量的运动物体在力矩作用下是要发生进动的，正如图12.2(a)中的转子在重力矩的作用下，它的角动量要绕竖直轴按逆时针方向(俯视)进动一样。在图12.2(b)中作轨道运动的电子，由于受到力矩的作用，它的角动量 $\boldsymbol{L}$ 也要绕与磁场 $\boldsymbol{B}$ 平行的轴按逆时针方向(迎着 $\boldsymbol{B}$ 看)进动。与这一进动相应，电子除了原有的轨道磁矩 $\boldsymbol{m}$ 外，又具有了一个**附加磁矩** $\Delta\boldsymbol{m}$，此附加磁矩的方向正好与外磁场 $\boldsymbol{B}$ 的方向相反。对于图12.2(c)所示的沿相反方向作轨道运动的电子，它的角动量 $\boldsymbol{L}$ 与轨道磁矩 $\boldsymbol{m}_1$ 的方向都与(b)中的电子的相反。相同方向的外磁场将对电子的轨道运动产生相反方向的力矩 $\boldsymbol{M}$。这一力矩也使得角动量 $\boldsymbol{L}$ 沿与 $\boldsymbol{B}$ 平行的轴进动，进动的方向仍然是逆时针(迎着 $\boldsymbol{B}$ 看)的，因而所产生的附加磁矩 $\Delta\boldsymbol{m}$ 也和外磁场 $\boldsymbol{B}$ 的方向相反。因此，不管电子轨道运动方向如何，外磁场对它的力矩的作用总是要使它产生一个与**外磁场方向相反**的附加磁矩。对电子的以及核的自旋，外磁场也产生相同的效果。

12.3　磁介质的磁化

一块顺磁质放到外磁场中时，它的分子的固有磁矩要沿着磁场方向取向(图 12.3(a))。一块抗磁质放到外磁场中时，它的分子要产生感生磁矩(图 12.3(b))。考虑和这些磁矩相对应的小圆电流，可以发现在磁介质内部各处总是有相反方向的电流流过，它们的磁作用就相互抵消了。但在磁介质表面上，这些小圆电流的外面部分未被抵消，它们都沿着相同的方向流通，这些表面上的小电流的总效果相当于在介质圆柱体表面上有一层电流流过。这种电流叫**束缚电流**，也叫**磁化电流**。在图 12.3 中，其面电流密度用 j' 表示。它是分子内的电荷运动一段段接合而成的，不同于金属中由自由电子定向运动形成的传导电流。对比之下，金属中的传导电流(以及其他由电荷的宏观移动形成的电流)可称作**自由电流**。

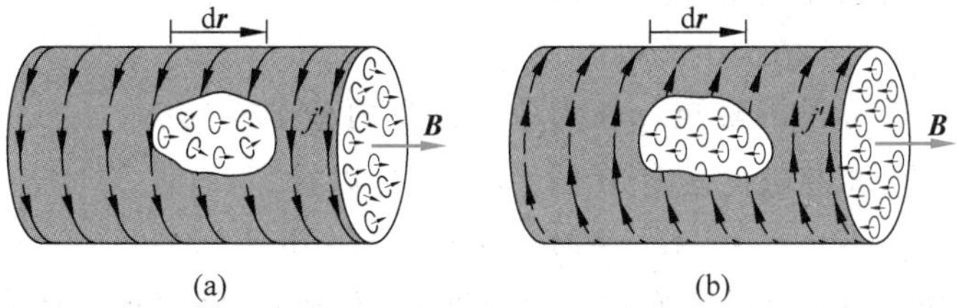

图 12.3　磁介质表面束缚电流的产生

由于顺磁质分子的固有磁矩在磁场中定向排列或抗磁质分子在磁场中产生了感生磁矩，因而在磁介质的表面上出现束缚电流的现象叫**磁介质的磁化**[①]。顺磁质的束缚电流的方向与磁介质中外磁场的方向有右手螺旋关系，它产生的磁场要加强磁介质中的磁场。抗磁质的束缚电流的方向与磁介质中外磁场的方向有左手螺旋关系，它产生的磁场要减弱磁介质中的磁场。这就是两种磁介质对磁场影响不同的原因。

磁介质磁化后，在一个小体积内的各个分子的磁矩的矢量和都将不再是零。顺磁质分子的固有磁矩排列得越整齐，它们的矢量和就越大。抗磁质分子所产生的感生磁矩越大，它们的矢量和也越大。因此可以用单位体积内分子磁矩的矢量和表示磁介质磁化的程度。单位体积内分子磁矩的矢量和叫磁介质的**磁化强度**。以 $\sum \boldsymbol{m}_i$ 表示宏观体积元 ΔV 内的磁介质的所有分子的磁矩的矢量和，以 $\boldsymbol{M}$ 表示磁化强度，则有

$$\boldsymbol{M} = \frac{\sum \boldsymbol{m}_i}{\Delta V} \tag{12.6}$$

式中 $\boldsymbol{m}_i$ 表示在体积为 ΔV 的磁介质中的第 i 个分子的磁矩。

在国际单位制中，磁化强度的单位名称是安每米，符号为 A/m，它的量纲和面电流密度的量纲相同。

顺磁质和抗磁质的磁化强度都随外磁场的增强而增大。实验证明，在一般的实验条件下，各向同性的顺磁质或抗磁质(以及铁磁质在磁场较弱时)的磁化强度都和外磁场 $\boldsymbol{B}$ 成正比，其关系可表示为

---

① 非均匀磁介质放在外磁场中时，磁介质内部还可以产生**体**束缚电流。

$$\boldsymbol{M} = \frac{\mu_r - 1}{\mu_0 \mu_r}\boldsymbol{B} \tag{12.7}$$

式中 μ_r 即磁介质的相对磁导率。

由于磁介质的束缚电流是磁介质磁化的结果，所以束缚电流和磁化强度之间一定存在着某种定量关系。下面我们来求这一关系。

考虑磁介质内部一长度元 $\mathrm{d}\boldsymbol{r}$。它和外磁场 $\boldsymbol{B}$ 的方向之间的夹角为 θ。由于磁化，分子磁矩要沿 $\boldsymbol{B}$ 的方向排列，因而等效分子电流的平面将转到与 $\boldsymbol{B}$ 垂直的方向。设每个分子的分子电流为 i，它所环绕的圆周半径为 a，则与 $\mathrm{d}\boldsymbol{r}$ 铰链的(即套住 $\mathrm{d}\boldsymbol{r}$ 的)分子电流的中心都将位于以 $\mathrm{d}\boldsymbol{r}$ 为轴线、以 πa^2 为底面积的斜柱体内(图12.4)。以 n 表示单位体积内的分子数，则与 $\mathrm{d}\boldsymbol{r}$ 铰链的总分子电流为

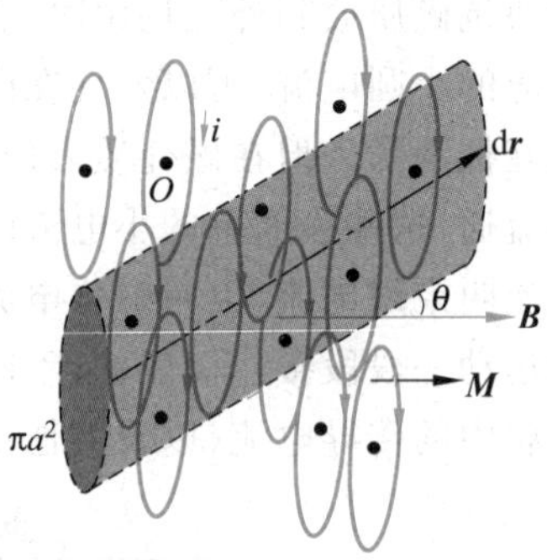

图12.4　分子电流与磁化强度

$$\mathrm{d}I' = n\pi a^2 \mathrm{d}r\cos\theta\, i$$

由于 $\pi a^2 i = m$，为一个分子的磁矩，nm 为单位体积内分子磁矩的矢量和的大小，亦即磁化强度 $\boldsymbol{M}$ 的大小 M，所以有

$$\mathrm{d}I' = M\cos\theta \mathrm{d}r = \boldsymbol{M}\cdot\mathrm{d}\boldsymbol{r} \tag{12.8}$$

如果碰巧 $\mathrm{d}\boldsymbol{r}$ 是磁介质表面上沿表面的一个长度元 $\mathrm{d}\boldsymbol{l}$，则 $\mathrm{d}I'$ 将表现为面束缚电流。$\mathrm{d}I'/\mathrm{d}l$ 称做**面束缚电流密度**。以 j' 表示面束缚电流密度，则由式(12.8)可得

$$j' = \frac{\mathrm{d}I}{\mathrm{d}l} = \frac{\mathrm{d}I}{\mathrm{d}r} = M\cos\theta = M_l \tag{12.9}$$

即面束缚电流密度等于该表面处磁介质的磁化强度沿表面的分量。当 $\theta=0$，即 $\boldsymbol{M}$ 与表面平行时(图12.5，并参看图12.3)，

$$j' = M \tag{12.10}$$

方向与 $\boldsymbol{M}$ 垂直。考虑到方向，式(12.10)可以写成

$$\boldsymbol{j}' = \boldsymbol{M}\times\boldsymbol{e}_n \tag{12.11}$$

其中 $\boldsymbol{e}_n$ 为磁介质表面的外正法线方向的单位矢量。

现在来求在磁介质内与任意闭合路径 L(图12.6)铰链的(或闭合路径 L 包围的)总束缚电流。它应该等于与 L 上各长度元铰链的束缚电流的积分，即

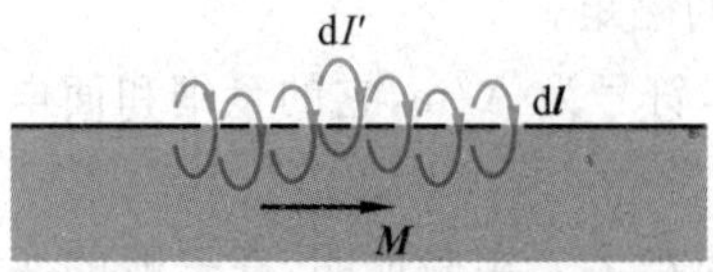

图12.5　面束缚电流

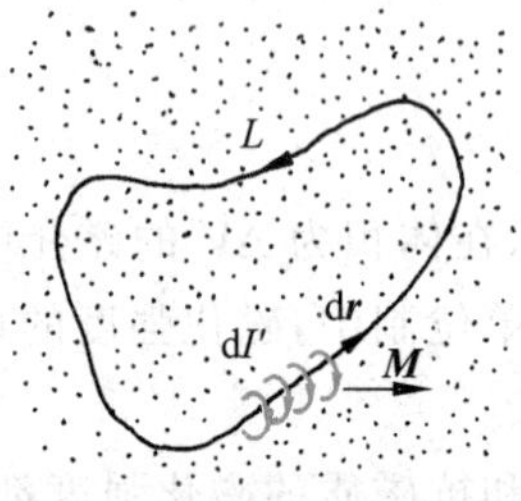

图12.6　与闭合路径铰链的束缚电流

$$I' = \oint_L \mathrm{d}I' = \oint_L \boldsymbol{M}\cdot\mathrm{d}\boldsymbol{r} \tag{12.12}$$

这一公式说明，闭合路径 L 所包围的总束缚电流等于磁化强度沿该闭合路径的环流。

12.4 *H* 的环路定理

磁介质放在磁场中时，磁介质受磁场的作用要产生束缚电流，这束缚电流又会反过来影响磁场的分布。这时任一点的磁感应强度 $\boldsymbol{B}$ 应是自由电流的磁场 $\boldsymbol{B}_0$ 和束缚电流的磁场 $\boldsymbol{B}'$ 的矢量和，即

$$\boldsymbol{B}=\boldsymbol{B}_0+\boldsymbol{B}' \tag{12.13}$$

由于束缚电流和磁介质磁化的程度有关，而这磁化的程度又取决于磁感应强度 $\boldsymbol{B}$，所以磁介质和磁场的相互影响呈现一种比较复杂的关系。这种复杂关系也可以像研究电介质和电场的相互影响那样，通过引入适当的物理量而加以简化。下面就通过安培环路定理来导出这种简化表示式。

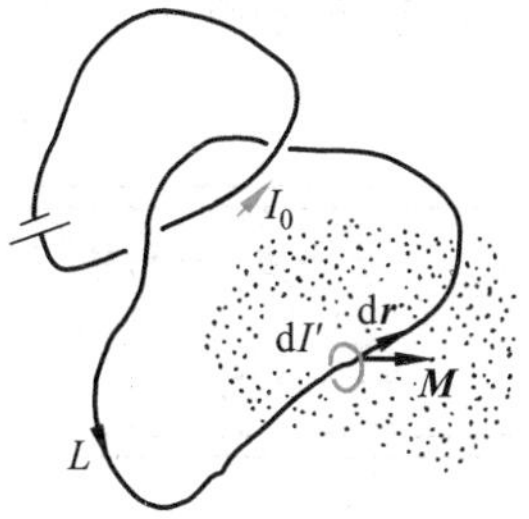

图 12.7 **$\boldsymbol{H}$ 的环路定理**

如图 12.7 所示，载流导体和磁化了的磁介质组成的系统可视为由一定的自由电流 I_0 和束缚电流 $I'(j')$ 分布组成的电流系统。所有这些电流产生一磁场分布 $\boldsymbol{B}$，由安培环路定律式(10.13)可知，对任一闭合路径 L，

$$\oint_L \boldsymbol{B}\cdot \mathrm{d}\boldsymbol{r}=\mu_0\left(\sum I_{0\mathrm{in}}+I'_{\mathrm{in}}\right)$$

将式(12.12)的 I' 代入此式中的 I'_{in}，移项后可得

$$\oint_L\left(\frac{\boldsymbol{B}}{\mu_0}-\boldsymbol{M}\right)\cdot \mathrm{d}\boldsymbol{r}=\sum I_{0\mathrm{in}}$$

在此，引入一辅助物理量表示积分号内的合矢量，叫做**磁场强度**，并以 $\boldsymbol{H}$ 表示，即定义

$$\boldsymbol{H}=\frac{\boldsymbol{B}}{\mu_0}-\boldsymbol{M} \tag{12.14}$$

则上式就可简洁地表示为

$$\oint_L \boldsymbol{H}\cdot \mathrm{d}\boldsymbol{r}=\sum I_{0\mathrm{in}} \tag{12.15}$$

此式说明**沿任一闭合路径磁场强度的环路积分等于该闭合路径所包围的自由电流的代数和**。这一关系叫 **$\boldsymbol{H}$ 的环路定理**，也是电磁学的一条基本定律①。在无磁介质的情况下，$\boldsymbol{M}=0$，式(12.15)还原为式(10.13)。

将式(12.7)的 $\boldsymbol{M}$ 代入式(12.14)，可得

$$\boldsymbol{H}=\frac{\boldsymbol{B}}{\mu_0\mu_r} \tag{12.16}$$

还常用 μ 代表 $\mu_0\mu_r$，即

$$\mu=\mu_0\mu_r \tag{12.17}$$

称之为磁介质的**磁导率**，它的单位与 μ_0 相同。这样，式(12.17)还可以写成

$$\boldsymbol{H}=\frac{\boldsymbol{B}}{\mu} \tag{12.18}$$

这也是一个点点对应的关系，即在各向同性的磁介质中，某点的磁场强度等于该点的磁感应

---

① 这里讨论的是恒定电流的情况。对于变化的电流，式(12.15) 等号右侧还需要加上位移电流项 $\frac{\mathrm{d}}{\mathrm{d}t}\int_S \boldsymbol{D}\cdot \mathrm{d}\boldsymbol{S}$。

强度除以该点磁介质的磁导率，二者的方向相同。

在国际单位制中，磁场强度的单位名称为安每米，符号为 A/m。

式(12.15)和式(12.16)(或式(12.18))一起是分析计算有磁介质存在时的磁场的常用公式。一般是根据自由电流的分布先利用式(12.15)求出 $\boldsymbol{H}$ 的分布，然后再利用式(12.16)求出 $\boldsymbol{B}$ 的分布。

下面举个有磁介质存在时求恒定电流的磁场分布的例子。

例 12.1

一无限长直螺线管，单位长度上的匝数为 n，螺线管内充满相对磁导率为 μ_r 的均匀磁介质。今在导线圈内通以电流 I，求管内磁感应强度和磁介质表面的面束缚电流密度。

解　如图 12.8 所示，由于螺线管无限长，所以管外磁场为零，管内磁场均匀而且 $\boldsymbol{B}$ 与 $\boldsymbol{H}$ 均与管内的轴线平行。过管内任一点 P 作一矩形回路 $abcda$，其中 ab, cd 两边与管轴平行，长为 l，cd 边在管外。磁场强度 $\boldsymbol{H}$ 沿此回路 L 的环路积分为

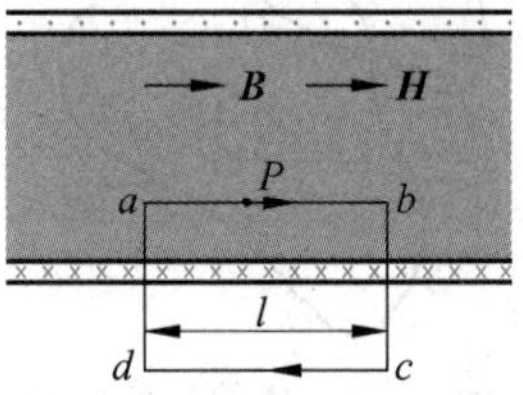

图 12.8　例 12.1 用图

$$\oint_L \boldsymbol{H}\cdot d\boldsymbol{r} = \int_{ab}\boldsymbol{H}\cdot d\boldsymbol{r}+\int_{bc}\boldsymbol{H}\cdot d\boldsymbol{r}+\int_{cd}\boldsymbol{H}\cdot d\boldsymbol{r}+\int_{da}\boldsymbol{H}\cdot d\boldsymbol{r} = Hl$$

此回路所包围的自由电流为 nlI。根据 $\boldsymbol{H}$ 的环路定理，有

$$Hl = nlI$$

由此得

$$H = nI$$

再利用式(12.16)，管内的磁感应强度为

$$B = \mu_0\mu_r H = \mu_0\mu_r nI$$

此式表示，螺线管内有磁介质时，其中磁感应强度是真空时的 μ_r 倍。对于顺磁质和抗磁质，$\mu_r\approx 1$，磁感应强度变化不大。对于铁磁质，由于 $\mu_r\gg 1$，所以其中磁感应强度比真空时可增大到千百倍以上。

在磁介质的表面上存在着束缚电流，它的方向与螺线管轴线垂直。以 j' 表示这种面束缚电流密度，则由式(12.10)和式(12.7)可得

$$j' = (\mu_r - 1)nI$$

由此结果可以看出：对于抗磁质，有 $\mu_r<1$，从而 $j'<0$，说明束缚电流方向和传导电流方向相反；对于顺磁质，有 $\mu_r>1$, $j'>0$，说明束缚电流方向和传导电流方向相同；对于铁磁质，有 $\mu_r\gg 1$，束缚电流方向和传导电流方向也相同，而且面束缚电流密度比传导面电流密度(nI)大得多，因而可以认为这时的磁场基本上是由铁磁质表面的束缚电流产生的。

12.5　铁磁质

铁、钴、镍和它们的一些合金、稀土族金属(在低温下)以及一些氧化物(如用来做磁带的 CrO_2 等)都具有明显而特殊的磁性。首先是它们的相对磁导率 μ_r 都比较大，而且随磁场的强弱发生变化；其次是它们都有明显的磁滞效应。下面简单介绍铁磁质的特性。

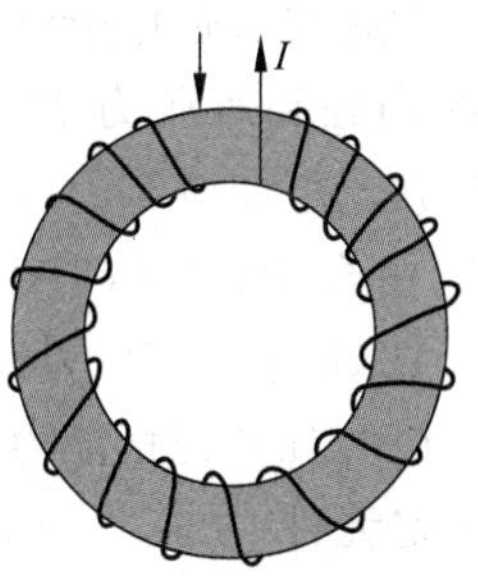

图 12.9 环状铁芯被磁化

用实验研究铁磁质的性质时通常把铁磁质试样做成环状，外面绕上若干匝线圈(图 12.9)。线圈中通入电流后，铁磁质就被磁化。当这**励磁电流**为 I 时，环中的磁场强度 H 为

$$H=\frac{NI}{2\pi r}$$

式中 N 为环上线圈的总匝数，r 为环的平均半径。这时环内的 B 可以用另外的方法测出，于是可得一组对应的 H 和 B 的值，改变电流 I，可以依次测得许多组 H 和 B 的值(由于磁化强度 M 和 H，B 有一定的关系(式(12.14))，所以也就可以求得许多组 H 和 M 的值)，这样就可以绘出一条关于试样的 H-B(或 H-M)关系曲线以表示试样的磁化特点。这样的曲线叫**磁化曲线**。

如果从试样完全没有磁化开始，逐渐增大电流 I，从而逐渐增大 H，那么所得的磁化曲线叫**起始磁化曲线**，一般如图 12.10 所示。H 较小时，B 随 H 成正比地增大。H 再稍大时 B 就开始急剧地但也约成正比地增大，接着增大变慢，当 H 到达某一值后再增大时，B 就几乎不再随 H 增大而增大了。这时铁磁质试样到达了一种**磁饱和状态**，它的磁化强度 M 达到了最大值。

根据 $\mu_r=B/\mu_0 H$，可以求出不同 H 值时的 μ_r 值，μ_r 随 H 变化的关系曲线也对应地画在图 12.10 中。

实验证明，各种铁磁质的起始磁化曲线都是“不可逆”的，即当铁磁质到达磁饱和后，如果慢慢减小磁化电流以减小 H 的值，铁磁质中的 B 并不沿起始磁化曲线逆向逐渐减小，而是减小得比原来增加时慢。如图 12.11 中 ab 线段所示，当 $I=0$，因而 $H=0$ 时，B 并不等于 0，而是还保持一定的值。这种现象叫**磁滞效应**。H 恢复到零时铁磁质内仍保留的磁化状态叫**剩磁**，相应的磁感应强度常用 B_r 表示。

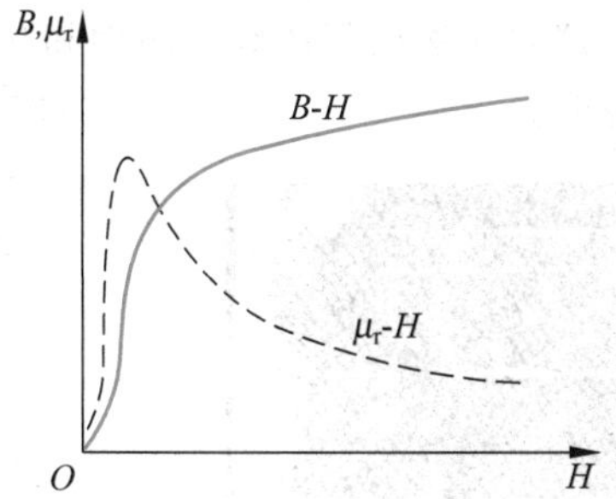

图 12.10 铁磁质中 B 和 μ_r 随 H 变化的曲线

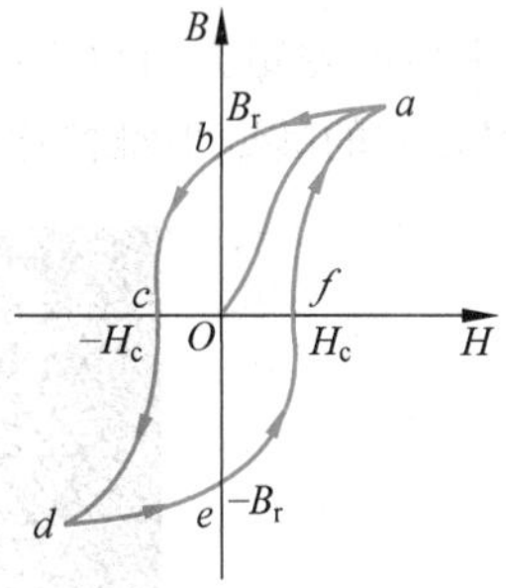

图 12.11 磁滞回线

要想把剩磁完全消除，必须改变电流的方向，并逐渐增大这反向的电流(图 12.11 中 bc 段)。当 H 增大到 $-H_c$ 时，$B=0$。这个使铁磁质中的 B 完全消失的 H_c 值叫铁磁质的**矫顽力**。

再增大反向电流以增加 H，可以使铁磁质达到反向的磁饱和状态(cd 段)。将反向电流逐渐减小到零，铁磁质会达到 $-B_r$ 所代表的反向剩磁状态(de 段)。把电流改回原来的方向并逐渐增大，铁磁质又会经过 H_c 表示的状态而回到原来的饱和状态(efa 段)。这样，磁化曲线就形成了一个闭合曲线，这一闭合曲线叫**磁滞回线**。由磁滞回线可以看出，铁磁质的

磁化状态并不能由励磁电流或 H 值单值地确定，它还取决于该铁磁质此前的磁化历史。

不同的铁磁质的磁滞回线的形状不同，表示它们各具有不同的剩磁和矫顽力 H_c。纯铁、硅钢、坡莫合金（含铁、镍）等材料的 H_c 很小，因而磁滞回线比较瘦（图 12.12(a)），这些材料叫**软磁材料**，常用作变压器和电磁铁的铁芯。碳钢、钨钢、铝镍钴合金（含 Fe、Al、Ni、Co、Cu）等材料具有较大的矫顽力 H_c，因而磁滞回线显得胖（图 12.12(b)），它们一旦磁化后对外加的较弱磁场有较大的抵抗力，或者说它们对于其磁化状态有一定的“记忆能力”，这种材料叫**硬磁材料**，常用来作永久磁体、记录磁带或电子计算机的记忆元件。

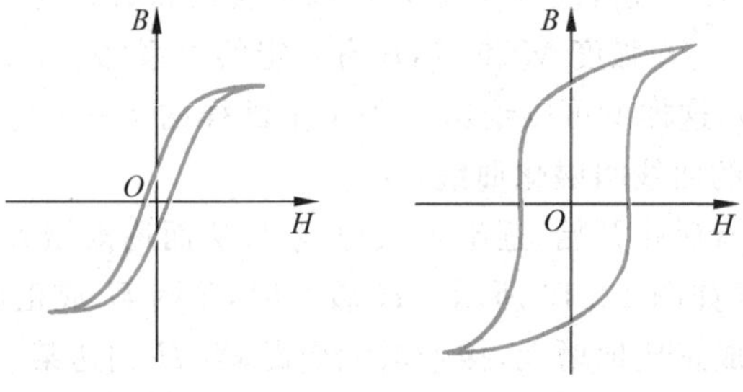

图 12.12 软磁材料的磁滞回线(a)与硬磁材料的磁滞回线(b)

实验指出，当温度高达一定程度时，铁磁材料的上述特性将消失而成为顺磁质。这一温度叫**居里点**。几种铁磁质的居里点如下：铁为 1040 K，钴为 1390 K，镍为 630 K。

铁磁性的起源可以用“磁畴”理论来解释。在铁磁体内存在着无数个线度约为 10^{-4} m 的小区域，这些小区域叫**磁畴**（图 12.13）。在每个磁畴中，所有原子的磁矩全都向着同一个方向排列整齐了。在未磁化的铁磁质中，各磁畴的磁矩的取向是无规则的，因而整块铁磁质在宏观上没有明显的磁性。当在铁磁质内加上外磁场并逐渐增大时，其磁矩方向和外加磁场方向相近的磁畴逐渐扩大，而方向相反的磁畴逐渐缩小。最后当外加磁场大到一定程度后，所有磁畴的磁矩方向也都指向同一个方向了，这时铁磁质就达到了磁饱和状态。磁滞现象可以用磁畴的畴壁很难按原来的形状恢复来说明。

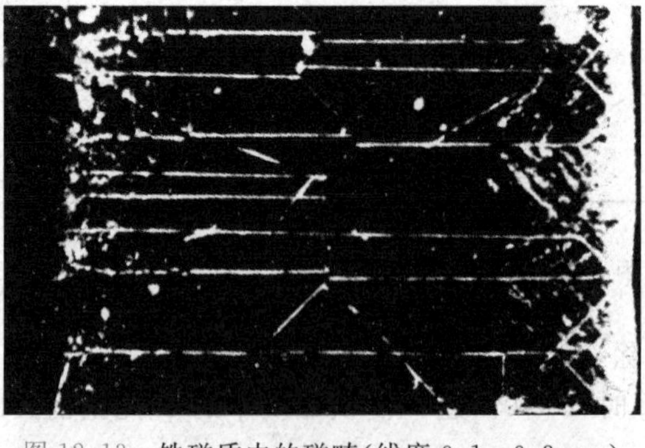

图 12.13 铁磁质内的磁畴（线度 0.1～0.3 mm）

实验指出，把铁磁质放到周期性变化的磁场中被反复磁化时，它要变热。变压器或其他交流电磁装置中的铁芯在工作时由于这种反复磁化发热而引起的能量损失叫**磁滞损耗**或“铁损”。单位体积的铁磁质反复磁化一次所发的热和这种材料的磁滞回线所围的面积成正比。因此在交流电磁装置中，利用软磁材料如硅钢作铁芯是相宜的。

有趣的是，某些电介质，如钛酸钡($BaTiO_3$)、铌酸钠($NaNbO_3$)具有类似铁磁性的电性，因而叫铁电体。它们的特点是相对介电常数 ε_r 很大($10^2\sim10^4$)，而且随外加电场改变；电极化过程也具有类似铁磁体磁化过程的电滞现象，D(或 P)和 E 也有电滞回线表示的与电极化历史有关的现象。铁电现象也只在一定温度范围内发生，例如钛酸钡的居里点为125℃。这种性质可以用铁电材料内有电畴存在来解释。铁电材料也有许多特殊的用途。

提要

1. 三种磁介质：抗磁质($\mu_r<1$)，顺磁质($\mu_r>1$)，铁磁质($\mu_r\gg1$)。

2. 原子的磁矩：原子中运动的电子有轨道磁矩和自旋磁矩。

玻尔磁子 $m_B=9.27\times10^{-24}$ J/T

顺磁质分子有固有磁矩，抗磁质分子无固有磁矩。

在外磁场中磁介质的分子会产生与外磁场方向相反的感应磁矩。

3. 磁介质的磁化：在外磁场中固有磁矩沿外磁场方向取向或感应磁矩的产生使磁介质表面(或内部)出现束缚电流。

磁化强度：在各向同性磁介质中，磁场不太强时，

$$\boldsymbol{M}=\frac{\mu_r-1}{\mu_0\mu_r}\boldsymbol{B}=\chi_m\boldsymbol{H}$$

面束缚电流密度：$j'=M_t$， $\boldsymbol{j}'=\boldsymbol{M}\times\boldsymbol{e}_n$

4. 磁场强度矢量

$$\boldsymbol{H}=\frac{\boldsymbol{B}}{\mu_0}-\boldsymbol{M}$$

对各向同性磁介质，

$$\boldsymbol{H}=\frac{\boldsymbol{B}}{\mu_r\mu_0}=\frac{\boldsymbol{B}}{\mu}$$

***H* 的环路定理**：

$$\oint_L\boldsymbol{H}\cdot\mathrm{d}\boldsymbol{r}=\sum I_{0\mathrm{in}}\quad(\text{用于恒定电流})$$

5. 铁磁质：$\mu_r\gg1$，且随磁场改变。有磁滞现象和居里点。

磁场的边界条件：$H_{1t}=H_{2t}$， $B_{1n}=B_{2n}$

第13章

电磁感应

1820年奥斯特通过实验发现了电流的磁效应。由此人们自然想到，能否利用磁效应产生电流呢？从1822年起，法拉第就开始对这一问题进行有目的的实验研究。经过多次失败，终于在1831年取得了突破性的进展，发现了电磁感应现象，即利用磁场产生电流的现象。从实用的角度看，这一发现使电工技术有可能长足发展，为后来的人类生活电气化打下了基础。从理论上说，这一发现更全面地揭示了电和磁的联系，使在这一年出生的麦克斯韦后来有可能建立一套完整的电磁场理论，这一理论在近代科学中得到了广泛的应用。因此，怎样估计法拉第的发现的重要性都是不为过的。

本章讲解电磁感应现象的基本规律——法拉第电磁感应定律，产生感应电动势的两种情况——动生的和感生的。然后介绍在电工技术中常遇到的互感和自感两种现象的规律。最后推导磁场能量的表达式。

13.1 法拉第电磁感应定律

法拉第的实验大体上可归结为两类：一类实验是磁铁与线圈有相对运动时，线圈中产生了电流；另一类实验是当一个线圈中电流发生变化时，在它附近的其他线圈中也产生了电流。法拉第将这些现象与静电感应类比，把它们称作“电磁感应”现象。

对所有电磁感应实验的分析表明，当穿过一个闭合导体回路所限定的面积的磁通量（磁感应强度通量）发生变化时，回路中就出现电流。这电流叫**感应电流**。

我们知道，在闭合导体回路中出现了电流，一定是由于回路中产生了电动势。当穿过导体回路的磁通量发生变化时，回路中产生了电流，就说明此时在回路中产生了电动势。由这一原因产生的电动势叫**感应电动势**。

实验表明，**感应电动势的大小和通过导体回路的磁通量的变化率成正比**，感应电动势的方向有赖于磁场的方向和它的变化情况。以Φ表示通过闭合导体回路的磁通量，以$\mathscr{E}$表示磁通量发生变化时在导体回路中产生的感应电动势，由实验总结出的规律是

$$\mathscr{E}=-\frac{\mathrm{d}\Phi}{\mathrm{d}t} \tag{13.1}$$

这一公式是**法拉第电磁感应定律**的一般表达式。

式(13.1)中的负号反映感应电动势的方向与磁通量变化的关系。在判定感应电动势的

方向时，应先规定导体回路 L 的绕行正方向。如图 13.1 所示，当回路中磁力线的方向和所规定的回路的绕行正方向有右手螺旋关系时，磁通量 Φ 是正值。这时，如果穿过回路的磁通量增大，$\frac{\mathrm{d}\Phi}{\mathrm{d}t}>0$，则 $\mathscr{E}<0$，这表明此时感应电动势的方向和 L 的绕行正方向相反(图 13.1(a))。如果穿过回路的磁通量减小，即$\frac{\mathrm{d}\Phi}{\mathrm{d}t}<0$，则 $\mathscr{E}>0$，这表示此时感应电动势的方向和 L 的绕行正方向相同(图 13.1(b))。

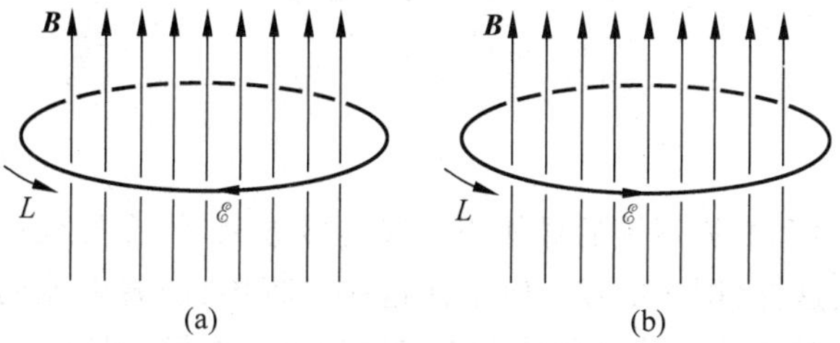

图 13.1 $\mathscr{E}$ 的方向和 Φ 的变化的关系
(a) Φ 增大时；(b) Φ 减小时

图 13.2 是一个产生感应电动势的实际例子。当中是一个线圈，通有图示方向的电流时，它的磁场的磁感线分布如图示，另一导电圆环 L 的绕行正方向规定如图。当它在线圈上面向下运动时，$\frac{\mathrm{d}\Phi}{\mathrm{d}t}>0$，从而 $\mathscr{E}<0$，$\mathscr{E}$ 沿 L 的反方向。当它在线圈下面向下运动时，$\frac{\mathrm{d}\Phi}{\mathrm{d}t}<0$，从而 $\mathscr{E}>0$，$\mathscr{E}$ 沿 L 的正方向。

导体回路中产生的感应电动势将按自己的方向产生感应电流，这感应电流将在导体回路中产生自己的磁场。在图 13.2 中，圆环在上面时，其中感应电流在环内产生的磁场向上；在下面时，环中的感应电流产生的磁场向下。和感应电流的磁场联系起来考虑，上述借助于式(13.1)中的负号所表示的感应电动势方向的规律可以表述如下：感应电动势总具有这样的方向，即使它产生的感应电流在回路中产生的磁场去**阻碍**引起感应电动势的**磁通量的变化**，这个规律叫做**楞次定律**。图 13.2 中所示感应电动势的方向是符合这一规律的。

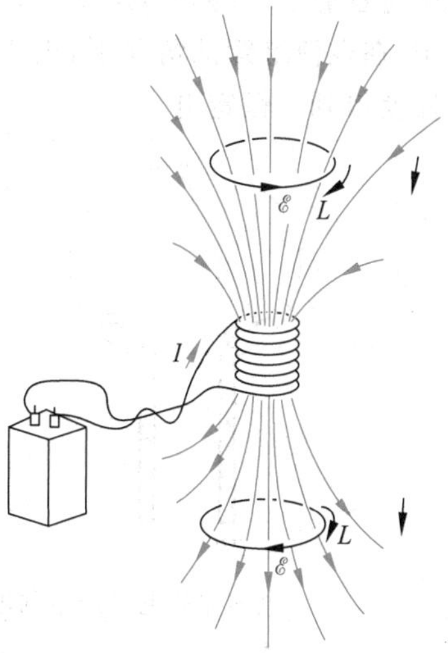

图 13.2 感应电动势的方向实例

实际上用到的线圈常常是许多匝串联而成的，在这种情况下，在整个线圈中产生的感应电动势应是每匝线圈中产生的感应电动势之和。当穿过各匝线圈的磁通量分别为 Φ_1，Φ_2，…，Φ_n 时，总电动势则应为

$$\begin{aligned}\mathscr{E}&=-\left(\frac{\mathrm{d}\Phi_1}{\mathrm{d}t}+\frac{\mathrm{d}\Phi_2}{\mathrm{d}t}+\cdots+\frac{\mathrm{d}\Phi_n}{\mathrm{d}t}\right)\\&=-\frac{\mathrm{d}}{\mathrm{d}t}\left(\sum_{i=1}^{n}\Phi_i\right)=-\frac{\mathrm{d}\Psi}{\mathrm{d}t}\end{aligned}\tag{13.2}$$

其中 $\Psi=\sum_i \Phi_i$ 是穿过各匝线圈的磁通量的总和，叫穿过线圈的**全磁通**。当穿过各匝线圈的磁通量相等时，N 匝线圈的全磁通为 $\Psi=N\Phi$，叫做**磁链**，这时

$$\mathscr{E}=-\frac{\mathrm{d}\Psi}{\mathrm{d}t}=-N\frac{\mathrm{d}\Phi}{\mathrm{d}t} \tag{13.3}$$

式(13.1)，式(13.2)，式(13.3)中各量的单位都需用国际单位制单位，即 Φ 或 Ψ 的单位用 Wb，t 的单位用 s，$\mathscr{E}$ 的单位用 V。于是由式(13.2)可知

$$1\ \mathrm{V}=1\ \mathrm{Wb/s}$$

13.2 电动势

一般来讲，当把两个电势不等的导体用导线连接起来时，在导线中就会有电流产生，电容器的放电过程就是这样(图13.3)。但是在这一过程中，随着电流的继续，两极板上的电荷逐渐减少。这种随时间减少的电荷分布不能产生恒定电场，因而也就不能形成恒定电流。实际上电容器的放电电流是一个很快地减小的电流。要产生恒定电流就必须设法使流到负极板上的电荷重新回到正极板上去，这样就可以保持恒定的电荷分布，从而产生一个恒定电场。但是由于在两极板间的静电场方向是由电势高的正极板指向电势低的负极板的，所以要使正电荷从负极板回到正极板，靠静电力 $\boldsymbol{F}_{\mathrm{e}}$ 是办不到的，只能靠其他类型的力，这力使正电荷逆着静电场的方向运动(图13.4)。这种其他类型的力统称为**非静电力 $\boldsymbol{F}_{\mathrm{ne}}$**。由于它的作用，在电流继续的情况下，仍能在正负极板上产生恒定的电荷分布，从而产生恒定的电场，这样就得到了恒定电流。

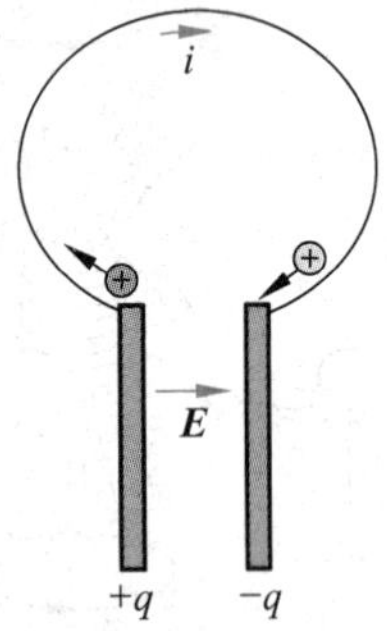

图13.3 电容器放电时产生的电流

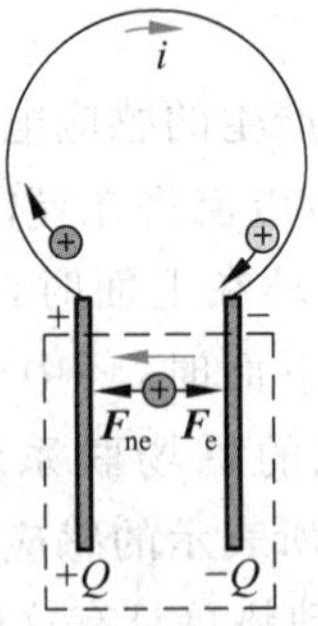

图13.4 非静电力 $\boldsymbol{F}_{\mathrm{ne}}$ 反抗静电力 $\boldsymbol{F}_{\mathrm{e}}$ 移动电荷

提供非静电力的装置叫**电源**，如图13.4所示。电源有正负两个极，正极的电势高于负极的电势，用导线将正负两个极相连时，就形成了闭合回路。在这一回路中，电源外的部分(叫外电路)，在恒定电场作用下，电流由正极流向负极。在电源内部(叫内电路)，非静电力的作用使电流逆着恒定电场的方向由负极流向正极。

电源的类型很多，不同类型的电源中，非静电力的本质不同。例如，化学电池中的非静电力是一种化学作用，发电机中的非静电力是一种电磁作用。

从能量的观点来看，非静电力反抗恒定电场移动电荷时，是要做功的。在这一过程中电荷的电势能增大了，这是其他种形式的能量转化来的。例如在化学电池中，是化学能转化成电能，在发电机中是机械能转化为电能。

在不同的电源内，由于非静电力的不同，使相同的电荷由负极移到正极时，非静电力做的功是不同的。这说明不同的电源转化能量的本领是不同的。为了定量地描述电源转化能量本领的大小，我们引入电动势的概念。在电源内，单位正电荷从负极移向正极的过程中，非静电力做的功，叫做**电源的电动势**。如果用 A_{ne} 表示在电源内电量为 q 的正电荷从负极移到正极时非静电力做的功，则电源的电动势 $\mathscr{E}$ 为

$$\mathscr{E}=\frac{A_{\mathrm{ne}}}{q} \tag{13.4}$$

从量纲分析可知，电动势的量纲和电势差的量纲相同。在国际单位制中它的单位也是 V。应当特别注意，虽然电动势和电势的量纲相同而且又都是标量，但它们是两个完全不同的物理量。电动势总是和非静电力的功联系在一起的，而电势是和静电力的功联系在一起的。电动势完全取决于电源本身的性质（如化学电池只取决于其中化学物质的种类）而与外电路无关，但电路中的电势的分布则和外电路的情况有关。

从能量的观点来看，式(13.4)定义的电动势也等于单位正电荷从负极移到正极时由于非静电力作用所增加的电势能，或者说，就等于从负极到正极非静电力所引起的电势升高。我们通常把电源内从负极到正极的方向，也就是电势升高的方向，叫做**电动势的“方向”**，虽然电动势并不是矢量。

用场的概念，可以把各种非静电力的作用看作是等效的各种“**非静电场**”的作用。以 $\boldsymbol{E}_{\mathrm{ne}}$ 表示非静电场的强度，则它对电荷 q 的非静电力就是 $\boldsymbol{F}_{\mathrm{ne}}=q\boldsymbol{E}_{\mathrm{ne}}$，在电源内，电荷 q 由负极移到正极时非静电力做的功为

$$A_{\mathrm{ne}}=\int_{\substack{(-)\\(\text{电源内})}}^{(+)} q\boldsymbol{E}_{\mathrm{ne}}\cdot\mathrm{d}\boldsymbol{r}$$

将此式代入式(13.4)可得

$$\mathscr{E}=\int_{\substack{(-)\\(\text{电源内})}}^{(+)} \boldsymbol{E}_{\mathrm{ne}}\cdot\mathrm{d}\boldsymbol{r} \tag{13.5}$$

此式表示非静电力集中在一段电路内（如电池内）作用时，用场的观点表示的电动势。在有些情况下非静电力存在于整个电流回路中，这时整个回路中的总电动势应为

$$\mathscr{E}=\oint_L \boldsymbol{E}_{\mathrm{ne}}\cdot\mathrm{d}\boldsymbol{r} \tag{13.6}$$

式中线积分遍及整个回路 L。

13.3 动生电动势

如式(13.1)所表示的，穿过一个闭合导体回路的磁通量发生变化时，回路中就产生感应电动势。但引起磁通量变化的原因可以不同，本节讨论导体在恒定磁场中运动时产生的感应电动势。这种感应电动势叫**动生电动势**。

如图 13.5 所示，一矩形导体回路，可动边是一根长为 l 的导体棒 ab，它以恒定速度 $\boldsymbol{v}$ 在垂直于磁场 $\boldsymbol{B}$ 的平面内，沿垂直于它自身的方向向右平移，其余边不动。某时刻穿过回路所围面积的磁通量为

$$\Phi=BS=Blx$$

随着棒 ab 的运动，回路所围绕的面积扩大，因而回路中的磁通量发生变化。用式(13.1)计

算回路中的感应电动势大小，可得

$$|\mathscr{E}| = \frac{d\Phi}{dt} = \frac{d}{dt}(Blx) = Bl\frac{dx}{dt} = Blv \tag{13.7}$$

至于这一电动势的方向，可用楞次定律判定为逆时针方向。由于其他边都未动，所以动生电动势应归之于 ab 棒的运动，因而只在棒内产生。回路中感生电动势的逆时针方向说明在 ab 棒中的动生电动势方向应沿由 a 到 b 的方向。像这样一段导体在磁场中运动时所产生的动生电动势的方向可以简便地用**右手定则**判断：伸平右手掌并使拇指与其他四指垂直，让磁感线从掌心穿入，当拇指指着导体运动方向时，四指就指着导体中产生的动生电动势的方向。

像图 13.5 中所示的情况，感应电动势集中于回路的一段内，这一段可视为整个回路中的电源部分。由于在电源内电动势的方向是由低电势处指向高电势处，所以在棒 ab 上，b 点电势高于 a 点电势。

我们知道，电动势是非静电力作用的表现。引起动生电动势的非静电力是洛伦兹力。当棒 ab 向右以速度 $\boldsymbol{v}$ 运动时，棒内的自由电子被带着以同一速度 $\boldsymbol{v}$ 向右运动，因而每个电子都受到洛伦兹力 $\boldsymbol{f}$ 的作用（图 13.6），

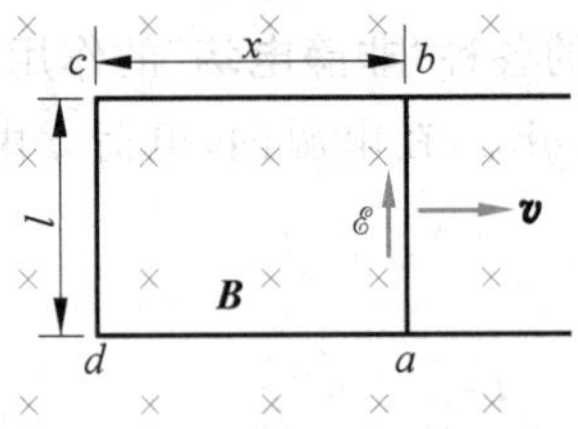

图 13.5 动生电动势

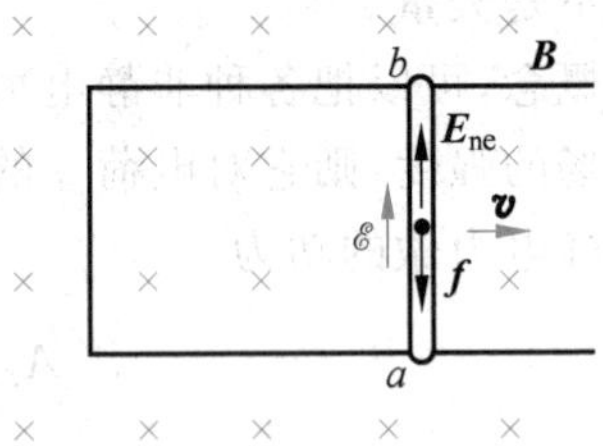

图 13.6 动生电动势与洛伦兹力

$$\boldsymbol{f} = e\,\boldsymbol{v} \times \boldsymbol{B} \tag{13.8}$$

把这个作用力看成是一种等效的“非静电场”的作用，则这一非静电场的强度应为

$$\boldsymbol{E}_{ne} = \frac{\boldsymbol{f}}{e} = \boldsymbol{v} \times \boldsymbol{B} \tag{13.9}$$

根据电动势的定义，又由于 $d\boldsymbol{r}=d\boldsymbol{l}$ 为棒 ab 的长度元，棒 ab 中由这外来场所产生的电动势应为

$$\mathscr{E}_{ab} = \int_a^b \boldsymbol{E}_{ne} \cdot d\boldsymbol{r} = \int_a^b (\boldsymbol{v} \times \boldsymbol{B}) \cdot d\boldsymbol{l} \tag{13.10}$$

如图 13.6 所示，由于 $\boldsymbol{v}$，$\boldsymbol{B}$ 和 $d\boldsymbol{l}$ 相互垂直，所以上一积分的结果应为

$$\mathscr{E}_{ab} = Blv$$

这一结果和式(13.7)相同。

这里我们只把式(13.10)应用于直导体棒在均匀磁场中运动的情况。对于非均匀磁场而且导体各段运动速度不同的情况，则可以先考虑一段以速度 $\boldsymbol{v}$ 运动的导体元 $d\boldsymbol{l}$，在其中产生的动生电动势为 $\boldsymbol{E}_{ne} \cdot d\boldsymbol{l} = (\boldsymbol{v} \times \boldsymbol{B}) \cdot d\boldsymbol{l}$，整个导体中产生的动生电动势应该是在各段导体之中产生的动生电动势之和。其表示式就是式(13.10)。因此，式(13.10)是在磁场中运动的导体内产生的动生电动势的一般公式。特别是，如果整个导体回路 L 都在磁场中运动，则在回路中产生的总的动生电动势应为

$$\mathscr{E} = \oint_L (\boldsymbol{v} \times \boldsymbol{B}) \cdot d\boldsymbol{l} \tag{13.11}$$

在图 13.5 所示的闭合导体回路中，当由于导体棒的运动而产生电动势时，在回路中就会有感应电流产生。电流流动时，感应电动势是要做功的，电动势做功的能量是从哪里来的呢？考察导体棒运动时所受的力就可以给出答案。设电路中感应电流为 I，则感应电动势做功的功率为

$$P = I\mathscr{E} = IBlv \tag{13.12}$$

通有电流的导体棒在磁场中是要受到磁力的作用的。ab 棒受的磁力为 $F_m = IlB$，方向向左（图 13.7）。为了使导体棒匀速向右运动，必须有外力 $\boldsymbol{F}_{ext}$ 与 $\boldsymbol{F}_m$ 平衡，因而 $\boldsymbol{F}_{ext} = -\boldsymbol{F}_m$。此外力的功率为

$$P_{ext} = F_{ext}v = IlBv$$

这正好等于上面求得的感应电动势做功的功率。由此我们知道，电路中感应电动势提供的电能是由外力做功所消耗的机械能转换而来的，这就是发电机内的能量转换过程。

我们知道，当导线在磁场中运动时产生的感应电动势是洛伦兹力作用的结果。据式(13.12)，感应电动势是要做功的。但是，我们早已知道洛伦兹力对运动电荷不做功，这个矛盾如何解决呢？可以这样来解释，如图 13.8 所示，随同导线一齐运动的自由电子受到的洛伦兹力由式(13.8)给出，由于这个力的作用，电子将以速度 $\boldsymbol{v}'$ 沿导线运动，而速度 $\boldsymbol{v}'$ 的存在使电子还要受到一个垂直于导线的洛伦兹力 $\boldsymbol{f}'$ 的作用，$\boldsymbol{f}' = e\,\boldsymbol{v}' \times \boldsymbol{B}$。电子受洛伦兹力的合力为 $\boldsymbol{F} = \boldsymbol{f} + \boldsymbol{f}'$，电子运动的合速度为 $\mathbf{V} = \boldsymbol{v} + \boldsymbol{v}'$，所以洛伦兹力合力做功的功率为

$$\begin{aligned}\boldsymbol{F} \cdot \mathbf{V} &= (\boldsymbol{f} + \boldsymbol{f}') \cdot (\boldsymbol{v} + \boldsymbol{v}') \\ &= \boldsymbol{f} \cdot \boldsymbol{v}' + \boldsymbol{f}' \cdot \boldsymbol{v} = -evBv' + ev'Bv = 0\end{aligned}$$

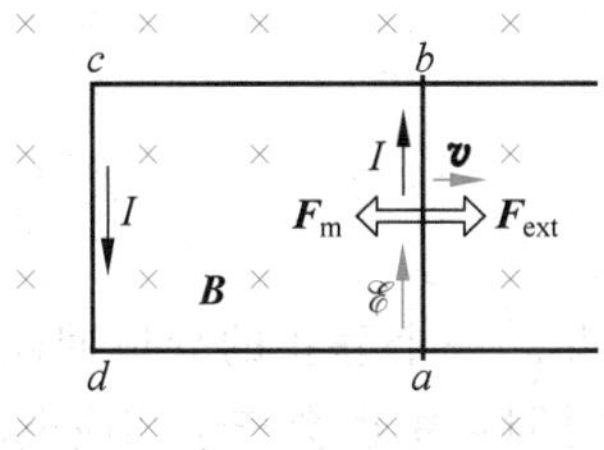

图 13.7 能量转换

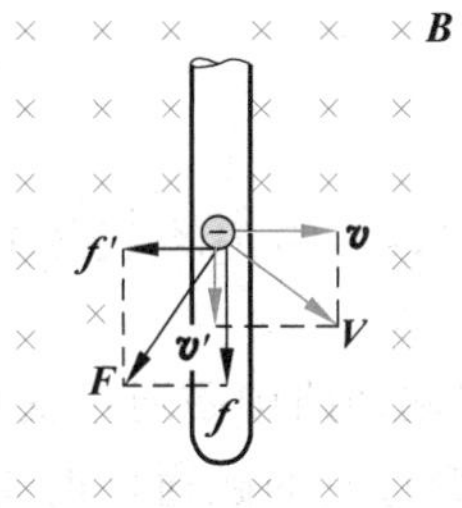

图 13.8 洛伦兹力不做功

这一结果表示洛伦兹力合力做功为零，这与我们所知的洛伦兹力不做功的结论一致。从上述结果中看到

$$\boldsymbol{f} \cdot \boldsymbol{v}' + \boldsymbol{f}' \cdot \boldsymbol{v} = 0$$

即

$$\boldsymbol{f} \cdot \boldsymbol{v}' = -\boldsymbol{f}' \cdot \boldsymbol{v}$$

为了使自由电子按 $\boldsymbol{v}$ 的方向匀速运动，必须有外力 $\boldsymbol{f}_{ext}$ 作用在电子上，而且 $\boldsymbol{f}_{ext} = -\boldsymbol{f}'$。因此上式又可写成

$$\boldsymbol{f} \cdot \boldsymbol{v}' = \boldsymbol{f}_{ext} \cdot \boldsymbol{v}$$

此等式左侧是洛伦兹力的一个分力使电荷沿导线运动所做的功，宏观上就是感应电动势驱动电流的功。等式右侧是在同一时间内外力反抗洛伦兹力的另一个分力做的功，宏观上就是外力拉动导线做的功。洛伦兹力做功为零，实质上表示了能量的转换与守恒。洛伦兹力在这里起了一个能量转换者的作用，一方面接受外力的功，同时驱动电荷运动做功。

例 13.1

法拉第曾利用图 13.9 的实验来演示感应电动势的产生。铜盘在磁场中转动时能在连接电流计的回路中产生感应电流。为了计算方便,我们设想一半径为 R 的铜盘在均匀磁场 $\boldsymbol{B}$ 中转动,角速度为 ω(图 13.10)。求盘上沿半径方向产生的感应电动势。

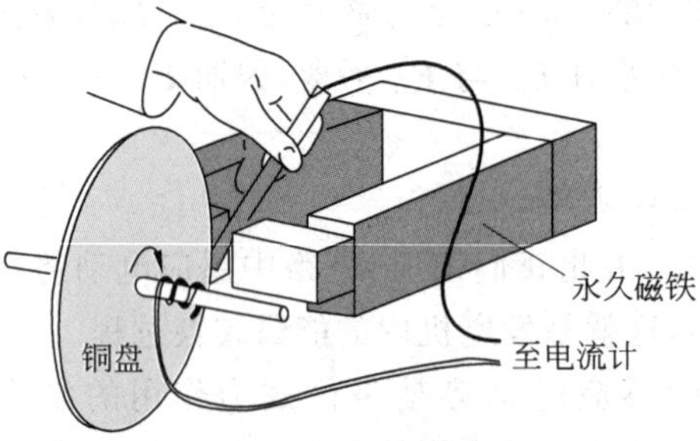

图 13.9 法拉第电机

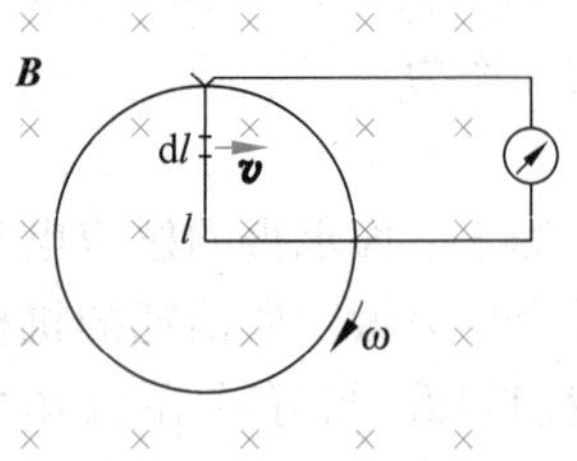

图 13.10 铜盘在均匀磁场中转动

解 盘上沿半径方向产生的感应电动势可以认为是沿任意半径的一导体杆在磁场中运动的结果。由动生电动势公式(13.10),求得在半径上长为 $\mathrm{d}l$ 的一段杆上产生的感应电动势为

$$\mathrm{d}\mathscr{E} = (\boldsymbol{v} \times \boldsymbol{B}) \cdot \mathrm{d}\boldsymbol{l} = Bv\mathrm{d}l = B\omega l\mathrm{d}l$$

式中 l 为 $\mathrm{d}l$ 段与盘心 O 的距离,v 为 $\mathrm{d}l$ 段的线速度。整个杆上产生的电动势为

$$\mathscr{E} = \int \mathrm{d}\mathscr{E} = \int_0^R B\omega l\mathrm{d}l = \frac{1}{2}B\omega R^2$$

13.4 感生电动势和感生电场

本节讨论引起回路中磁通量变化的另一种情况。一个静止的导体回路,当它包围的磁场发生变化时,穿过它的磁通量也会发生变化,这时回路中也会产生感应电动势。这样产生的感应电动势称为**感生电动势**,它和磁通量变化率的关系也由式(13.1)表示。

产生感生电动势的非静电力是什么力呢?由于导体回路未动,所以它不可能像在动生电动势中那样是洛伦兹力。由于这时的感应电流是原来宏观静止的电荷受非静电力作用形成的,而静止电荷受到的力只能是电场力,所以这时的非静电力也只能是一种电场力。由于这种电场是磁场的变化引起的,所以叫**感生电场**。它就是产生感生电动势的"非静电场"。以 $\boldsymbol{E}_\mathrm{i}$ 表示感生电场,则根据电动势的定义,由于磁场的变化,在一个导体回路 L 中产生的感生电动势应为

$$\mathscr{E} = \oint_L \boldsymbol{E}_\mathrm{i} \cdot \mathrm{d}\boldsymbol{l} \tag{13.13}$$

根据法拉第电磁感应定律应该有

$$\oint_L \boldsymbol{E}_\mathrm{i} \cdot \mathrm{d}\boldsymbol{l} = -\frac{\mathrm{d}\Phi}{\mathrm{d}t} \tag{13.14}$$

法拉第当时只着眼于导体回路中感应电动势的产生,麦克斯韦则更着重于电场和磁场的关系的研究。他提出,在磁场变化时,不但会在导体回路中,而且在空间任一地点都会产

生感生电场，而且感生电场沿任何闭合路径的环路积分都满足式(13.14)表示的关系。用 $\boldsymbol{B}$ 来表示磁感应强度，则式(13.14)可以用下面的形式更明显地表示出电场和磁场的关系：

$$\oint_L \boldsymbol{E}_{\mathrm{i}} \cdot \mathrm{d}\boldsymbol{r} = -\frac{\mathrm{d}}{\mathrm{d}t}\int_S \boldsymbol{B} \cdot \mathrm{d}\boldsymbol{S} = -\int_S \frac{\partial \boldsymbol{B}}{\partial t} \cdot \mathrm{d}\boldsymbol{S} \tag{13.15}$$

式中 $\mathrm{d}\boldsymbol{r}$ 表示空间内任一静止回路 L 上的位移元，S 为该回路所限定的面积。由于感生电场的环路积分不等于零，所以它又叫做涡旋电场。此式表示的规律可以不十分确切地理解为变化的磁场产生电场。

在一般的情况下，空间的电场可能既有静电场 $\boldsymbol{E}_{\mathrm{s}}$，又有感生电场 $\boldsymbol{E}_{\mathrm{i}}$。根据叠加原理，总电场 $\boldsymbol{E}$ 沿某一封闭路径 L 的环路积分应是静电场的环路积分和感生电场的环路积分之和。由于前者为零，所以 $\boldsymbol{E}$ 的环路积分就等于 $\boldsymbol{E}_{\mathrm{i}}$ 的环流。因此，利用式(13.15)可得

$$\oint_L \boldsymbol{E} \cdot \mathrm{d}\boldsymbol{r} = -\int_S \frac{\partial \boldsymbol{B}}{\partial t} \cdot \mathrm{d}\boldsymbol{S} \tag{13.16}$$

这一公式是关于磁场和电场关系的又一个普遍的基本规律。

例 13.2

电子感应加速器。电子感应加速器是利用感生电场来加速电子的一种设备，它的柱形电磁铁在两极间产生磁场(图 13.11)，在磁场中安置一个环形真空管道作为电子运行的轨道。当磁场发生变化时，就会沿管道方向产生感生电场，射入其中的电子就受到这感生电场的持续作用而被不断加速。设环形真空管的轴线半径为 a，求磁场变化时沿环形真空管轴线的感生电场。

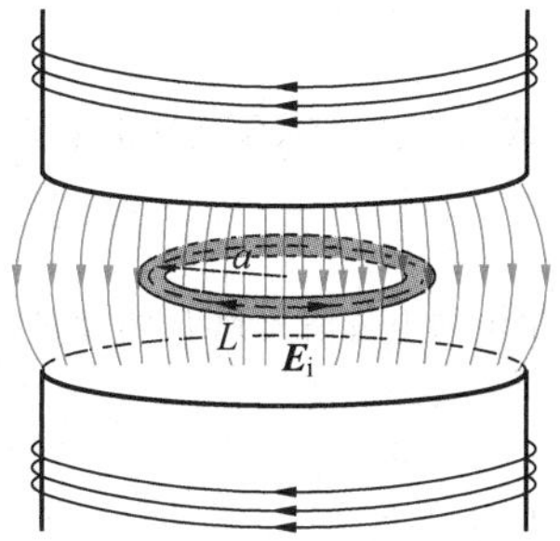

图 13.11 电子感应加速器示意图

解 由磁场分布的轴对称性可知，感生电场的分布也具有轴对称性。沿环管轴线上各处的电场强度大小应相等，而方向都沿轴线的切线方向。因而沿此轴线的感生电场的环路积分为

$$\oint_L \boldsymbol{E}_{\mathrm{i}} \cdot \mathrm{d}\boldsymbol{r} = E_{\mathrm{i}} \cdot 2\pi a$$

以 $\bar{B}$ 表示环管轴线所围绕的面积上的平均磁感应强度，则通过此面积的磁通量为

$$\Phi = \bar{B}S = \bar{B} \cdot \pi a^2$$

由式(13.15)可得

$$E_{\mathrm{i}} \cdot 2\pi a = -\frac{\mathrm{d}\Phi}{\mathrm{d}t} = -\pi a^2 \frac{\mathrm{d}\bar{B}}{\mathrm{d}t}$$

由此得

$$E_{\mathrm{i}} = -\frac{a}{2}\frac{\mathrm{d}\bar{B}}{\mathrm{d}t}$$

例 13.3

测铁磁质中的磁感应强度。如图 13.12 所示，在铁磁试样做的环上绕上两组线圈。一组线圈匝数为 N_1，与电池相连。另一组线圈匝数为 N_2，与一个“冲击电流计”(这种电流计的最大偏转与通过它的电量成正比)相连。设铁环原来没有磁化。当合上电键使 N_1 中电

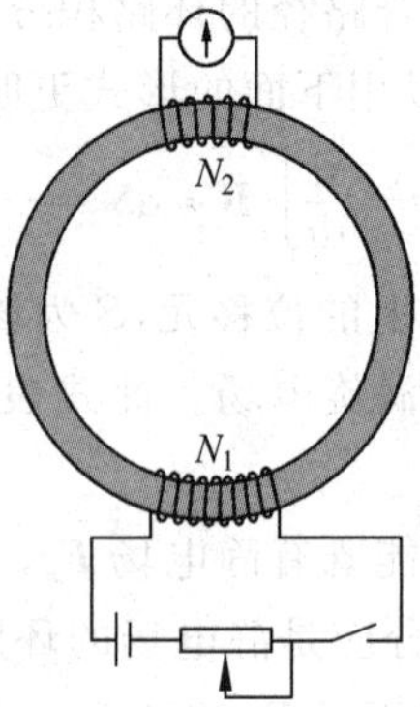

图 13.12 测铁磁质中的磁感应强度

流从零增大到 I_1 时，冲击电流计测出通过它的电量是 q。求与电流 I_1 相应的铁环中的磁感应强度 B_1 是多大？

解 当合上电键使 N_1 中的电流增大时，它在铁环中产生的磁场也增强，因而 N_2 线圈中有感生电动势产生。以 S 表示环的截面积，以 B 表示环内磁感应强度，则 $\Phi=BS$，而 N_2 中的感生电动势的大小为

$$\mathscr{E}=\frac{\mathrm{d}\Psi}{\mathrm{d}t}=N_2\frac{\mathrm{d}\Phi}{\mathrm{d}t}=N_2S\frac{\mathrm{d}B}{\mathrm{d}t}$$

以 R 表示 N_2 回路(包括冲击电流计)的总电阻，则 N_2 中的电流为

$$i=\frac{\mathscr{E}}{R}=\frac{N_2S}{R}\frac{\mathrm{d}B}{\mathrm{d}t}$$

设 N_1 中的电流增大到 I_1 需要的时间为 τ，则在同一时间内通过 N_2 回路的电量为

$$q=\int_0^\tau i\mathrm{d}t=\int_0^\tau\frac{N_2S}{R}\frac{\mathrm{d}B}{\mathrm{d}t}\mathrm{d}t=\frac{N_2S}{R}\int_0^{B_1}\mathrm{d}B=\frac{N_2SB_1}{R}$$

由此得

$$B_1=\frac{qR}{N_2S}$$

这样，根据冲击电流计测出的电量 q，就可以算出与 I_1 相对应的铁环中的磁感应强度。这是常用的一种测量磁介质中的磁感应强度的方法。

13.5 互感

在实际电路中，磁场的变化常常是由于电流的变化引起的，因此，把感生电动势直接和电流的变化联系起来是有重要实际意义的。互感和自感现象的研究就是要找出这方面的规律。

一闭合导体回路，当其中的电流随时间变化时，它周围的磁场也随时间变化，在它附近的导体回路中就会产生感生电动势。这种电动势叫**互感电动势**。

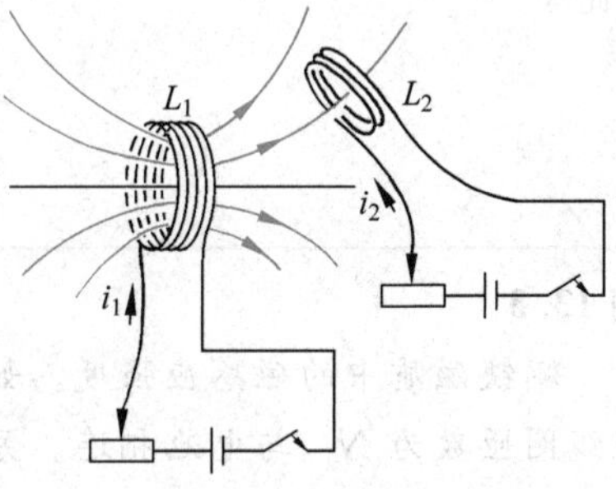

图 13.13 互感现象

如图 13.13 所示，有两个固定的闭合回路 L_1 和 L_2。闭合回路 L_2 中的互感电动势是由于回路 L_1 中的电流 i_1 随时间的变化引起的，以 $\mathscr{E}_{21}$ 表示此电动势。下

面说明 $\mathscr{E}_{21}$ 与 i_1 的关系。

由毕奥-萨伐尔定律可知，电流 i_1 产生的磁场正比于 i_1，因而通过 L_2 所围面积的、由 i_1 所产生的全磁通 Ψ_{21} 也应该和 i_1 成正比，即

$$\Psi_{21} = M_{21} i_1 \tag{13.17}$$

其中比例系数 M_{21} 叫做回路 L_1 对回路 L_2 的**互感系数**，它取决于两个回路的几何形状、相对位置、它们各自的匝数以及它们周围磁介质的分布。对两个固定的回路 L_1 和 L_2 来说互感系数是一个常数。在 M_{21} 一定的条件下电磁感应定律给出

$$\mathscr{E}_{21} = -\frac{d\Psi_{21}}{dt} = -M_{21}\frac{di_1}{dt} \tag{13.18}$$

如果图 13.13 回路 L_2 中的电路 i_2 随时间变化，则在回路 L_1 中也会产生感应电动势 $\mathscr{E}_{12}$。根据同样的道理，可以得出通过 L_1 所围面积的由 i_2 所产生的全磁通 Ψ_{12} 应该与 i_2 成正比，即

$$\Psi_{12} = M_{12} i_2 \tag{13.19}$$

而且

$$\mathscr{E}_{12} = -\frac{d\Psi_{12}}{dt} = -M_{12}\frac{di_2}{dt} \tag{13.20}$$

上两式中的 M_{12} 叫 L_2 对 L_1 的互感系数。

可以证明(参看例 13.6)对给定的一对导体回路，有

$$M_{12} = M_{21} = M$$

M 就叫做这两个导体回路的**互感系数**，简称它们的**互感**。

在国际单位制中，互感系数的单位名称是亨[利]，符号为 H。由式(13.18)知

$$1\ \text{H} = 1\ \frac{\text{V}\cdot\text{s}}{\text{A}} = 1\ \Omega\cdot\text{s}$$

例 13.4

一长直螺线管，单位长度上的匝数为 n。另一半径为 r 的圆环放在螺线管内，圆环平面与管轴垂直(图 13.14)。求螺线管与圆环的互感系数。

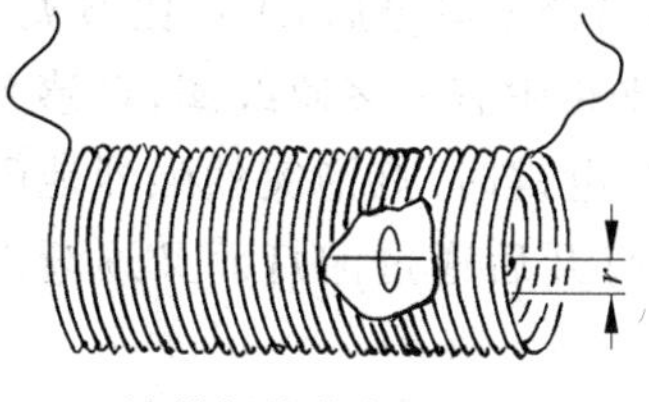

图 13.14 计算螺线管与圆环的互感系数

解 设螺线管内通有电流 i_1，螺线管内磁场为 B_1，则 $B_1 = \mu_0 n i_1$，通过圆环的全磁通为

$$\Psi_{21} = B_1 \pi r^2 = \pi r^2 \mu_0 n i_1$$

由定义公式式(13.17)得互感系数为

$$M_{21} = \frac{\Psi_{21}}{i_1} = \pi r^2 \mu_0 n$$

由于 $M_{21} = M_{12} = M$，所以螺线管与圆环的互感系数就是 $M = \mu_0 \pi r^2 n$。

13.6 自感

当一个电流回路的电流 i 随时间变化时，通过回路自身的全磁通也发生变化，因而回路自身也产生感生电动势(图 13.15)。这就是自感现象，这时产生的感生电动势叫**自感电动**

势。在这里，全磁通与回路中的电流成正比，即

$$\Psi = Li \tag{13.21}$$

式中比例系数 L 叫回路的**自感系数**（简称**自感**），它取决于回路的大小、形状、线圈的匝数以及它周围的磁介质的分布。自感系数与互感系数的量纲相同，在国际单位制中，自感系数的单位也是 H。

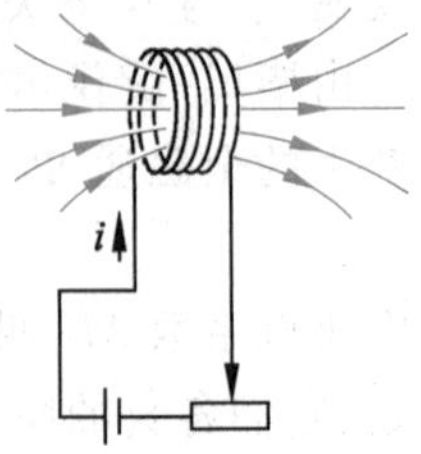

图 13.15 自感现象

由电磁感应定律，在 L 一定的条件下自感电动势为

$$\mathscr{E}_L = -\frac{\mathrm{d}\Psi}{\mathrm{d}t} = -L\frac{\mathrm{d}i}{\mathrm{d}t} \tag{13.22}$$

在图 13.15 中，回路的正方向一般就取电流 i 的方向。当电流增大，即 $\frac{\mathrm{d}i}{\mathrm{d}t}>0$ 时，式(13.22)给出 $\mathscr{E}_L<0$，说明 $\mathscr{E}_L$ 的方向与电流的方向相反；当 $\frac{\mathrm{d}i}{\mathrm{d}t}<0$ 时，式(13.22)给出 $\mathscr{E}_L>0$，说明 $\mathscr{E}_L$ 的方向与电流的方向相同。由此可知自感电动势的方向总是要使它**阻碍**回路本身电流的变化。

例 13.5

计算一个螺绕环的自感。设环的截面积为 S，轴线半径为 R，单位长度上的匝数为 n，环中充满相对磁导率为 μ_r 的磁介质。

解 设螺绕环绕组通有电流为 i，由于螺绕环管内磁场 $B=\mu_0\mu_r ni$，所以管内全磁通为

$$\Psi = N\Phi = 2\pi Rn \cdot BS = 2\pi\mu_0\mu_r Rn^2 Si$$

由自感系数定义式(13.21)，得此螺绕环的自感为

$$L = \frac{\Psi}{i} = 2\pi\mu_0\mu_r Rn^2 S$$

由于 $2\pi RS=V$ 为螺绕环管内的体积，所以螺绕环自感又可写成

$$L = \mu_0\mu_r n^2 V = \mu n^2 V \tag{13.23}$$

此结果表明环内充满磁介质时，其自感系数比在真空时要增大到 μ_r 倍。

自感现象可以用实验演示。在图 13.16(a)的实验中，当合上电键后，A 灯比 B 灯先亮，就是因为在合上电键后，A，B 两支路同时接通，但 B 灯的支路中有一多匝线圈，自感系数较大，因而电流增长较慢。而在图 13.16(b)的实验中，在打开电键时，灯泡突然强烈地闪亮一下再熄灭，就是因为多匝线圈支路中的较大的电流在电键打开后通过泡灯而又逐渐消失的缘故。

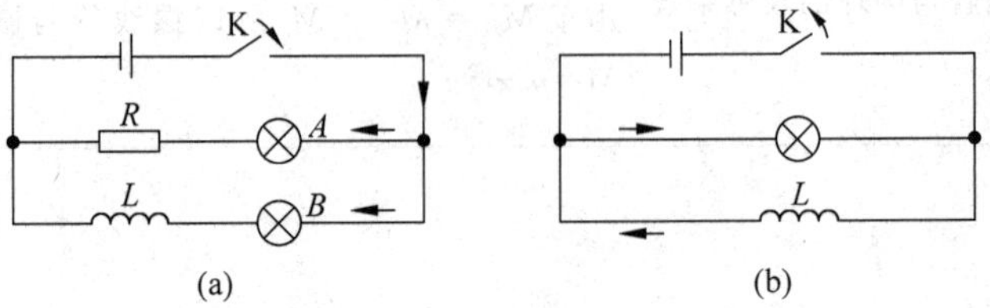

图 13.16 自感现象演示

13.7 磁场的能量

在图 13.16(b)所示的实验中，当电键 K 打开后，电源已不再向灯泡供给能量了，它突然强烈地闪亮一下所消耗的能量是哪里来的呢？由于使灯泡闪亮的电流是线圈中的自感电动势产生的电流，而这电流随着线圈中的磁场的消失而逐渐消失，所以可以认为使灯泡闪亮的能量是原来储存在通有电流的线圈中的，或者说是储存在线圈内的磁场中的。因此，这种能量叫做**磁能**。自感为 L 的线圈中通有电流 I 时所储存的磁能应该等于这电流消失时自感电动势所做的功。这个功可如下计算。以 $i\mathrm{d}t$ 表示在短路后某一时间 $\mathrm{d}t$ 内通过灯泡的电量，则在这段时间内自感电动势做的功为

$$\mathrm{d}A = \mathscr{E}_L i\,\mathrm{d}t = -L\frac{\mathrm{d}i}{\mathrm{d}t}i\,\mathrm{d}t = -Li\,\mathrm{d}i$$

电流由起始值减小到零时，自感电动势所做的总功就是

$$A = \int \mathrm{d}A = \int_I^0 -Li\,\mathrm{d}i = \frac{1}{2}LI^2$$

因此，具有自感为 L 的线圈通有电流 I 时所具有的磁能就是

$$W_\mathrm{m} = \frac{1}{2}LI^2 \tag{13.24}$$

这就是自感磁能公式。

对于磁场的能量也可以引入能量密度的概念，下面我们用特例导出磁场能量密度公式。考虑一个螺绕环，在例 13.5 中，已求出螺绕环的自感系数为

$$L = \mu n^2 V$$

利用式(13.24)可得通有电流 I 的螺绕环的磁场能量是

$$W_\mathrm{m} = \frac{1}{2}LI^2 = \frac{1}{2}\mu n^2 VI^2$$

由于螺绕环管内的磁场 $B=\mu nI$，所以上式可写作

$$W_\mathrm{m} = \frac{B^2}{2\mu}V$$

由于螺绕环的磁场集中于环管内，其体积就是 V，并且管内磁场基本上是均匀的，所以环管内的磁场能量密度为

$$w_\mathrm{m} = \frac{B^2}{2\mu} \tag{13.25}$$

利用磁场强度 $H=B/\mu$，此式还可以写成

$$w_\mathrm{m} = \frac{1}{2}BH \tag{13.26}$$

此式虽然是从一个特例中推出的，但是可以证明它对磁场普遍有效。利用它可以求得某一磁场所储存的总能量为

$$W_\mathrm{m} = \int w_\mathrm{m}\,\mathrm{d}V = \int \frac{HB}{2}\mathrm{d}V$$

此式的积分应遍及整个磁场分布的空间①。

例 13.6

求两个相互邻近的电流回路的磁场能量，这两个回路的电流分别是 I_1 和 I_2。

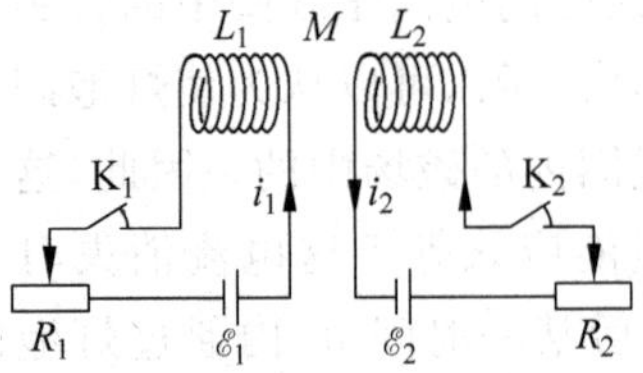

图 13.17 两个载流线圈的磁场能量

解 两个电路如图 13.17 所示。为了求出此系统在所示状态时的磁能，我们设想 I_1 和 I_2 是按下述步骤建立的。

(1) 先合上电键 K_1，使 i_1 从零增大到 I_1。这一过程中由于自感 L_1 的存在，由电源 $\mathscr{E}_1$ 做功而储存到磁场中的能量为

$$W_1 = \frac{1}{2}L_1 I_1^2$$

(2) 再合上电键 K_2，调节 R_1 使 I_1 保持不变，这时 i_2 由零增大到 I_2。这一过程中由于自感 L_2 的存在由电源 $\mathscr{E}_2$ 做功而储存到磁场中的能量为

$$W_2 = \frac{1}{2}L_2 I_2^2$$

还要注意到，当 i_2 增大时，在回路 1 中会产生互感电动势 $\mathscr{E}_{12}$。由式(13.20)得

$$\mathscr{E}_{12} = -M_{12}\frac{\mathrm{d}i_2}{\mathrm{d}t}$$

要保持电流 I_1 不变，电源 $\mathscr{E}_1$ 还必须反抗此电动势做功。这样由于互感的存在，由电源 $\mathscr{E}_1$ 做功而储存到磁场中的能量为

$$\begin{aligned} W_{12} &= -\int \mathscr{E}_{12} I_1 \,\mathrm{d}t = \int M_{12} I_1 \frac{\mathrm{d}i_2}{\mathrm{d}t}\mathrm{d}t \\ &= \int_0^{I_2} M_{12} I_1 \,\mathrm{d}i_2 = M_{12} I_1 \int_0^{I_2} \mathrm{d}i_2 = M_{12} I_1 I_2 \end{aligned}$$

经过上述两个步骤后，系统达到电流分别是 I_1 和 I_2 的状态，这时储存到磁场中的总能量为

$$W_m = W_1 + W_2 + W_{12} = \frac{1}{2}L_1 I_1^2 + \frac{1}{2}L_2 I_2^2 + M_{12} I_1 I_2$$

如果我们先合上 K_2，再合上 K_1，仍按上述推理，则可得到储存到磁场中的总能量为

$$W'_m = \frac{1}{2}L_1 I_1^2 + \frac{1}{2}L_2 I_2^2 + M_{21} I_1 I_2$$

由于这两种通电方式下的最后状态相同，即两个电路中分别通有 I_1 和 I_2 的电流，那么能量应该和达到此状态的过程无关，也就是应有 $W_m = W'_m$。由此我们得

$$M_{12} = M_{21}$$

即回路 1 对回路 2 的互感系数等于回路 2 对回路 1 的互感系数。用 M 来表示此互感系数，则最后储存在磁场中的总能量为

$$W_m = \frac{1}{2}L_1 I_1^2 + \frac{1}{2}L_2 I_2^2 + M I_1 I_2$$

13.8 麦克斯韦方程组

麦克斯韦于 1865 年首先将这些规律归纳为一组基本方程，现在称之为麦克斯韦方程组。根据它可以解决宏观电磁场的各类问题，特别是关于电磁波(包括光)的问题。

① 由于铁磁质具有磁滞现象，本节磁能公式对铁磁质不适用。

电磁学的基本规律是真空中的电磁场规律，它们是

$$\left.\begin{aligned}
&\text{I} \quad \oint_S \boldsymbol{E}\cdot \mathrm{d}\boldsymbol{S} = \frac{q}{\varepsilon_0} = \frac{1}{\varepsilon_0}\int_V \rho \mathrm{d}V \\
&\text{II} \quad \oint_S \boldsymbol{B}\cdot \mathrm{d}\boldsymbol{S} = 0 \\
&\text{III} \quad \oint_L \boldsymbol{E}\cdot \mathrm{d}\boldsymbol{r} = -\frac{\mathrm{d}\Phi}{\mathrm{d}t} = -\int_S \frac{\partial \boldsymbol{B}}{\partial t}\cdot \mathrm{d}\boldsymbol{S} \\
&\text{IV} \quad \oint_L \boldsymbol{B}\cdot \mathrm{d}\boldsymbol{r} = \mu_0 I + \frac{1}{c^2}\frac{\mathrm{d}\Phi_e}{\mathrm{d}t} = \mu_0\int_S \left(\boldsymbol{J} + \varepsilon_0 \frac{\partial \boldsymbol{E}}{\partial t}\right)\cdot \mathrm{d}\boldsymbol{S}
\end{aligned}\right\} \tag{13.27}$$

这就是关于真空的**麦克斯韦方程组**的积分形式①。在已知电荷和电流分布的情况下，这组方程可以给出电场和磁场的唯一分布。特别是当初始条件给定后，这组方程还能唯一地预言电磁场此后变化的情况。正像牛顿运动方程能完全描述质点的动力学过程一样，麦克斯韦方程组能完全描述电磁场的动力学过程。

下面再简要地说明一下方程组(13.27)中各方程的物理意义：

方程Ⅰ是电场的高斯定律，它说明电场强度和电荷的联系。尽管电场和磁场的变化也有联系(如感生电场)，但总的电场和电荷的联系总服从这一高斯定律。

方程Ⅱ是磁通连续定理，它说明，目前的电磁场理论认为在自然界中没有单一的“磁荷”(或磁单极子)存在。

方程Ⅲ是法拉第电磁感应定律，它说明变化的磁场和电场的联系。虽然电场和电荷也有联系，但总的电场和磁场的联系总符合这一规律。

方程Ⅳ是一般形式下的安培环路定理，它说明磁场和电流(即运动的电荷)以及变化的电场的联系。

为了求出电磁场对带电粒子的作用从而预言粒子的运动，还需要洛伦兹力公式

$$\boldsymbol{F} = q\boldsymbol{E} + q\,\boldsymbol{v}\times\boldsymbol{B}$$

这一公式实际上是电场 $\boldsymbol{E}$ 和磁场 $\boldsymbol{B}$ 的定义。

---

① 在有介质的情况下，利用辅助量 $\boldsymbol{D}$ 和 $\boldsymbol{H}$，麦克斯韦方程组的积分形式如下：

$\text{I}'\quad \oint_S \boldsymbol{D}\cdot \mathrm{d}\boldsymbol{S} = \int_V \rho \mathrm{d}V$

$\text{II}'\quad \oint_S \boldsymbol{B}\cdot \mathrm{d}\boldsymbol{S} = 0$

$\text{III}'\quad \oint_L \boldsymbol{E}\cdot \mathrm{d}\boldsymbol{r} = -\int_S \frac{\partial \boldsymbol{B}}{\partial t}\cdot \mathrm{d}\boldsymbol{S}$

$\text{IV}'\quad \oint_L \boldsymbol{H}\cdot \mathrm{d}\boldsymbol{r} = \int_S \left(\boldsymbol{J} + \frac{\partial \boldsymbol{D}}{\partial t}\right)\cdot \mathrm{d}\boldsymbol{S}$

利用数学上关于矢量运算的定理，上述方程组还可以变化为如下微分形式：

$\text{I}''\quad \nabla\cdot\boldsymbol{D} = \rho$

$\text{II}''\quad \nabla\cdot\boldsymbol{B} = 0$

$\text{III}''\quad \nabla\times\boldsymbol{E} = -\frac{\partial \boldsymbol{B}}{\partial t}$

$\text{IV}''\quad \nabla\times\boldsymbol{H} = \boldsymbol{J} + \frac{\partial \boldsymbol{D}}{\partial t}$

对于各向同性的线性介质，下述关系成立：

$\boldsymbol{D}=\varepsilon_0\varepsilon_r\boldsymbol{E},\quad \boldsymbol{B}=\mu_0\mu_r\boldsymbol{H},\quad \boldsymbol{J}=\sigma\boldsymbol{E}$

磁单极子

在麦克斯韦电磁场理论中，就场源来说，电和磁是不相同的：有单独存在的正的或负的电荷，而无单独存在的“磁荷”——磁单极子，即无单独存在的 N 极或 S 极。根据“对称性”的想法，这似乎是“不合理的”。因此人们总有寻找磁荷的念头。1931 年，英国物理学家狄拉克(P. A. M Dirac，1902—1984 年)首先从理论上探讨了磁单极子存在的可能性，指出磁单极子的存在与电动力学和量子力学没有矛盾。他指出，如果磁单极子存在，则单位磁荷 g_0 与电子电荷 e 应该有下述关系：

$$g_0 = 68.5e$$

由于 g_0 比 e 大，所以库仑定律将给出两个磁单极子之间的作用力要比电荷之间的作用力大得多。

在狄拉克之后，关于磁单极子的理论有了进一步的发展。1974 年荷兰物理学家特霍夫脱和苏联物理学家鲍尔亚科夫独立地提出的非阿贝尔规范场理论认为磁单极子必然存在，并指出它比已经发现的或是曾经预言的任何粒子的质量都要大得多。现在关于弱电相互作用和强电相互作用的统一的“大统一理论”也认为有磁单极子存在，并预言其质量为 2×10^{-11} g，即约为质子质量的 10^{16} 倍。

磁单极子在现代宇宙论中占有重要地位。有一种大爆炸理论认为超重的磁单极子只能在诞生宇宙的大爆炸发生后 10^{-35} s 产生，因为只有这时才有合适的温度(10^{30} K)。当时单独的 N 极和 S 极都已产生，其中一小部分后来结合在一起湮没掉了，大部分则留了下来。今天的宇宙中还有磁单极子存在，并且在相当于一个足球场的面积上，一年约可能有一个磁单极子穿过。

以上都是理论的预言，与此同时也有人做实验试图发现磁单极子。例如 1951 年，美国的密尔斯曾用通电螺线管来捕集宇宙射线中的磁单极子(图 13.18)。如果磁单极子进入螺线管中，则会被磁场加速而在管下部的照相乳胶片上显示出它的径迹。实验结果没有发现磁单极子。

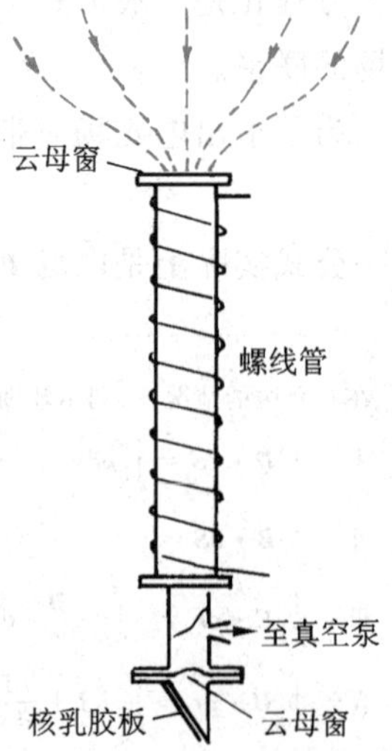

图 13.18 磁单极子捕集器

有人利用磁单极子穿过线圈时引起的磁通量变化能产生感应电流这一规律来检测磁单极子。例如，在 20 世纪 70 年代初，美国埃尔维瑞斯等人试图利用超导线圈中的电流变化来确认磁单极子通过了线圈。他们想看看登月飞船取回的月岩样品中有无磁单极子，当月岩样品通过超导线圈时(图 13.19)并未发现线圈中电流有什么变化，因而不曾发现磁单极子。

1982 年美国卡勃莱拉也设计制造了一套超导线圈探测装置(图 13.20)，并用超导量子干涉仪(SQUID)来测量线圈内磁通的微小变化，他的测量是自动记录的。1982 年 2 月 14 日，他发现记录仪上的电流有了突变。经过计算，正好等于狄拉克单位磁荷穿过线圈时所应该产生的突变。这是他连续等待了 151 天所得到的唯一的一个事例，以后虽经扩大线圈面积也没有再测到第二个事例。

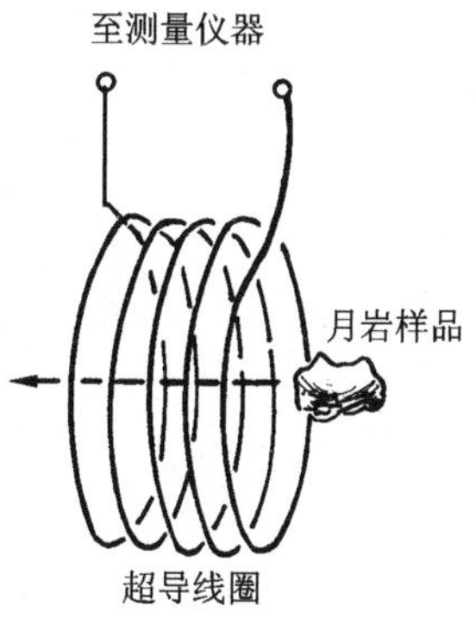

图 13.19 检测月岩样品

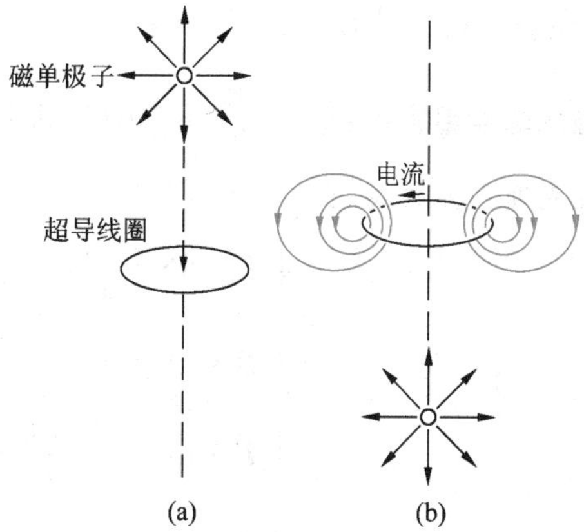

图 13.20 磁单极子通过超导线圈时产生电流突变
(a) 通过前；(b) 通过后

还有其他的实验尝试，但直到目前还不能说在实验上确认了磁单极子的存在。

提要

1. 法拉第电磁感应定律：$\mathscr{E}=-\dfrac{\mathrm{d}\Psi}{\mathrm{d}t}$

其中 Ψ 为磁链，对螺线管，可以有 $\Psi=N\Phi$。

2. 电动势：非静电力反抗静电力移动电荷做功，把其他种形式的能量转换为电势能，产生电势升高。

$$\mathscr{E}=\frac{A_{\mathrm{ne}}}{q}=\oint_L \boldsymbol{E}_{\mathrm{ne}}\cdot \mathrm{d}\boldsymbol{r}$$

3. 动生电动势：$\mathscr{E}_{ab}=\int_a^b(\boldsymbol{v}\times\boldsymbol{B})\cdot\mathrm{d}\boldsymbol{l}$

洛伦兹力不做功，但起能量转换作用。

4. 感生电动势和感生电场

$$\mathscr{E}=\oint_L \boldsymbol{E}_{\mathrm{i}}\cdot\mathrm{d}\boldsymbol{r}=-\frac{\mathrm{d}\Phi}{\mathrm{d}t}=-\frac{\mathrm{d}}{\mathrm{d}t}\int_S \boldsymbol{B}\cdot\mathrm{d}\boldsymbol{S}$$

其中 $\boldsymbol{E}_{\mathrm{i}}$ 为感生电场强度。

5. 互感

互感系数：$M=\dfrac{\Psi_{21}}{i_1}=\dfrac{\Psi_{12}}{i_2}$

互感电动势：$\mathscr{E}_{21}=-M\dfrac{\mathrm{d}i_1}{\mathrm{d}t}$（$M$ 一定时）

6. 自感

自感系数：$L=\dfrac{\Psi}{i}$

自感电动势：$\mathscr{E}_L=-L\dfrac{\mathrm{d}i}{\mathrm{d}t}$（$L$ 一定时）

自感磁能：$W_{\rm m}=\frac{1}{2}LI^2$

7. 磁场的能量密度：$w_{\rm m}=\frac{B^2}{2\mu}=\frac{1}{2}BH$（非铁磁质）

8. 麦克斯韦方程组：在真空中，

$$\oint_S \boldsymbol{E}\cdot {\rm d}\boldsymbol{S}=\frac{q}{\varepsilon_0}$$

$$\oint_S \boldsymbol{B}\cdot {\rm d}\boldsymbol{S}=0$$

$$\oint_L \boldsymbol{E}\cdot {\rm d}\boldsymbol{r}=\int_S \frac{\partial \boldsymbol{B}}{\partial t}\cdot {\rm d}\boldsymbol{S}$$

$$\oint_L \boldsymbol{B}\cdot {\rm d}\boldsymbol{r}=\mu_0\int_S\left(\boldsymbol{J}+\varepsilon_0\frac{\partial \boldsymbol{E}}{\partial t}\right)\cdot {\rm d}\boldsymbol{S}$$

习题

13.1 在通有电流 $I=5$ A 的长直导线近旁有一导线段 ab，长 $l=20$ cm，离长直导线距离 $d=10$ cm（图 13.21）。当它沿平行于长直导线的方向以速度 $v=10$ m/s 平移时，导线段中的感应电动势多大？a，b 哪端的电势高？

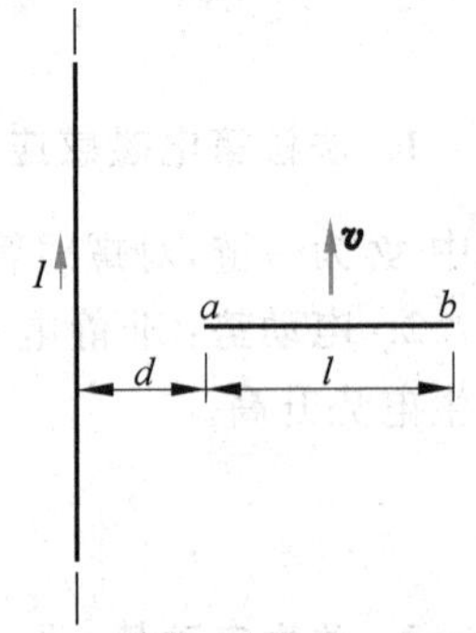

图 13.21 习题 13.1 用图

13.2 如图 13.22 所示，长直导线中通有电流 $I=5$ A，另一矩形线圈共 1×10^3 匝，宽 $a=10$ cm，长 $L=20$ cm，以 $v=2$ m/s 的速度向右平动，求当 $d=10$ cm 时线圈中的感应电动势。

13.3 在半径为 R 的圆柱形体积内，充满磁感应强度为 $\boldsymbol{B}$ 的均匀磁场。有一长为 L 的金属棒放在磁场中，如图 13.23 所示。设磁场在增强，并且 $\frac{{\rm d}B}{{\rm d}t}$ 已知，求棒中的感生电动势，并指出哪端电势高。

13.4 在 50 周年国庆盛典上我 FBC-1“飞豹”新型超音速歼击轰炸机（图 13.24）在天安门上空沿水平方向自东向西呼啸而过。该机翼展 12.705 m。设北京地磁场的竖直分量为 0.42×10^{-4} T，该机又以最大 M 数 1.70（M 数即“马赫数”，表示飞机航速相当于声速的倍数）飞行，求该机两翼尖间的电势差。哪端电势高？

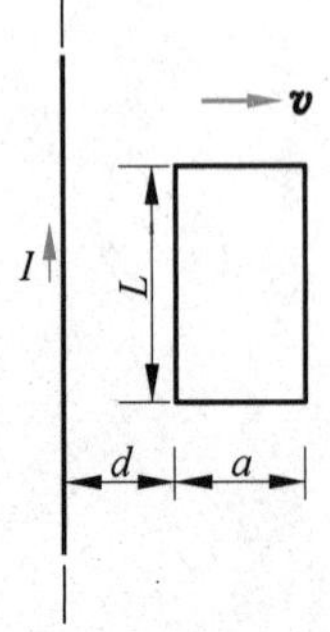

图 13.22 习题 13.2 用图

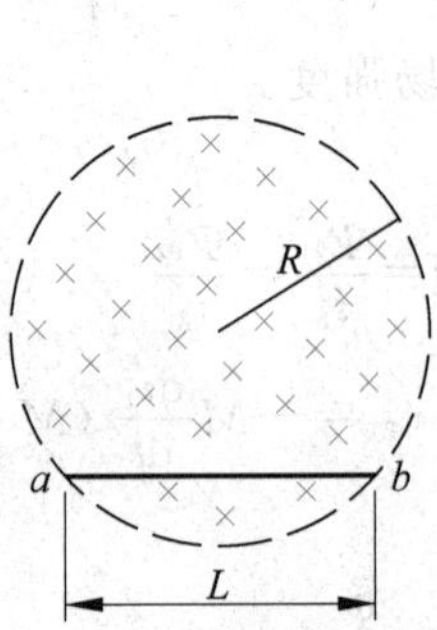

图 13.23 习题 13.3 用图

图 13.24　习题 13.4 用图

13.5　为了探测海洋中水的运动，海洋学家有时依靠水流通过地磁场所产生的动生电动势。假设在某处地磁场的竖直分量为 0.70×10^{-4} T，两个电极垂直插入被测的相距 200 m 的水流中，如果与两极相连的灵敏伏特计指示 7.0×10^{-3} V 的电势差，求水流速率多大。

13.6　发电机由矩形线环组成，线环平面绕竖直轴旋转。此竖直轴与大小为 2.0×10^{-2} T 的均匀水平磁场垂直。环的尺寸为 10.0 cm×20.0 cm，它有 120 圈。导线的两端接到外电路上，为了在两端之间产生最大值为 12.0 V 的感应电动势，线环必须以多大的转速旋转？

13.7　一个长 l、截面半径为 R 的圆柱形纸筒上均匀密绕有两组线圈。一组的总匝数为 N_1，另一组的总匝数为 N_2。求筒内为空气时两组线圈的互感系数。

13.8　一圆环形线圈 a 由 50 匝细线绕成，截面积为 4.0 cm^2，放在另一个匝数等于 100 匝，半径为 15.0 cm 的圆环形线圈 b 的中心，两线圈同轴。求：

(1) 两线圈的互感系数；

(2) 当线圈 a 中的电流以 50 A/s 的变化率减少时，线圈 b 内磁通量的变化率；

(3) 线圈 b 的感生电动势。

13.9　半径为 2.0 cm 的螺线管，长 30.0 cm，上面均匀密绕 1200 匝线圈，线圈内为空气。

(1) 求这螺线管中自感多大？

(2) 如果在螺线管中电流以 3.0×10^2 A/s 的速率改变，在线圈中产生的自感电动势多大？

13.10　一长直螺线管的导线中通入 10.0 A 的恒定电流时，通过每匝线圈的磁通量是 20 μWb；当电流以 4.0 A/s 的速率变化时，产生的自感电动势为 3.2 mV。求此螺线管的自感系数与总匝数。

13.11　如图 13.25 所示的截面为矩形的螺绕环，总匝数为 N。

(1) 求此螺绕环的自感系数；

(2) 沿环的轴线拉一根直导线。求直导线与螺绕环的互感系数 M_{12} 和 M_{21}，二者是否相等？

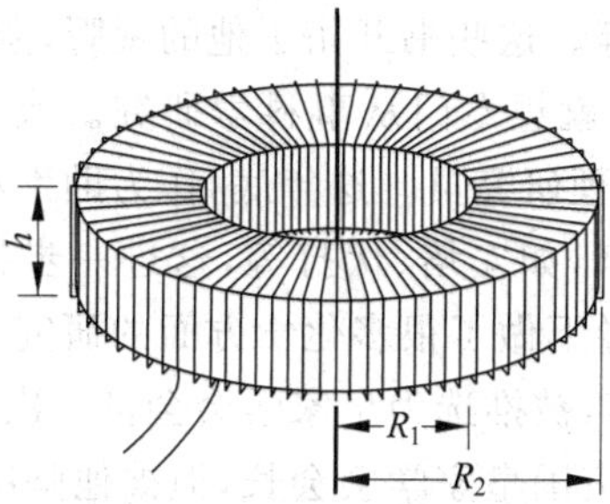

图 13.25　习题 13.11 用图

13.12　可能利用超导线圈中的持续大电流的磁场储存能量。要储存 1 kW·h 的能量，利用 1.0 T 的磁场，需要多大体积的磁场？若利用线圈中的 500 A 的电流储存上述能量，则该线圈的自感系数应多大？

科学家介绍

法　拉　第

(Michael Faraday,1791 —1867 年)

法拉第像

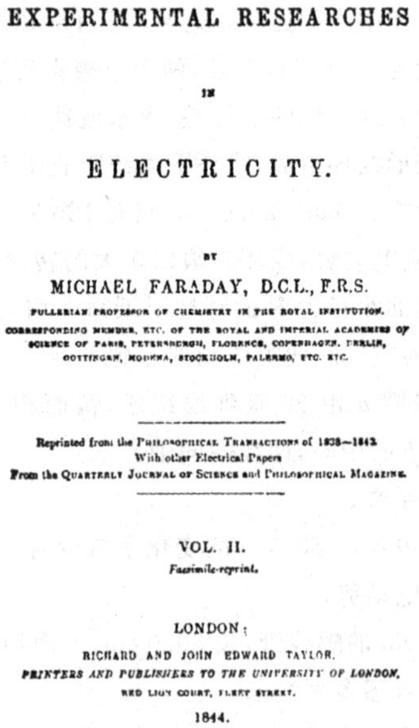

EXPERIMENTAL RESEARCHES

IN

ELECTRICITY.

BY

MICHAEL FARADAY, D.C.L., F.R.S.

FULLERIAN PROFESSOR OF CHEMISTRY IN THE ROYAL INSTITUTION.

CORRESPONDING MEMBER, ETC. OF THE ROYAL AND IMPERIAL ACADEMIES OF SCIENCE OF PARIS, PETERSBURGH, FLORENCE, COPENHAGEN, BERLIN, GOTTINGEN, MODENA, STOCKHOLM, PALERMO, ETC. ETC.

Reprinted from the PHILOSOPHICAL TRANSACTIONS of 1838—1843
With other Electrical Papers
From the QUARTERLY JOURNAL OF SCIENCE and PHILOSOPHICAL MAGAZINE.

VOL. II.

Facsimile-reprint.

LONDON:

RICHARD AND JOHN EDWARD TAYLOR,

PRINTERS AND PUBLISHERS TO THE UNIVERSITY OF LONDON,

RED LION COURT, FLEET STREET.

1844.

《电的实验研究》一书的扉页

法拉第于 1791 年出生在英国伦敦附近的一个小村子里,父亲是铁匠,自幼家境贫寒,无钱上学读书。13 岁时到一家书店里当报童,次年转为装订学徒工。在学徒工期间,法拉第除工作外,利用书店的条件,在业余时间贪婪地阅读了许多科学著作,例如《化学对话》《大英百科全书》中有关电学的条目等。这些书开拓了他的视野,激发了他对科学的浓厚兴趣。

1812 年,学徒期满,法拉第就想专门从事科学研究。次年,经著名化学家戴维推荐,法拉第到皇家研究院实验室当助理研究员。这年底,作为助手和仆从,他随戴维到欧洲大陆考察漫游,结识了不少知名科学家,如安培、伏打等,这进一步扩大了他的眼界。1815 年春回到英国后,在戴维的支持和指导下做了很多化学方面的研究工作。1821 年开始担任实验室主任,一直到 1865 年。1824 年,被推选为皇家学会会员。次年法拉第正式成为皇家学院教授。1851 年,曾被一致推选为英国皇家学会会长,但被他坚决推辞掉了。

1821 年,法拉第读到了奥斯特的描述他发现电流磁效应的论文《关于磁针上电碰撞的实验》。该文给了他很大的启发,使他开始研究电磁现象。经过 10 年的实验研究(中间曾因研究合金和光学玻璃等而中断过),在 1831 年,他终于发现了电磁感应现象。

法拉第发现电磁感应现象完全是一种自觉的追求。在《电的实验研究》第一集中,他写道:"不管采用安培的漂亮理论或其他什么理论,也不管思想上作些什么保留,都会感到下述论点十分特别,即虽然每一电流总伴有一个与它的方向成直角的磁力,然而电的良导体,当放在该作用范围内时,都应该没有任何感应电流通过它,也不产生在该力方面与此电流相当的某些可觉察的效应。对这些问题及其后果的考虑,再加上想从普通的磁中获得电的希望,时时激励着我从实验上去探求电流的感应效应。"

与法拉第同时,安培也做过电流感应的实验。他曾期望一个线圈中的电流会在另一个线圈中"感应"出电流来,由于他只是观察了恒定电流的情况,所以未发现这种感应效应。

法拉第也经过同样的失败过程,只是在1831年他仔细地注意到了**变化**的情况时,才发现了电磁感应现象。第一次的发现是这样:他在一个铁环上绕了两组线圈,一组通过电键与电池组相连,另一组的导线下面平行地摆了个小磁针。当前一线圈和电池组接通或切断的瞬间,发现小磁针都发生摆动,但又都旋即回复原位。之后,他又把线圈绕在木棒上做了同样的实验,又做了磁铁插入连有电流计的线圈或从其中拔出的实验,把两根导线(一根与电池连接,另一根和电流计连接)移近或移开的实验等,一共有几十个实验。他还当众表演了他的发电机:一个一边插入电磁铁两极间的铜盘转动时,在连接轴和盘边缘的导线中产生了电流。最后,他总结提出了电磁感应的暂态性,即只有在变化时,才能产生感应电流。他把自己已做过的实验**概括为五类**,即:变化的电流,变化的磁场,运动的恒定电流,运动的磁铁,在磁场中运动的导体。就这样,法拉第完成了一个划时代的创举,从此人类跨入了广泛使用电能的新时代。

应该指出的是,在法拉第的同时,美国物理学家亨利(J. Henry,1799—1878年)也独立地发现了电磁感应现象。他先是在1829年发现了通电线圈断开时发生强烈的火花,他称之为"电自感",接着在1830年发现了在电磁铁线圈的电流通或断时,在它的两极间的另一线圈中能产生瞬时的电流。

法拉第在电学的其他方面还有很多重要的贡献。1833年,他发现了**电解定律**,1837年发现了电介质对电容的影响,引入了**电容率**(即相对介电系数)概念。1845年发现了**磁光效应**,即磁场能使通过重玻璃的光的偏振面发生旋转,以后又发现物质可区分为**顺磁质**和**抗磁质**等。

法拉第不但作为实验家做出了很多成绩,而且在物理思想上也有很重要的贡献。首先是关于**自然界统一**的思想,他深信电和磁的统一,即它们的相互联系和转化。他还用实验证实了当时已发现的五种电(伏打电、摩擦电、磁生电、热电、生物电)的统一。他是在证实物质都具有磁性时发现顺磁和抗磁的。在发现磁光效应后,他这样写道:"这件事更有力地证明一切自然力都是可以互相转化的,有着共同的起源。"这种思想至今还支配着物理学的发展。

法拉第的较少抽象较多实际的头脑使他提出了另一个重要的思想——**场的概念**。在他之前,引力、电力、磁力都被视为是超距作用。但在法拉第看来,不经过任何媒介而发生相互作用是不可能的,他认为电荷、磁体或电流的周围弥漫着一种物质,它传递电或磁的作用。他称这种物质为电场和磁场,他还凭着惊人的想像力把这种场用**力线**来加以形象化地描绘,并且用铁粉演示了磁感线的"实在性"。他认为电磁感应是导体切割磁感线的结果,并得出"形成电流的力正比于切割磁感线的条数"(其后1845年,诺埃曼(F. E. Neumann,1798—1895年)第一次用数学公式表示了电磁感应定律)。他甚至提出了"磁作用的传播需要时间","磁力从磁极出发的传播类似于激起波纹的水面的振动"等这样深刻的观点。大家知道，场的概念今天已成为物理学的基石了。

除进行科学研究外，法拉第还热心科学普及工作。他协助皇家学院举办“星期五讲座”（持续了三十几年）、“少年讲座”、“圣诞节讲座”，他自己参加讲课，内容十分广泛，从探照灯到镜子镀银工艺，从电磁感应到布朗运动等。他很讲究讲课艺术，注意表达方式，讲课效果良好。有的讲稿被译成多种文字出版，甚至被编入基础英语教材。

1867 年 8 月 25 日，他坐在书房的椅子上安详地离开了人世。遵照他的遗言，在他的墓碑上只刻了名字和生卒年月。法拉第终生勤奋刻苦，坚韧不拔地进行科学探索。除了二十多集《电的实验研究》外，还留下了《法拉第日记》七卷，共三千多页，几千幅插图。这些书都记录着他的成功和失败，精确的实验和深刻的见解。这都是他留给后人的宝贵遗产。

今日物理趣闻 C

闪　　电

闪电是大气中的激烈的放电现象，它是大气被强电场击穿的结果。干燥空气的击穿场强是 3×10^6 V/m。但是，在雷雨云中，由于有水滴存在，而且气压比大气压为小，所以空气的击穿不需要这样强的电场。要产生一次闪电，只需在云的近旁的某一小区域内有很强的电场就够了。这强电场会引起电子雪崩，即由于高速带电粒子对空气分子的碰撞作用使空气分子大量急速电离而产生大量电子。一旦某处电子雪崩开始，它会向电场较弱的区域传播。闪电可能发生在雷雨云内的正、负电荷之间，也可能发生在雷雨云与纯净空气之间或雷雨云与地之间。云地之间的闪电常是发生在雷雨云的负电区与地之间，很少发生在云中正电区与地之间。研究还指出，大部分闪电发生在大陆区，这说明陆地在产生雷暴中有重要作用。

闪电的发展过程很快，人眼不能细察，但是利用高速摄影技术可以进行详细研究。典型的云地之间的闪电从接近雷雨云的负电荷处的强电场中的电子雪崩开始。电子雪崩向下移时，在它后方留下一条离子通道，云中的电子流入此通道使之带负电。在通道的前端聚集的电子产生的强电场使通道继续向前延伸。实际观察到的这种延伸不是持续的，而是一步一步的。电子雪崩下窜的速度可高达 1/6 光速，但每一步只窜进约 50 m，接着停止约 50 μs，然后再向下窜。下窜的方向不固定，因而所形成的离子通道一般是弯弯曲曲的，并且还有分支(图 C.1)，这是空气中各处自由电子密度不同的结果。这样的通道叫**梯级先导**，它的半径约几米(可能是 5 m)，但只有它的中心区域才暗暗地发光。

当梯级先导的前端靠近地面或地面上某尖形物时，它的强电场便从地面引起一次火花放电，这火花从地面向上移动，在 20 m 到 100 m 高处与先导前端相遇。在这一时刻，云地之间的电路接通，负电荷就沿着这条电阻很小的通路从雷雨云向大地泄漏。这一泄流过程是从先导的接地的一段开始的。这一段电子入地后，留下的正电荷吸引上面一段中的电子使它们下泄。这些电子下泄后，它上面的电子又接替着下泄。这样便形成了一个下泄的“前锋”不断沿着先导形成的离子通道向上延伸直达云底(图 C.2)，其延伸的速度极快，可达光速的 1/2。这前锋的上升实际上是一股向上的强大的电流。这股电流叫**回击**或**回闪**，它急剧地加热这通道中的空气使之发出我们看到的强烈闪光。这一股电流的半径很小，大约一厘米或几厘米。

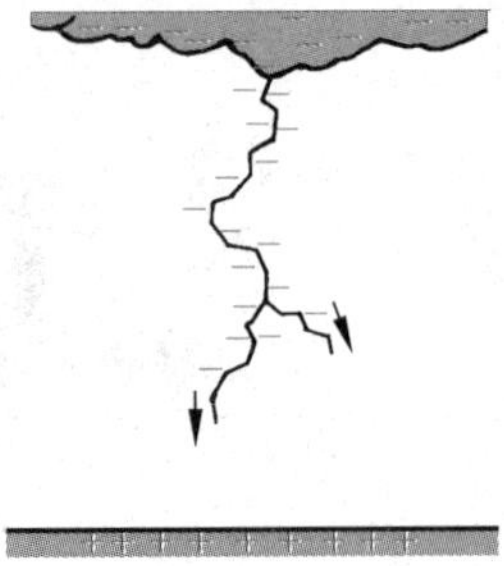

图 C.1 梯级先导

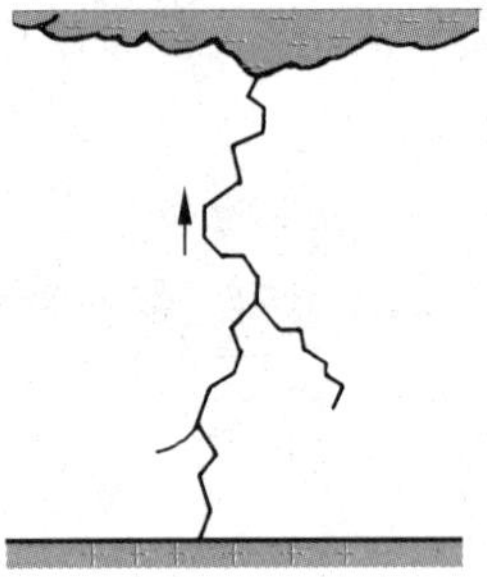

图 C.2 回击电流

回击电流的峰值约 10 000 A 到 20 000 A，它大约延续 100 μs，因此它传下的电量约几库仑，一次回击完毕之后，一个约几百安培的较小电流继续流几个毫秒。接着又沿着原来形成而且暂时保留的离子通道形成又一个先导，不过这个先导不是梯级式的，而是连续向下的，叫做**下窜先导**。这先导中也充满了负电荷，于是又引起一次强烈的回击，之后，还可以再形成一次下窜先导并再次引起回击。一次闪电实际上是由若干次回击组成的，两次回击之间相隔约 40 ms。

一次闪电的各次回击导入地的总电荷约 −20 C。由于云地之间的电势差约为 5×10^7 V，所以一次闪电释放的能量约为 10^9 J。这能量的大部分变为热（焦耳热），只有少量变为光能或无线电波的能量。强大的回击电流刚刚流过的瞬间，闪电通道中的等离子体的温度可升至非常高（约 30 000 K，太阳表面是 6000 K），相应地具有很大的压强。这高温高压使闪电通道的任何物体都遭到严重的破坏。高压等离子体爆炸性地向四处膨胀因而形成激波，在几米之外，这激波逐渐减弱为声波脉冲。这声波脉冲传到我们的耳朵里，我们就听到雷声。

陆上龙卷风中的电闪特别壮观，人眼可以看到在有些陆龙卷的漏斗内连续不断地发出闪光。根据对从陆龙卷内部发出的无线电波的测量估计大概每秒钟有 20 次闪电。由于每次闪电释放能量约 10^9 J，陆龙卷所释放的电功率就是 $10^9\times20=2\times10^{10}$ W $=2\times10^7$ kW，大约相当于 10 个大型水电站的功率。陆龙卷的破坏力之大，由此可见一斑。

除了枝杈形闪电之外，人们也观察到球形闪电，其时只见有一个大球在空中漂移，大球的尺寸大约从 10 cm 到 100 cm，有些飞行员说曾见到过 15 m 到 30 m 直径的闪电火球。火球有时在一次闪电回击之后发生，有时也自发地产生，它们大约只延续几秒钟。有的火球由天空直落地面，有的则在地面上空水平游行，有的甚至通过门窗或烟囱进入室内。作者就曾在一次农场的大雷暴中亲眼看到一火球沿着电线杆窜下。许多火球无声无息地逝去，也有些火球爆炸而带来巨响。这些火球看来是大气电造成的，但至今还不了解它们形成的机制。已提出了一些理论来解释，例如，一种理论说火球是被磁场聚集到一起的一团等离子体，另一种理论说是由尘粒形成的小型雷雨云。但是，由于缺乏精细的数据与仔细的计算，所以这种现象至今仍是个谜。

雷暴与人类生活有直接关系，例如它可以引起森林火灾，击毁建筑物，当前它还是影响航空航天安全的重要因素。飞机遭雷击的事故时有发生，如 1987 年 1 月美国国防部部长温伯格的座机在华盛顿附近的安德鲁斯空军基地南面被闪电击中，45 kg 的天线罩被击落，机身有的地方被烧焦，幸亏机长镇静沉着才使飞机安全落地。同年 6 月在位于弗吉尼亚州瓦罗普斯岛发射场上的小型火箭在即将升空前被雷电击中，有三枚自行点火升空，旋即坠毁。

目前，有些国家已建立了雷击预测系统，它将有助于民航的安全和火箭发射精度的提高。它对预防森林火灾，保护危险物资、高压线和气体管道等也有重要意义。

数值表

物理常量表

名　称	符号	计算用值	2006 最佳值[①]
真空中的光速	c	3.00×10^{8} m/s	2.997 924 58(精确)
普朗克常量	h	6.63×10^{-34} J·s	6.626 068 96(33)
	$\hbar$	$=h/2\pi$	
		$=1.05\times10^{-34}$ J·s	1.054 571 628(53)
玻耳兹曼常量	k	1.38×10^{-23} J/K	1.380 6504(24)
真空磁导率	μ_0	$4\pi\times10^{-7}$ N/A^2	(精确)
		$=1.26\times10^{-6}$ N/A^2	1.256 637 061…
真空介电常量	ε_0	$=1/\mu_0 c^2$	(精确)
		$=8.85\times10^{-12}$ F/m	8.854 187 817
引力常量	G	6.67×10^{-11} N·m^2/kg^2	6.674 28(67)
阿伏伽德罗常量	N_A	6.02×10^{23} mol^{-1}	6.022 141 79(30)
元电荷	e	1.60×10^{-19} C	1.602 176 487(40)
电子静质量	m_e	9.11×10^{-31} kg	9.109 382 15(45)
		5.49×10^{-4} u	5.485 799 0943(23)
		0.5110 MeV/c^2	0.510 998 910(13)
质子静质量	m_p	1.67×10^{-27} kg	1.672 621 637(83)
		1.0073 u	1.007 276 466 77(10)
		938.3 MeV/c^2	938.272 013(23)
中子静质量	m_n	1.67×10^{-27} kg	1.674 927 211(84)
		1.0087 u	1.008 664 915 97(43)
		939.6 MeV/c^2	939.565 346(23)
α 粒子静质量	m_α	4.0026 u	4.001 506 179 127(62)
玻尔磁子	μ_B	9.27×10^{-24} J/T	9.274 009 15(23)
电子磁矩	μ_e	-9.28×10^{-24} J/T	−9.284 763 77(23)
核磁子	μ_N	5.05×10^{-27} J/T	5.050 783 24(13)
质子磁矩	μ_p	1.41×10^{-26} J/T	1.410 606 662(37)
中子磁矩	μ_n	-0.966×10^{-26} J/T	−0.966 236 41(23)
里德伯常量	R	1.10×10^{7} m^{-1}	1.097 373 156 8527(73)
玻尔半径	a_0	5.29×10^{-11} m	5.291 772 0859(36)
经典电子半径	r_e	2.82×10^{-15} m	2.817 940 2894(58)
电子康普顿波长	$\lambda_{C,e}$	2.43×10^{-12} m	2.426 310 2175(33)
斯特藩-玻耳兹曼常量	σ	5.67×10^{-8} W·m^{-2}·K^{-4}	5.670 400(40)

① 所列最佳值摘自《2006 CODATA INTERNATIONALLY RECOMMEDED VALUES OF THE FUNDAMENTAL PHYSICAL CONSTANTS》(www.physics.nist.gov)。

一些天体数据

名　称	计算用值
我们的银河系	
质量	10^{42} kg
半径	10^{5} l. y.
恒星数	1.6×10^{11}
太阳	
质量	1.99×10^{30} kg
半径	6.96×10^{8} m
平均密度	1.41×10^{3} kg/m^3
表面重力加速度	274 m/s^2
自转周期	25 d(赤道),37 d(靠近极地)
对银河系中心的公转周期	2.5×10^{8} a
总辐射功率	4×10^{26} W
地球	
质量	5.98×10^{24} kg
赤道半径	6.378×10^{6} m
极半径	6.357×10^{6} m
平均密度	5.52×10^{3} kg/m^3
表面重力加速度	9.81 m/s^2
自转周期	1 恒星日$=8.616\times10^{4}$ s
对自转轴的转动惯量	8.05×10^{37} kg·m^2
到太阳的平均距离	1.50×10^{11} m
公转周期	1 a$=3.16\times10^{7}$ s
公转速率	29.8 km/s
月球	
质量	7.35×10^{22} kg
半径	1.74×10^{6} m
平均密度	3.34×10^{3} kg/m^3
表面重力加速度	1.62 m/s^2
自转周期	27.3 d
到地球的平均距离	3.82×10^{8} m
绕地球运行周期	1 恒星月=27.3 d

几个换算关系

名　称	符号	计算用值	1998 最佳值
1[标准]大气压	atm	1 atm$=1.013\times10^{5}$ Pa	$1.013\ 250\times10^{5}$
1 埃	Å	1 Å$=1\times10^{-10}$ m	(精确)
1 光年	l. y.	1 l. y. $=9.46\times10^{15}$ m	
1 电子伏	eV	1 eV$=1.602\times10^{-19}$ J	1.602 176 462(63)
1 特[斯拉]	T	1 T$=1\times10^{4}$ G	(精确)
1 原子质量单位	u	1 u$=1.66\times10^{-27}$ kg	1.660 538 73(13)
		$=931.5$ MeV/c^2	931.494 013(37)
1 居里	Ci	1 Ci$=3.70\times10^{10}$ Bq	(精确)

习题答案

第 1 章

1.1 849 m/s

1.2 未超过， 400 m

1.3 会， 46 km/h

1.4 36.3 s

1.5 (1) $y=x^2-8$;

(2) 位置：$2\boldsymbol{i}-4\boldsymbol{j}, 4\boldsymbol{i}+8\boldsymbol{j}$； 速度：$2\boldsymbol{i}+8\boldsymbol{j}, 2\boldsymbol{i}+16\boldsymbol{j}$； 加速度：$8\boldsymbol{j}, 8\boldsymbol{j}$

1.6 (1) 74.6 km/h； (2) 24 cm； (3) 22.3 m/s

1.7 两炮弹可能在空中相碰。但二者速率必须大于 45.6 m/s。

1.8 4×10^5

1.9 0.25 $\mathrm{m/s^2}$； 0.32 $\mathrm{m/s^2}$， 与 $\boldsymbol{v}$ 夹角为 128°40′

1.10 0.30 m，向后

1.11 36 km/h， 竖直向下偏西 30°

第 2 章

2.1 (1) $a_1=1.96\ \mathrm{m/s^2}$，向下；$a_2=1.96\ \mathrm{m/s^2}$，向下；

$a_3=5.88\ \mathrm{m/s^2}$，向上；

(2) 1.57 N，0.784 N

2.2 19.4 N

2.3 (1) $\dfrac{1}{M+m_2}\left[F-\dfrac{m_1m_2}{m_1+m_2}g\right]$； (2) $(m_1+m_2+M)\dfrac{m_2}{m_1}g$

2.4 (1) $mg/(2\sin\theta)$； (2) $mg/(2\tan\theta)$

2.6 (1) 1.88×10^3 N，635 N； (2) 66.0 m/s

2.7 1.89×10^{27} kg

2.8 5.7×10^{26} kg

2.9 534

2.10 $\dfrac{1}{2\pi}\sqrt{\dfrac{(\sin\theta+\mu_s\cos\theta)g}{(\cos\theta-\mu_s\sin\theta)r}}\geqslant n\geqslant\dfrac{1}{2\pi}\sqrt{\dfrac{(\sin\theta-\mu_s\cos\theta)g}{(\cos\theta+\mu_s\sin\theta)r}}$

2.11 $w^2[m_1L_1+m_2(L_1+L_2)]$，$w^2m_2(L_1+L_2)$

2.12 2.9 m/s

2.13 7.4×10^{-2} rad/s，沿转动半径向外

第 3 章

3.1 $-kA/\omega$

3.2 1.41 N·s

3.3 11.6 N

3.4 4.24×10^{4} N,沿 90°平分线向外

3.5 1.07×10^{-20} kg·m/s,与 $\boldsymbol{p}_1$ 的夹角为 149°58′

3.6 108 m/s

3.7 在两氢原子张角的分角线上,距氧原子中心 0.006 48 nm

3.8 立方体中心上方 $0.061a$ 处

3.9 5.26×10^{12} m

3.10 (1) 1.59 km/s; (2) 10.6 h

3.11 v_0r_0/r

第 4 章

4.1 $mgR[(1-\sqrt{2}/2)+\sqrt{2}\mu_k/2]$, $mgR(\sqrt{2}/2-1)$, $-\sqrt{2}mgR\mu_k/2$

4.2 2.8 m/s

4.5 (1) 31.8 m, 22.5 m/s; (2) 不会

4.6 1.40 m/s

4.7 (1) $\dfrac{GmM}{6R}$; (2) $-\dfrac{GmM}{3R}$; (3) $-\dfrac{GmM}{6R}$

4.8 (1) 8.80×10^{9} J,1.62×10^{9} J;

(2) 2.14 km/s,1.36 km/s

4.9 1.6×10^{24} J,约 10^{6} 倍

4.10 2.95 km, 1.85×10^{19} kg/m^3, 80 倍

4.11 4.46×10^{3} m^3/h

第 5 章

5.1 (1) $\omega_0=20.9$ rad/s, $\omega=314$ rad/s, $\alpha=41.9$ rad/s^2;

(2) 1.17×10^{3} rad, 186 圈

5.2 (1) 1.01×10^{-39} kg·m^2; (2) 5.54×10^{8} Hz

5.3 1.95×10^{-46} kg·m^2, 1.37×10^{-12} s

5.4 $m\left(\dfrac{14}{5}R^2+2Rl+\dfrac{l^2}{2}\right)$,$\dfrac{4}{5}mR^2$

5.5 $\dfrac{m_1-\mu_k m_2}{m_1+m_2+m/2}g$, $\dfrac{(1+\mu_k)m_2+m/2}{m_1+m_2+m/2}m_1 g$,

$\dfrac{(1+\mu_k)m_1+\mu_k m/2}{m_1+m_2+m/2}m_2 g$

5.6 10.5 rad/s^2, 4.58 rad/s

5.7 $\frac{2}{3}\mu_k mgR, \frac{3}{4}\frac{\omega R}{\mu_k g}, \frac{1}{2}mR^2\omega^2, \frac{1}{4}mR^2\omega^2$

5.8 (1) 8.89 rad/s； (2) 94°18′

5.9 0.496 rad/s

第 6 章

6.1 $\frac{5q}{2\pi\varepsilon_0 a^2}$， 指向$-4q$

6.2 $\frac{\sqrt{3}}{3}q$

6.3 $\lambda^2/4\pi\varepsilon_0 a$，垂直于带电直线，相互吸引

6.4 $\lambda L/4\pi\varepsilon_0\left(r^2-\frac{L^2}{4}\right)$， 沿带电直线指向远方

6.5 $-(\lambda_0/4\varepsilon_0 R)\boldsymbol{j}$

6.6 0.72 V/m， 指向缝隙

6.7 (1) $\frac{1}{6}\frac{q}{\varepsilon_0}$； (2) 0，$\frac{1}{24}\frac{q}{\varepsilon_0}$

6.8 $E=0$ $(r<R_1)$； $E=\frac{\lambda}{2\pi\varepsilon_0 r}$ $(R_1<r<R_2)$； $E=0$ $(r>R_2)$

6.9 σ_1 板外：1.13 V/m，指离 σ_1 板
两板间：3.39 V/m，指向 σ_2 板
σ_2 板外：1.13 V/m，指离 σ_2 板

6.10 $\frac{\sigma_0}{2\varepsilon_0}\frac{x}{(R^2+x^2)^{1/2}}$， 沿直线指向远方

6.11 1.08×10^{-19} C； 3.46×10^{11} V/m

6.12 0， 1.14×10^{21} V/m， 3.84×10^{21} V/m， 1.92×10^{21} V/m

6.13 3.1×10^{-16} m， 5.0×10^{-35} C·m

6.14 0.05 nm

6.15 (1) 1.05 N·m²/C； (2) 9.29×10^{-12} C

6.17 (1) 两电荷连线上，正电荷外侧 10 cm 处
(2) q_0 为正电荷，稳定； q_0 为负电荷，不稳定
(3) q_0 为正电荷，不稳定； q_0 为负电荷，稳定

第 7 章

7.1 (1) 900 V； (2) 450 V

7.2 $\frac{U_{12}}{r^2}\frac{R_1R_2}{(R_2-R_1)}$

7.3 (1) $q_{in}=6.7\times10^{-10}$ C； $q_{ext}=-1.3\times10^{-9}$ C
(2) 距球心 0.1 m 处

7.4 $\frac{\lambda}{4\pi\varepsilon_0}\ln\left(\frac{\sqrt{a^2+x^2}+a}{\sqrt{a^2+x^2}-a}\right)$

7.5 (1) 2.5×10^3 V；(2) 4.3×10^3 V

7.6 (1) 2.14×10^7 V/m；(2) 1.36×10^4 V/m

7.7 (1) $r\leqslant a$：$E=\dfrac{\rho}{2\varepsilon_0}r$，$r\geqslant a$：$E=\dfrac{a^2\rho}{2\varepsilon_0 r}$；

(2) $r\leqslant a$：$\varphi=-\dfrac{\rho}{4\varepsilon_0}r^2$，$r\geqslant a$：$\varphi=\dfrac{a^2\rho}{4\varepsilon_0}\left[\left(2\ln\dfrac{a}{r}-1\right)\right]$

7.8 $\dfrac{\sigma}{2\varepsilon_0}\left[(R^2+x^2)^{1/2}-\left(\dfrac{R^2}{4}+x^2\right)^{1/2}\right]$，$\dfrac{\sigma R}{4\varepsilon_0}$，0

7.9 (1) 36 V；(2) 57 V

7.10 1.6×10^7 V，2.4×10^7 V

7.11 (1) 3.0×10^{10} J；(2) 416 天

7.12 $-\sqrt{3}q/2\pi\varepsilon_0 a$，$-\sqrt{3}qQ/2\pi\varepsilon_0 a$

7.13 (1) 9.0×10^4 V；(2) 9.0×10^{-4} J

第 8 章

8.2 $q_1=\dfrac{4\pi\varepsilon_0 R_1R_2R_3\varphi_1-R_1R_2Q}{R_2R_3-R_1R_3+R_1R_2}$；

$r<R_1$：$\varphi=\varphi_1$，$E=0$；

$R_1<r<R_2$：$\varphi=\dfrac{q_1}{4\pi\varepsilon_0 r}+\dfrac{-q_1}{4\pi\varepsilon_0 R_2}+\dfrac{Q+q_1}{4\pi\varepsilon_0 R_3}$，$E=\dfrac{q_1}{4\pi\varepsilon_0 r^2}$；

$R_2<r<R_3$：$\varphi=\dfrac{Q+q_1}{4\pi\varepsilon_0 R_3}$，$E=0$；

$r>R_3$：$\varphi=\dfrac{Q+q_1}{4\pi\varepsilon_0 r}$，$E=\dfrac{Q+q_1}{4\pi\varepsilon_0 r^2}$

8.3 (1) $q_{Bin}=-3\times10^{-8}$ C，$q_{Bext}=5\times10^{-8}$ C，

$\varphi_A=5.6\times10^3$ V，$\varphi_B=4.5\times10^3$ V；

(2) $q_A=2.1\times10^{-8}$ C；$q_{Bin}=-2.1\times10^{-8}$ C，

$q_{Bext}=-9\times10^{-9}$ C；

$\varphi_A=0$，$\varphi_B=-8.1\times10^2$ V

8.4 $-qR/r$

8.5 上板 上表面：6.5×10^{-6} C/m^2，下表面：-4.9×10^{-6} C/m^2；

中板 上表面：4.9×10^{-6} C/m^2，下表面：8.1×10^{-6} C/m^2；

下板 上表面：-8.1×10^{-6} C/m^2，下表面：6.5×10^{-6} C/m^2

8.6 $F_{q_b}=0$，$F_{q_c}=0$，$F_{q_d}=\dfrac{q_b+q_c}{4\pi\varepsilon_0 r^2}q_d$（近似）。

第 9 章

9.1 (1) $r<R_1$：$D=0$，$E=0$，

$R_1<r<R$：$D=\dfrac{Q}{4\pi r^2}$，$E=\dfrac{Q}{4\pi\varepsilon_0\varepsilon_{r_1}r^2}$，

$R<r<R_2$：$D=\dfrac{Q}{4\pi r^2}$，$E=\dfrac{Q}{4\pi\varepsilon_0\varepsilon_{r_2}r^2}$，

$r>R_2$：$D=\dfrac{Q}{4\pi r^2}$，$E=\dfrac{Q}{4\pi\varepsilon_0 r^2}$；

(2) -3.8×10^3 V；

(3) 9.9×10^{-6} C/m^2

9.2 外层介质内表面先击穿， $\dfrac{E_{\max}r_0}{2}\ln\dfrac{R_2^2}{R_1 r_0}$

9.3 1.7×10^{-6} C/m， 1.7×10^{-7} C/m， 17×10^{-8} C/m

9.4 (1) 9.8×10^6 V/m； (2) 51 mV

9.5 0.152 mm

9.6 7.08×10^{-10} F； 1.06×10^{-9} F

9.7 $\dfrac{2\varepsilon_0 S\varepsilon_{r1}\varepsilon_{r2}}{d(\varepsilon_{r1}+\varepsilon_{r2})}$

9.8 0 V， 96 V

第 10 章

10.1 (a) $\dfrac{\mu_0 I}{4\pi a}$，垂直纸面向外；

(b) $\dfrac{\mu_0 I}{2\pi r}+\dfrac{\mu_0 I}{4r}$，垂直纸面向里；

(c) $\dfrac{9\mu_0 I}{2\pi a}$，垂直纸面向里

10.2 (1) 1.4×10^{-5} T； (2) 0.24

10.3 0

10.4 (1) 4.0×10^{-5} T； (2) 2.2×10^{-6} Wb

10.5 $\dfrac{-\mu_0 IR^2}{4(R^2+x^2)^{3/2}}\boldsymbol{i}-\dfrac{\mu_0 IRx}{2\pi(R^2+x^2)^{3/2}}\boldsymbol{k}$

10.6 $\mu_0\boldsymbol{J}\times\boldsymbol{d}/2$，$\boldsymbol{d}$ 的方向由 O 指向 O'。

第 11 章

11.1 3.3 T， 垂直于速度， 水平向左

11.2 (1) 1.1×10^{-3} T， $\boldsymbol{B}$ 方向垂直纸面向里； (2) 1.6×10^{-8} s

11.3 3.6×10^{-10} s， 1.6×10^{-4} m， 1.5×10^{-3} m

11.4 1.12×10^{-17} kg·m/s， 21 GeV

11.5 18.01 u

11.6 (1) -2.23×10^{-5} V； (2) 无影响

11.7 0.63 m/s

11.8 (1) $\dfrac{mg}{2nIl}$； (2) 0.860 T

11.9 (1) 36 A·m^2； (2) 144 N·m

11.10 $\dfrac{B_2^2-B_1^2}{2\mu_0}$，方向垂直电流平面指向 B_1 一侧

第 13 章

13.1 1.1×10^{-5} V， a 端电势高

13.2 2×10^{-3} V

13.3 $\dfrac{L}{2}\sqrt{R^2-\left(\dfrac{L}{2}\right)^2}\dfrac{\mathrm{d}B}{\mathrm{d}t}$， b 端电势高

13.4 0.30 V，南端

13.5 0.50 m/s

13.6 40 s^{-1}

13.7 $\mu_0 N_1 N_2 \pi R^2/l$

13.8 (1) 6.3×10^{-6} H； (2) -3.1×10^{-6} Wb/s； (3) 3.1×10^{-4} V

13.9 (1) 7.6×10^{-3} H； (2) 2.3 V

13.10 0.8 mH， 400 匝

13.11 (1) $\dfrac{\mu_0 N^2 h}{2\pi}\ln\dfrac{R_2}{R_1}$； (2) $\dfrac{\mu_0 N h}{2\pi}\ln\dfrac{R_2}{R_1}$，相等

13.12 9.0 m^3，29 H